杭州师范大学浙江省高校人文社会科学重点研究基地
（艺术学理论）科研资助项目成果

Shenmei Jianti Yanjiu

审美间体研究

—— 主客价值创生-双向体验观

丁峻 崔宁 著

中国社会科学出版社

图书在版编目（CIP）数据

审美间体研究：主客价值创生－双向体验观／丁峻，崔宁著．—北京：
中国社会科学出版社，2016.6
ISBN 978 - 7 - 5161 - 7939 - 0

Ⅰ.①审…　Ⅱ.①丁…②崔…　Ⅲ.①审美－研究　Ⅳ.①B83 - 0

中国版本图书馆 CIP 数据核字（2016）第 070446 号

出 版 人	赵剑英
责任编辑	任　明
特约编辑	乔继堂
责任校对	刘　娟
责任印制	何　艳

出　　版	中国社会科学出版社
社　　址	北京鼓楼西大街甲 158 号
邮　　编	100720
网　　址	http：//www. csspw. cn
发 行 部	010 - 84083685
门 市 部	010 - 84029450
经　　销	新华书店及其他书店

印刷装订	北京市兴怀印刷厂
版　　次	2016 年 6 月第 1 版
印　　次	2016 年 6 月第 1 次印刷

开　　本	710×1000　1/16
印　　张	26.5
插　　页	2
字　　数	434 千字
定　　价	85.00 元

前　言

在人的审美过程中，美感究竟源于何处呢？美又是如何廓出于人的内心或外在时空的？可以说，美学的根本问题即在于如何理解主客体的相互作用关系及其作用过程与产物的主客观效应。长期以来，这一问题受制于人类每一个时代的思想视域、知识框架、科技工具和经验事据的不足之处，至今未能获得圆通性化解。针对这一问题，笔者展开了多学科的交叉综合性探索，此书即是有关我们初步探究的思想记录，在此做出如下概述，资作学界同人的参考，并热诚期待大家的睿智指正。

第一，在审美活动中，人既是审美主体，也是自己的审美对象；他在借助合取主客体价值内容的方式创造完满的审美对象的过程中，不期然之间同时也成就了完满的自我，继而得以返身观照镜像自我、具身体验和完形享用完满的对象性自我与客体性审美对象之全新的合一价值，进而首先实现了自我世界的主客体统一、形成了审美的自我间体，接着据此实现了内外世界的主客体统一、形成了审美的主客体间体。

譬如欣赏音乐过程中的手舞足蹈、摇头晃脑情形，又如舞蹈、歌唱、演奏、书法、绘画、文学写作等活动，人既是主体又是对象（作为自己用以感受的对象及他人用以感受的对象）；既表现美的情感、思想、造型和律动，也体验和享用着自己所呈现的身体运动美、情感律动美、思想智性美；其间，生理性快感、知觉性妙感、情态性美感、思绪性灵通感等彼此融合，由此催生出快乐自由和谐美妙的满足感、实现感和幸福感。

第二，美与美感、审美的主体与客体是同时生成、同时出场。它们共同基于审美主客体之间所发生的深微复杂和具身化的心脑体行之间的相互作用；其中，此处所说的美既包括内在的理念—意识美、人格气质美、情感韵味美、智性想象美、身体动觉美，也包括身体形态美、表情姿态美、言语歌声美、形体律动美、自然事象美、艺术美，还包括内外一体的爱情美、科学美、道德美、行为美、生产劳动美，等等。

第三，审美间体既作为人的完满的情知意价值和体象行力量的发源地，又作为完满的审美对象得以廓出的内在参照系；它既成就了审美主体的高峰状态的审美情感体验，后者使主体以感性亲验方式对前者进行了价值检验与评判，也造就了审美主体对审美价值的具身享用效能，从而带给主体自己无上的快乐、满足、自由和幸福感。

第四，美是由审美主体所原创或二度创造的主客体合一的完满的感性事体；其中，艺术作品体现了审美主体的原创性审美智慧，作为审美对象的自然景观则体现了审美主体的二度创造性审美智慧，作为审美对象的人的内外美态美象及行为则体现了审美主体对自我和他人的审美性一度创造或二度创造之审美智慧品格。在此需要注意的是，我们之所以强调美的事体作为主客体合一的完满的感性表征体，主要是为了克服以往的美学观偏重于客观美或主观美之一隅的思想片面性，也是为了弥补有关美源于主客观相互关系的笼统抽象性界说之不足。

具体而言，一是审美主体对审美客体进行了能动性、超越性和创造性的再加工与价值完善活动；二是审美主体还需要摄取审美对象所征现的能够充实与强化主体价值品格的"真善美"和特性、主体借此提升与完善自己的"爱智仁悦"等精神品格；三是审美主体与审美对象是同时形成、同时出场、价值联袂、命运与共的和谐自由完满自足的审美时空共同体；四是主客体合一的完满的价值共同体进而可以自然衍生出笔者所说的"审美间体"——主客体合一的完满价值形态的完形化思想表征体。

无论是对美—美感的形成来说，还是对审美主体的一度创造—二度创造而言，或是对审美主体的价值体验及审美享用过程来说，"审美间体"都具有非凡意义。这是因为，其一，在审美活动中，人既是审美主体，也是自己的审美对象；他在借助合取主客体价值内容的方式创造完满的审美对象的过程中，在不期然之间同时也成就了完满的自我，继而得以返身观照镜像自我、具身体验和完形享用完满的对象性自我与客体性审美对象之全新的合一价值，进而首先实现了自我世界的主客体统一，形成了审美的自我间体，接着据此实现了内外世界的主客体统一，形成了审美的主客体间体。

由此可见，在人的审美活动中存在着两种"审美间体"——一是由作为本体性自我的审美主体和作为对象性自我的审美客体合一新生的完满的主体性审美间体；二是由审美主体和源于外在世界的客观性的审美对象所合一新生的完满的主客体价值表征体——内外合一的审美间体。前者生成在先，继而引发了后者的生成。

第五，美感乃是审美主体对完满自我、完满对象和完满的内外时空之审美间体境遇的价值体验、情感评价和心脑体行之多重需要满足－多元价值化用的系列性综合性精神状态及其反应。具体而言，人的美感既源于其对自我之完满知觉内容、完满情感状态、完满思维活动、完满身体运动等的本体性体验和享用情形（过程与产物），也源于其对完满的审美对象和审美间体之感性特征、知性内容、理性价值、体性效用、物性品格的对象性和享用情形（过程与产物）。

第六，审美观：人对主客观世界进行对象化创造、具身化认知和本体性享用之内容与过程、结果与深久效应；其中，审美主体创造了合二而一的双元间体世界——此乃审美主体据以实现审美体验和审美享用及审美表达价值的源头性、根本性、决定性、唯一性至宝：人用以认知及统合自我世界的主体性间体（即作为审美主体的自我和作为审美创造、审美体验和审美享用之本体性对象的自我的和谐合一）、人用以认知及统合主客观世界的内外合一性间体（即作为审美主体的自我和作为审美创造、审美体验和审美享用之客体性对象－审美对象的和谐合一）。

第七，审美认知的心脑原理观：

（1）审美主体的自我意识（依托大脑前额叶新皮层的腹内侧正中区，VMPFC）－审美主体的对象意识（依托大脑前额叶新皮层的背外侧正中区，DMPFC）－审美主体的间体意识（依托大脑前额叶新皮层的眶额皮层，OFC）－审美主体的身体意识（依托大脑前额叶新皮层的背外侧与腹内侧边缘区，DLPFC、VLPFC）。

（2）审美主体的工作记忆系统：理念工作记忆（以眶额皮层为中心）；情感工作记忆（以前额叶新皮层的腹内侧正中区为中心）；思维工作记忆（以前额叶新皮层的背外侧正中区为中心）；身体工作记忆（以前额叶新皮层的背外侧边缘区为中心）；行为工作记忆（以前额叶新皮层的腹内侧边缘区为中心）。

（3）审美认知的个性结构：情（VMPFC）－知（DMPFC）－意（OFC）－行（DLPFC＋VLPFC）。

（4）审美认知的六性具身效应：物性具身－感性具身－知性具身－理性具身－体性具身－新物性具身。

（5）审美认知的价值加工－增益系统：主客体审美价值感受器（客体感觉皮层－本体感觉皮层）；主客体审美价值靶标器－分析器（OFC）；主客体审美价值反应开关器（尾状核，caudate nucleus）；主客体审美价值衡量器（伏隔核，accumbens nucleus）；主客体审美价值效应执行器（本体运动－本体感觉皮层，客体运动感觉皮层，身体符号行为内馈系统，客体符号运动再反馈系统，情感体验系统，思维创造系统，意识体验系统）。

（6）审美认知的价值时空观：由外而内的价值内化－叠合－强化过程，自下而上的价值创造与完善过程（表象－概象－意象），自上而下的价值体验过程（理性意识体验－知性符号体验－感性形象体验），由内而外的价值享用和对象性外化过程。

第八，审美认知的智性创造观：一是人将自我一分为二，作为审美认知的主体和审美认知的客体（对象）；二是审美主体借助主客体相互作用施行合取之道，巧妙地充实与完善客体性审美对象及本体性审美对象；三是审美主体通过创造、体验和享用完满的本体性审美间体而得以实现自我和谐、自由、自为和欣悦境遇；四是审美主体通过创造、体验和享用完满的主客体完形合一的审美间体而得以实现主客和谐、天人合一、心物契通，由此将本体性审美智慧转为对象性审美智慧、科学智慧。

美学是一个既有趣又神秘的特殊学科。笔者第一次接触这个概念，起源于初中二年级期间似懂非懂所读的黑格尔的《哲学史讲演录》，其中介绍了大哲学家康德的审美理论。高中期间，系统阅读了康德的《判断力批判》和黑格尔的《美学》（三卷）中译本。

后来上大学时，偶然浏览了波兰哲学家和美学家茵加登的论文（英译件）《审美经验与审美对象》（*Aesthetic Experience and Aesthetic Object*），其中对他所说的和音的形成机制颇感兴趣。

……

"问渠哪得清如许，为有源头活水来。"笔者和美学及艺术文化结缘的时间很早，从兴趣之缘、感性之缘，到知性之缘、理性之缘、情感之缘、命运之缘和体性之缘，其间经历了曲折复杂的多重交集情形。具体过程自不赘述，参见后记。总之，我们迄今所完成的美学长征以及今后将会继续远足的审美探险，都深深仰仗多位富有智慧和爱心诗意仁格的"思想导游"——

图一 杰出的美学家罗曼·茵加登在他的住所弹奏心爱的钢琴，1942 年 9 月，利维夫。

启示之一，来自茵加登。笔者最早萌生的有关审美间体的思想模型，主要源于 1992 年在美国学习期间所接触的美学家罗曼·茵加登的德文版著作《体验，艺术品和价值：美学讲演录（1937—1967）》（*Erlebnis, Kunstwerk und Wert. Vorträge zur Äsihetik 1937 – 1967*），后来又在加州大学圣地亚哥分校的图书馆找到了它的英译本。其中，他所定义的"审美价值"的多层级结构及其表征形态、审美经验的创造性生成动因及其内外条件等独到阐释，在笔者的心灵深处留下了难以磨灭的印象。此后在南加州大学拜访时任美国美学学会主席的霍斯比尔教授，他把茵加登著名的《审美经验与审美对象》（*Aesthetic Experience and Aesthetic Object*）一文推荐给我。我对茵加登所提出的"审美对象"所合取的"和谐质"及其达至完满境遇的精彩学说产生了深切的共鸣。

启示之二，来自莫扎特。莫扎特营构的主客观世界的平衡和谐美境界、博大深广的包容性胸襟、达观自如的歌唱性情怀、恬静澄明的心灵世界、天才的智慧洞见与独特的审美创造能力，都对我们构思和写作本书

（《审美间体研究》）带来了无上的启示。

图二　八岁的莫扎特在1765年造访伦敦时创作了为小提琴和钢琴谱写的乐谱：献给英王乔治三世（1760—1820治世）之妻夏洛特皇后的乐谱《六首大键琴奏鸣曲》。

他在奏鸣曲中所创造的主副部对立与转化范式、双钢琴平静完满的主复调对话式旋律、调性二重对比、双主题变奏、自由明快性格抒情、充满对比与张力的歌唱性 - 戏剧性 - 抒情性旋律、旋律与伴奏的互动互补及对立协同情趣、基于自由与规则并发挥至极致水平的加花变奏所产生的纯洁优美的韵律、双手跳奏与交替断奏、双声部八度齐奏、柱式及瑟音式分解和弦由对立走向和谐进程中所衍生的舞蹈性抒情韵味、转调模进、复对位手法与半音和声、主调与复调相结合的手法等，充分体现了他创造惊心动魄的智慧爱心真朴美妙之精神世界的伟大才能。

莫扎特的生活中充满了痛苦，然而他从来不借音乐倾诉或抒发感情，而是用音乐表现他的心灵：无限的耐心、天使般的温厚、圣人似的智慧、童真的性情。丹纳说，莫扎特的本性是爱好完满之美，这种美只有在上帝那里才能找到。他在现实世界找不到幸福，于是在艺术世界以罕见的精心、勤奋、热情和智慧创造了完满的真善美世界，呈现了上帝与心灵的对话。为此，我们才找到了人类在内心创造审美间体这个第三世界的精神样本！还有"用痛苦创造欢乐"、"使人类的精神爆出火花"的贝多芬等，不胜枚举。

可以说，正是莫扎特的审美智慧和天才音乐才赋予我们构思本书理论框架深邃而又澄澈的思想昭示！因而笔者在此谨向伟大的艺术家致以由衷的和深深的敬意，期冀此书成为延续和光大莫扎特精神的一种思想表征方式……

　　启示之三，来自爱因斯坦的"质能方程式"思想原理及其基于古典音乐体验而激发的科学创造的思想灵感境遇。

图三　弹钢琴的爱因斯坦

（资料来源：沃尔特·艾萨克森，2015 年）

参见《爱因斯坦传》（精装版）　　[美] 沃尔特·艾萨克森/著，湖南科技出版社 2015 年 1 月版。

　　爱因斯坦曾经说过，想象力比知识更重要，因为知识是有限的，而想象力概括着世界上的一切，推动着进步，并且是知识进化的源泉。严肃地说，想象力是科学研究中的实在因素；……在科学思维中常常伴着诗的因素，真正的科学和真正的音乐要求同样的想象过程。……我们所能经历的最美好的事情是神秘，它是所有真正的艺术和科学的源泉。……启发我并永远使我充满生活乐趣的理想是真、善、美。（《爱因斯坦文集》第三卷）

　　换言之，艺术是"想象力之母"，科学想象力同样来自审美对象的强力激发和奥妙启示；审美智慧催化了爱因斯坦的科学智慧。其深层原因即在于，无论是科学世界的"思想间体"还是艺术世界的"思想间体"，都分别表征了客观真理、主观真理；而主客观世界的发展规律乃是人们用以孕育真理性认识的思想之母。总之可以说，各种"思想间体"具有内在契通、互动互补、相互转换、协同完善的基本特征。这大类于爱因斯坦所创建的"质能方程式"：$E = mc^2$。任何具有质量的物体，都贮存着看不见的内能，而且这个由质量贮存起来的能量大到令人难以想象的程度。如果用数学形式表达质量与能量的关系的话，某个物体贮存的能量等于该物体的质量乘以光速的平方；物质的质量和能量可以互相转化。

我从中获得的深刻启示是，物体的能量犹如人所创造的审美间体，质量犹如审美对象，光速犹如审美主体（的创造性能力）；主客体共同构成完形化的审美价值共同体。并且，审美间体也能与主客体发生相互作用，将自己的能量辐射给后者。

启示之四，来自黑格尔的"绝对理念论"、"自我－世界意识镜像论"和"思维中介论"。在《精神现象学》里，黑格尔全面深入地分析了人通过形成（客观）意识来建构自我意识的由外而内的具身化方式，个体进化据此形成、发展与充实自己的理性意识——包含完满的客观精神和绝对精神乃至完满的主观精神，呈现为主客体世界之规律、价值和真理的理性合一形态。

由心理学可知，人的自我意识分别由自我认识、自我体验和自我调控等三大内容构成；它们相互联系、互动互补、相互制约、协同发展，共同统一于个体的自我意识之中。相应地，还可将上述三大要素概括为中国古代哲学的知、情、意范畴，或者将之按审美认知发生的逻辑序列调整为情、知、意三大系统。论及自我意识与客体意识之关系，黑格尔将之比作一个镜子的两面、镜像与实像的对称性关系、相互影响的关系，从而生动深刻地揭示了意识（客体意识）与自我意识的辩证关系。美国心理学家丹纳特（Dennett, D.）提出了自我意识的更新理论：借助内隐、外显和反省等三种方式。其中第三种方式即与笔者所重点论述的人的自我审美行为——对自我价值的审美创造与完善、对自我价值的具身性审美体验、对自我价值的审美享受与体用、对自我审美价值的具身外化——密切相关；当然，人的自我审美行为与对审美客体的审美行为是同步化展开、相辅相成、相得益彰的价值共同体、精神共同体和命运共同体活动，不能截然分开。

另外，他所推崇的"绝对理念"系统，实际上是指人通过创造性的感性认识、知性认识和理性认识而最终形成的含纳主客体世界之规律、体现主客体世界之完满价值及真理品格的"主客体统一性意识";按笔者的话说,"绝对理念"存在的思想形式即是"审美间体";而审美的间体意象则是"绝对理念"用以存在的心理表征体。

再者,黑格尔提出的"思维中介论",乃是他对人类思维发展规律所做出的精神辩证法之新颖释说。他指出,真正可以认作真理的内容者,就在于主体将自己作为自己的中介,而不是以他物为中介,由此达到中介与直接的自我联系的统一。何为中介?中介就是某种人为设定的存在表征体,是人在某物之外所建立的另一种事物,它与某物本身之间具有某种同一性,又具有某种特异性或否定性品格,因而体现了与某物的对立性,还体现了对某物的批判性、改造性和超越性品格。进而主体通过对中介自我的扬弃,在更高层面实现自我的统一。后面所论,体现了马克思主义对思维中介观的科学扬弃精神。进而言之,无论是作为认知对象的自我,还是"自我审美间体"、主客审美间体,都属于审美认知活动中的思维中介体。

他认为,反思有三种形式:建立的反思、外在的反思、进行规定的反思。人在思考时从思考的对象返回自身,人们认为对象与我是有差别的,进而找出对象的差别和自我的差别,然后据此摄取对象的优点、弥补自我的不足,以及将自我的优点投射到对象上面、弥补对象的不足,从而同时导致自我与对象的充实与完善。在这里,"对象"又可分为三种形态:一是源于外部世界的"客体对象"——譬如审美活动中的审美客体、审美对象;二是源于自我世界的本体性对象——作为主体认知对象的客体性自我;三是源于完满的主客体价值之统合与新生形态的审美间体。

由此可见,在黑格尔那里,思维中介是指用以贯通绝对理念与最终彼岸世界的精神纽带;换言之,在他物中进行自身反思、将主体的思维变为客体的思维,那么思维就既是主体,也是客体,两者经由中介达到统一,这是纯粹思维,完全自在自为的思维、自由的思维。也可以说,自我意识是主体用以连接客体意识与绝对意识的思想中介。在笔者看来,由作为认知主体的自我和作为认知对象的自我所形成的完满统一与新生的全息"自我审美间体"即是人用来贯通作为认知主体的自我和作为认知对象的自我的思想中介——它体现为意识性的自我体验、概念符号性的自我知觉、表象性感性化的自我经验、具身性和体性化的自我享用、表达性和对象化的自我实现等多层级形式;由审美主体和外源性的审美客体(审美对象）所形成的完满的主客体价值统合与新生形式——主客审美间体，则成为审美主体用以实现天人合一、主客统一、内外契通、心物和谐、精神自由的思想中介。在审美主体（包括认知主体性自我和认知对象性自我）、审美客体、"自我审美间体"和主客审美间体之间，实际上都存在着深微复杂奥妙的多重相互作用情形，由此导致了审美认知行为的超级复杂性特点和巨大的全新挑战性境遇。

启示之五，来自马克思关于"人的本质力量对象化"的思想。马克思在《1844 年经济学哲学手稿》中通过"对象性活动"的论述，深刻阐释了人类劳动的本质价值。马克思认为，劳动是人的类本质，其中包含了人与自然的关系；人把自然界作为劳动对象。劳动的根本内容是对象化，即劳动者把自己的本质力量凝聚和体现在作为劳动产品的自然对象身上，使自然界打上人的活动的印记，使人的有效的能力变为自然对象的属性。其根本原因在于，劳动体现了客观规律与主观世界规律或精神世界规律的对立统一；其中，人的内在尺度既反映了劳动对象的内部规律，又体现了人改造和利用对象的愿望和价值要求，体现了人类生活劳动的需要和目的性，体现了人的本质力量。人通过劳动把自己的目的、观念实现于产品中，使对象成为人化的对象，同时，使人的本质对象化。并且，人还能通过直观自己的劳动产品而同时体验对劳动产品、劳动对象和自我本体力量的价值，继而将体验的价值内容转化为心脑体行系统的体用形态、借此进一步充实与完善自我的现实品格，进而获得完满自由快乐的身心满足感。

启示之六，来自中国的古代哲学尤其是"天人合一"的思想。"天人合一"思想也是中国哲学与诗学的核心内容。它认为，人是自然界的一部分，自然界有普遍规律，人也体现并服从普遍规律；阴阳相互作用、相互推移的规律就是性命之理，自然界与人类遵循同一规律。张载说："理不在人皆在物，人但物中之一物耳。"程颐说："道与性一也"；"道未始有天人之别。"他认为，天道、人性、人道是同一的，其内容即是理。"天人合一"的根本机制在于，一是天与人息息相通；二是天与人形体相类、性质相类（张岱年语），"天人合一"其实可以被界定为人与自然、人与社会、主观与客观、感性与理性等的和谐统一关系，是人在社会实践中所获得的一种从必然王国走向自由王国过程中的特殊精神境界。笔者认为，从美学上观之，"天人合一"可以被理解为主客体价值的互动互补、合取增益、彼此完善、相互成全、完形合一等价值创生与相互体用、相互印证、相互欣赏的价值共同体、命运共同体、自由共同体。

　　笔者认为，在物质世界里，中介是物与物、人与物、人与人之间进行相互作用的根本方式；在精神世界里，思想中介则是物象与物象、情知意力量与物象形态、现实性情知意与理想性情知意力量、感性 – 知性 – 理性 – 体性之间进行相互作用的根本方式。它既可以体现为一种或多种形态与过程，也可以体现为一种或多种结果与产物，还可以呈现为一种或多种境遇、境界与气韵。然而不得不指出，数千年来，人们在审美研究、艺术研究、心理研究等过程中，却把上述最为重要的中介范畴、中介方式忘却了，径直展开了对主客体世界的运动与变化情形的主观化的思想再现行为，或是陷入主客对峙的二元论绝境，或是偏执主观主义、客观主义、笼统模糊的主客观对立统一论，从而无法真正标定主客观世界相互作用的本质方式、化变形态、核心产物，致使相关的研究长期滞留与徘徊于主观化的概念云阵之中而难以自拔。

　　具体而言，审美主体与审美客体发生相互作用，人借助具身认知方式对审美对象产生感觉性、知觉性、情感性、想象性、意识性和身体性反应；这些主体性反应过程及结果与产物又以反馈输入审美主体的上述认知通道，由此呈现出一系列全新的自我状态、价值特征和主客观效应，继而催生了作为认知主体的自我和作为认知对象的自我；审美主体在与审美对象和作为现实性认知对象的自我的多重性及多层级相互作用过程中，次第形成了日益完满的审美对象、日益完满的对象性自我；主体进而据此创造形成了体现完满的作为认知主体的自我和作为认知对象的自我的全息性"自我审美间体"和全息性"主客体审美间体"，然后分别以此进行由审美对象到审美主体、由对象性审美自我到主体性审美自我的价值反馈、返身改造与完善性建构活动，从而使直观到的完满的对象性自我和完满的审美客体 – 审美对象之价值品格逐步转化为主体性自我及审美主体的现实性精神品格。

　　综上所述，笔者感到，历代和当代人类思想界有关美学、艺术学、心理学和神经科学的研究，都需要高度重视并精心借取思维中介之概念范畴和认识论方法论，进而依托相关学科的已有的合理学说，结合学科系统的认知结构与具象形态，进行深化、细化、转化性辨析，以此逐步抽析出有助于耦合并体现美学、艺术学、心理学和神经科学之对象本质特征、发展变化规律和理性品格的主体性思想坐标、认知路径和表征体系。

　　可以假定，如果不引入思维中介这个思想工具，那么我们就会依然徘徊于主客体世界之间而无从下手，既无法找到真正的审美创造性产物，也难以标定审美价值的全新深细精微内容，更无法释说审美体验的核心内容与审美享用的本质特征。因而从这个意义上说，笔者特别需要对黑格尔、马克思和老子等伟大思想家的智慧开明之恩德功品致以深切感谢和无限敬意！

　　王国维有言："境非独谓景物也。喜、怒、哀、乐，亦人心中之一境界。故能写真景物，真感情者，谓之有境界。否则谓之无境界。"此处之真，依笔者之见，乃是审美真实之完满时空及其价值内容。而王国维所说的"以物观物，故不知何者为我，何者为物"，则分明揭示了笔者所说的"审美间体"所呈现的完满主客体价值获得完形统合与化生的情形。"在外者物色，在我者生意，二者相摩相盈而赋出焉。"（刘熙载《艺概·赋概》）二者相摩相盈，不但可以催生出优美的文赋，还能孕育出完满的审美间体及和谐静悦自由的无上幸福境遇。"天门中断楚江开，碧水东流至此回。两岸青山相对出，孤帆一片日边来"（李白《望天门山》）杰出的诗人在此为审美主客体之相互作用、审美间体形成及其身心效应做出了最美妙的具象化释说。

　　马克思说过，理想是使人类从野蛮走向文明的根本动力；黑格尔有言：热情和理想是构成人类文明体系的两大思想经纬。对美的执着追求，深刻体现了人类的志趣、热情、智慧和理想之内外原动力交合效应与精神价值命运共同体等卓越品格。在 21 世纪，我国的美学研究必将形成具有中华民族特色的原创性思想理论、概念范畴和认识论方法论等学科知识体系与理性文化成果。让我们为之深切期待并身体力行吧！

丁峻

书于杭州

2016 年 1 月 24 日

Introduction

1. This book, based on recent progress of The Western circle's frontier studies on aesthetic cognition, discussed the relations between aesthetic subject and object for it has remained unknown by now.

2. The authors of this book revealed and elucidated the mechanisms of interaction between aesthetic subject and object .

3. The authors found the deep and mystic relation between aesthetic subject and the self being the aesthetic object whose perfect states of emotions, thinking, consciousness and physical movements then shall be resensed, reperceived and re – experienced by the aesthetic subject through the subject's interoceptive system, etc .

4. The authors also found and explained the complicated forms and mechanisms that can represent both the processes and results of the multiple interaction among the aesthetic subject, aesthetic object one from the external world, aesthetic object two from the internal world or the subject oneself.

In a word, theauthors called the forms, the perfect aesthetic unification, as "The Aesthetic Intersubject – and – object" that is composed of two patterns: the one includes the aesthetic subject and the special and perfect aesthetic object whom is also the subject oneself meanwhile; the other includes the typical aesthetic subject and object in perfect unification.

The significant findings of this book can bestated below:

First, the embodiment of aesthetic value is just "The Aesthetic Intersubject – and – object" (AISAO). It means that the AISAO is the maximum form of perfect subject – and – object for the aesthetic subject to create originally in one's mentality.

Secondly, the key contents for the subject to experience is also the AISAO in which the perfect and maximum state, activities, responses and results of the subject's perception, emotions, imagination, consciousness, body movement and symbolic expression, etc. shall be recognized by the subject oneself being aesthetic object meanwhile.

Thirdly, the processes of aesthetic enjoyment and embodied utilization are different from that of aesthetic experience which plays a main role in the sensory test and verification to the aesthetic value. Exactly speaking, the main character of subject's aesthetic enjoyment is synchronizing oscillation, increased rewards, maximum satisfaction and ultimate freedom. And the process of synchronizing oscillation includes the refined and unified rhythm of music, perception, emotion, thinking, consciousness, body movement and behavioral expression.

Fourthly, aesthetic subject carries out aesthetic experience, enjoyment and embodied utilization to one's own perfect and maximum activities, state and products through one's subjective working memory system that include six parts: 1. perceptual working memory of oneself (EWMO), 2. emotional working memory of oneself (EWMO), 3. physical working memory of oneself (PWMO), 4. imaginational working memory of oneself (IWMO), 5. conscious working memory of oneself (CWMO), 6. expressive working memory of oneself (EWMO).

In addition, the enigmatic problems in aesthetics, neuroaesthetics and cognitive neuroscience of art are that how does the dichotomy, subject – object, take interaction and then get unification? And these problems have remained uncertain for thousands years by now.

It is interesting andsignificant that professor Jun Ding and Ning Cui, the authors of this book, made out original findings with their discernment on the interactive medium and products among aesthetic subject and object. Essentially they discerned the deeply hidden object which is just the moved and perfected mentality, brain, body of the subject oneself.

目　录

Main   Contents

E－mail of the authors：

Prof. Ding Jun：dingjun_ hz@ sina. com；

Prof. Cui Ning：cuining_ hz@ sina. com

The Address for Correspondence：

　　TheInst. of Cognitive Neuroaesthetics,

　　Hangzhou Normal University

　　34－4－402Room, Jia－Lv－Xi－Yuan, Wen－Er－Xi－Lu,

　　Hangzhou, Zhejiang, 310012

　　China

导论

审美认知的前沿视域

进入 21 世纪以来，学术界对人类审美现象的探究日益深入，逐步形成了一些具有共识性的见解，体现了思想界对审美认知的前沿视域，值得我们认真参考。

其中，有关审美主客体相互作用的思想产物及其心理表征体、大脑相关物与身体行为转化方式等问题，依然作为美学领域的"达摩克利斯之剑"，高悬于人们的头上，等待我们去破解。为此，本书提出了"审美间体"这个思想模型，以期抛砖引玉。那么，为何笔者要提出"审美间体"这个新概念（其相应的英语表述是 Intersubject-object），而不采用现成的"互文性主体"（即"交互主体性"，Intersubject，国内有学者将之译为"主体间性"）这个概念呢？以下结合审视国际学术界的审美认知的前沿视域，进行相关的讨论和分析。

为此，笔者紧扣审美实践、审美价值及其思想衍生物三大内容来考究审美主客体相互作用的终极思想产物及其认知表征形式——审美间体的发生基础、形成过程、价值构成、思想原理、心理机制、脑体标志、精神效应和社会文化意义。在此需要说明，一是笔者将本书讨论的主题内容限定在审美实践这个特定的时空语境之内，同时将审美主体所体现的高阶思维活动用审美理性加以指称，并将审美主体的具身性感知及表达活动称作审美感性、审美知性、审美体性和审美物性等特定对应体，意在避免误入其他类型的实践领地、价值属地，譬如生产实践、社会实践、科学实践、道德实践、宗教实践等领域，劳动价值、社会（理性）价值、科学（理性）价值、道德（理性）价值、宗教价值等内容。二是本书对审美价值之增益性变化、综合性构成与完满性达至等重要情形的辩证的美学考察，主要基于哲学的价值论；对它们的合情合理性根据的考证，则基于审美主体的认知规律及其依托的脑体系统的客观变化之科学事实。从哲学上看，价值是用以指称人的本质特征、人的存在与发展和创造性能力及其身心劳动产物的核心概念；它具有多元内容、多层级结构、多重形态和多种功用，譬如自由价值、审美价值、认知价值、创造性价值、主体性价值、客体性价值、精神价值、身体价值、社会价值、道德价值、艺术价值、科学价值、情感价值，等等。

众所周知，价值包含了人的意识与生命的双重发展，也包含了人与外在自然的统一发展。人创造自我世界的一切发展、一切活动及其产物都具有价值。价值的核心与本质内涵乃是自由人，人创造自我的存在即为自由人。人本身是价值的根本对象，人是价值本体，人的行为是价值源泉，人的发展、活动及其身心产物都是价值成果。人的发展体现为人的内在矛盾与外在矛盾的和谐统一，体现为人的意识与人的生命的整体发展，也体现为人与自然的整体发展——人内在的自我创造及外在的对自然的对象化创造的有机统一，创造性活动的过程性自由及其产物的境界化自由皆属于价值行为。所以从根本上和整体上来说，最高价值乃是人的自由实现。

笔者进而认为，审美价值是一种统称，实际上包含了审美主体性价值和审美客体性价值。前者主要与人的审美信念、审美理想、审美情感、审美规范、审美标准、审美关系、审美倾向、审美爱好、审美选择、审美思维、审美体用和审美表达活动及能力密切相关；后者主要与客体得以满足主体的审美需要，得以体现主体的审美创造性品格及化变万物、包容万物和洞察万物之妙的审美智慧与审美情感、审美表现能力等一系列的真善美形态特征及其意义蕴含密切相关。审美价值的形成、充实、完善等过程，其外化、内化及转化境遇，皆系于审美主客体在审美时空里的多层级、多元内容的相互作用。审美对象的客观呈现的审美价值决定和制约着审美主体以主观方式表征的审美价值；后者既是对前者及自身既成价值的真切反映、也包含了对前者及自身既成价值的创造性充实、合取、整饬、重构及完善性内容——其根本原因在于，审美主体及其价值能力具有一定的相对独立性，能够对审美客体及其客观呈现的审美价值进行基于作用—反作用原理的能动性、超前性、智慧性、审美性的创造性充实与完善；更为重要的是，审美主体还能借此对自我的既成价值力量、价值品格、价值构成等进行同样的富于能动性、超前性、智慧性、审美性的创造性充实与完善——通过对审美主客体之价值内容的思想诱导、情感强化或理性整饬与限制加以实现。

可以说，从生物学角度来看，价值起源于能量，经历了单因素价值、多因素价值、可变性价值、多样性价值和多层次价值五个具体的进化阶段。根据价值体系之构成层次的不同，我们可将之分为生存温饱性价值、安全保健性价值、认知发展性价值和自我实现性价值四大类型；其中，审美价值主要属于自我实现型价值之列。审美实践、审美生活，本质上是人对审美价值的创造与享受的精神活动，体现为审美信息增益、审美能量有序化、审美价值完善、身心获得审美自由等系列情形；其中，审美信息涉及审美主客体的感性特征与知性内容等，审美能量包含审美主体所体现和审美客体所蕴含的审美动机、审美期待、审美理想、审美激情、审美信念、审美意志、审美趣味等系列内容。审美价值的形成源于审美能量的释放与转化。

由思维科学可知，人基于对各个基本概念之联系的认识而得以形成抽象思维，人基于对各个基本形象之联系的认识则形成了形象思维；理性思维则是人类对第二信号系统所进行的"反射"式的反应活动，它作用于表象世界和概念世界，能够从中发见各种基本概念或各类基本形象之间更普遍的内在联系与本质区别，从而据此发现事物之间更普遍、更抽象的运动与变化规律，进而形成理性认识、思想学说和理论模型。由此看来，审美间体即是本书对审美主客体世界之相互作用的本质内容及其衍生产物的思想表征与理论表述形式。

审美价值生成于人的基于审美理性的精神实践活动中，包含了正性与负性内容，具有多元构成与复合性成分，譬如对悲剧情景、悲剧艺术、滑稽作品、幽默情景、死亡、毁灭、痛苦、伤残、灾难、绝望等负面事象的审美认知；其得以创成、体验和内外实现之情形，既体现了人的审美意识和审美生命体的身心合一的内在统一及双重发展，也体现了审美主体与审美客体经由价值互补、相互增益、协同完善等相互作用而获得对立统一的内外一体化之和谐自由完满发展境遇。审美主体在审美活动中不但创造或完善了审美对象，而且更重要的是创造或完善了自我世界，上述的双重活动及其产物都具有审美价值。审美价值的核心内容与本质体现皆在于获得审美自由的主体本身——达至情知意高峰状态和体象行完满境遇的、合乎理想的、体现完美价值的、存在于审美时空之中的人；因而可以说，人以审美实践的方式创造的具有审美真实的自我存在即为审美意义上的自由人。推而广之，还存在科学意义上、道德意义上、劳动意义上和宗教意义上、社会意义上及身体意义上的自由人。

同时需要强调，在审美实践中，人既是认知审美价值的根本对象，也是体现审美价值的根本载体，还是创造审美意义的价值本体；人的审美实践行为是审美价值的源泉，其中含纳了审美主客体的本然价值和应然价值以及审美主客体在价值层面的相互作用内容及价值衍生物；人的审美活动、心脑机体与行为能力的审美发展、审美的内在活动及其身心产物，都是审美价值的集中体现，都通过或内在或外在，或本体性或对象化的方式加以完善、体验、实现。理解这一点非常重要，这对于我们深刻而灵活地把握诸如戏剧、影视、舞蹈、艺术体操、花样滑冰、花样游泳等众多艺术表现情景的观众主体性自我实现之审美意义方面，具有深邃的思想启示。进而言之，审美主体的自我完善、自我实现和自我体验过程，不但指向主体自身，而且时常借助对象化方式来进行，譬如观众通过观照电影作品之中自己心仪的人物的圆满结局而间接实现或体现自己的审美理想，等等。

《礼记·大学》："致知在格物，物格而后知至。"即审美主体通过对审美客体的价值认知与能动完善而达到认知自我、完善自我、体验自我和实现自我自由价值的根本目的。要言之，人的审美发展体现为人的内在矛盾（感性—理性—体性，情感—道德、情—理、情—欲）与外在矛盾（主—客、心—物、天—人、格物—致知、知—行、情感—法律、能—所、体—用、言—意、言—行、自我—他人、小我—大我、善—恶、真—假、美—丑等）的审美整合与内外统一，体现为人的审美意识与人的心脑机体与行为实践的整体发展与审美完善情形，也体现为审美主体与审美客体、人与文化、人与自然、人与社会的价值契合与整体性的和谐自由发展境遇——即人内在的自我创造及外在的对自然的对象化创造的有机统一，创造性活动的过程性自由及其产物的境界化自由皆属于审美性的价值行为。所以从根本上和整体上来说，世界的最高价值乃是人的自由实现，特别是审美价值的最高形式及其终极效应乃是审美主体获得审美自由的内外境遇。

由价值论哲学可知，依价值的主导变量之不同属性，可将之划分为主体性价值、客体性价值和介体性。审美价值也是如此，其中包含审美的主体性价值、客体性价值和介体性/间体性价值。具体而言，审美的间体价值产生于审美主客体的相互作用过程中、系两种价值经过交互性合取—充实—整饬—重构—升华—完善—融合之后而衍生的全新的相对独立和完满自足的自由的"太一"价值境遇，因而既不完全属于审美的主体性价值，也不完全属于客体性价值。同时，正是审美间体对审美主体和审美客体的所产生能动的反作用，才会导致审美主体对审美客体与自我进行不断充实与完善、不断深化与多向性体验、序列性的价值转化与外化等富有价值增益与嬗变的审美创造性行为。

本书的宗旨在于，通过对审美主客体在审美实践过程中的复杂的多层级相互作用机理及其衍生的新的价值表征体——审美间体的主要内容、构成要素、认知意义、心理机制、大脑身体基础、精神效应和社会文化作用的交叉性辨识与多维论证，逐步达到对人类审美行为之内在的审美规律及审美价值得以完满创生的美学原理的初步认识，进而据此形成具有中华民族的审美文化之理性思维特质、符合马克思主义有关人的对象性价值创造—本体性价值创生及其审美观照的唯物辩证法要义，体现对古今中外的美学知识—思想—文化之概念—范畴、思想原理和理论模型的合理传承，批判继承与综合创新的美学理论及思想范型，借此助益目前和今后的美学研究及相关领域的学术探索与应用实践。鉴于笔者为克服有限的个体知识及美学研究的薄弱环节而采用多学科材料和交叉性视域的内容，其间必定存在诸多偏颇与谬误，因此真诚期冀学界师长及同人提出宝贵的质疑、纠正、批评和建设性意见。

一　国际学术界的跨学科交叉性审视

2015 年 10 月 8 日，《自然》杂志在线版发表了一组有关美学研究的跨学科交叉性文章。其中，赫伯·布罗迪在《关于美》的一文中深刻地指出："人类所攀登的人的需要的金字塔的顶层，乃是审美需要的王国。它与人类所密切关注的生存、疾病和健康等基本需要有巨大的区别。尽管人们所说的美理应包括诸如日落和科学理论之美在内，但是人们更为关注人与人之间的美的吸引力。在这方面，当代的神经科学提供了有关理解人脑如何对可爱漂亮的面貌产生反应的客观事据。"[1]

（一）审美研究需要强化客观机制辨识、深入心脑系统、采用跨学科的交叉性视域

美学家布林克在 2015 年的研究中指出，人们对审美知觉的理论审视

---

[1]　Herb Brody, "Beauty", *Nature*, Vol. 526, No. 7572, October 2015.

和经验观照，时常集中于主体对客体的特征知觉、对其所象征的意义认知等对象性价值方面，以及对主体的情感反应的泛泛而论，然而忽视了主体对自己的情感反应的认知评价、主体的审美认知意向以及艺术作品的创作者的创作意图等更为深层的价值内容。上述内容既涉及人的感觉—运动系统，也涉及大规模和多层级的神经网络活动，同时也意味着审美的观察者与其所观察到的现象之间存在着比较显著的对称性情状——主体的心理、大脑、机体及行为姿态对客体对象的全息性整体性多元化反应。① 换言之，今后的审美研究需要格外重视对审美主体的间接性反应——包括其对自己有关客体意义的情感反应进行认知评价、本体性反应——包括其对自身处于不断激活、扩散、升级、完善和高峰状态的情感活动、思维活动、意识活动、身体活动、言行举止神态表情姿势等情形的本体性体验。可以说，上述内容都可能成为美学研究得以深化和路径创新的价值生长点。

赫尔穆特等人在 2014 年的经验论美学研究报告中强调说，审美研究需要关注人的知觉加工、情感反应、身体反应和认知评价——特别是意识体验等多个环节，不能仅仅纠缠于对感觉与理性的争辩上，否则容易陷入片面性、主观性的泥沼中。②笔者认为，赫尔穆特作为一位精通认知科学的美学家，其所阐发的上述内容值得我们认真和深入地反思。或许可以说，审美活动并非我们认为的那样明显而又深奥、直接而又曲折。它借助审美对象的镜像效应而牵动了人的几乎所有的本质性力量，但是我们只顾着探究对象及其所引发的人的情感反应，偏偏忘了人对对象和自己的情感反应、身体反应、意识反应的智性反思或本体性的返身体验；这种返身体验伴随着人的自下而上—由上而下的理性评价、知性评价、感性评价和体性评价（或价值反应）。上述情形或许恰恰是审美行为的本质特征、价值核心及智性奥妙之所在。

著名的美学家康索莱针对人们对新兴的神经美学的质疑，在 2014 年的《当代美学杂志》中深刻地指出：心理学有关美学的研究同传统的哲

① M. Brincker, "The Aesthetic Stance-On the Conditions and Consequences of Becoming a Beholder", *Aesthetics and the Embodied Mind: Beyond Art Theory and the Cartesian Mind-Body Dichotomy*, the series Contributions To Phenomenology, Springer Netherlands, Vol. 73, 2015.

② Helmut Leder, Marcos Nadal, "Ten Years of a Model of Aesthetic Appreciation and Aesthetic Judgments: The Aesthetic Episode - Developments and Challenges in Empirical Aesthetics," *British Journal of Psychology*, Vol. 105, No. 4, 2014.

学对美学的探索，这两者之间并非水火不容、泾渭分明、各不相干，而是
具有内在的密切的深刻联系。神经美学有助于为美学理论提供关键而确凿
的用于证伪或证实的客观证据，这是哲学性美学所迫切需要的。① 他在
2012 年指出，以往的哲学美学仅仅强调主体对客体的审美想象，而当代
的认知科学则通过丰富的实验证明，审美主体同时还对自己的情感内容、
身体活动、感觉内容和理念世界展开创造性的想象、审视和体验，由此为
美学深入把握审美价值的本体性生成来源提供了客观事实。②

　　笔者则认为，康索莱的分析颇具新意，因为他启开了我们研究审美价
值的新的发生学视域。另一位美学家威尔希在论及美是自由价值的显现形
式时指出，审美价值的被发现、充实和完善情形，不仅发生在审美客体的
身上，而且更为深刻地发生于审美主体的内在世界：从感觉、知觉、意
识、身体到言行举止等系列活动。因而，审美价值、审美自由并不仅仅是
由对象决定和体现的，而是同时由审美主体加以创造并在各个方面予以表
征的。③

　　而威尔希则从审美价值的表征层面触及了审美主体的主导性作用，揭
示了审美主体何以达至情知意的高峰状态以及因何被深深感动、如何获得
无限的满足及快乐自由等精神机制。可以说，这都是对当代美学研究的重
大的思想认识论贡献。

　　切尔西·王尔德在《有关美的四大问题》一文中辨析了相关的认知
机制："什么是人之美的本质呢？美的内涵是很难加以定义的，我们常常
是在感受美的事物时体会到它的特征的。我们知道，人类所发现的美的某
些特征，可能与早期人类的健康和生育活力有关，但是人类对某些特征的
偏好仅仅是人类大脑之加工信息的方式获得长期进化的过程中的副产品。
为何我们能够从感受美的事物之中获得愉快呢？人脑里并不存在唯一对艺
术作品产生反应的特定区域，审美活动涉及大脑复杂和广泛的神经活动及

---

① G. Consoli, "Brain and Aesthetic Attitude: How to Integrate 'Old' and 'New' Aesthetics," *Contemporary Aesthetics*, Vol. 12, 2014. http://hdl. handle. net/2027/spo. 7523862. 0012. 009.

② G. Consoli, "A Cognitive Theory of the Aesthetic Experience," *Contemporary Aesthetics*, Vol. 10, 2012.

③ Wolfgang Welsch, "Schiller Revisited: Beauty is Freedom in Appearance – Aesthetics as a Challenge to the Modern Way of Thinking", *Contemporary Aesthetics*, Vol. 12, 2014. http://www. contempaesthetics. org/newvolume/pages/article. php? articleID = 701

其动态网络，它们成为人们形成审美经验的客观特征；它们大多与大脑之中的奖赏回路密切相关，后者导致人们对毒品、性和具有吸引力的面孔产生强烈反应。截至目前，学术界的研究者并不认可有关审美经验的现行定义，因为它们极少论及人脑的各个部分是如何通过整体协同来创造形成审美经验的内在机制。因而为了破解此类问题，则急需多个科学领域的同心合力，以及跨学科层面的艺术学与哲学的密切合作。"① 切尔西·王尔德在《审美的大脑》一文中，对美的面孔何以能够吸引人的大脑机制进行了阐释：美的面孔能够强烈激活人脑之中由多巴胺驱动的奖赏回路的神经信息活动，因此有些科学家把在该回路里发挥关键作用的伏隔核称作"快感发生器"；大脑里调控伏隔核活动的一个脑区乃是眶额皮层，其中心结构负责对审美对象的潜在性奖赏价值进行判断，其外周部分则负责对客观对象的非奖赏性价值做出负面判断或惩罚性体验、逃避性反应。另外，位于大脑边缘系统的杏仁核，则对具有吸引力的面孔及其他美好的事物产生非线性的正相关反应：对象的吸引力越强，则杏仁核的兴奋性活动也越强烈；反之亦然。它对中性刺激的反应最弱，对负性刺激则同样产生非线性的正相关反应——抑制反应。心理学家认为，它也是导致吸引力光晕效应产生的一个重要因素。② 可以说，为人类何以形成审美快乐提供一种基于神经网络的大脑活动机制，有助于深化我们对审美活动之心脑效应的理性认识。

著名的神经美学家查特吉一针见血地指出，固然美学研究需要借鉴与吸收来自神经科学、认知科学和生物学的相关的合理概念、方法、论据和理论，但是美学不能重走还原主义的老路，因为科学历史表明那是一条看似简单、客观然而过于机械的线性思维方式。人类的美感既基于感觉和生物性因素、生理性结构与功能，又受到自上而下的意识驱动或观念投射，所谓观察渗透着理论。后者对人的美感的形成、人对审美价值的充实与完善、人对审美对象和自我的综合性审美认知乃至自我的审美实现，都发挥着最终的决定性作用。③换言之，审美活动既涉及人的环境特征、对象属

① Chelsea Ward，"Beauty：4 Big Questions"，*Nature*，Vol. 526，No. 7572，october 2015.

② Chelsea Wald，"Neuroscience：The Aesthetic Brain"，*Nature*，Vol. 526，No. 7572，october 2015.

③ Anjan Chatterjee，*The Aesthetic Brain：How We Evolved to Desire Beauty and Enjoy Art*，Oxford University Press，2013.

性等外部因素，也涉及人的心境、动机、当下需要、思想意向、身体状态等内部因素，更涉及主体大脑的感觉、知觉、意识与机体变化等心脑机体的多层级交集性反应，所以今后的美学研究迫切需要超越基于还原主义的感觉论及经验论形式主义和科学主义的美学观，以及基于整体主义的理念论与符号论现象学美学观等，需要建构一种个性化的用以尝试解释今昔审美现象及解答中西方美学难题的思想模型，以期体现以理性智慧引领学术探究的智性原创性特质。

著名的美学家休斯顿在其 2015 年出版的新著作《艺术、美学与大脑》里深刻地指出，有关艺术和美学的认知神经科学研究，是一种全新的视域和多元化的研究路径，这对于美学和艺术学深入考量音乐、视觉艺术、舞蹈、影视艺术和戏剧艺术来说，都具有重要的认识论启示。譬如在艺术意义和审美价值的体验方面，艺术和美学的认知神经科学研究建立了具身加工模型和主体对奖赏刺激做出强烈深刻反应的本体性体验坐标，从而有助于我们深刻理解审美快乐得以产生的审美主体的创造性活动之内在动因。① 休斯顿概括道，由此可见，人类始自 10 万年前的装饰性实践——借助色彩、线条、声音、节奏及运动方式美化自己的身体、工具和用品的审美活动，体现了生物学和文化学的有机结合范式，并成为借此区别于其他生命种类的重要特征之一。相应地，人类的这些审美活动均在其心理系统和大脑的神经系统之中形成了持续重塑的特殊结构、功能和信息网络模式。② 进而言之，美学对认知神经科学的借鉴与参照，的确具有研究主体和研究对象、研究内容等多方面的合情合理性依据及合法合体性凭证。

可以说，21 世纪的美学、艺术学和心理学、神经科学等系列研究领域，正在形成一种多元聚合、知识集成、智慧合围、互动互补与协同攻关的联盟。这种全新的知识发展趋势和学术研究格局提示我们，人类的审美现象不再仅仅属于美学和艺术学的研究领地，而是已经成为人们探究人类心智与大脑奥秘的最重要的观察窗口和思想平台了。迄今来自美学、艺术学、认知神经科学的众多经验与材料表明，那些困惑美学家和艺术学家的

---

① J. P. Huston, M. Nadal, F. Mora, et al., *Art, Aesthetics and the Brain*, Oxford: Oxford University Press, 2015, pp. 68 – 69.

② Ibid., pp. 12 – 13.

超级难题、那些审美研究和艺术学探索的首要思想瓶颈等，也同样地见之于心理学家、认知科学家、神经科学家、人类学家和医学家等的思想时空里。因此可以说，并不是美学家和艺术学家、心理学家、神经科学家等的理论、知识、技术方法和智慧滞后于人类的审美实践、不敷所用，而是大家遭遇了共同的思想瓶颈、智能挑战，知识界在审美世界不期而遇，发现了共轭性问题及共享性迷津。

因此，上述情势提示我们：强化客观机制辨识、深入心脑系统、采用跨学科的交叉性视域和概念方法事据，进而确立主客体统合——主体客体间体三位一体相互作用的辩证认识论框架、重新建构问题与模型、更新概念与范畴、增添客观事据与逻辑，借此推进美学、艺术学、心理学、神经科学、认知科学各学科齐头并进与协同创新！

（二）重视对人体美的与生俱来的属性以及审美标准的多维度分析和细致阐释

针对人体美的根本特征这个问题，卡尔·格拉姆指出了八个指标："年轻，对称，匀称，性激素标志，体味，动作姿态，肤色，头发纹理。它们分别表征了身体的发育品质、健康状况、体能与活力、免疫力，同时仍然需要深入探究它们为何能够构成人体美的吸引力，以及哪些基因决定了人体的吸引力等问题。"[①]他进一步对有关美的标准的判断受到遗传基因、心理因素及或文化的影响的论点提出质疑，认为应当基于年轻、健康和生殖优势等实用性的生命价值来考量人体美的判断依据。笔者认为，格拉姆诚然注重人体美的本体价值，但是人们对这种价值的审美考量还需要兼及人的审美理想、不同民族及不同时代的人体美之欣赏风格等精神因素和社会文化因素。

（三）基于自然美的人工美：含纳主客体的综合性审美价值——提示审美价值的创造性增益向度

多伊奇在《客观之美》一文中认为，美具有主观性和客观性等多重特征，其中包括遗传性、文化性、自然性、精神性等因素。譬如，为什么鲜花很美？因为它们旨在通过进化而形成更具吸引力的色彩、形状和香味，以便促使昆虫更多地采蜜并授粉、促进花卉植物更长期和大范围的繁

---

① Kristin Lynn Sainani, "Q & A: Karl Grammer", *Nature*, Vol. 526, No. 7572, october 2015.

衍。然而，这仅仅是一种基于仿生学的猜测。事物由于能够满足人们的审美偏好——形成于我们的大脑之中，受到特定文化的形塑——因而看起来好像是一种客观存在的美。如同科学家对客观真理和科学之美的揭示那样，艺术家对审美真理的发现、对艺术之美的创造，导致人类不断充实与提升自然世界所呈现的原始之美、朴素和粗糙的物形与事象之美，譬如莫扎特和贝多芬创造出了音乐世界的新的艺术标准与美的体系。①

笔者认为，自然美虽然是客观的，但是依然需要审美主体进行审美加工，以便使之成为进入主体审美认知时空的审美客体或审美对象；人工美乃是基于自然美而实现的审美价值的增益、审美形态的符号化变形、审美意义的想象性链接、审美情感的对象化投射、审美智慧的感性化体现。因而可以说，审美价值实际上生成于审美主客体的相互作用过程中，呈现为经过二度创造臻于完善的主客体价值世界的化合与新生形态。

二　美学研究尚待考量的深层问题

美学研究源远流长、卷帙浩繁、成果无数、贡献良多，从基本范畴、核心概念、思想方法、认识论路线和标准规范等体制性建树，到形态学、符号学、现象学、经验论、理性论、本体论、客体论等知识性产物，再到主客二元论、还原主义、整体论、人类中心论、客体唯物论、价值自在论和价值增益论等，古今中外的众多美学研究者、思想家都做出了重大贡献。在此不拟赘述，而是侧重进行问题梳理和动因探究，以期造益21世纪的美学研究。

（一）客观问题举要

疑问之一是，美的价值来源何在、其表征方式究竟是什么？

疑问之二是，审美主体与审美客体到底是如何进行相互作用的？这涉及我们对美和美感之相互关系的理解、把握和体用问题。

疑问之三是，悲剧艺术的审美价值是如何形成的？譬如我们至今依然无法解释下列问题：为何人们会喜爱伤感肃穆的艺术（诸如巴赫《G弦上的咏叹调》、莎士比亚的悲剧作品《罗密欧与朱丽叶》和《哈姆雷特》、贝多芬的《命运交响曲》和《悲怆奏鸣曲》、何占豪与陈钢的小提琴协奏曲《梁山伯与祝英台》，等等）？

---

① David Deutsch, "Objective Beauty", *Nature*, Vol. 526, No. 7572, october 2015.

　　疑问之四是，今后的美学如何增强客观性品格？譬如，如何借鉴当代认知科学的具身化理论、神经美学的奖赏信息自体化机制等密切相关的新兴交叉性学科的适用性概念与数据，以此充实美学研究的论据基础。

　　疑问之五是，本体性转型成为哲学、心理学、教育学、艺术学、历史学等多门学科的未来演进趋势。那么，美学的本体论建设应当始于何处、以什么为思想坐标和认知框架和理论参照系呢？

　　对此，经典美学尚未提供令人信服和切实可行的解决思路。究其原因，主要在于不少研究者秉持主客二分的传统认识论和机械思维观，同时依然使用抽象思辨、理论旁证和添加艺术现象的论证方法，缺乏 21 世纪美学研究所迫切需要的认知科学、神经科学及门类艺术创作与表演学等精细、深刻和实证性的知识储备与经验积淀。

（二）主观问题示例

　　美学研究中的一个根本问题是，我们的美学还没有找到切入现实的途径和属于自己的话语。这就是说，美学还没有作为一种本体论去关注人的诗性的生存问题，还没有作为一种认识论去解决审美之如何可能的问题，还没有作为一种价值观去讨论如何以审美的方式观察和评判现实的问题。人类的审美活动是在两个层面上进行的：就客体来讲，是经验的层面与超验的层面；就主体来说，是感性的层面与理性的层面。美学所要回答的是如何从前一个层面过渡到后一个层面并与之融通在一起。①

　　笔者认为，现行的美学研究固然取得了许多重要进展，但是同样呈现了不少值得高度关注的主观问题，也即作为学术认知主体的美学研究者自身存在的一些薄弱环节乃至不足与缺陷。这些主观问题在不同程度上、以不同方式影响或制约着美学研究的深入发展。为此，笔者在此不揣冒昧，根据自己的观察和浅见，谨归纳出以下的主观问题，以资学界参考。

　　一是美学、艺术学的经验性研究缺乏事据更新，由此影响了学科的信效度、客观性。美学是一门交叉学科，美学与艺术、心理学、语言学、人类学、神话学、社会学、民俗学、文化史、风俗史等诸多学科都有密切的关系；美学是一门正在发展中的学科，从国际范围看，至今还找不到一个成熟的、现代形态的美学体系。不存在一种实体化的、外在于人的"美"。柳宗元提出的命题："美不自美，因人而彰。"美不能离开人的审

---

① 阎国忠：《中国美学缺少什么？》，《学术月刊》2010 年第 1 期。

美活动。美是照亮，美是创造，美是生成。不存在一种实体化的、纯粹主观的"美"。马祖道一提出的命题："心不自心，因色故有。"美在意象。朱光潜说："美感的世界纯粹是意象世界。"宗白华说："主观的生命情调与客观的自然景象交融互渗，成就一个鸢飞鱼跃，活泼玲珑，渊然而深的灵境。"这就是美。美（意象世界）显现一个真实的世界，即人与万物一体的生活世界。美感是"天人合一"即人与世界万物融合的关系（"人—世界"结构），是把人与世界万物看成内在的、非对象性的、相通相融的关系。① 譬如，如何通过借鉴神经科学、认知科学、文化人类学、图像考古学、分子生物学、计算机科学和人工智能等多种大跨度与交叉性的学科实证材料、最新事据等，来进行二度加工，使之成为美学和艺术学研究可资利用的当采资源。否则，我们的美学与艺术学研究又如何能使我们自己信服自己提出的相关理论呢？如果我们的论据说服不了我们自己，则无法令他人和大众信服。

二是美学、艺术学的知识性研究缺乏概念创新，其原因在于缺少对审美主体的本体知识及其建构机制与意义的深刻体认。譬如，缺少对审美主客体相互作用及其衍生产物的概念表征，致使美学和艺术学的知识论建构呈现出表象化、浅泛化、机械性和抽象化的倾向。

三是美学、艺术学研究的认识论相对陈旧、信从笛卡儿的主客二元分立的坐标，偏重于客体、缺少对主客体相互作用机制及其完形统合形式的考量。有学者对美学研究的哲学基础或思想框架进行了深刻的反思：在美学理论的研究中，通常存在着一种自然思维的习惯，即人们总是直接扑向自己所要研究的对象，如美、美的本质、美感、审美心理结构等，而不先行反思，自己是把什么样的哲学观念带入美学研究中，这种观念究竟是否正确。国内的所谓不同的美学学派实际上都有着相同的哲学基础，那就是苏格拉底、柏拉图肇始的知识论哲学。事实上，当前中国的美学研究仍然在知识论哲学的地基上打转，而不离开这一地基，美学理论的创新几乎是不可能的。②

该学者继续分析道，美学研究领域中的知识论哲学的倾向主要表现如

---

① 叶朗：《美在意象——美学基本原理提要》，《北京大学学报》（哲学社会科学版）2009年第3期。

② 俞吾金：《美学研究新论》，《学术月刊》2000年第1期。

下：一是把美学认识论化。这种把美学认识论化的倾向，在当代美学的研究中无不处处表现出来。比如，认识论研究关注的根本问题是：世界是什么？世界的本质是什么？把这种关注转移到美学研究中，就成了如下的问题：什么是美？什么是美的本质？二是把美学伦理化。三是把美学意识形态化。当美学还处在知识论哲学的框架中时，它必然成为认识论、伦理学乃至意识形态的附庸。美学要获得自己的尊严，就必须重新反思自己的哲学基础，并作出新的选择。笔者认为，用以取代知识论哲学的新的哲学基础，应该是生存论的本体论。人对周围世界的关系不是一种抽象的求知的关系，而首先是一种意义关系，即人只关注与自己的生存息息相关的东西。审美作为人生存的一种表现方式，其秘密也只能从生存论的本体论的角度加以破解。所以，从这样的哲学前提出发，美学研究的整个问题域都会发生转变。它的第一个问题不再是："什么是美？"而应该是："为什么人类在生存活动中需要美？"换言之，重要的不是关于美的抽象的知识，而是美的意义。美不可能成为一种独立存在的理念，相反，它是与生存着的人不可分离地关联在一起的，美是在主体的审视活动中显示出来的。也就是说，只有返回人的生存状态中去，美的秘密才会被揭示出来。自由是生存的最高价值，而审美活动正是这种最高价值的体现。①

　　可以说，国内学者的上述分析具有真切的指对性、深刻的合理性和高远的建设性意义。它提示我们：美学研究首先需要精心选择与建构合乎研究对象及主体特性的思想框架——一种合情合理、合体合性的概念关系网和范畴结构网——它作为研究者对研究对象与主体之特定价值关系的一种模型化表征、理念性陈述和思维性参照。譬如笔者所提出的审美（价值）"六性"说——审美物性、审美感性、审美知性、审美理性、审美体性、审美新物性，以此来辨析审美感性与审美理性、身体美与物体美、形态美—符号美—真理美等长期以来令人挠头的狡黠问题，当会收获新的进展。

　　四是美学、艺术学研究的方法论缺少全息性、系统化和立体性维度，或执守自下而上的经验主义模式，或沿袭空洞抽象的理性主义的套路，或陷入还原主义的窠臼，或摇摆于整体突现论与具体表征论之间。

　　五是美学、艺术学的理论性研究缺乏范畴创新。范畴基于相应的概念群而得以抽析形成，体现了主客体世界之发生发展与变化消亡的深层规律

---

① 　俞吾金：《美学研究新论》，《学术月刊》2000 年第 1 期。

和本质特点，因而可以被人们用来表征审美世界的价值生成规律、价值增益原理、价值体验机制、价值转化规律、价值体用之道和物化之妙。

六是美学、艺术学的思想模型缺乏范式创新，譬如学术界出现的有关美的形成动因的"主观说""客观说""主客观说""自由象征说""实践论""主体间性说"等，大多侧重于某个维度、某个层面来进行立论及阐释，纵向层次单薄、横向维度单一，缺少对多种审美的自变量与因变量之相互作用机制与结果产物和主客观意义的心理学神经科学认知科学和精神哲学辨析与学理表述。尼采认为："'自在之美'不是一个概念，而是一句空话。在美中，人把自己确立为一个完美的尺度……人相信世界本身充满了美，——他忘了自己正是美的原因。……'美'的判断是他的族类虚荣心（Gattungs-Eitelkeit）。"① 笔者认为，尼采所表述的审美价值观充分体现了人类作为审美主体对自己的理想化存在的本体性审美体验这个深刻的本质性特征，因而有助于我们在今后的美学研究中深刻把握审美价值所映射的客体镜像及其主体的理想化存在根源。

（三）笔者的建设性瞻望

迄今，美学和艺术学研究取得了一系列重要进展，具体内容不拟赘述，学界同人已经清楚；而深入探究目前及今后影响或制约美学与艺术学发展的根本性内因，则具有异常重要的思想创造启示、理论建构参照价值、概念范畴更新作用。笔者认为，我们今后应当从以下几个方面着眼，据此展开对美学和艺术学的本体建设性工作。

第一，倡导本体性探究与新视域建构——学术研究的全息认识论坐标——含纳主体性、客体性及其相互作用所衍生的"第三体"——间体性时空。这个"第三体"对于我们把握审美价值的思想来源、体认审美主体的创造性智慧、理解审美主体为何获得本体性满足及心灵自由与内在和谐等一应重要问题，都事关重大、意义非凡。如果舍去、省略或忽视、贬低它，那么今后的美学和艺术学研究依然会呈现出前述的一系列主客观问题与思想瓶颈，且它们仍然会呈现出无解的境况。

中国美学从西方美学借鉴了"自由"概念，从传统美学汲取了"天人合一"概念，把它视为审美活动的最高境界和美学的最高旨趣。但是何谓自由？审美自由与生命自由有何区别？何谓"天人合一"？"天人合

---

① F. Nietsche, *Saemtliche Werke*（*KSA6*），München：Deutscher Taschenbuch Verlag, 1988.

一"与人和自然的统一（自然人化）有何区别？至今未有一个完整的阐释。美学始于对经验之美（事物之美）与超验之美（美本身）的区分以及对超验之美作为一种信仰的确认。超验之美与经验之美一样，是由主体与对象两个方面的因素构成的，就对象来讲，超验之美是与同样超验的真、善统一在一起，是理念、道或存在的显现；就主体来讲，超验之美是理性、意志、情感协调在一起的，是自我价值的实现。① 换言之，超验之美来自人基于经验之美的创造，而前者又需要借助后者来体现自己的感性价值或存在意义。所以说，审美理性或人对审美价值的意识体验负责创造完满的主客体价值，而审美感性与审美体性则主要负责以生命形式或感性符号显现那些完美的价值。

针对审美活动中主客体实现内在统一与协整的情形，有学者指出，美不是实体，而是处在被人欣赏活动中的形象具有符合人理想的价值和意义。我们的美学（准确地说是审美学）应该研究审美感受的丰富复杂内涵及其丰富的规律。由于忽视了"感觉"与"感性"这个审美学应有的本质与特征，而沉陷于对"美"的玄想理论编织和单一标准，就会使美学与丰富复杂的感性感觉内涵及其规律失之交臂，在隔靴搔痒中丧失殆尽。文艺，审美，都消除了人与世界、自然与社会、技术与精神、感性和理性的割裂状态，使人处于一系列矛盾对立的互动共生和谐统一的关系之中，使人处于天、地、人、神（神圣诗意的理想追求）四方一体和谐亲密共存的状态中，沟通现实与理想。② 换言之，美学研究应当通过对人的审美认知活动的感性、知性、理性和体性、物性的深入细致探究，逐步揭示审美主体与客体如何获得价值统合与完善、怎样实现自我理想、何以感到快乐自由满足等内在机制。

世界符号学会主席塔拉斯蒂教授谈到中国的现代美学研究现状时，意味深长地指出，中国现代"美学"这个学科，从基本范畴、概念到理论框架，都存在诸多疑难。西方现代学术对美学、aesthetics（美感）、美、艺术这几个概念及它们之间的关系的理解，似乎也存在一些模糊之处。Eino Krohn 教授在其研究欧洲美学史的著作《审美的世界》里，清晰地描

---

① 阎国忠：《中国美学缺少什么？》《学术月刊》2010 年第 1 期。

② 王世德：《论审美和美的特性、实质和规律——说"美"是说一种感觉》，《美与时代：BEAUTY》2013 年第 9 期。

述了欧洲思想发展中美的发展史，包括它的主要观念。他作了这样的规定：美的研究范围，必须从实践的、理论的、伦理的研究范围中区分出来。在他看来，美感态度或美的关系是指：我们的存在中那种以一种价值显现给我们、自身显现出意义的精神状态。如果我们要对美与艺术的心理内容的普遍性进行研究，就必须应运用模态。这些模态有自己的语法。对于任何语言或符号系统来说，这些模态就是存在、做、显现、成为、想望、知道、能够与有义务去做。很明显，这些模态支配着我们的交流与语言。"美的体验"是一种价值，一种终极目标，美在本质上意味着人与世界的和谐关系，意味着自由，意味着人类对美的体验之非实用的精神状态。中国现代"美学"最好走自己的路。当然，我们需要不断反思它的假定、基本范畴、概念、理论框架。对于中国现代"美学"的发展，就所有这些问题来说，需要发展自己的概念与话语。①

进而言之，我们的美学研究需要同时反思东西方美学领域的思想学说、基本范畴、概念体系、研究路径、论证形式，以便借此形成自己的概念、解释框架和论证体系。康德认为美的体验与判断与"完善的感性"无关。笔者则推想到，它们与人的理想、情知意的高峰状态和创造力的极致活动密切相关。

在此需要指出，笔者所说的审美间体（Intersubject object）不同于人们所说的主体间性或交互主体性（Intersubject）；后者主要是指称社会学意义上的人际交流，尚未涉及人与自然、人与艺术、人与科技、人与宗教、人与自我、人与宇宙、人与道德文化等更为深刻和广泛的主客体语境。当然，"主体间性"理论所阐述的交互作用模式，的确值得我们的美学研究、审美认知心理研究、艺术学研究深细品味和借鉴移植。笔者的"审美间体"三位一体结构与功能模型，就吸收了它的交互作用理念。当然，这种交互作用可以发生于主客体之间、主体与自我之间、主体与间体之间、客体与间体之间；其交互作用的方式包括离身性的对象化投射、具身性的本体性映现；其交互作用的内容可包括正性价值（真善美及其令人快乐的情知意—体象行表征）、负性价值（假恶丑及其令人痛苦或厌恶或愤懑的情知意—体象行表征）、混合型价值；其交互作用的效应在于，

---

① ［芬兰］E. 塔拉斯蒂、伏飞雄：《中国现代"美学"省思——世界符号学会主席塔拉斯蒂教授访谈》，《社会科学研究》2014 年第 1 期。

使一方或双方的正性价值得以提升、充实与完善，或者使一方或双方的负性价值得以消减、转化、释放、抑制，或者同时包含前两种结果。

上述构想的思想理据，即在于现象学美学家所释说的审美客体的创造性生成、审美主客体所形成的全新的交互性建构与表征的价值关系。梅洛·庞蒂认为，知觉不仅是外在影响所产生的感觉，还是一种内在的感知。[①] 杜夫海纳则指出，"作品期待于欣赏者的，既是对它的认可又是对它的完成"。[②] 他深刻地认识到："审美主体与审美对象（客体）之间是一种姻亲关系（二元合流），而不是血缘关系。"[③] 他进而认为，当审美主体精心创造出了作为审美客体的审美对象之后，他与这种全新的第二自然时空就形成了新的关系：他居于外在的艺术作品或自然现象之上，同时还居于全新的审美客体之下，并具有某种间位主体或主体间性的地位。这便是西方主体间性理论的最早的源头所在。

第二，重新认识"审美价值"的主客体内涵特别是它们通过相互作用而衍生的第三时空表征体的价值地位。长期以来，美学和艺术学的研究者使用"审美价值""美""美感"等概念，用以指称主客体世界的审美意义。但是需要说明的是，"审美价值"属于泛指性和笼统性的一级概念属性，因而需要我们对之进行思想加工，借此形成相应的三级概念、四级概念等，以便我们能够对该概念进行感性体验、具象观察、定量描述与分析、重复性检验。基于审美间体学说，笔者认为，可以划分出深入细致的审美价值的结构谱系。一级概念：审美价值；二级概念：审美间体价值；三级概念：审美客体价值，审美主体价值；四级概念：审美客体的感性价值、知性价值、理性价值、体性价值，审美主体的感性价值、知性价值、理性价值、体性价值；等等。

马克思认为，世界上没有抽象的真理、抽象的价值与意义，真理、价值、意义都产生于具体的事象于情景之中。对于诸如"审美价值""美""美感"等抽象概念来说，我们需要在具体的研究过程中对之进行思想还原和具象性呈现。否则，对诸如"审美价值"之类的元概念，我们无法进行思想操作，它实际上具有多种指向、多种内涵、多种语境。再如，

---

① 尹航：《重返本源和谐之途——杜夫海纳美学思想的主体间性内涵》，中国社会科学出版社 2001 年版，第 60 页。

② ［法］杜夫海纳：《审美经验现象学》，韩树站译，文化艺术出版社 1992 年版，第 74 页。

③ 同上书，第 30 页。

"美"这个词语到底是指审美客体还是指审美主体所具有、所创造、所体现的感性审美价值呢？"美感"到底是指审美主体对审美客体的价值体验、对自我情知意—体象行之高峰活动状态的本体性价值体验呢，还是兼指两者呢？

因此，一是我们需要对美学、艺术学领域的诸多一级概念进行思想加工、降阶转换；二是我们需要深入细致地确定美学与艺术学的次级概念、三级概念、四级概念的指称对象，内在含义，时空语境和其间主客体互动、主体与自我互动、主体与间体互动的价值交变与增益原理。只有这样，我们才有可能在低阶概念的层面形成与之对称的表象、经验、情景、事据、情态、动相，进而确定我们当下所说的"美"到底是指审美客体还是审美主体所具有、所创造、所体现的感性审美价值，进而确定我们当下所说的"美感"到底是指审美主体对审美客体的价值体验、对自我情知意—体象行之高峰活动状态的本体性价值体验，还是兼指两者。

第三，悉心寻找用以印证自己的理论观点、概念和方法的客观证据。在这方面，我们一方面需要承传与光大美学研究的优良传统——理论旁证、逻辑论证、历史事证和间接实证；另一方面，我们还需要借鉴和创造性移植化用来自当代认知科学、神经科学、计算机科学、人工智能、文化人类学、考古图像学等大跨度和交叉性学科的新事据、新概念、新方法、新观点，以便逐步形成多维度、多层级、多形态、多属性、多坐标、多元参照系的解释依据，借此提升美学和艺术学研究的客观性品格、信效度水准——它们是我们创建美学与艺术学新的科学理论的思想根基。

三　审美间体——审美主客体相互作用原理及审美价值创以机制

有前述可知，迄今为止，中外美学家对有关审美主客体相互作用的思想产物及其心理表征体、大脑相关物与身体行为转化方式等问题，尚未形成明确清晰的判断、合情合理的阐释和信效度较高的客观论据。因而，对上述问题进行基于新维度的思想原理探索、概念范畴表征、理论模型建构、客观事据验证、经验体证与理论旁证，则具有特殊的重要意义。

（一）审美间体论对主体间性理论的扩展、深化与超越

Intersubject 这个概念的基本含义涉及自我与他人、个体与社会的关系。主体间性不是把自我看作原子式的个体，而是看作与其他主体的共在。该概念的创立者胡塞尔之所以发明这个新术语，旨在解决哲学特别是

现象学认识论上的先验主体"我们"如何确立及如何作为并实现其可能性等问题。然而，他从先验自我内导出他人的存在，但他人的自我所给出的则带有附呈性意味，它并不能转化为先验主体自我的原初体验。由此可见，胡塞尔引进主体间性并不能克服其体系的自我论倾向。在现代哲学的发展中，特别是从海德格尔开始，主体间性才具有了哲学本体论的意义。

主体间性的根据在于生存本身。生存不是在主客二分的基础上主体构造、征服客体，而是主体间的共在，是自我主体与对象主体间的交往、对话。这是因为，其一，在现实存在中，主体与客体间的关系不是直接的，而是间接的，人的社会存在需要以主体间的关系为中介，包括文化、语言、情感（如亲情、爱情、友情等）、社会关系（如家庭、组织、单位等）中介形式。因而看来，主体间性比主体性更为根本、更加合情合理及合体合性。由此出发，人文社会学科就开启了新的特殊研究领域，即关注主体与主体的关系，不应把对象世界，特别是不应把作为精神对象的他者看作客体，而是应当将其看作主体，并确认自我主体与对象主体之间的共生性、平等性和交互性关系。其二，哲学范畴的存在形式既不是纯主体性的也不是纯客体性的，而是主体间的共在性。传统哲学的存在范畴或是客体性的或是主体性的，因而无法摆脱主客对立的二元论束缚。主体间性作为本体论的规定是对主客对立的思想现实和社会现实的超越。

然而笔者认为，Intersubject 主要适用于现象学、哲学社会学、人类社会学等领域，因为它仅仅指涉人际关系、人与人之间的多元化多层级交流与互动互补情形，并未涉及人与物、人与事、人与文化之间的精神交流、价值互补与合取升华等思想创造性语境。笔者所提出的审美间体，主要是指涉审美主客体在精神时空的相互作用关系，其中包括互动互补、协同增益、系统突现、超越自体、整体嬗变、催生新价值等系列丰富内容。

进而言之，所谓的间体，即是特指那些发生于主客体之间、合取主客体正能量正价值正意义并形成高于主客体的新型价值综合体之思想新生的诸种情形；还可广而推之，诸如审美间体、情感的精神间体（爱情、亲情、友情、偶像之情、道德情愫、信仰之情等）、情感的社会间体（婚姻、家庭、职业表征、兴趣爱好休闲方式等）、夫妻双方创造的生命间体（子女）、生产领域的工具间体（符合主客体特性、能够传递或表达主体的情知意价值与体象行力量、作用于特定物质对象并产生合情合理的相对完满的新的物质产品或科学成果）、精神领域的思维间体（思想工具或手段，譬如逻辑方法、类比方法、符号表征法、模型方法、图式方法等）、科技领域的器具设备（如望远镜、显微镜、母机床、航天器、计算机等）、生活领域的家庭用具和交通设施（如餐具、车辆等）等。

在艺术和审美领域的一度创作及二度创作过程中，譬如摄影、音乐、雕塑、文学、影视等，实际上都充分体现了主体对审美对象的感性形态的择优摄取、对自我情感和思想价值特征的择优表达及形式化构造，从而使主客体的精华元素获得了完满重组和完形升华，共同化生出崭新的物我一体化共同体：价值共同体、命运共同体、情感共同体。

（二）间体存在的科学样本和哲学观念

配体、受体和间体形态，普遍存在于物质世界、知识世界与精神世界之中。可以说，它是宇宙万物得以生生不息、变化无穷的根本原因与内在规律之一。

在物质世界与精神世界之间，存在着工具中介体和知识中介体；在心脑世界之间，存在着身体中介。同时，物质世界与精神世界的相互作用，可以形成物性与心性合二为一的心物综合体或心物间体，譬如由物性表象与心性表象化合而成的意象综合体，由客体性知识与主体性知识化合而成的完形化知识综合体，由物质载体和认知模型化合而成的科学实验及模型综合体，由物质载体与艺术理念化合而成的作品综合体，等等。

还可以说，世界上存在着无数形式的中介性间体（如各种工具）、联合性间体（如爱情婚姻家庭、各种社会组织、各种联盟、国家、联合国等）、新生性间体（如作为夫妻生命创造体的子女，合取了父母双方的良性等位基因及性格思想行为特征，淘汰了父母双方的劣性等位基因及性格思想行为特征，从而显示了青出于蓝而胜于蓝的系统增益优势），还有符号性间体（譬如艺术作品作为内容与形式的完形化表征体、主体与客体及小我与大我的情知意价值整合创新体，科学成果作为主体智慧与客体规律的完满体现方式），等等。

总之，通过对内外世界客观存在的各种中介体与两两相对的综合体的形态考察、结构辨识、功能分析与意义阐发，我们可以发现内外世界相通的某些共轭机理、内外世界共享的某些价值关系、内外世界具有的某些共性特征、内外世界得以发展变化与更新的某些共同规律。当然，精神世界特别是审美时空还体现了一些更为重要的特殊规律、独特机理、特殊的相互作用范式及其价值间体形态。对此类内容，本书将在导论后面的各章予以深入讨论。

1. 内外世界以变更新、动力无穷、气象万千的根本规律

检视自然世界、生命世界、社会世界、文化世界、精神世界之所以能够持续呈现无穷形态变化、无限构造翻新、无尽的功能嬗变、无量的意义象征、无涯的知识演进与智慧升级等奇妙事象与情景，就在于造物主运用有限的元素进行拾级而上的多层级、多维度、多范式和多形态的重组与再构、重整与增减扩缩，进而创造出各个有别、不相重复的、多系列的关系体（存在关系体、反应关系体、衍生关系体等）；在无限多样的关系体之持续翻新的时空进程中，自然会产生或体现关系体内部、关系体之间及其与自己新生的衍生体之间的日益复杂而微妙的相互作用。

从哲学上看，相互作用是人们用以表征事物或现象之间辩证联系的普遍形式的哲学范畴。相互作用的普遍性和绝对性通过无限多样的具体的相互作用而体现出来。相互作用是事物的属性、结构、规律存在和发展的条件。在诸多因素的相互作用中，必有一种起着主导的决定的作用。在审美世界中，审美主体显然发挥着主导作用，具体体现为其对审美表象的创造性重构与深化、对审美概念符号及知性时空的创造性转换与嬗变、对审美意象的创造性建构及预演体验、对审美价值的创造性体征与物化等系列情形；同时，审美主体在借助二度创造提升和呈现完美的客体及自我方面，也扮演着头等重要的 CEO 角色。以笔者之见，相互作用特别是审美主客体的相互作用及其与审美间体的相互作用，理应成为美学研究的新的核心范畴。在现代科学中，相互作用是指控制系统的反馈过程以及物质系统中发生的物质、能量、信息的交换和传递过程。相互作用原则全面、深刻地揭示了事物之间的因果联系，是因果关系在逻辑上的充分展开。

唯物辩证法根据，在客观世界的普遍联系链条中，事物之所以变化的原因和结果经常互移其位、相互转化。受事物原因作用的关联事物在发生变化的同时也反作用于作为原因的事物，从而把因果性关系转变为相互作用的关系，其中每一方都作为另一方的原因并同时又作为对立面的反作用的结果表现出来。因而可以说，整个物质世界就是各种物质进行普遍相互作用的统一整体，相互作用既是事物得以存在、形成、发展、变化和转化的终极原因，也是系统内部诸要素的关系和联系的形式。从这个意义上说，审美主客体的相互作用及其与审美间体的相互作用，也可视为人类审美现象的本质特征、审美活动的根本规律和审美价值得以形成及导致主体

获得完美建构与具身感验的终极原因。它有助于体现审美时空里诸种主客体要素之关系和相互影响的建构形式与运行方式，譬如体现物性美、感性美、知性美、理性美、体性美和审美价值外化及对象性实体化的新的物性美之相互关系和相互影响，以及用以释说审美感性、审美知性、审美理性、审美体性和审美物性之间的价值关系及相互作用机制。

在此需要辨明，审美间体并不等同于主观性，而是主客体世界在价值形态层面实现审美统合与完美新生的精神表征体——它合情合理、合性合体，是人类智慧在审美层面对主客体世界之根本价值与内在规律的真实、客观、能动性、深刻完整的创造性的反映及意象呈现。

可以说，正是自然主体与人类主体对关系体的不断创新，才导致了宇宙世界的万千变化、日新月异、气象万千、丰富多彩！进而言之，关系体的不断更新、日渐复杂和深广的相互作用，乃是宇宙世界得以永续发展的根本动力和得以和谐的本质规律！

（1）自然世界的关系体及其相互作用类型

一是以混合物方式存在的物理关系体，譬如沙与土、泥与水，等等。

二是以原子化合物方式存在的化学关系体，譬如氢氧元素化合为水分子、碳原子与氧原子结合为一氧化碳和二氧化碳，等等。它们以离子键、共价键或氢键相互结合，通过捕获电子或失去电子而形成相互之间的吸引力。

三是以基本粒子化合物方式存在的基本粒子关系体。基本粒子包括费米子和玻色子，费米子又包括多种夸克和轻子，各种正反电子，和中微子属于轻子之一。主要的夸克关系体有：上夸克—反上夸克，下夸克—反下夸克，粲夸克—反粲夸克，奇夸克—反奇夸克，顶夸克—反顶夸克，底夸克—反底夸克；主要的轻子关系体有：电子—正电子，μ子—反μ子，τ子—反τ子，电子中微子—反电子中微子，μ子中微子—反μ子中微子，τ子中微子—反τ子中微子。

相互作用包括正向作用和反向作用。据好搜百科，在宏观世界里，各种关系体的相互作用有两种：引力和电磁力。在微观世界，各种关系体的相互作用方式则以强相互作用、弱相互作用和电磁相互作用为主，引力相互作用相对很小。上述四种相互作用按强弱来排列，其排列顺序是：强相互作用、电磁相互作用、弱相互作用、引力相互作用；如果按其作用范围来排序，则是万有引力相互作用、电磁相互作用、强相互作用、弱相互作用。

四是以配体—受体模式为主的神经生物学世界里，配体与受体的相互作用导致了一系列和多层级的神经化学反应、神经电生理反应、身体反应和心理反应，引发了各种各样的信息变化、结构变化、功能变化、状态变化和生命体的性质及形态变化。据百度百科，受体是一类存在于胞膜或胞内的，能与细胞外专一信号分子结合进而激活细胞内一系列生物化学反应，使细胞对外界刺激产生相应的效应的特殊蛋白质。与受体结合的生物活性物质统称为配体（ligand）。受体一般至少包括两个功能区域，与配体结合的区域和产生效应的区域，当受体与配体结合后，构象改变而产生活性，启动一系列过程，最终表现为生物学效应。

受体与配体结合即发生分子构象变化，从而引起细胞反应，如介导细胞间信号转导、细胞间黏合、胞吞等过程。受体能够识别特异的信号物质——配体，识别的表现在于两者结合。把识别和接收的信号准确无误地放大并传递到细胞内部，启动一系列胞内生化反应，最后导致特定的细胞反应，使胞间信号转换为胞内信号。配体与受体的结合是一种分子识别过程，它靠氢键、离子键与范德华力的作用，随着两种分子空间结构互补程度增加，相互作用基团之间距离就会缩短，作用力就会大大增加，因此分子空间结构的互补性是特异结合的主要因素。受体与配体结合的特异性是受体的最基本特点，保证了信号传导的正确性。特定的配体与受体之间具有高度的亲和力；同一配体可能有两种或两种以上的不同受体，同一配体与不同类型受体结合会产生不同的细胞反应。

据百度百科，同锚定蛋白结合的任何分子都称为配体。在受体介导的内吞中，与细胞质膜受体蛋白结合，最后被吞入细胞的即是配体。根据配体的性质以及被细胞内吞后的作用，将配体分为四大类：一是营养物，如转铁蛋白、低密度脂蛋白（LDL）等；二是有害物质，如某些细菌；三是免疫物质，如免疫球蛋白、抗原等；四是信号物质，如胰岛素等多种肽类激素等。受体的种类丰富多样。现已确定的受体有30多种，根据受体存在的标准，受体可大致分为三类：

第一，细胞膜受体：位于靶细胞膜上，如胆碱受体、肾上腺素受体、多巴胺受体、阿片受体等。

第二，胞浆受体：位于靶细胞的胞浆内，如肾上腺皮质激素受体、性激素受体。

第三，胞核受体：位于靶细胞的细胞核内，如甲状腺素受体。

另外也可根据受体的蛋白结构、信息转导过程、效应性质、受体位置等特点将受体分为四类：

第一，含离子通道的受体（离子带受体）：如 N 型乙酰胆碱受体含钠离子通道。

第二，G 蛋白偶联受体：M 型乙酰胆碱受体、肾上腺素受体等。

第三，具有酪氨酸激酶活性的受体：如胰岛素受体。

第四，调节基因表达的受体（核受体）：如甾体激素受体、甲状腺激素受体等。

有些受体具有亚型，各种受体都有特定的分布部位核特定的功能，有些细胞也有多种受体。

从这个意义上说，审美的主客体相当于受体和配体，审美价值则发挥着耦联主客体的作用；审美主体把审美客体的真善美价值信息加以内化，进而将之转化为主体自身的情知意反应与体象行效应。当然，审美主体对客体和自身的当下价值还进行了创造性的合取、整合、重构、升华和完形化呈现，进而据此衍生创造出全新的第三体——审美间体。这是无意识的生物机体的配体—受体系统所不具备的智性品格与审美品格。主客体价值的特殊的亲和性、互补性、特异性、增益性、完美创造性、体验性、表达性等特点，决定了人类审美活动的个性化取向及生成性本质、物化性意义。

五是以合子形式存在的生殖细胞、以生物大分子重组方式存在的等位基因与非等位基因之基因组合体等多层级的生命关系体。其中，动物及人类的雌雄配子分别指卵细胞和精子，它们结合后形成的具有生殖功能的合二为一的新细胞叫受精卵，其相应的细胞结构类型称之为合子。

据生物遗传学《好搜百科》，一是基因作为遗传单位在体细胞中是成双的，它在遗传上具有高度的独立性；二是基因关系体具有互补性：若干非等位基因只有同时存在时才出现某一性状，其中任何一个发生突变时都会导致同一突变型性状，这些基因称为互补基因；三是选择性表现性：基因关系体之中的一方具有显性特征，另一方则具有隐性特征；四是功能累加与综合性：对于同一性状的表型来讲，几个非等位基因中的每一个基因都只有部分影响，它们通过累积或叠加才能发挥表型作用；五是灵活的调节性：在基因关系体中，一个基因如果对另一个或几个基因具有阻遏作用或激活作用则该基因被称作调节基因；六是同时性：同源染色体上等位基因的分离与非同源染色体上等位基因间的自由组合同时进行；七是独立性：同源染色体上等位基因基于相互分离与非同源染色体上等位基因进行自由组合，各自独立分配到配子之中；八是差异性造成子代表型的多样性：按照自由组合定律，在显性作用完全的条件下，亲本间有 2 对基因差异时，子代则会有 4 种表现型；如果亲本间存在 4 对基因差异，则其子代有 16 种表现型；九是连锁遗传性：原来为同一亲本所具有的两个性状，在子代中常有伴随遗传的倾向；十是在生殖细胞形成时，一对同源染色体上的不同的等位基因之间可以发生单体交换。

由此可见，动物界的基因关系体还可分为"父本基因—母本基因"这个新的等位基因对，植物界的基因关系体则可分为"雄性基因—雌性基因"这个新的等位基因对。借助基因关系体的相互作用原理，我们即能理解为何世界上没有完全相同的两个个体，以人的指纹为例，全世界并没有两个指纹完全相同的人。通过杂交促使基因重组，就能产生不同于亲本的品质得以优化的新的个体类型。

（2）社会世界的关系体及其相互作用类型

社会世界的关系体，主要表现为基于情感评价、性情偏好、人格特征和生活理想的爱情关系体，以及由此催生的婚姻关系体和家庭关系体，基于志趣、知识共轭、个性理想和行为风格的事业关系体、朋友关系体，基于群体信念、团体文化、社会功能和自我实现需要的组织关系体（譬如同人、同事、教友关系等），基于民族特征、文化基因、思维观念和行为方式等因素的同胞关系体，等等。

要言之，社会世界的关系体以人际关系为基本范式，以人—物、人—事、人—象之间的生产、生活、劳动关系为表征方式；其相互作用体现为关系主客体通过身体行为、物质形式、文化形式来交流情感、思想、经验、知识、技术、信息等价值内容，借此实现满足需要、维系与促进身心健康、提高生存与发展的效能、造益对方和社会大众、传承个体生命、光大民族文化、促进精神—文化—物质创新、提升个体和群体的身心素质能力与幸福感。

进而言之，社会世界的关系体还可分为异性之间的男—女关系体、同性之间及包含同性和异性的精神价值关系体；它们之间的相互作用动因，包括生理性、心理性、物质性、精神性、情感性、实用理性、价值理性、血缘性、种族性、身体性、文化性、历史性、生物性、社会性等多重内容；因而，对于不同类型甚至同一类型但由不同的个体组成的某种具体的社会关系体而言，其主导性的相互作用方式各有不同，其行为动因也在不同的时间、场所和语境之中有所不同。譬如，有些偏重于情感性互动，有些则习惯于知识性互动，还有理性互动、人格互动、身体与感性互动、审美性互动。人际互动、人—物互动、人—事互动、人—景互动等情形，都存在着彼此互补、各方借助符号行为或身体行动来表达自我诉求、实现自我目的或价值的多重效能。

（3）知识世界的关系体及其相互作用类型

由哲学可知，知识世界体现了整体性、层次性、比例性、动态性、个性化、建构性、累积性、渐变性、突变性和创新性等基本特征。与之相应，知识世界的关系体既可指称人—物，也可指称知识产物—知识产物、人—人（知识主客体）等多种对立统一的情形；它包括主体—受体型的传播关系、承传—扬弃型的创新关系、累积—梳理型的加工关系、评价—判断型的研究关系、感受—体验型的鉴赏关系、内化—外化型的实践关系、聆听—言说型的教化示范关系，等等。

知识世界各种关系体的相互作用，以人的符号知性为中介，借此贯通感性与理性、进而影响体性品格。据此可见出知识世界之关系体的新形态：载荷形式—感性，语义结构与知性，价值意义与理性，方法程序与体性。由于知识世界与社会、自然和精神世界形成了某些时空的价值交集，所以社会、自然和精神世界的一些相关的关系体及其相互作用机制，也可适用于我们对知识世界的分析。

（4）精神世界的关系体及其相互作用类型

精神世界存在心身关系体、知行关系体、感性--理性关系体、情感—认知关系体、规律—真理关系体、主客关系体、正负价值关系体、审美审丑关系体、白箱—黑箱科学关系体、善恶道德关系体等多种交互渗透的相互作用系统。关系体之内和各种关系体之间的相互作用，主要体现为交互投射、镜像预演、具身表征、价值合取、择优重组、整体嬗变、系统优化、意象更新、体象传征和物象新生等情形。

这提示我们，精神世界特别是审美世界的人的主体性与创造性活动，实际上属于文化杂交和价值重组的精神化合反应、思想生成过程；其中，审美主体所创造和形成并（对其中的完美客体）加以具身体验及（对其中的完美自我）加以镜像体验的审美间体及其意象世界，摄取、重构、整合、融会统一了来自审美客体和审美主体自身的价值特征，进而兼收并蓄、互补增益、叠合升级、厚积薄发，导致主客合一的审美价值的系统涌现和整体新生。在此，我们可将审美客体视作具有投射种子效能的"阳性""父本""物性""客观性"等价值表征体，将审美主体理解为具有包容物性美、含纳文化美、内化对象价值、"受孕"客体能量、能够孕生优于自身与对象性能的"阴性""母本""心性""主体性"等价值表征体。

2. 当代微观科学世界的基因间体与粒子间体

从微观层面看，从万物的分子化合物到物理结合体、生命遗传综合体，都体现了合二为一的集成优化与系统创新的价值特征。譬如说，氧气与氢气通过氧化反应生成水，水的物理性质和化学性质皆与其母体大不相同；在生命遗传发育方面，父代的许多等位基因座和母代的许多等位基因座上的显性基因与隐性基因，在甲基化作用下发生了巧妙的选择性结合，相应形成了新生命的独一无二的许多新的等位基因座，其上分布着分别来自父本和母本的显性或隐性等位基因：来自父本的等位基因若是显性的，则来自母本的等位基因必定是隐性的，这样才不至于造成基因功能表达过程中出现相互打架的矛盾现象——作为显性基因的那一方在遗传程序规定的特定时间、空间、位置上精确准时地获得表达，且有所谓的基因表达谱之深刻复杂的内容，继而产生相应的蛋白质合成谱，即该基因表达产物引导细胞合成特定的蛋白质的种类、结构和活性等复杂深刻的内容规定性。

又譬如，21 世纪人们津津乐道的中微子，是轻子的一种，是组成自然界的最基本的粒子之一，中微子个头小，不带电，可自由穿过地球，与其他物质的相互作用十分微弱，号称宇宙间的"隐身人"。中微子几乎没有质量，是在放射性衰变中形成的中性带电粒子。中微子几乎不和其他粒子发生相互作用，每秒钟有数万亿中微子从我们身边经过，我们却全然不知。2015 年，日本的诺贝尔物理学获奖者的发现来自一个名叫"超级神冈探测器"（Super Kamiokande）的大家伙。

在超级神冈实验之前的几十年里，太阳中微子失踪之谜和大气中微子反常现象，一直令人困惑不解。1998 年，超级神冈实验发现，一种中微子在飞行中可以变成另一种中微子，使中微子的丢失得到了合理的解释。这种现象后来被称为"中微子振荡"。很早以前，人类就发现了中微子的存在，而且证明确实存在三种中微子，分别是电子中微子、μ中微子和τ中微子，这三种中微子占了12种基本粒子的1/4。每一种中微子都会释放对应的粒子——电子中微子释放电子，μ中微子释放μ子，同理，τ（希腊字母"陶"）中微子释放τ子。但是，中微子之间的作用机制一直是个谜。"每秒钟，穿过我们身体的太阳中微子就有几百万个，而且，由于不带电，它几乎不跟物质发生相互作用。"超级神冈研究了来自不断轰击地球大气层的宇宙线中的μ子中微子，发现它们能够在穿透地球的过程中变身为电子中微子。众多宇宙学测量的结果综合表明，3种中微子的质量加起来不能超过0.3电子伏特（eV），仅有质量排名倒数第二的电子质量的不足百万分之一。

宇宙中微子的产生有几种方式。其中第二种形成中微子的方式是在超新星爆发巨型天体活动中，在引力坍缩过程中，由质子和电子合并成中子过程中产生出来的，SN1987A中微子就是这一类。在星球内核引力坍缩的最初阶段温度激增至10^{11}摄氏度，在高温下质子与电子合成中子而放出大量中微子。中微子可以直透地球，它在穿过地球时损耗很小，用高能加速器产生10亿电子伏特的中微子穿过地球时只衰减千分之一，因此中微子可以用于高效能的信息传输，也可以借助其在聚集状态下形成的超级能量来对地球进行断层扫描——给地球做CT。中微子与物质相互作用截面随中微子能量的提高而增加，用高能加速器产生能量为1万亿电子伏特以上的中微子束定向照射地层，与地层物质作用可以产生局部小"地震"，类似于地震法勘探，也可对深层地层进行勘探，将地层一层一层地扫描。

中微子对的形成途径有五种：一是等离子体（由部分电子被剥夺后的原子及原子团被电离后产生的正负离子组成的离子化气体状物质）激元可以通过反应衰变为中微子对；二是将电子的动能不断地转化为中微子对；三是电子与原子核（Z，A）碰撞，可以发射中微子对；四是γ光子与电子碰撞，可以发射中微子对；五是正、负电子对湮没为中微子对。可以看出，上述五种用以形成中微子对的方式之共同之处，即在于正、负粒子相互作用而形成中微子对这个全新物质微粒。因此可以分别将它们的母体（正负粒子）视作粒子主体和粒子客体，将它们生成的中微子对视作双粒子间体。

一个"中微子—反中微子对"可以相互湮灭而成1个光子。反中微子是中微子对应的反物质粒子，其性质跟中微子正好相反。它是一种非常轻的中性带电粒子。在太阳内部,当宇宙射线击中一个正常原子时,就会产生反中微子。反中微子很难被发现,因为它们几乎可以穿透任何东西,而不与其发生反应。反中微子是中微子的反粒子。其质量、电荷、自旋和磁矩与中微子的自旋方向与运动方向相反,反中微子的自旋方向与运动方向相同,它们与物质相互作用的性质不同,中微子只有左旋,反中微子只有右旋。1995 年,科学家在美国洛斯阿拉莫斯国家实验室的液体闪烁中微子探测器(LSND)实验过程中发现,每个闪光都代表着一个中微子穿过了探测器装得满满的巨大油罐。这些闪光揭示出,自 30 米外的粒子加速器飞奔到油罐的过程中,有超出预期数目的 μ 子反中微子转变成了电子反中微子。

这提示我们:第一,作为质子(姑且视作粒子主体)与电子(姑且视作粒子客体)相互作用(结合)而形成的"粒子间体",既体现了具有很大的穿透金属与地球的巨大物质体的本领——接近甚或超过光速的形而上穿越能力——中微子要比光子快 60 纳秒(1 纳秒等于十亿分之一秒),也体现了极为特殊的高能量特点——穿越万物而不减少能量。

第二,作为"双粒子间体"的一个"中微子—反中微子对",又可以通过相互湮灭而成 1 个光子,因而在此情形中它又称为一种新的粒子主客体。光子可以说是一种全新的单粒子间体。

第三,自由中子是不稳定的粒子,可通过弱作用衰变为质子,放出 1 个电子和 1 个反中微子。因而,我们可以将中子视作另一种较大的粒子间体,而将质子、电子和反中微子分别视作粒子主体、粒子客体一、粒子客体二。同理,质子也可以通过电子俘获转变成 1 个中子,同时放出 1 个电子中微子。对此,我们可将质子视作粒子主体、将电子视作粒子客体,将它们两者相互作用之后所产生的中子—电子中微子视作复合型粒子间体;其中,新生成的中子乃是该间体的主体性成分,而电子中微子则是该间体的客体性成分。

第四,由于原子核中质子数目决定其化学性质和它属于何种化学元素,作为生成中微子对这个特殊的双粒子间体的母体或粒子主体,其价值特征同时决定了由其与电子共同组成的原子的物理化学性质及元素类型。原子则犹如主客体相互作用所形成的含纳主体与客体的新的统一性物质单元。由此看出,推而广之,从美学层面而言,审美主客体衍生或产生审美客体的方式多样、路径多元,既可以是由内而外(譬如原子核与电子组成原子)、自下而上(譬如质子与电子反应形成中微子对)或由上到下(譬如一个"中微子—反中微子对"通过相互湮灭而成 1 个光子)的路径，还可以呈现为包容式的间体(譬如原子核与电子组成原子)、新生式(譬如一个"中微子—反中微子对"通过相互湮灭而成 1 个光子)。

第五，原子(atom)是指化学反应中不可再分的基本微粒，但在物理状态中可以再分割。一种原子与另一种原子相互反应，就形成了分子——分子型间体，譬如碳原子和氧原子产生化合反应，生成二氧化碳这种新的物质单元。分子是物质中能够独立存在的相对稳定并保持该物质物理化学特性的最小单元。因此我们可以将带正电的原子视作原子型主体，将带负电的原子视作原子型客体，将它们的化合产物视作分子型间体。

需要指出，上述的物质微粒相互作用在形成新的粒子间体的过程中，伴随着较大能量的释放或吸收现象，这提示我们：审美间体也具有相似的能量增益或转化效应。上述有关物质世界微观粒子的间体反应规律，作为我们理解审美间体理论的一种类比模型，也具有微观物质层面的实证参考意义。它们并不全然等同于人类的审美反应，但是其基本过程、主要内容、作用成分和生成产物等显性特征与物质规律，皆与人类的审美活动有相通之处。所谓的天同一理，物同一心，天人相通、物我相合、主客契通，即在于此。

3. 古代中国的阴阳哲学

大而化之，古代思想家所说的"阴"与"阳"、"乾"与"坤"、"心"与"物"、"天"与"地"等范畴，它们在现实时空的永恒不息的运动与变化之根本原因，也在于两两相对的无穷无尽的组合形态和重构样式能够引发从外观特征、结构内容、功能状态到能量谱系和信息品格的新颖物态与存在境遇！

中国古代哲学在宇宙论方面的对偶性范畴内容丰富，主要包括阴阳、五行、天、天道、理、气、太极等；其中，以道或气一统论为元纲的阴阳范畴充分体现了中华民族的认识论智慧品格和取象征理的思维方法论。

中国哲学范畴体系具有鲜明的民族特点，其中之一即是深刻辩证地体现了整体的和谐性。例如《易传》揭示了中国哲学天、地、人的统一和谐生成过程，这个进程的内在根据就是人可与天地相参。

《易传》讲"乾道变化，各正性命，保合太和，乃利贞"，所谓"太和"，就是至高无上的和谐，最好的和谐状态。张载进而认为，太和便是道，是最高的理想追求，即最佳的整体和谐状态。但这种和谐是包含着浮沉、升降、动静等矛盾和差别的和谐，因此这种和谐是整体性、动态性和变化性的和谐，其中包含了对立面双方的相互转化与求同存异的价值合取情形、重构增益过程及新型价值统合体的形成等充满灵机和辩证法意味的自然理性内容，因而是一种更高层级的价值和谐境遇。

中国哲学系统中的阴阳、道器、有无、理气、心物、形神、心性、理欲、善恶、性情、名实、知行等对偶性范畴，皆可以"（价值）间体化合原理"来释说之。譬如，在上述的思想范畴中，属于主体性、精神性、内在性品格之列的范畴都可视作"阴体"：道、理、心、善、性、知、名、有；属于客体性、物质性、外在性品格之列的范畴都可视作"阳体"：器、无、气、形、物、性、欲、实、行、恶、情。

进而言之，光与影、暖色与冷色、乾与坤、天与地、男与女、雄与雌、奇与偶、律与吕、时间与空间、客体与主体、思维与情感、景与情、左与右等之间，皆为阳与阴、客与主之价值关系。推而广之，还有：上为阳、下为阴、外为阳、内为阴；热为阳、寒为阴、气为阳，血为阴；天为阳、地为阴、男为阳、女为阴、气为阳、血为阴；月为阴、日为阳；乾为阳、坤为阴；等等。

可以说，这种深刻体现万物的存在方式和相互关系、昭示通过主客体的价值合取与重构而实现转化与新生的"和谐"宇宙观，同时也成为中国古代美学思想的根本坐标；讲究整体统一、循环平衡、相生相克、刚柔并济、和谐圆满的思想，即汉族传统艺术的显著特点。而五行说则是我国古代思想家创造的一种用取象分法思维揭示宇宙万物化生规律的辩证理论。总之，中华民族的思想家从创制阴阳生胜之理到演绎五行生克之理，乃是人类思想史上的重大飞跃。它深刻展示了人类思维智慧的曲折复杂进化路径——从单一性、线性化、对立性向立体性、网络化、交互作用、系统叠加与功能增益、价值信息整体涌现的客观境地演进。具体而言，这里充分体现了中华民族的太极分合化变性思维范式的独特性、创造性品格。譬如在五行结构的太极中，每一行都和其他四行发生着相生、相克、被生和被克的关系，五行之间既相互依赖，又相互制约、相互转化，你中有我、我中有你、层层合取、时时重构、处处化生，从而使太极时空处于生生不息、日新月异的智性动态平衡和衍生发展的情景之中。

中国美学强调情景交融、拟人移情、主客统一、心物契合、天人和谐、道象一体。在审美的意象世界里，情为阴、主体性特征，景为阳、客体性特征，体现了通过主客体的相互作用而形成审美价值的思想辩证法和审美活动的规律。同时，我们还需要通过合情合理的思想借鉴和概念移植、合取重构与化变创新，来实现对古代美学思想的批判性扬弃与承传性创新。为此，审美间体及其"六性"框架——审美物性—审美感性—审美知性—审美理性—审美体性—审美新物性，便是本书所做的一种尝试性探索。

4. 西方哲学的主客体意识统一理论、人为自然立法的思想、审美价值的创造性生成原理

西方美学大体经历了八个发展阶段，即：理念论美学、神学美学、认识论美学、语言论美学、存在主义与现象学美学、进化论美学、心理学美学、神经美学。其中，认识论美学又可分为几个流派：一是经验主义美学，认为审美来自人的感性经验，强调审美感官、审美情感、审美趣味和审美偏好的重要作用；二是理性主义美学，认为审美基于人的理性加工——对感性经验进行整理、深化与提升，主张为审美和艺术制定必要的理性秩序和规范；三是科学美学，以科学的实验方法研究美学问题，注重审美研究的客观信效度；四是存在主义与现象学的生命美学，以人类的感性力量及其表征的本体性价值为观照审美现象的新坐标，以此挑战认识论美学的理性至上偏向，旨在伸张、凸显被理性压抑的人类的感性创造力品格。而进化论美学、心理学美学、神经美学等新兴交叉性美学思潮，则旨在运用当代先进的神经科学、生物学、认知科学、计算机科学和人工智能等新手段、新概念、新的思想路线和新事据等，来为有效解释审美现象、概括审美活动的基本特点和深层规律提供客观、细致和精准的科学事据。但是这些新的研究范式同时面临着缺乏高阶统摄性解释框架、陷入碎片化的事据与表象、带有还原论倾向、削弱了美学研究的宏整性自洽品格、普遍性解释力和超前性预见力，因而需要强化对思想框架、理论模型、中介性概念、标志性—范畴和支柱原理的建构与充实完善。

与此同时应当看到，从毕达哥拉斯学派的美在和谐说、赫拉克利特的美在对立运动统一观、德谟克利特的内外和谐美与身体美—智慧美主张、柏拉图的美在理念论、亚里士多德的"整一"美思想、朗加纳斯的（崇高）意象美论点、霍布斯的想象美之说、笛卡儿的唯理论美学、休谟的主客同构同情美、狄德罗在西方美学史上第一次提出了"美在关系"的

论点、鲍姆嘉通的感性美、维柯的隐喻想象美主张、康德关于理想美在于感性与理性相统一的主体性思想、席勒的理想化创造—情感与理性自由的审美实现论、黑格尔关于主观精神与客观精神的绝对理念统一论及自我意识折射世界真理的审美价值表征论（"本体表征"）和"美的理念的感性显现"的美学观、费希特有关审美价值的自我对象化与内在整合论、谢林的审美主客体"同一论"（即审美主客体同时存在、相互依存、共同增值）、费肖尔的审美移情说、立普斯的审美主体通过内模仿而实现主观与客观由对立达到统一的思想、苏姗·朗格的审美符号表现论、克罗齐关于美与艺术的心灵综合创造说、普列汉诺夫的艺术同时表现情感与思想之论、卢卡契基于拟人化的审美发生论、茵加登的审美对象创生说及质和谐的格式塔完形经验说、胡塞尔的体现交互作用的审美意向关系体的统一化思想、杜夫海纳的审美体验导致主客体的价值完善与和谐统一论等，到21 世纪注重揭示人类审美心理的具身机制的认知论美学、提供审美价值基于主客体表象化合与意象性创造和多向度体验之心脑基础的神经美学，我们可以发现，一是在审美活动中，人的感性与理性如何实现内在统一、主客体价值如何获得整合？对于这个问题，西方的多数美学家都进行了深入艰难的探索，但是尚未形成具有说服力的思想框架、理论模型以及相应的客观事据；二是对于审美主体的感性与理性、审美主体与客体等的相互作用之后能否及是否形成有别于审美主客体的、相对独立和全新的精神产物，它们与审美价值、美、美感之间具有何种关系，它们的心理表征体及大脑对应物是什么，它们对审美主体具有何种本体性意义这些更深层面的高阶问题，东西方的美学家们尚未明确提出，因而更谈不上定向探索和形成相关的认识了。

　　在论及审美对象的创造性生成以及期待性的审美理念和预备性情绪时，茵加登提出了审美主体对审美客体的特质和谐体的创造这个重要的命题。他指出，审美主体在审美过程中，会不断向审美对象添加一些其所缺乏的或审美主体所发现或拥有的某些新的审美特性，从而导致审美对象日臻完美，达到了审美主体的理想境地———种全新的"审美真实"之世界；当审美主体与审美客体之间进行交互性的理想化情感投射与完美的理念价值投射时，便会催生出某种全新的特质或价值意象：譬如，"如果我们同时奏出 C 音和 E 音时，那么除了这两个相互影响的乐音的各自性质之外，还会出现由它们构成的和声的特殊效果——后者只取决于相对音程。这种新的乐音综合体是一条纽带，它赋予 C 音和 E 音结合而成的新的乐音某种整体性和统一性，包含着更为丰富的内容。……它进而占据了审美时空的最高的统治地位，并成为审美主体创造审美对象的最高原则和审美价值存在的最高形态，同时也标志着审美客体的最终形成、审美体验的登峰造极。"① 笔者认为，茵加登所揭示的审美世界所呈现以及审美主体加以高峰体验的新的特质统合体，即等同于笔者所说的审美间体，譬如音乐演奏所呈现的和音意象。这种主客体价值实现理想化的审美再创造与内在融通情形，实乃审美活动的本质特征所在，也是审美价值得以创造性生成的根本机制所在，更是审美主体由以实现自我理想并据以获得本体性美感自由感幸福感的关键动因所在。

在《美学与哲学》一书中认为，杜夫海纳深刻地指出："美"是一种理想化的对象形态，一种想象中的世界。审美活动使人"被那些只是呈现但在感性中却得到辉煌的充分肯定的对象所满足。……审美经验中，如果说人类不是必然地完成他的使命，那么至少也是最充分地表现了他的地位：审美经验揭示了人类与世界的最深刻和最亲密的关系……审美对象所暗示的世界，是某种情感性质的辐射，是迫切而短暂的经验，是人们完全进入这一感受时，一瞬间发现自己命运的意义之经验。"②"作品期待于欣赏者的，既是对它的认可又是对它的完成。"③

进而言之，"美"是通过审美主体对审美客体的个性化二度创造而得以实现的一种理想化情景；同时，审美创造和审美体验导致审美主体实现其与世界的最深刻、最亲密、具有命运意义和理想价值的审美关系。换言之，审美价值体现为主体对客体的创造性的审美完善、对自我的创造性的审美完善；对此种主客一体化和谐境遇的审美体验，意味着在客体性审美和本体性审美基础上能够形成全新的第三种价值时空——当审美主体基于主客体世界的价值特征而在极限水平上精心创造出了不同于外在的无人观照的自然事象或艺术作品的审美客体或个性化的审美对象之后，他便会与这种全新的内在客体形成了新的关系：同时观照全新的审美客体和自我，进而对两者进行创造性的审美完善；在原先的审美主客体以及经过主体所

---

①　[波兰] R. 茵加登：《审美经验与审美对象》，载 [美] M. 李普曼编《当代美学》，邓鹏译，光明日报出版社 1986 年版，第 300—301 页。

②　[法] 杜夫海纳：《美学与哲学》，孙非译，中国社会科学出版社 1985 年版，第 56 页。

③　[法] 杜大海纳：《审美经验现象学》，韩树站译，文化艺术出版社 1992 版，第 222 页。

完善的审美主客体之间，形成了具有多向交互作用、价值互补互动与协同增益特征的审美间体——全新的主客体价值时空。杜氏的思想体现了某种间位主体或主体间性的特点，于是成为西方主体间性理论最早的源头。

感性认识与理性认识的割裂是理性主义固有的缺点，也是西方美学家顾此失彼、厚此薄彼的共性问题之一。康德、席勒、歌德和黑格尔等人，在美学上为克服主体与客体、理性与感性、内容与形式诸因素之间的对立，已经走过了许多艰难的思想历程。席勒对康德强调主观的偏颇有所纠正，因而试图将主观与客观、理性与感性协调起来。审美间体，既体现了审美主体对感性与理性、情感与思维、现实与理想、表象与意象、经验与理念、道德与自由、情知意与体象行的完美统合情境，也体现了审美主体对自我与审美客体的既有价值与完满价值、主体性价值与对象性价值、心与物、小我与大我、规律与智慧、形式与内容、道与象、情与理的完美化合境地；同时，它凸显了审美主体对自我与对象的完美的二度创造之本体意义与客体价值，能够用以解释审美主体因何而被深深感动、惊愕、振奋，获得彻然的满足和无上的自由幸福感，以及其为何寻求艺术与审美体验，如何借此实现自我理想价值、成就对象的个性化审美完善之功的。因而，它有助于人们宏整把握、深刻理解和细致准确体认审美价值的主体性增益机制与内化外化实现之道。

（三）审美间体的内在统合类型

类似于物理学和化学上的化合—分解反应原理，审美间体依据不同的化合机制，可包括以下几种类型。

1. 共价性审美间体

它们依靠双方共有、共享和共轭的特定价值内容而得以合二为一。共价审美间体是通过主客体双方基于共享价值范畴所形成的相互吸引力结合而成的审美综合体；导致其合二为一的相互吸引力，在理想情况下达到吸引力饱和、价值圆满的状态，由此组成比较稳定和坚固的审美间体。与离子性审美间体不同的是，进入共价性审美间体的主客体对外不显示价值吸引力，因为它们没有获得或损失任何价值，因而不需要充实或弥补相关的价值要素。共价性审美间体的结合强度和持久度要大于离子性审美间体。

（1）极性审美间体：由于主客体双方各自对共享的特定价值内容的吸引能力不一样，于是造成它们所共享的特定价值内容（通常成对出现）总是偏向具有内在吸引或摄取外源性价值之能力更强的那一方，其价值特征略显负性，另一方的价值特征则略显正性。但它们作为合二为一的新整体，其价值特征仍显中性。比较典型的样例是偶像型审美间体、浪漫型爱情审美间体、古典艺术型审美间体、理性化审美间体等。其共享的特定价值范畴体系总是偏向价值吸引力最强的那一方，后者对另一方的精神范导效能很强、能够引发相对强烈深刻持久和多方面的精神行为之结构功能与价值品格的嬗变和重塑。

譬如，爱因斯坦及其遍布世界各地的后世科学粉丝们，奥黛丽·赫本与当时及后来遍布世界各地的男女老少粉丝们，莫扎特与古今中外的崇拜他的天才与音乐的铁杆"莫扎特"迷们，基督教与其不同时代和国度的虔诚忠实的信徒们之间形成的强烈、深刻、持久和全息性的精神共同体、价值共同体、命运共同体、智慧共同体、情感共同体、意义共同体，等等。

（2）非极性审美间体：某些单质的主客体事物也是依靠共享性价值范畴形成的。例如爱情—婚姻—家庭这个社会化的审美生命结合体，其审美间体由男女双方各自提供一部分价值范畴而形成共同的价值凝聚力核心，又由于双方各自不同的身心结构、文化积淀和个性意识，因而能形成和而不同、亲密有间，虽有冲突矛盾分歧和吵架怨嗔报复折磨甚至偶尔的仇恨愤怒之情，但是最终能够求大同存小异、床头吵架床尾和的这种比较牢靠稳定的身心行为统一体。爱情—婚姻—家庭这个特殊的社会化审美间体中，其价值系统同时受男女双方的个性审美意识、爱情婚姻家庭审美观、情感审美理想、体象衣饰饮食居室审美偏好等的影响共同塑造而成；同时，如果男女双方所具有的价值特征或审美情爱性爱吸引力大致相同时，则他们的爱情、婚姻和家庭之审美联合体的审美价值观则不会偏向任何一方。共价性审美间体的文化性质在于，柔性较突出、灵活性较强，同时获得高峰体验的"情感沸点"较低、获得身心融化的"生命熔点"也相对较低。

2. 单子性审美间体

所谓的单子性审美间体，是指那些通过单子键或单体的价值范畴而形成的审美综合体；其中，审美间体的"离子键"是由于单体双方之间出现了价值转移（失去负性价值者为正单体，获得负性价值者为负性单体）而形成的。也即是说，正单体和负单体之间由于其所荷载的正负性价值的静态性相互吸引作用才得以形成单子性审美间体。

单子性审美间体的形成类型，大体包括下列几种：

（1）异常活泼的男性主体与同样活泼的女性主体所形成的审美间体，诸如爱情、友情、亲情、知音关系、师徒关系、主客关系、偶像崇拜，等等。

（2）单个正性主体与多个负性主体所形成的审美间体（酸根离子如硫酸根离子 SO_4^{2-}、硝酸根离子 NO_3^-、碳酸根离子 CO_3^{2-}，等等）。

（3）多个正性主体与多个负性主体所形成的审美间体。

（4）由两个活泼的正性主体所形成的审美间体。

单子性审美间体都具有很强的价值传导性特点，属于审美的强导体甚至超导体。其主客体在融通状态下即可体现价值传导性特点，同时它们在受到较强的内外应激事象的刺激时容易导致解体、分离甚至异化等情形。如果它们处于更深广的第三种精神时空中，则可能保持价值传导性特点，或者失去此种功能。

（四）审美价值六性观——审美间体得以形成并维系固化的精神心理机制

以笔者之见，审美主体所创造的完满的主客体价值，首先呈现为"审美间体"这种抽象的思想表征体（名号、思想名称、超语言超形式的顶级符号载体）；继而呈现为多元一体化的审美意象这种半直观半抽象的心物价值综合表征体，其中包括处于完满境遇的审美主体的情感意象、思维意象、观念意象、身体意象、动作意象等一应内容，还包括处于完满境遇的审美对象的形式意象、结构意象、功能语义意象、运动状态信息意象等；进而体现为处于完满境遇的审美主体的情感律动体、思维律动体、意识律动体、身体律动体、肢体动作律动体、声音律动体、表情姿态眼神律动体等本体符号形态；同时伴随着处于完满境遇的审美对象的乐音律动体、旋律—和声—调性律动体、韵律—情态—形象律动体等一应内容；最后转化为完满的对象化、符号化及实体性的音乐律动体、视觉符号律动体、舞蹈体操及影视戏剧之多元立体符号律动体。至此，审美主体的审美实践暂告一段落。

上述过程集中深刻地体现了审美价值的六阶生成与转化形态，兹分述于下。

1. 审美客体的物性价值

即指审美对象的形态吸引力、审美客体的物质载体所呈现的具有审美价值的物理属性、化学属性、生物学属性等。审美主体基于情感投射和对象性想象，将审美客体的物性美特征转化为自己的体象美，视觉、听觉、触觉等经验美，借此优化自己和对象的物性价值。以音乐演奏为例，它可以是对作为主要审美客体的音乐作品的审美价值的补充，也可以说是音乐作品得以体现审美价值的必要的物质基础；这是因为，音乐演奏者并不是直接操作乐谱，而是需要通过操运乐器来实现对音乐作品的物化表达。以自然美为例，其在人们尚未发现时或尚未引作审美客体时，依然具有某种客观的潜在的审美意义。又如放在书架上的音乐 CD、造型精美的留声机在尚未运行时、音乐会演出前的钢琴和小提琴乐队及歌唱家的靓丽造型、深居图书馆的纸质乐谱等，都意味着审美对象或审美客体具有某种物质载体形式；这些丰富多彩、变化多端、奇妙新颖的物质形态同时具有某种审美价值，譬如乐器的音色美与工艺美、空间装饰美、空间增益美、视觉景观美、建筑的造型美与结构美、色彩美、肌理美、材质美、光亮美等。

　　可以说，审美的物性美与感性美、体性美相互衔接、彼此贯通，舍此很难实现审美的感性价值与体性价值。

　　然而在现实生活中，人们只侧重于对审美对象或审美客体的核心层面或主要的感性审美价值等的观照与分析，忽视了对审美客体所依托的物质载体之相对独立于客体价值的静态美的考量和体验，从而导致容易出现将审美客体抽象化、主观化的倾向。有鉴于此，笔者认为，那些用以承载审美客体以及相应的人文性审美价值的特殊物质实体，同样是人类数十万年以来呕心沥血、孜孜以求的精心创造的审美结晶体，同样具有重要深刻和永久的审美价值。它们构成了人类审美的物质形态，后者又以其与外在形态相呼应的内在结构和功能而影响着人们对审美价值的符号传达水平与物化效果。譬如，中国的古琴、鼓、笙、埙、笛、箫、瑟、编钟、二胡、琵琶等十大乐器，它们在漫长的历史过程中获得了自己从外形到结构和功能的不断进化与美化，从而成为体现中国工艺美学、视觉艺术和材料艺术的最具代表性的实物作品（见图 1、图 2）。

　　以琵琶为例，据文化中国网载，古代琵琶曾有四相 13 品、14 品、15 品等，现已增加到六相 18 品、24 品、26 品、28 品或 30 品。琵琶由六个相、24 品构成了音域宽广的十二平均律。如果按十二平均律排列，六相 28 品的琵琶为音域 A – g3。常用技巧右手有弹、挑、夹弹、滚、双弹、双挑、分、勾、抹，摭、扣、拂、扫、轮、半轮等指法，左手有揉、吟、

图1　中国古代吹奏乐器——埙的视觉造型美

（资料来源：《中国古代十大乐器》，中国网文化中国，http：//cul. china. com. cn/2013-
10/24/content_ 6401071-3. htm）

图2　中国古代的弦乐器——瑟的工艺造型美

（资料来源：《中国古代十大乐器》，中国网文化中国，http：//cul. china. com. cn/2013-
10/24/content_ 6401071-3. htm）

带起、捺打、虚按、绞弦、泛音、推、挽、绰、注等技巧。可演奏多种和
音、和弦。著名乐曲有《十面埋伏》《霸王卸甲》《浔阳月夜》《阳春白
雪》《昭君出塞》等。由此可见，人们对琵琶音域的不断拓展、对琵琶十
二种定弦法的创造等审美与智慧加工，致使其逐步形成了臻于完美的乐音
品格——音量强而洪亮并富有金石音色；与之相应，琵琶的外在形态、内
部结构也得以逐步优化、美化，从而展现了独特的视觉造型美、物性材质
美、肌理色彩美（见图3）。

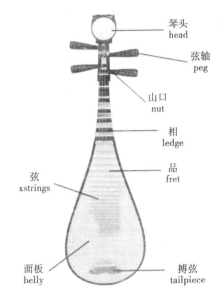

琵琶简介:

琵琶（pípá）被称为"民乐之王""弹拨乐器之王""弹拨乐器首座"。拨弦类弦鸣乐器。琵琶分六相18品、24品、25品和28品琵琶。按十二平均律排列。琵琶由六个相、24个品构成了音域宽广的十二平均律。其一弦为钢丝，二、三、四弦为钢强尼龙缠弦。琵琶背板用紫檀、红木、花梨木制作，腹内置两条横音梁和三个音柱，与面板相粘接。覆手用红木、牛角、象牙或老竹制成，内侧开出音孔，又称"纳音"。琵琶音域广阔，演奏技巧为民族器乐之首，表现力更是民乐中最为丰富的。演奏时左手各指按弦于相应品位处，右手戴赛璐珞（或玳珞或玳瑁）假指甲处弦发音。

图3　中国古代的弹拨乐器——琵琶的结构造型美

（资料来源：《中国古代十大乐器》，中国网文化中国，http://cul.china.com.cn/2013-10/24/content_ 6401071-3.htm）

具体来说，琵琶的物性美、工艺美、视觉美，据好搜百科载，主要体现在珍贵材质、图文设计、多种工艺、造型多样、形态典雅等方面，已然成为诸多重要公共空间的艺术装饰品。其背板用紫檀、红木、花梨木制作，腹内置两条横音梁和三个音柱，与面板相粘接。覆手用红木、牛角、象牙或老竹制成，内侧开出音孔，又称"纳音"。琴头雕有"寿"字、"乐"字、蝙蝠、如意、凤尾等样式，有的嵌翡翠宝石。琴颈称凤颈，上接弦槽和山口，正面有相附属，背面有凤枕（又称凤凰台）附属。相用牛角、红木、象牙或玉石制成。品用竹、红木、牛角、象牙制成，是音位的标志。

2. 审美对象的感性价值——情感吸引力

即是指审美主体基于形式体验、符号解码、情感投射和对象性想象，将审美客体的感性美特征转化为自己的本体性与对象性的形式美、形象美、符号运动美，借此优化自己和对象的感性价值。此处的感性价值，主要是指超越了对象的物性属性的言语声调美、歌声韵律美、文字形态美、绘画与摄影作品的图像美、雕塑的形象美、戏剧动作的造型美、自然事物的景象美等感性形式美。例如审美主体（包括艺术家、爱好艺术和具有审美素质的非艺术专业的普通大众）与特定的自然景象、音乐作品、美术作品、人体形象所形成的审美价值聚合性关系。

3. 审美的知性价值——概念结构的审美吸引力

即是指审美主体基于形式体验、符号解码、情感投射和对象性想象，将审美客体的知性美特征转化为自己的概念指称美、对象的结构美、关系美，间接引发自己的回忆性、联想性、想象性和建构性的本体知性美价值，借此超越对象与自我的物性美与感性美特征、贯通理性美的世界。例如审美主体（包括知识学习者、知识分子、艺术工作者、科学工作者、宗教工作者、爱好艺术与科学和具有审美素质的非专业领域的普通大众）与艺术知识、科学知识、宗教知识、生活知识、社会知识等所形成的半具象半抽象、概念性的审美价值聚合性关系，在对诸如音乐的大调与小调、协和音程与不协和音程、绘画与摄影的暖色光影与冷色光影、表现与再现、写实与写意、空白与象征等审美对象的知性特征进行符号体验的过程中，据此发见、建构和体验对象与自我世界的对称美、互文美、循环美、协调美、情态美和语义美。

4. 审美的理性价值——意象吸引力

即是指审美主体基于对审美对象的物性美、感性美和知性美的选择性内化和创造性添加及对象性投射，导致审美客体及审美主体自己的情知意世界都会逐步涌现一些更为深邃、宏整、精细和本质性的完美特征或曰价值规律，从而再次促使审美主体拾级而上，在审美认知的理念意识层面摄取上述完美价值和规律品格，进而据此建构形成自己当下的层级更高的审美意象和审美意识，并对自己的审美理性创造产物——完美的意象性自我及对象的完美价值情景进行镜像体验与具身体验。例如审美主体（包括思想家、科学家、艺术家、宗教活动家、爱好艺术与科学和具有审美素质的非专业领域的普通大众）与艺术理论、科学理论、宗教文化体系所形成的抽象性、理性化的审美价值聚合性关系。譬如，在人类的精神世界存在着哲理美、理性美、科学美、宗教美、逻辑美、智性美、观念美等高度抽象的价值事象，例如历代的禅诗、宋代的理学诗、佛教的诗体，等等。它们确实很美，体现了独特的审美价值，对人的身心行为发挥了重要和深刻的多重影响。那么，这些理性事物为何具有隽永的审美吸引力和深刻的精神感染力呢？对于此类问题，迄今的文艺美学研究和大美学研究等，均未提供令人信服的解释。

譬如李白的禅诗《同族侄评事黯游昌禅师山池（其一）》写道：

> 远公爱康乐，为我开禅关。
> 萧然松石下，何异清凉山。
> 花将色不染，水与心俱闲。
> 一坐度小劫，观空天地间。

该诗述说了诗人受教于禅师，学习如何禅定以开启禅门的动因，接着以清远飘逸的空灵意象传征了诗人禅定之中的体悟：在清幽的松石下收心静坐，杂念渐少，顿觉清凉，犹如置身清凉山的文殊道场。佛法云"相由心生，境随心转"，只要心地清静，则处处是清静圣境。由此可见李白深得义趣。"花将色不染，水与心俱闲"二句是诗眼所在，诗人不以己拟物，而是以物拟己，采用反式比拟手法，形容山花如同自己的身心一般不染一尘，泉水虽然流动，却旁无所骛、自由自在地随遇而安，犹如诗人之心态，虽然觉性尚存，却不攀外缘，淡定澄明，能观照万物而不被内外表象所迷惑。末句传达诗人的修禅妙悟：自己深入禅定许久，但是感觉似弹指刹那间，自己彻然空心、洞悉天地、心驻法念而超脱自得，终于证得空性、回归本性。由此可见，全诗第三句集中体现了反拟加暗喻的巧妙修辞之美，使读者借助审美的逆向思维而展开联想，化解"花"与"色"之视觉嗅觉表象两相分离的反常矛盾；继而体会与把握"水"之"动相"与"闲静"这一对相互冲突的性格特征是如何实现表里统一、内外协调的奥妙，进而借水征心特别是诗人的感性世界，第二句中的"心"则是指意念世界：从感觉到意识，诗人都获得了彻然融通的空静境界。

要言之，禅诗、哲理诗、理学诗等，其诗眼仍然放射出绚丽的具象美和象征美之光，同时还映射出深幽隐妙的智性美、真机美之光。

5. 审美的体性价值——动相吸引力

即是指审美主体通过对审美间体价值的多层级身体形态的转化和体征，借此提升与创造完美的身体意象、身体概象、身体表象和言语歌唱写作动作形态，借此在身体世界体验、享受和实现自己的审美价值。例如审美主体（包括艺术家、体操运动员、游泳运动员、爱好艺术和具有审美素质的非艺术专业的普通大众）与艺术体操、花样滑冰、花样游泳活动所形成的审美价值聚合性关系。有学者指出，"身体快感"这一概念必须进入美学知识体系的核心区域，成为对"美感"进行全面描述的依据。康德美学的不足从宏观上说就在于两大方面：第一，无法解释而且必然摒弃由"造物性"的审美对象所触发的美感体验，也就是对一个具有多种属性的事物所引发的多重的、混合的体验，因为康德过于偏向"精神性"的——也就是由符号构成的纯粹艺术品，造成美学研究对象的重大遗漏；第二，康德美学过于追求以具有单一属性的"精神性"即纯粹艺术品为对象的美感体验，而对具有包含审美感觉在内的多种感觉特性的心理体验无从进行合法的、结构清晰的描述，对感觉与体验的构造分析往往失效，比如，这一体验是多种感觉的随意混合，还是孰先孰后，还是同时并存等等关键的"时间性"问题。这正是现代美学之后继续弥补的两大领域。

　　美国现代哲学家乔治·桑塔耶纳提出了"美是快感的对象化"，主张："人的一切机能都对美感有贡献。"①

　　笔者认为，身体在人的审美活动中的重要作用，得到了现象学思想家的首次性哲学阐释，胡塞尔的现象学哲学对涉及多种身体感官审美体验的"时间性"构成作了开创性的研究，将身体纳入参与主体认知价值、创造意义、体验价值和实践价值的本体论时空，从而使身体获得了智性价值。舒斯特的身体美学研究，则进一步深刻揭示了身体的完满感知与自控功能，重新赋予身体自由行动与自主感知的能力。然而，身体为何会与人特别是主体所体验的审美价值发生关联？笔者为此提出了审美的"体性价值"观：身体美学实际上涉及身体世界的多层级结构与价值功能——从审美层面上说，包括审美的身体意象、身体概象、身体表象（本体感觉表象——包括主体对自己表情姿态与神情举止的实然性感觉表象、内视内听等虚拟性本体感觉表象；本体运动表象——内在言说、内心歌唱、想象性身体运动、内在书写等情形）。更为重要的是，身体作为审美主体表征审美价值的本体符号系统，是通过审美主体将审美创造的间体价值渐次转化为审美的身体意象形式、身体概象形式、多种类型的本体感觉形式和本体运动形式，而逐步体现自己的审美价值的。另一方面，审美主体对自己的身体进行意象性的理想化创造与意识性体验，以及对身体运动图式和发

_____

① 刘彦顺：《论后现代美学对现代美学的"身体"拓展——从康德美学的身体缺失谈起》，《文艺争鸣》2008 年第 5 期。

声器官及手指书写、弹奏等行为动作图式与品质的创新与优化过程等，都体现在人脑的前运动区、辅助运动区、布洛卡区与高阶情感中枢（前额叶腹内侧正中区）、高阶认知中枢（前额叶背外侧正中区）、价值判断中枢（眶额皮层）的交互作用和内容传递方面，由此导致身体运动表象与审美客体表象、人工符号系统的精细准确地匹配耦合，以及导致审美主体的情感律动、思维律动、意象律动同身体律动及其物化产物之间发生了同步化的高潮性协同共鸣情形。要言之，审美的体性价值乃是身体美学的核心内容与关键支柱所在。它能够具身表征作为本体感知对象的主体特征与客体属性，又能与主体自身及镜内外的客体发生互动映射而妙不可言。

6. 审美的新的物性价值

即是指由审美主体所表达与外化、对象化和实然化的审美价值。譬如，美术家完成的实体性雕塑作品从符号形态转化为实体形态；音乐表演家完成的现场声乐或器乐演绎使音乐的审美价值从书面的乐谱到内心的意象，再转化为乐器的律动实况或歌唱的人声律动情景；等等。审美主体在完成对其所形成的审美价值的对象性、符号性和物化形式的转化工作之后，并不会到此为止，对自己的作品不理不睬，听任他人的观赏和评价。而是还需要在最终环节再次感受、观察、体会、发现和享受其中的绝妙之处，同时也会发现相关不足、缺陷、不妥之处，进而进行修改、充实、调整和完善。其间，他又能够从对象化、形式化和物化形态的作品世界摄取相关的真善美价值特征，借此再度充实、增益和完善自己的精神世界。这是因为，作品系统乃是又一种全新的审美间体世界——其中摄取化用了物质世界的新材料、新色调、新光谱等，体现了感性世界的新质地和新机理、新造型、新情态、新表象等，从而能够进一步充实与提升审美主体的知性能力、理性价值和体性品格。

（五）用以表征审美间体学说的思想模型

笔者认为，审美间体最为重要的精神作用在于，基于审美间体意识的主体的审美行为能够产生主客体完满价值的"双重实现"效应——其一，审美主体之完满价值的对象化虚拟—象征实现效应：审美对象作为审美主体的意向性"代理者"，代替审美主体实现其所期待、其所能为的某种理想；其间，审美主体通过对象化移情和具身化移情方式，分别将对象视作自己的"化身"、将自我视作对象的"代言人"，继而据此直观对象化的自我镜像及本体化的对象镜像，进而分别及同时展开对自我镜像和对象镜像的双重完善行为。要言之，人无法直接目击或直观自我，对象也无法如此直观它自身，因而审美主客体同时需要以对方为镜面，来间接观照自我并间接改造与完善自我，同时导致对对方的直接改造与完善效能。其二，审美主体也可借助具身转化方式来实现其所创造的完满的自我价值，包括虚实相间的两种情形——第一种是借助内在的虚拟预演方式呈现自己的身体状态、表情姿态、言行举止、动作行为等大类于内语、内动、内在表情的内隐性身体语言行为，与之相关的还有审美认知过程中的内隐性感觉——内视、内听、内嗅、内在触觉等。第二种是借助外在的实体呈现方式表征或实现其所创造的完满的自我价值——显性的身体运动、肢体活动、歌唱、言语、写作、表情姿态举止等。为此，笔者将上述机制称作"审美价值的镜像实现模式"。

对于审美主体来说，"审美价值的镜像实现模式"能够比较深刻、合情合理及合性合体地用以释说心物一体、天人合一所衍生的审美快乐及自由释放自我能量的心理奥秘，还有助于审美主体深切体味对象化同情所蕴含的深层审美意蕴——对象不但成全了完满的主体，也在审美层面成全了自身；因而，主体才会对之充满无上敬意与爱心的同情，真正的主客精神联盟——情感共同体、价值共同体、命运共同体！从真正的审美心理学意义上讲，此种同情乃是指主客体进入感同身受、情同手足、视为己出的那种一体化的情知意境遇和体象行状态。笔者认为，还可以将之称作"审美寄情"——将主体的审美情感、审美思致和审美理想、审美行为、审美命运等托付给审美对象，寄情之后又不是拂袖而去、被动旁观，而是时刻直观、处处应和、交相投射、彼此营摄、同步完善，一体化实现完满命运。

图 4 中，S 代表审美主体（处于当下的现实时空）；O1 代表镜中的审美客体（处于对形而下—形而中—形而上世界的动态化、变构性、重组性与整合性的感性表征境遇）；O2 代表镜外的关联客体（处于历时空和共时空的想象性生成的境遇之中）；ISO 代表审美间体（含纳理想化和完满性主体与客体价值），处于双重表征与折射主客体价值特征的过去式—现在式—将来式之全息转换境遇。

由图 4 可见，审美主体与审美客体之间呈现出日渐深刻和复杂的相互作用情形，最终会导致审美主体与审美客体的价值互补及共同增益结果，进而由此种处于完满价值境遇的新的审美主客体的认知整合与精神重构而

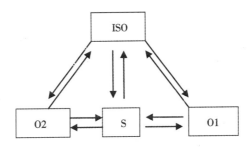

图4　审美间体形成的共时空镜像模型
（资料来源：崔宁，2011）

得以衍生全新的第三体时空——审美间体；它生动、深刻地体现了审美主体—审美客体、审美主体—审美主体、审美主体—审美间体、审美客体—审美间体之间的交互性价值投射与摄取、互补性价值增益与替代、共轭性价值激励与逃避等超级复杂而又耐人寻味的奥妙关系。可以说，审美间体及其衍生的镜像时空，既能够作用于现实时空的审美主客体，也能作用于理想时空的审美主客体；正是由于审美间体体现了审美的主客体之任何一方前所未有的全新情感意义、认知玄机、心智妙功和绝美情景，才会对审美主体构成无法抗拒、惊心动魄、摄人神魂、永久难忘的强烈深刻生动亲切的感染力，才会导致审美主客体的彻然嬗变与价值圆满境地！

其中，审美主体所体验到的最深刻、最完满、最强劲、最美妙的价值情状，主要来自其所创造的间体世界特别是其中的主体性情知意力量之高峰状态及其化变产物；换言之，此乃现实的审美主体对完满的、处于情感高峰和智慧顶端与意志极限的自由和谐的、充分实现内在价值的理想自我的本体性体验。

从这个意义上说，审美主体的核心对象即是审美间体，审美主体的思想创造的精华也是审美间体，审美主体的全新自我主要体现为审美间体（间体自我），其与自我和世界所形成的全新关系也系于审美间体；进而言之，审美活动实质上是人们借以完善自我、实现自我、获得完美自由智慧美感幸福感价值的创造性的精神实践；同时，审美主体也在精神时空实现了对审美对象的价值完善、对其完满价值的具身体验。

其中，审美主客体交集最多的那些价值域，就充分体现了主客体相通的共性美、本质美；审美主客体交集最少的那些价值域，则相对体现了主体与客体各种的特殊美、品相美。

在图 5 中，圆圈 A 代表审美间体及其价值域，圆圈 B 代表审美客体及其价值域，圆圈 C 代表审美主体及其价值域。三菱图形 D 代表审美主客体及审美间体所具有的共性价值、本质价值；三菱图形 D 和 E 代表审美主客体所具有的共性价值、本质价值，同时体现了审美主客体相互充实对方的价值增益与完善性内容；三菱图形 D 和 F 代表审美客体与审美间体所具有的共性价值、本质价值，同时体现了审美客体与间体相互充实对方的价值增益与完善性内容；三菱图形 D 和 G 代表审美主体与审美间体所具有的共性价值、本质价值，同时体现了审美主体与间体相互充实对方的价值增益与完善性内容。

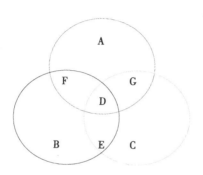

图 5   审美间体的价值交集模型

（资料来源：崔宁，2011；丁峻，2013）

其中，图 5 的审美客体或审美对象，既可以是作为鉴赏对象的自然景象、社会事象、生命形象、艺术作品等，也可以是作为创作产物的艺术作品，还可以是作为审美主体具身表达的审美形态（譬如言语产物、歌唱产物、摇头晃脑与手舞足蹈的情形、相应的审美表情眼神姿态举止和舞步、体操动作、书写活动与产物等）。由此可见，此种意义上的审美客体或审美对象，既含纳了审美价值的客观内容、现成形态，也折射了审美价值的主观内容及经过创造性加工的完美形态；既可以资作完美的审美主体的镜像价值表征体，也可资作完美的审美客体的价值表征体，还可以资作更加完美和主客契合的审美间体的综合性价值表征体。

图 6 所示的审美认知原理示意图，以人对音乐的审美鉴赏为例，从整体性维度和系统化层面大致勾勒了人类审美活动的心理结构及认知机制。以下 8 点是对图 6 的说明。

1. 审美感知并非单纯的自下而上的机械反应，而是受到自上而下的

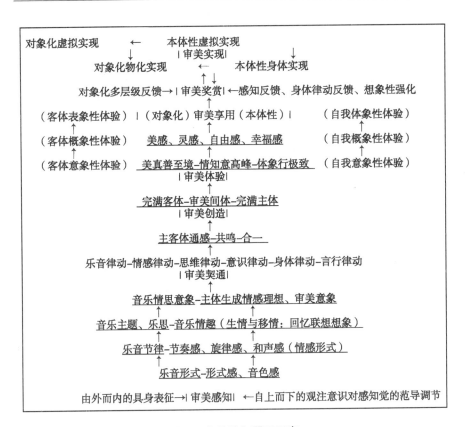

图6 审美认知原理示意

(资料来源：丁峻，崔宁，2015)

观注意识对感知觉的范导调节，主体借此聚焦审美目标并将客观表象纳入审美意识的视域之内，进而通过具身化的内视内听和身体拟动之感觉等方式建构有关审美对象的本体性表象和对象性表象：主客合一的感性基础。

2. 主体的审美认知活动大致经历六个阶段：关注意识导致对形式表象的欣悦感—审美移情导致忧患意识和主客相通的命运感—审美想象导致超越性的创造意识和神妙感—审美体验导致主客合一的审美间体涌现及对完满价值境遇的美感—美感体验导致主体对审美价值的本体享用：具身预演及身体转化—主体对身体载荷之审美价值进行对象化虚拟实现及物化实现形态。

3. 此处为了分析和叙述之便，将审美体验单列为一个阶段，因而需要予以说明。实际上审美体验贯穿审美认知的全过程：从审美活动的感性加工、知性加工、理性加工到休性加工（即审美价值的身体转化）和对象化的物性加工（审美价值的客观化、实然化形态）。

4. 审美价值之心理表征具有对立统一的综合性、全息性和同步性特点，感性表征体包括本体性表象和对象性表象、知性表征体包括本体性概象和对象性概象、理性表征体包括本体性意象和对象性意象（及其合一化生的审美间体意象）、体性表征体包括本体性运动表象—身体符号表象—动觉表象和对象性的运动表象—人工符号表象—形态表象。

5. 人的审美认知活动既体现了"因果效应"，还体现了"果因反馈效应"。以人对音乐的审美鉴赏为例，其间经历了音乐律动向主体的感觉律动、情态律动、思维律动、意识律动、身体律动、言行律动、客体符号律动等次第转化直至达到和谐同步的共鸣境遇，上述八种情形皆存在时空顺式化的"因果效应"，也存在时空反式化的"果因反馈效应"，由此层层叠合，进一步有效强化了相关的律动升级效应及律动同步化效应。譬如，手舞足蹈、摇头晃脑、随曲哼唱的身体律动行为，可次第反馈至人的本体感觉皮层、自我经验记忆库、自我情感体验中枢和奖赏回路等相关神经网络，从而能够进一步强化、深化、固化、维系和延长主体的高峰体验状态。

6. 在审美认知活动中，主体经历了对自我和对象的多层级的价值特性之充实、合取、重构、升级、化合与催生全新的完满表征体等多重性、多向性的创造性内容加工过程、价值体验过程和价值转化—实现过程，借此体现主体的二度创造品格、借此提升与完善自我力量、借此实现对主客体世界之价值现状的审美改造与完善之精神理想。譬如，在审美主体对音乐形式作出相应的情感反应、产生相应的情感形式之过程中，主体需要基于自己的情感理想和审美偏好、审美期待，将类似于"情感律动曲线（波浪线）"的"情感形式"进一步转化为自己个性化、具体化、具有情感效价和审美意义的情感经验——通过回忆和联想而引发的直接经验，经由想象而形成的虚拟经验——它们将主体引向无限深广的自由美妙的审美时空；又如，业余的音乐演奏者对作品进行二度创作或个性化演绎时，需要基于自己的个性化情感律动、审美价值观和人格理想等，对作品之相应部位的音强、音程、节拍、速度、节奏、力度等进行适度微调，以便使之与自己的完满理想高度耦合；常人在对声乐、器乐、舞蹈、绘画、建筑、雕塑、文学、戏曲和影视作品进行审美欣赏的过程中，也会不时发现作品的不妥之处、不称心合意之处等，进而会萌生出更恰切的使之臻于完善的修改设想来，譬如认为"此处的节奏应当更慢一些、音色的层次应当更深细一些"；等等。至于最高形态的审美间体及其意象化表征，则更需要审美主体竭尽全力、达至心智极致和情意高峰之境遇时方能济事。

7. 审美认知活动的"多向性""多态性"和"多样性"特征。"多向性"是指主体的审美创造指向自我与对象，其对审美价值的多层级体验也指向自我与对象，其对审美价值的多形态转化与实现过程同样指向自我与对象；这体现了审美认知的主客一体化效应、同步化特点、交互塑造性作用。"多态性"是指审美主体分别或交互采用虚拟及实然的境遇，以此与自我和对象进行价值互动——通过对审美价值境遇的内在性虚拟预演，来真切体验并内在实现此种审美价值，同时也借此转化与实现此种审美价值对主体精神力量的提升与完善性效能，譬如经由自上而下的意识性体验而将审美价值之意象内容导入主体的知觉、感觉和体觉系统，借此重塑与提升主体的审美知性、审美感性和审美体性能力。再如，借助虚拟性或象征性的对象化方式，主体寄情于对象、寄托命运于对象，使之成为自己的"化身"、代替或代表主体进行情知意活动与体象行实践，间接实现主体的审美理想。"多样性"是指审美主体在审美认知过程中，需要分别或交替使用"具身化""离身化""伴身化"等多种样式，借此实现审美移情、审美移思、审美造象、审美价值的主客合一等境遇。譬如，审美寄情、审美移情既包含了"离身化"方式，也涉及"具身化"方式——寄情于对象，同时意味着寄托命运和理想，使对象具有自我的精神特质与价值能力，从而以貌似"己心"的"客心"参度物机；而返身移情或返身寄情则意味着主体将自己视作对象，以貌似"客心"的"己心"参度自我——其实是镜像自我。同理，审美想象也时而转向审美对象，时而返身转向主体自身，审美创造、审美体验和审美实现等一应情形，皆类似这样。

8. 审美享用有别于审美体验。据百度百科，享用是指人们通过使用某些东西而得到物质上或精神上的满足的情形，又作体用解。而体验又称作体会，乃是指人们用自己的生命来验证某种事实，进而认定它的真实性，其旨在感悟生命——人们对特定事物或经历产生相应的感想与体会，是一种心理上的"美妙感"，其表现形式不一，或渐悟或顿悟，或隐藏或彰显。由此看来，体验的要义在于主体借此验证某事、认定某事的真实性和效用性；而享用的本义则在于主体通过使用某种事物而满足身心需要、提升和完善自己的生命机能。因此可以说，体验或体会旨在亲验事象与事理、认定其价值、为体用提供本体理由；而人之享用则旨在基于体验的结论来转化、化用或体用自己所体验的内容——完满的审美价值。其科学事据在于，人脑拥有一个奖赏回路，同时还拥有多层级的情感体验中枢。

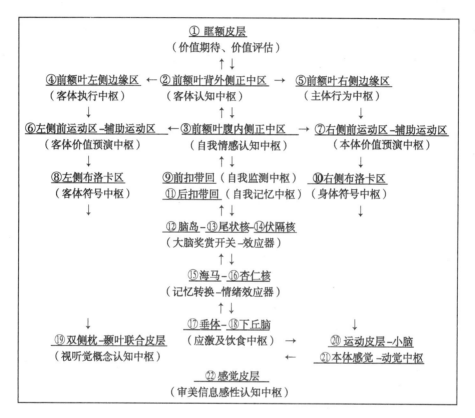

图 7   审美认知的神经机制示意

（资料来源：丁峻，崔宁，2015）

神经亚网络对照图 7 说明：

1. 大脑奖赏回路。奖赏评价器：①⇌②⇌④⇌⑤；奖赏开关器：③⇌⑨⇌⑫⇌⑬；奖赏一级效应器：⑭⇌⑥⇌⑦⇌⑮⇌⑯；奖赏二级效应器：⑰⇌⑱⇌⑲⇌⑳。

2. 审美感知的神经网络：①⇌②⇌④⇌⑤⇌⑲⇌㉒⇌⑳⇌㉑。

3. 审美分析的神经网络：⑲⇌⑨⇌⑪⇌⑧⇌①⇌②⇌③⇌④⇌⑤。

4. 审美创造的神经网络：③⇌②⇌①⇌⑥⇌⑦⇌⑧⇌⑩。

5. 审美体验—判断的神经网络：①⇌②⇌③⇌⑥⇌⑦⇌⑫⇌⑬⇌⑭⇌⑮⇌⑯⇌⑲⇌⑳⇌㉑⇌㉒。高峰体验状态的神经标志：前额叶新皮层

（前额叶腹内侧正中区—前额叶背外侧正中区）涌现 100—300Hz 的高频低幅同步振荡波，向前脑其他区域、联合皮层、感觉皮层和皮层下结构深广扩散，由此营造主体全身心同步、主客体合一的共振律动及共鸣境遇。

6. 审美表达的神经网络：④⇌⑤⇌⑥⇌⑦⇌⑧⇌⑩⇌⑪⇌⑮⇌⑯⇌⑲⇌⑳⇌㉒。

神经美学家温考夫的元分析和实验表明，人脑的前额叶腹内侧正中区编码主客体的情感价值特征，而前额叶的背外侧正中区则编码主客体的认知价值及其形态、结构与机制、活动规律等理性内容，前额叶的背边侧负责编码对象化的主体活动结果，前额叶的腹边侧负责编码主体自身的身体活动、言语活动、表情姿态、书写动作等系列图式、调节方式和行为状态等内容。[1] 根据艾特金等人在 2015 年的研究，属于人脑前额叶的眶额皮层主要负责有关主客体的价值期待、价值判断、价值评估、价值预测等理性标准的执行行为。[2] 综合上述讨论，我们可以得出一个基本结论：审美主体和审美客体的相关价值特征，都以成双成对的价值关系体方式存在于前额叶的五大亚区（严格说来，存在于五位一体的元网络系统和亚网络系统）之中。甚至可以推论，前额叶的眶额皮层乃是主体用以选择并合取主客体的价值特征、整合主客体的价值标准、衍生新的审美间体及其价值时空的顶级中枢与核心装置。

由此可见，审美主客体之间的相互作用、它们分别及共同与审美间体进行的相互作用，由此形成的审美主体、审美客体与审美间体的价值交集和独立境遇等相关的深邃内容、内隐过程、本质特征和科学机理，都可以借助上面呈现的两种思想模型而加以体现。进而言之，包含"五位一体"要素（审美感性—审美知性—审美理性—审美体性—审美物性—审美感性）的圆环结构，用以表征审美主体—审美客体—审美间体的共时空镜像模型及其价值交集域和独立域模型，含纳了本书所说的审美间体学说的主要内容。

（六）审美间体的多元内容

处于不同工作领域或出于不同的审美目的的审美主体，自然会形成有

---

① W. Amy, J. A. Clithero, C. R. Mckell, et al., "Ventromedial Prefrontal Cortex Encodes Emotional Value", *Journal of Neuroscience*, Vol. 33, No. 27, 2013.

② E. Amit, B. Christian, J. J. Gross, "The Neural Bases of Emotion Regulation", *Nature Reviews Neuroscience*, Vol. 16, No. 11, 2015.

所不同的一个或多个审美间体。譬如对音乐创作主体而言，他可能会形成自己的审美创作意象、指向自己内心预演的正在形成之中的作品情景的审美鉴赏意象、指向书面乐谱表达的审美表达意象等；对于音乐听者而言，他可能会形成自己的音乐鉴赏意象、审美身体反应意象（手舞足蹈、摇头晃脑、内心和唱或发声跟唱）；对于舞蹈表演家来说，他面对特定的表演样本——舞蹈作品，可能会形成自己的舞蹈动作意象、舞蹈音乐意象、舞蹈情景意象、舞蹈鉴赏意象。

　　鉴于上述讨论，我们可以将"间体"视作一种哲学范畴、文化范畴、精神范畴、存在范畴；它既有助于表征人类的审美性创造、科学性创造与身体性创造的新颖产物之价值来源、智性方略、增益机制、独特之处和体用之道，也有助于体现人与自我、人与他人、人与自然、人与社会、人与文化、人与艺术、人与科学、人与家庭、人与宇宙、人与时空之间的复杂而微妙和亘古常新的显性宏观相互作用之道，还有助于昭现人在高度复杂和抽象的情感维度、认知维度、意向维度、理性维度、感性维度、知性维度、体性维度、主客观真理维度、主客体价值维度等事象物理之间展开的极其内隐而曲折的相互作用之机妙，更有助于我们从理性思维层面概括、把握、催生、完善和体用创造性智慧的运变之道及深刻体认与享验其呈现于内外时空的新生产物。

　　有学者认为，事物之所以美，并不是基于人们对有关美的形式或对象的感觉，而是来自人的复杂的认知活动。审美是人的认知活动的一种表现，涉及人的心理、情感及大脑的神经活动。对此，人们长期以来的确不甚了解。现代认知神经科学的发展在相当程度上揭示了大脑神经活动的过程和机制，为我们认识审美活动提供了丰厚的条件。[①]

　　同时需要指出，仅仅把事物之所以美归结于审美主体的"认知结构中形式知觉模式的建立及其显效状态"，认为人脑的形式知觉模式对外连接着事物的形式，对内连接着人的好感，是认知结构中的重要枢纽。形式知觉模式形成之后，当知觉到具有与此形式知觉模式相契合形式的事物，人就会直觉性地形成好感或愉悦感等观点是主观唯心主义的美学观，[②] 这

---

　　① 李志宏、王博：《"美是什么"的命题究竟是真还是伪？——认知美学对新实践美学的回应》，《黑龙江社会科学》2014 年第 1 期。

　　② 张玉能：《认知美学的科幻虚构——与李志宏教授再商榷》，《黑龙江社会科学》2014 年第 1 期。

些观点都是相对片面的认识。

其原因在于，一是人的形式知觉模式属于较低层面的知识论范畴，无法以此替代位于人的心智系统之顶级层面的审美价值观、审美理想、审美创造观、审美意识系统之对人的感性活动、知性活动和体性活动的自上而下的高阶调控与重塑功能；二是审美价值存在于人与对象之间的相互作用之中，世界上没有纯粹的、不依傍于人的审视的自然天成的客观美。现在的问题是，我们如何揭开人类审美活动的心理机制及其大脑奥秘。当务之急，是我们如何重置认识论坐标、扬弃美学概念、更新审美研究的核心范畴、发现和形成用以支撑新的美学假说的客观事据。

有学者针对美学研究中感性与理性相互抵牾的情形，深刻地指出，传统形而上学的理性主义美学坚持贬抑审美感性的立场。柏拉图断言"美本身"不能通过感觉器官去感受，外观中的在场是以真理在场为前提的，而超感性领域的至尊地位的获得必须以感性领域的贬值为代价。康德则反对形而上学将实存归于超越感性的所谓理性存在和实在，并凭借先验感性形式来超越美学的纯理性建构，认为只有纯然的感性方式、现象之方式才能算得上判别美与不美的依据。审美主体通过反映对象来体现主体自身的审美价值，象征运思的全部实质在于：通过感性直观和本质洞见，使感性事物和非感性事物在反思性想象中相遇和吻合，最终超越直接感性存在，使蕴含整体性存在的象征意义得到彰显和出场，并使感性存在的生命意义和人性意义得到审美确定。人们在进行审美欣赏和审美体验时，往往视审美对象为类生命体（生命的象征），与之交流对话，展开审美体验和意义追问，在内省反思和想象中建造人类诗性生存的意义世界，使自然形态"由于意识的创造活动而提高到自我的形式，于是意识就可以在它的对象中直观到它的活动或自我"①，即成为扬弃了的自然形态，获得"从他物中反映自我"，"从他物中享受自我"的拟人化的美学品格，成为人类共同情感的对象化存在，成为心灵生活的隐喻与象征。审美理性是蕴含自由价值的理性，是富于想象力的理性，是能够诉诸直观的理性。超越性和创造性是审美理性的本质特性。合而言之，审美感性与审美理性是美学的两个核心范畴。所以，无论是一般的审美活动还是艺术活动，都不同程度地衍射着审

---

① ［德］黑格尔：《精神现象学》，贺麟、王玖兴译，商务印书馆1997年版，第110—111页。

美感性和审美理性的灿烂之光，从而凸显生命存在的诗性和自由之境。①

　　笔者需要说明的是，基于审美的五性说（审美感性、审美知性、审美理性、审美体性、审美物性），如果不诉诸特定的审美知性，我们就无法理解审美客体的人工符号、主题形象、深层属性；如果缺乏审美理性，则我们无法进行审美的二度创造，并借此对审美客体和主体自身的情知意体象行进行审美完善，无法建构创造性和审美性的价值意象，更缺少了其所意欲表达审美价值内容；如果没有审美体性和审美物性的表征或参与，则主体所获得的美感、所创造与完善的审美价值，都无法获得现实性外化或实现。所以，我们不应执守于感性或理性之某一端而轻视另一端，而是应当基于审美活动的精神图式（包括上述的审美认知的五性观体系）来释说其中各个部分的相互作用关系、相互依存关系、相互增益关系、共同融合及化变新生的关系，进而能据此抽析出审美价值内化与滋生、孕育发生、形成充实、完善与转化、本体外化与客体物化、本体体验和对象性体验、本体实现与对象化实现等系列重要问题的来龙去脉。

　　由此可见，从物理性、生物性、生理性、心理性、情理性、哲理性，再到（身）体理性、生理性、物理性，人之心脑体综合性世界自下而上层层升级，又由上到下返身内化、由身外化，造就了既合情合理，也合性合体的智慧能力。这种智慧能力具有间体性质，且以间体形式存在。此所谓何者？具体而言，人的智慧思想只有达至既合情合理也合性合体的境地，才会具有体用和物用的信效度。换言之，人的智慧思想既需要把握和体现自我世界的发展规律、变化之道及其本真价值，也需要契合客观世界及客体对象的发展规律、变化之道及其本真价值，更需要基于此而合取、内化、转化、重构、化生出更新和更为优异的价值。因而，它的生发之机、形成之态、练达之路、完善之境、运作之要、化变之道，皆系于斯——间体世界与镜像时空。

　　四　基于审美间体论解释若干美学问题

　　科学理论的根本作用即在于合理解释以往现象、有效指导现实实践、较为准确地预见未来趋势。

---

　　① 谭容培、颜翔林：《差异与关联：重释审美感性与审美理性》，《湖南师范大学社会科学学报》2014 年第 1 期。

（一）为何人们喜欢欣赏伤感性、肃穆性的音乐、戏剧和影视作品

针对何为悲剧之核心审美价值这个问题，捷克作家米兰·昆德拉敏锐地指出："你知道悲剧的永恒不变的前提吗？就是比人的生命还要宝贵的理想。为什么会有战争？也是因为这个，它逼你去死，因为存在着比生命更重要的东西。要结束这个悲剧时代，唯有与轻浮决裂。……轻松愉快才是减轻体重的最佳食谱。事物将失去它们百分之九十的意义，变得轻飘飘的。"[①] 换言之，人们为了捍卫至高无上的理想——情感理想、道德理想、科学理想、社会理想、爱情理想、宗教理想、人格理想、事业理想等，即使粉身碎骨也在所不辞，视死如归！因为他在内心彻底满足了自己的心愿，在内心保住了自己的信仰、在内心将自己的情知意力量提升到了前所未有的高峰状态与极致境遇，因而能够体会到其间无上的快慰——对自己处于精神高峰状态与极致境遇的本体性审美体验！

进而言之，为何人们喜欢欣赏伤感性、肃穆性的音乐、戏剧和影视作品？笔者认为，若要解释该现象，则首先需要我们从人的审美心理层面确定此种现象背后所发生的深刻动因——审美移情，而且主要体现为审美主体对负性情感的一种移变情形。那么，某种负性情感——无论它来自审美主体，或者体现在审美对象之中，到底是如何引发人的审美快感、给予人美感力感的？

基于审美间体的三位一体时空结构模型，我们可以将人的审美移情行为划分为两种类型：其一是审美主体的对象化移情；其二是审美主体的具身化移情。这两种移情体验都会发生于人的审美活动之中；与之相应，我们还能体会到自己在审美过程中时而展开对象性的审美想象，时而进行有关自我的本体性审美想象。这些活动都体现了审美主体对审美客体和自我世界的审美认知方式、审美完善之道、审美体验之维。

如果我们依托审美间体的三位一体时空结构模型，即能发现：在上述的审美主体的对象化移情过程中，审美对象因为接受了审美主体的价值投射内容，从而得以强化自身的对抗性力量、完善自身的价值品格、形成间体性对象；当审美主体向审美对象投射负性价值内容之后，一方面，可使主体自身获得情感净化、释放压力，消除负能量的折磨，为摄取审美对象的正性价值创造了内在空间；另一方面，还可使审美客体深化其悲剧情结、激化其悲剧

---

① ［捷］米兰·昆德拉：《不朽》，宁敏译，作家出版社1993年版，第18页。

冲突、强化其悲剧抗争意识、提升其悲剧价值品格——换言之，审美主体通过对象性的二度创造，来充实、深化和完善审美客体的悲剧审美价值。

对审美主体来说，他在审美主体的具身化移情过程中，能够通过选择性摄取、吸收和内化审美对象的独特的审美价值内容而得以强化自己的本体性情知意力量，得以充实和提升完善自己的审美价值品格，由此形成完满的自我、审美的自我、间体世界之中的自我；其所摄取、吸收和内化的审美对象的负性价值内容，则有助于审美主体强化自我的审美进取精神、审美对抗性力量，弥补自己所缺少的对假恶丑事物的本质认识与极限性价值体验，借此提升自己认知自我与世界之灰色价值的审美智慧——接着便是运用此种审美智慧来改造与完善自我世界及对象世界，借此彻然实现自己的最大化的审美人生价值。

以20世纪美国拍摄的悲剧电影《泰坦尼克号》为例。该影片以1912年"泰坦尼克号"邮轮在首航途中撞上冰山而沉没的事件为背景，生动描述了处于不同阶层的两个人——穷画家杰克和贵族少女露丝抛弃世俗偏见坠入爱河，最终杰克把生的机会让给露丝的感人故事。观众作为审美主体，被杰克和露丝的真诚爱情深深感动，并引为自己的爱情理想和行为典范；男性观众和女性观众、青少年观众和中老年观众，分别从作为审美对象的杰克身上吸收了为爱而牺牲自己的高尚情操、共同为杰克的高尚牺牲以及露丝失去的夺命之爱产生了深深的犹如发生于自己身上的那种巨大强烈深刻的痛楚与悲伤；这种悲剧性体验又因为点燃了主体内心的情感"火药库"或"加油站"，从而导致审美主体的情感波涛产生了深至"海底"、高达"云端"的极致运动效应，进而使审美主体因为体验到了这种极致性的情感高潮和思维高峰、意志高峰而获得无限的美感、快乐和自由感……概言之，审美主体在悲剧性体验过程中，一方面，将自己的负性情感内容投射给审美对象，从而导致审美对象得以深化、强化、持久化自身的悲剧审美价值力量，同时导致审美主体自身的情感净化、消除负能量或释放压力、转移负性情绪，为吸纳审美客体的正性价值力量创造了精神空间；另一方面，因为吸收内化了审美对象的特殊的负性审美价值，审美主体得以固化、深化、强化、持久化自己那用以抗击假恶丑、追求真善美、捍卫自我理想的情知意力量和体象行活动。

总之，悲剧审美活动中存在着审美主体对悲剧艺术之审美价值的四种认知加工方式：一是虚拟性的具身内化、预演体验和基于同情的精神强

化；二是实在性的具身表征与行为传示；三是虚拟性和对象化的主体价值
实现方式——"客体代理主体、主体寄命于对象、客体作为主体化身"，
镜像化自我实现方式；四是对象化、符号性及或实体性的审美价值实现方
式。上述审美认知及价值化变情形生动体现了审美间体—审美主体—审美
客体之间的多重相互作用效应。

**（二）惆怅美——介于正性与负性审美价值之间的特殊的美学范畴的
合理性与客观性**

长期以来，美学和艺术学研究侧重于探究正性审美价值及其相应的机
制与事象问题，譬如崇高美、优雅美、悲剧美、喜剧美、意境美等；虽然
也有诸如审丑与荒诞美等范畴，但是对它们的审美价值，特别是体现为正
性、中性和负性审美价值的根本特征、内在原理、心脑机制等释说笼统，
缺乏中肯、深入、细致的新颖辨析。譬如，美学史著作沿袭下列说法——
崇高：由痛感转化为快感或者说是夹杂着痛感的快感；悲剧感：既是一种
刚强的悲也是一种趋向崇高的死。悲剧感的获得来自悲剧对人生意义或价
值的揭示。鲁迅在《坟·再论雷峰塔的倒掉》一文中概括道："悲剧将人
生的有价值的东西毁灭给人看，喜剧将那无价值的撕破给人看。"当然，
悲剧艺术不仅仅呈现真、善、美价值的毁灭情形，而且要借此激发观众的
审美同情，使观众同艺术形象结成价值共同体—精神共同体—命运共同
体，从而使观众通过体验悲剧艺术而强化与提升自己的情知意力量，直至
达到高峰状态和极致境遇，再通过对这种完满价值境遇的本体性体验和对
象化体验而象征性实现自己与对象的最高价值及审美命运。

因此可以说，学术界仍然需要对悲剧美、重构美进行深入细致和客观
的辨析，以便揭示它们处于内隐状态的本质特征和审美价值。在这方面，
美学研究涉及审美价值的正性、中性和负性三种范畴；正性审美价值自不
待言。在悲剧审美活动中所涉及的诸如悲伤、痛苦、愤懑、忧虑等负性审
美价值，现有的研究尚未道明它们为何使人轻松、获得快感，自由、舒适
等正性审美价值和净化、强化等正能量的心脑机制与美学原理。另外，为
何惆怅美也能使人获得轻松、获得快感、自由、舒适等正性审美价值，甚
至获得净化、强化等正能量？早在 1988 年，何悦人先生就发表了《论惆
怅美》一文①。惆怅美不同于惆怅感，后者主要表现为因着失败而生成的

---

① 何悦人：《论惆怅美》，《宁夏社会科学》1988 年第 5 期。

失意、失望、灰心、无所作为、沉迷于幻想和对往昔的主观化体验的情结；惆怅美则体现了审美主体那种悲喜交集，既带有审美移情的悲剧性负性价值体验，又生发了对审美理想的矢志忠诚与大勇大志大慧的追求精神，以及对完满的自我与理想的审美对象的审美想象和虚拟体验—内在实现等价值创新与体味情形。譬如，《红楼梦》之美，集中体现为林黛玉和贾宝玉的爱情意象，其核心特征即在于惆怅美。还如贝多芬的《月光奏鸣曲》，达·芬奇的《蒙娜丽莎的微笑》，徐志摩和冰心的诗歌，苏轼、柳永、李清照、李白的诗词，元杂剧《西厢记》，小提琴协奏曲《梁祝》，莎士比亚的剧作《哈姆雷特》，柴可夫斯基的舞剧《天鹅湖》，等等。

　　惆怅美与悲剧美得以产生的心脑机制。根据间体理论，人的心理系统和大脑系统之中，都包含了主体对自我与客体世界的认识性内容、实践性内容和理想化模型。根据霍兰德的研究，人脑的左、右半球及其上下部分，分别负责处理来自主客体世界的信息。其中，右侧前脑的上部负责有关客观对象的形象化的创造性思维；左侧前脑的上部负责有关客观对象的抽象性创造性思维；右侧前脑的下部负责约束有关主体自我的思想动机与念头、动作，体现良心、道德感、责任感；左侧前脑的下部负责约束有关主体自我的言语和行为；等等。① 推而广之，诸如在低阶情绪中枢（杏仁核）、自我体验的记忆中枢（扣带回），在高阶情感认知中枢（前额叶腹内侧正中区）等大脑亚区，都存在着对主客体信息的并列性分布式空间表征结构：主体自我的正负情绪在杏仁核中央部予以加工，对象与客体的正负情绪在杏仁核的周围部予以加工；主体自我的正负性经验在扣带回后部予以加工，主体有关对象与客体的正负性经验在扣带回前部予以加工；主体自我的正负性高阶情感活动在前额叶腹内侧正中区的中心区予以加工，主体有关对象与客体的高阶正负性情感内容在前额叶腹内侧正中区的外周区予以加工；等等。②

　　日本科学家艾川认为，伤感的音乐之所以能够引发愉快的情绪，即在

---

① Stephen Holland, "Talents in the Right Brain and Left Brain － Brain Map", Hidden Talents and Brain Maps, 2001. www. hiddentalents. org/brain/113 － left. html.

② Paul Simpson, "What Remains of the Intersubjective?: On the Presencing of Self and Other", *Emotion*, *Space and Society*, Vol. 14, No. 1, 2015.

于它能唤起听者的相互矛盾的正负性情绪，其中就有所谓的"甜蜜的期待"。① 科学家约瑟芬发现，人在学习或消遣活动中如果获得了意想不到的奖赏或价值体验（其中包括负面体验），则会引发其大脑的贝塔波（β wave）和伽马波（γ wave）。它们是高频低幅脑电波，可以更快地扩散到全脑，从而成为人脑产生高峰体验的神经标志。② 其间，发生了审美主体的双重移情现象——对象化移情和具身化移情。更为重要的是，在负面体验过程中，对于杏仁核而言，审美主体将自我的负性情绪从杏仁核中央部投射至杏仁核的周围部，进而对此种对象化的负面情绪进行审美体验；再将审美对象的负性情感内容纳入杏仁核中央部，以便借此充实、强化与深化自己对负性情绪的认知能力与调控抗击能力。同理，在负面体验过程中，审美主体将自我的负性情绪从扣带回后部投射至前部，进而对此种对象化的负面情绪进行审美体验；再将审美对象的负性情感内容纳入扣带回后部，以便借此充实、强化与深化自己对负性情绪的认知能力与调控抗击能力。在负面体验过程中，在前额叶腹内侧正中区，审美主体将自我的负性情绪从该区的中心部投射至外周部，进而对此种对象化的负面情绪进行审美体验；再将审美对象的负性情感内容纳入中心部，以便借此充实、强化与深化自己对负性情绪的认知能力与调控抗击能力。

　　神经美学家格斯达等有关审美的情感意象对人的奖赏行为的强化性影响的实验表明，当被试对审美对象或情景进行想象性的情感体验的过程中，其所形成的愉快性的情感意象反过来对大脑的奖赏回路及其相关的神经结构产生了极为显著的正向强化性影响：特异性地显著提高并较为持久地维系了前额叶正中区—伏隔核的神经兴奋性电活动及多巴胺释放水平，同时对杏仁核主导的正性情绪反应和扣带回主导的正性自我情感活动也产生了比较显著的强化性影响。③ 这提示我们，人的审美快乐部分地来源于审美对象的客观吸引力或审美价值，然而更多、更深刻、更强烈和更持久

　　① Ai Kawakami, Kiyoshi Furukawa, Kentaro Katahira, et al., "Sad Music Induces Pleasant Emotion", *Frontiers in Psychology*, Vol. 4, No. 311, 2013.

　　② J. Marco - Pallarésa, T. F. Müntec, A. Rodríguez - Fornells, "The Role of High - frequency Oscillatory Activity in Reward Processing and Learning", *Neuroscience & Biobehavioral Reviews*, Vol. 49, February 2015.

　　③ V. D. Costa, P. J. Lang, D. Sabatinelli, et al., "Emotional Imagery: Assessing Pleasure and Arousal in the Brain's Reward Circuitry", *Human Brain Mapping*, Vol. 31, No. 9, 2010.

的快乐感、自由感等，则主要来自审美主体的创造性活动及其产物：创造性的情感想象过程及意象内容、创造性的思维想象过程及其意象内容、创造性的身体想象过程及其意象内容，等等。还可以说，正是上述的远远高于单纯的主客体之既成美及其叠合效应的审美体验，才凸显了审美主体所创造的自身与对象的完满之美的价值品格；同时，审美主体进一步将完美的主客体进行价值整合与融会贯通，继而催生出全新和整体完满的审美间体这个价值表征体及其镜像时空，由而资作自己进行审美体验的全新对象，同时作为实现自身自由和对象自由品格的精神象征体。

史密斯等有关人的自体性情感意识及本体体验的实验研究表明，人的情感经验需要经历启动或生成、知觉和评价等三个阶段，同时还需要在自动反应、知觉评价、注意调节、工作记忆的内容执行和目标导向的动作选择等五个环节获得表征与调节。这一切都基于人指向自我情感状态的内感觉与本体知觉和自我情感意识之间的复杂互动与迭代作用。[①] 换言之，史密斯为我们揭示了审美主体如何对自我的情感活动进行自体体验，而格斯达则验证了人的自我情感活动如何借助审美想象而获得提升、完善并进入完美的高峰状态，进而它们如何对人的快乐体验产生完形化与超越性的价值强化效应，致使审美主体得以体验并享受原本并不存在的全新而神妙无穷的快乐自由之美！

在审美活动中，以音乐欣赏为例，审美主体经由音乐作品唤起的情感波涛、想象性情景及身体律动形态等，都意味着主体对审美奖赏性价值的体验；同时，主体的对象性体验又会因为对象激发的主体情感波涛、想象性情景及身体律动形态等的返身性效应而得以次第提升与强化。特别是当审美主体的审美想象达到高峰状态之时，就会同时导致主体情知意活动进入高潮阶段—体象行活动达到极致境遇，进而致使主体对这些完美的自我活动产生返身性的顶级体验与巅峰性奖赏效应！并且，审美主体对自我价值的高峰体验同时也伴随着其对审美客体之价值世界的次第充实、完满创造及实现审美主客体完满价值的融合与新生——审美间体廓出。所以说，审美主体同时展开对三位一体完满世界的价值体验及具身实现活动，由此逐步将审美创造和价值体验活动推波助澜，直至达到三位一体的共情—同

---

① R. Smith, R. D. Lane, "The Neural Basis of One's Own Conscious and Unconscious Emotional States", *Neuroscience & Biobehavioral Reviews*, Vol. 57, 2015.

理—共鸣之极致境遇。其间，审美主体的个性价值力量分别体现为情感律动、思维律动和身体律动等多重范式，而对象的审美价值品格则以音乐律动的独特方式显现；它们之间实际上也构成了一种律动形态的审美间体，从而呈现出相互依存、相互补充、相互完善、协同增益的交互影响与完形化功能。

要言之，惆怅美作为一种中介性的审美情感状态或审美价值—审美体验的综合体——审美情感间体，深刻折射了审美主体—审美客体、现实自我—理想自我、积极自我—消极自我、小我—大我、理性自我—感性自我、身体自我—心理自我、道德自我—生物自我—审美自我、知性自我—行为自我、客观自我—主观自我……之间的长期、深刻、复杂、痛苦的相互作用；同时，主体在其间又能获得别致的甜蜜、分外的温馨、特殊的满足。其原因何在？一切即在于笔者所呈现的上述的审美间体之价值化变、韵味混成、机趣闪现、妙致难言的情形之中！

同时，论及命题表征与表象—意象表征的学界争论问题，笔者认为，前者实际上是人对概念性符号形式与情景的符号形象的反映和操作过程，体现为符号性表象——知性表象；后者是人对直观具体、生动形象的模拟反映和操作过程，体现为形象化表象——感性表象与理性表象（或心理意象、理念性表象）。所以，命题表征与表象—意象表征在人的认知过程中具有互补互动性和对立统一性，体现为不同阶段和层级的认知表征形式：感性加工阶段呈现为物体表象或身体表象等的表征形式，知性加工阶段呈现为概象表征，理性加工阶段呈现为意象表征，体性加工阶段呈现为体象表征，物性加工阶段呈现为物体表象的表征形式。另外需要指出，审美意象不同于审美的客体表象、审美概象和审美体象，它是由主体创造形成的、合情合理、合性合体的、具有综合性表象内容的全新的存在情景，可以呈现为视觉型、听觉型、动觉型或全息型，可以被逐级转化为理性化的意识体验、知性化的符号体验、感性化的表象体验和体性化的体象体验、物性化的物象体验等多种价值形态。审美间体即是由审美主体所创造的全新的意象形态的价值表征体，甚至可以说是具有审美真实的价值时空——第二自然、第三世界……

由此可见，审美间体模型不但可以用来解释美学领域的主客体相互作用原理、主客体审美价值的形成与完善机制，还可以用来分析神经美学领域的主客体情感认知的空间结构等问题。

第一章

美—美感形成机制及其与审美主客体的关系辨识

　　艺术文化所具有的审美认知功能，主要是通过审美主体的艺术鉴赏、二度创造、内在预演和外在表达来加以体现的。这种特殊的功能之所以是科学、技术等所有的其他学科所无法替代的，关键就在于艺术文化能够同时影响人的情感世界、思维世界、价值观念、人格意识。其根本原因在于，当艺术家借助艺术作品表现主客观对象的本质特征之时，他同时需要诉诸自己相应的独特体验、别样理解、多维评价和价值传示，同时需要以审美形式表现主客观世界的本质属性及其发展趋势，其中包括艺术家小我与大我彼相贯通但又有所区别的情绪与情感的审美嬗变规律、想象判断与构思表现的审美思维运行规律、借助动作情态姿势言语传示审美价值的身体美化规律，等等。艺术旨在以审美表象揭示存在的本质、借助瞬间与偶然映射永恒与必然、通过个别样本体现一般事理、借助独特情景反映普遍法则、通过客观对象显示主观内容、以感性方式具现理性价值。

　　进而言之，为了深入揭示美的本质特点、科学辨识美与美感的复杂关系、深刻掘现审美主体对审美对象和自我世界的审美创造能动性作用，我们需要基于当代西方的神经美学研究进展，对审美价值之创造性生成、具身化体验、内在实现等方面的神经科学原理进行理论旁证与间接实证，借此促进美学研究的视域从传统的"主—客体关系"坐标转向以人为本的"价值认知"坐标，以此凸显审美行为的创造性本质特征及其以主体精神嬗变引发对象新义、催生主体新的审美体象、动作表象和物性表象客体的审美创造与自我实现之要义，借此矫正以往的美学研究"见物不见人"、静态化、刻板化、机械式、思辨性、不动情感的理性观照偏向，代之以审美主体为本、以人的情感创造—思维创造—行为创造为重心、以人对内在

创造产物的具身化体验及其价值的内在实现为机关的四位一体审美认知链
（"感性—知性—理性—感性"），由此开启 21 世纪我国美学研究的新
向度！

第一节　审美价值论述评

千万年以来，包括原始人类在内的人类大家族，对美的追求体现了罕
见的勇毅精神和刚强意志、经历了悲欣交集的复杂考验和生死与共一般的
悲壮命运！2014 年，美国的科学杂志报道说，科学家发现了迄今为止历
史最为悠久的史前原始人的大型山洞壁画群。

一　审美价值的主客体属性

美到底是能够引起人们愉悦、舒畅、振奋的事物，还是那些使人感到
和谐、圆满、轻松、快慰、满足的事物，抑或是能够使人产生爱（或类
似爱）的情感、欣赏享受感、心旷神怡感或有益于人类、有益于社会的
客观事物的一种特殊属性？

英国美学心理学家谢金斯认为，鉴于美学以及人的审美判断都属于追
溯非科学性质的客体概念的极端案例，因而如欲深入索解审美判断是否具
有客观性或主观性之类问题，我们可以采用基于价值评定的审美心理学方
法论。①

审美心理学家建立了投射主义的价值加工模型，有助于人们深入辨析
诸如价值、意义、责任、权利等抽象的事物属性。同时，经典的美学家认
为，审美特性或者作为审美主体情感思想的反应性产物，或者源于客体世
界——因为事物的特征乃是催化人的审美情感的根本原因。

为此她指出，对于下列论点（其一：审美鉴赏的对象是审美活动的
焦点，其二：特殊的美感存在于主体的经验中），我们需要检视它们得以
成立的逻辑基础。她断言，审美活动的焦点及美感的核心内容等，都存在
于主客体发生相互作用的复杂过程中，而不是孤立地存在于主体或审美客
体方面。依照约翰美奇的看法，审美价值并非指这个世界的结构，而是意

---

① Anna Elisabeth Schellekens, *A Reasonable Objectivism for Aesthetic Judgements: Towards an Aesthetic Psychology*, Ph. D. Thesis, Longdon: King's College, London, 2006, pp. 13 – 14.

味着审美特性产生于我们的心灵由内而外地向客观对象投射的过程之中。进而言之，审美特性既不仅仅来自主体，也不仅仅与客体有关，而是作为主体与客体的姐妹兄弟，既体现了主体和客体的某些本质特点，又具有某些不同于主体与客体的独特的个性特点。①

　　同时，基于悲剧美具有最高品位的审美价值之原理，笔者认为，美不单与人的正面情绪情感和心境密切相关，而且与人的负面情绪情感及悲欣交集的特殊心境密切相关，譬如所谓的惆怅美、忧愁美、凄凉美、哀怨美、悲壮美、柔弱美，譬如人们通常都特别喜欢忧伤的音乐、饱含悲壮美的爱情影视剧，等等。在这个方面，迄今为止的美学研究、审美价值理论探索及艺术教育原理建构与应用等相关领域的学者与专家等，尚未就惆怅美、忧愁美、凄凉美、哀怨美、悲壮美、柔弱美等带有灰色情调的审美价值进行深入细致的学理辨识与科学机制探究，从而致使此类与人的现实生活密切相关且具有重大思想理论意蕴的审美范畴及其价值创生一体用之道依旧处于朦胧难辨的黑箱状态，进而严重制约了人类对美、审美创造、审美价值、审美教育的本体具身性认知水平，同时也明显弱化或对上述内容进行了以偏概全的片面性解读。在此先不赘述有关问题及其解决之道。

　　进而言之，审美教育的根本目标并非仅仅使人快乐，而是旨在孵化与培养人的审美情感、审美思维和审美行为；换言之，审美教育应当引导人们提前进入人生的悲欢离合之境、提前承受假恶丑与逆境艰难困苦及天灾人祸与疾病障碍的折磨与挑战，借此获得应对负面刺激的免疫力，借此营造未来战胜真实的人间苦难的诗意美感正能量，并于其间体验到自己的这种内在创造之情感美、思想美、身体美、行为美、产品美！

　　当然，美是人对美妙之物的抽象概括，具体而言，美可以包括自然美、艺术美、科学美、心灵美、行为美、形象美等多重内容。英国美学心理学家谢金斯指出，人们的审美判断不断需要对客观的审美对象之价值与特征做出发现、体验、推理与评判，还需要对深深卷入审美活动的自己的主观世界所产生的新变化、新特征和新的价值意象进行镜像观照、具身体验、本体推理和评价判断；更为重要的是，他还需要对审美活动之中的自

---

　　①　Anna Elisabeth Schellekens, *A Reasonable Objectivism for Aesthetic Judgements*: *Towards an Aesthetic Psychology*, Ph. D. Thesis, Longdon: King's College, London, 2006, pp. 24 – 25.

我与对象所形成的新的价值关系进行综合观照与全息释说。①

　　同时需要特别注意之处，我们在考量审美主体对审美价值进行审美体验、审美判断过程中所体现的共性特征时，还应当重视对其间审美主体的个性特征的揭示与阐发，以便切实发见审美客体被某个独一无二的审美主体加以个性化二度创造所增添或删减的真正意义。对此，有学者指出，审美研究光停留在对共通感的探讨上是不够的，因为共通感虽然可以体现出主体间性在审美上的关系，也可以在大体上划出一个被主体间性所认可的审美对象领域，然而，它却掩蔽了主体在美感上的个别性和差异性，也掩蔽了审美对象的异质性和差异性。这种在审美中单纯地探索共通感的倾向，归根到底仍然显露出认识论传统的影响，因为认识论的根本任务就是在经验事物的个别性中寻找普遍的东西，这也正是概念思维的特征。②

　　这意味着，"审美中的差异主要表现在以下四个方面：一是不同的审美个体在同一审美对象上表现出来的美感上的差异。比如，一个命运坎坷的中年人与一个稚气未脱的青年人在一起谛听贝多芬的第五交响乐，他们在美感上一定会存在巨大的差异。二是同一审美个体面对着不同的审美对象时，其美感也会产生明显的差异。比如，一个人参观了一个艺术展览馆，假如他对某几件展品留下了特别深刻的印象，那就表明，他的美感并不是以均衡的方式分布在所有的展品上的。对于不同的展品来说，他的美感存在巨大的差异。三是同一审美主体在不同的情景和审美心理中，对同一审美对象的美感也会产生重大的差异。比如，同一审美主体在这一情景下或在那一情景下、在愉快的心情中或在忧郁的心情中，会对同一审美对象（如同一个戏剧）产生不同的感受。四是归属于同一文化体的集体人（通常是一个民族）在感受不同的审美对象时也会产生美感上的巨大差异。比如，一个民族总会逐渐产生自己的艺术史，而这种艺术史的形成正是以对不同艺术品的美感的差异为条件的。有差异才会有甄别、评价和判断，这是任何历史得以形成的条件。在这里，我们更注重的是第四种差异，即归属于同一文化体的集体人在审美中的差异。"③

　　笔者认为，能够有效解释个体的审美差异的理论参照系，主要在于人

---

①　Anna Elisabeth Schellekens, *A Reasonable Objectivism for Aesthetic Judgements: Towards an Aesthetic Psychology*, Ph. D. Thesis, Longdon: King's College, London, 2006, p. 1.

②　俞吾金：《美学研究新论》，《学术月刊》2000 年第 1 期。

③　同上。

的因时因地因种族和性格而异的审美心境。据好搜百科，心境是指人所体现的一种强度较低但持续时间较长的情感状态，一种内敛、深隐、稳态、平静而持久的情感，如绵绵柔情、闷闷不乐、耿耿于怀等；热情是指人所体现的一种强度较高但持续时间较短的情感，一种强有力、饱满、相对稳定而深厚的情感，如兴高采烈、欢欣鼓舞、孜孜不倦等；激情则是指人所体现的强度很高但持续时间很短的情感，一种猛烈、迅速爆发、短暂性的情感，如狂喜、愤怒、恐惧、绝望等。心理学认为，人的心境具有时空弥散性和长期固化性。影响人的心境的原因很多，外在方面包括生活中的顺境和逆境，工作、学习上的成功和失败，人际关系的亲与疏，个人健康的好与坏，自然气候的变化等；内在方面则包括人的意识向度、性情特征、机体健康状况、情感修养、思维方式、文化经验和知识结构的深广或窄浅等精神心理品质。

以贝多芬为例，他当年贫困交加、耳聋折磨、多次失恋、遭遇上流阶层的排挤轻视和嘲笑打击，同时在音乐创作方面也并非一帆风顺。他和米开朗基罗、列夫·托尔斯泰一样，一生经历了各种苦难坎坷。但是孤寂的生活并没有使他沉默和隐退。1801 年之后，他的听力严重下降甚至失聪，但是其间他创作出了杰出的音乐作品《月光奏鸣曲》《c 小调第五交响曲》等。在一切进步思想都遭禁止的封建主义回潮的年代，他依然坚守"自由、平等、博爱"的政治信念，用言论和作品为欧洲与人类的共和理想振臂呐喊，体现了无私、勇敢和强烈的资产阶级反封建、争民主的革命热情，最后完成了不朽名作《第九交响曲》。他的思想及作品都受到 18 世纪启蒙运动和德国狂飙突进运动的极为强烈、深刻和持久的影响，并由此创造了个性鲜明的一系列气势恢宏、内涵丰富、音乐体裁异常丰富、钢琴的表现力空前提高并增强了交响性的戏剧效果的里程碑式作品，为交响曲注入了极为深刻和隽永的社会精神内容，使之比前人获得了更为重大的发展。

认真审视贝多芬的悲惨命运和成功之道，我们不难发现，一是拥有超越一切的审美理想和艺术之爱。他对艺术的爱和对生活的爱战胜了他个人的苦痛和绝望，苦难变成了他的创作力量的源泉。在其精神危机发展到顶峰的时候，他开始创作那部洋溢着乐观主义精神的《英雄交响曲》。《英雄交响曲》标志着贝多芬在实现精神转机的同时，也标志着他创作上的"英雄年代"的开始。换言之，贝多芬与艺术、真理、正义和英雄世界结成了牢不可破的命运共同体、情感共同体、价值共同体——这是一种思想性和精神性的审美间体。它因为摄取了源于德国和法国的勇于捍卫社会正义的政治家的英雄理想和超人胆魄，因为摄取了音乐世界的真善美的无上价值能量，因为疾病、贫困和世俗折磨而激发的对生命、生活、大自然和人类艺术、哲学智慧的珍爱与向往之情，而使贝多芬超拔无与伦比的苦难、悲剧和逆境，义无反顾地为音乐世界创造伟大的典范、为人类生活创造伟大的精神、为审美世界创造伟大的智慧！二是贝多芬借此强化了那种大胆的创新精神和桀骜不驯的性格特征。可以用"通过苦难走向欢乐—通过斗争—获得胜利"来概括贝多芬的艺术价值和人生意义。

这位用痛苦创造欢乐的伟大艺术家曾经说过，音乐当使人类的精神爆出火花；音乐是比一切智慧、一切哲学更高的启示。若能参透我的音乐的意义，人们便能超脱常人无以振拔的苦难。① 对此，茵加登指出，审美价值来自人对审美对象的完满创造。② 可以说，正是那三位一体的"艺术—哲学—英雄"世界所代表的处于审美真实境遇的完美无瑕、无比强大和永恒的审美间体，才赋予绝境之中的贝多芬战胜罕见苦难的罕见动力、罕见热情、罕见智慧和罕见意志力量的！换言之，正是由于他同时创造、体验和实现了完美的艺术价值、自然价值、社会价值和自我价值，他才能用这种审美的真实世界来对抗和战胜现实世界的一切困难、逆境、悲剧和阻力！

换言之，我们对审美客体所做出的判断，不仅应当包括历来美学家所采取的事实判断等客观内容，还应包括传统研究未曾涉及的审美客体所具有或所滋生的价值、意义、情感特征等主体性力量的对象化映射内容。

二　美的价值之显现形式

首先需要界定我们所探讨的对象的具体特点及其层次属性。

美的概念涉及形式与内容、天然与人工、原创与复制、虚拟与真实等不同内涵。

自然美，诸如物态美、形态美、科学之美，等等。

艺术美，诸如声象美、文字符号美、绘画造型美，服饰美，等等。

生命美，诸如气质美、形象美、仪表美、动作美、形体美、指甲美、

---

① 何乾三选编：《西方哲学家文学家音乐家论音乐》，人民音乐出版社 1983 年版，第 110—111 页。

② Roman Ingarden, "Aesthetic Experience and Aesthetic Object", *Philosophy and Phenomenological Research*, Vol. 21, No. 3, 1961.

美发，等等。

心灵美，诸如情感美（亲情之美、道德情操美、爱情之美、友情之美，等等），思想美（包括美的意识观念、美的思维方式、美的人格、美的智慧，等等）。

行为美，包括言语美、文字美、文体动作美、生产劳动美，等等。

人工环境与劳动产物美，包括园林美、建筑美、居室美、饮食美、烹饪美、器具美、空间气味美、技术美，等等。

笔者认为，审美价值需要经历主体的一系列认知加工及身心行为表征，而后才能进入对象化的物化时空，成为现实的审美作品—审美对象—审美客体。其间，当会存在审美价值的内在表征、外在表征及内外一体化表征等三种情形。长期以来，美学研究者及审美教育者等相对忽略了对审美价值的内在表征这种内隐情形的深刻探究，因而致使人们明显忽视或轻视了其对个性之人实现自我价值的决定性作用，还使审美教育、艺术教育、人文教育步入了功利主义的快车道——因为如果教育者不懂得学习者首选需要通过内在方式实现自我的审美价值、道德价值、科学价值的话，那就会促使他们一味地强调学习者的外在表现水平，诸如考试分数、测验成绩、体育艺术表达能力等显性行为，省略对学生之个性经验、知识、素质与能力的内在建构过程的科学引导和有效训练。长此以往，就会导致学习者成为徒具技能和机械记忆书本知识的"空心人"了。

有人认为，决定审美活动的要素乃是审美鉴赏，即审美主体对审美客体的欣赏与评价。换言之，我们所获得的审美价值来自我们有关审美对象的客体意识，正是后者导致我们的审美经验升华为审美价值；审美价值并非来源于我们有关自己的主体意识，后者导致我们的审美经验经由层层抽析转化重整升华而形成审美意义。然而，审美心理学告诉我们，人的普通经验如若转化为审美经验，就必然需要经由个性主体的特殊审美态度、审美方式。进而言之，正是主体的审美意识决定着他的经验转化为审美经验，决定着他将对象性的审美价值内化并经过二度创造而形成新的对象化形态；其间，他的情知意和体象行等内外特性都因此发生了重要而显著的变化或更新。[①] 我们继而需要探索某种对象之美的价值—特征形成机制，

---

　　① Anna Elisabeth Schellekens，*A Reasonable Objectivism for Aesthetic Judgements*：*Towards an Aesthetic Psychology*，Ph. D. Thesis，Longdon：King's College，London，2006，pp. 27 - 29.

在此不拟赘述。

在这方面，我们需要运用认知心理学的情感理论来大体阐释审美价值在主体身上的实现方式，因为这个问题长期以来被美学研究者们悬置起来了，未能予以深入细致客观的科学辨析，从而严重影响了我们对审美活动中主体性世界所产生的巨大深刻的创造性变化及其内在动因的深刻理解；其中，主体的审美欲求和审美期待实际上是最早发生、形成并得以外在体现的，继而才会有主体对特定欣赏对象的高度个性化的挑剔性选择。这种行为既决定了主体的审美性质，也充分体现了主体的审美需要、审美理想、审美气质、审美趣味和审美创造性优势等重要品格。因而，审美研究首先需要弄清每个人在不同年龄阶段、不同地点和不同心境、不同工作环境中所形成的不同的精神压力与张力、情感痛苦与思想矛盾、审美需要、审美理想；进而才能深刻理解主体创造审美价值并在内心实现审美价值的本体诉求与个性意义。基于上述的理念驱动范式，我们的审美研究才能准确聚焦用于表征审美欲求、审美期待、审美奖赏及其思维与身体行为效应的相应的大脑结构—功能—信息综合网络了。

论及人的情感评价，笔者通常将之分为情感的效价、强度、唤起度、持久度等四个方面。其中，情感的效价是指情感的正负属性；情感的强度是指体现在主体内心或身上的情感所具有的生理性与心理性能量大小的程度；情感的唤起度是指特定情感对主体的相关记忆资源（包括自传体记忆、情感工作记忆、身体工作记忆、思维工作记忆、行为工作记忆等）的激活程度；情感的持久度是指特定情感进入主体的记忆系统之后所存在的时间长短。这个维度是笔者发现并建立的一个新标度，能够体现对主体的"情知意"系统与"体象行"活动发生长期乃至终身影响的那些特殊而深刻的奠基性情感价值及其精神效能。

针对人们贬低感性在审美活动中的重要作用的倾向，有学者指出，无论是古典的理性主义还是神性主义都认为感性事物是"非存在"，它们所谓的"存在"都是永恒不变、自身同一、恒久持存、有序至善的东西，而感性事物却变化不定、矛盾分裂、生生死死、混乱无序。在它们看来，人的感性能力提供假象，感性本能制造混乱，因此，感性是罪恶之源，是需要防范、限制甚至消除的东西。由于古典的理性主义和神性主义在西方社会逐步建立了话语霸权与相应的社会权力体制，它们对待感性与艺术的态度便决定了后者被监视、被防范、被压制、被改造、被管制、被囚拘、被流放、被消灭的历史命运。感性主义的审美主义就是对理性主义和神性主义有关感性与艺术论述的反叛与颠倒，就是对后者所铸造的文明的否定。对于感性主义者来说，超感性的存在完全是理性主义和神性主义的虚构，"存在"只能是"感性的"，它只能由感性直觉去体悟（真），如此体悟到的存在便是生存的根据（善）。于是我们问：感性主义者体悟到的感性存在是一种什么样的存在呢？回答：一种永远生成变化着的自然，一种由欲望和本能构成的自然。"越名教而任自然"是它的基本教义，自然主义、唐璜主义、撒旦主义和酒神精神是它的不同面相，感性生命的极乐是它的最高追求。从历史的角度看，感性审美主义在原始的狂欢文化中有朴素的表现，在现代主义和后现代艺术中达到高峰，而在当代消费文化中则被体制化。……艺术作为一种高级表意方式对感性生命的肯定与表达则自觉而明确。正因为如此，无论是柏拉图式的理性主义还是奥古斯丁式的神性主义都敌视艺术，而艺术与（理性—神性）文明也长期处于敌对状态。①

　　对此，笔者则持有不同的看法。尽管笔者认可上述作者所说的美学研究领域里客观存在感性与理性相对峙的思想冲突之情形，但是不同意其所定义的感性在审美活动中的那些特征与功能。首先，上述作者所描述的那种感性仅仅是人所皆有的带有本能和意欲性质的现实感性，而不是审美感性。生理性的感性在耳聋后的贝多芬身上几乎荡然无存了，但是他拥有超常发达的审美感性或内在的审美表象体验与建构能力。因而可以说，感性和理性等唯有在审美时空，才能获得内在贯通、内外一致及和谐统一。审美主体所认知的并非客观和物化的对象，而是经过审美加工与转化的主客体统合的、综合性新表象与创造性新意象的价值联合体。难怪海德格尔有言，艺术是真理的感性呈现方式。他在此强调了审美理性对审美感性的自上而下的同化与重塑作用，这与科学哲学中的"观察渗透着理论"的主张不谋而合。

　　上述学者进一步强调说，艺术审美主义不仅反神性主义，也反理性主义，就此而言，艺术审美主义既反传统又反现代，因为理性主义既是传统社会的基础之一，更是现代社会的基础。自文艺复兴以来，感性主义和理性主义联手的世俗化运动导致了神性主义的解体和神权世界的崩溃，然

---

① 余虹：《审美主义的三大类型》，《中国社会科学》2007 年第 4 期。

而，现代世界的建立并没有以此联盟为基础，世俗化的理性主义成了现代世界的基础，感性和感性主义被排斥的命运并没有在现代世界终结，而是变得更难忍受。一方面，现代理性主义借助越来越科学的方式对感性生命进行了更为严密的监控和规训，将其对感性生命的压制和消灭变成了一种隐微的肢解与改造（对此福柯的《疯癫与文明》有精细的分析）；另一方面，文艺复兴以来对感性生存之正当性的持续申辩又唤醒了人们自觉维护感性生存的权利，因此，感性与理性的对抗变得越来越尖锐，前者对后者的反抗也空前激烈，这种惊心动魄的自觉反抗就突出地表现在艺术之中。……一方面是现实世界对非理性之感性生命的否定、防范、监视、限制、监禁甚至消灭；另一方面是艺术世界对非理性之感性生命的肯定与放纵，这便是现代性进程中艺术与现实的分离和对抗。……现代艺术审美主义取消了感性狂欢的非日常性，它要从根本上改变被理性主义和神性主义所规定的日常生活的性质，将日常生活感性化，以感性生活对抗和取代理性生活和神性生活。……尽管艺术审美主义竭力将感性主义的非理性原则生活化，但这种努力还是遭到了抵制，审美的生活仍然局限在艺术家部落和一些激进的青年群体当中，生活与艺术的界限还难以取消。真正打破艺术与生活的界限，将日常生活审美化的不是艺术而是经济，准确地说是消费经济。……在感性审美主义者眼中，现代性病症的主要根源是理性主义的统治，疗救方案就是以感性主义取代理性主义；而在游戏审美主义者看来，现代性病症的主要根源是理性主义和感性主义的敌对所导致的理性与感性的分裂，救治方案是用更高的力量调节并弥合这种分裂，建立理性与感性的张力平衡或游戏。[①]

　　对于上述学者所说的"艺术审美主义不仅反神性主义，也反理性主义""艺术审美主义将日常生活感性化，以感性生活对抗和取代理性生活和神性生活""真正打破艺术与生活的界限，将日常生活审美化的不是艺术而是消费经济""日常生活审美化的突出标志是工作/休闲的二分天下"等论点，笔者不敢苟同。其理由在于，如果不界定此种感性不是指人所共有的物质感性而是审美的感性，此种理性并非指道德理性及宗教理性，而是指审美理性，那么后续的展开与争辩则失去了合理的指对性，所谓的指鹿为马，即属于此种概念误置的情形。笔者认为，日常生活审美化并不是

---

①　余虹：《审美主义的三大类型》，《中国社会科学》2007 年第 4 期。

简单的对非理性的感性生命的肯定与放纵，其突出标志并不是工作/休闲的二分天下，而是意味着审美主体将其所创造、完善和体验到的审美价值，以自觉自愿、自由自主和自得自足的方式转化为日常生活的大部分重要的时空境遇之中，借此提升自己的存在品质、改善或美化现实世界的情知意、体象行以及相关的环境氛围。日常生活审美化并不是简单的肯定世俗感性和放纵身体行为，而是体现或实现审美的感性价值、将处于审美高峰状态的情感律动，思维律动和意识体验转化为同样处于高峰状态的身体律动、言语律动、歌声律动、书写律动、肢体行为律动、表情姿态律动等审美的体性价值形态。

认知科学认为，根据价值关系主导变量的不同，人的情感主要包括感情（体现主体对客体品质特性的感知能力与程度）、欲望（反映主体在特定时期与环境之中的品质特性，诸如潜能特质、优长、缺失或特殊的需求）、情绪（表征系列感情积累和各种欲望混存于主体内心的整体情感倾向）三个方面。因此情感的强度大小取决于感情、欲望与情绪三个方面的共同作用。

第二节　美与美感的关系论

美与美感关系问题，是美学研究中久久悬而未决的难点之一。"美学中的基本问题，如美学史的事实所证明，首先就是美在于心抑在于物？是美感决定美呢还是美引起美感？"[①]

一　主观论

主观论者主张："美产生于美感，产生以后，就立刻融解在美感之中，扩大和丰富了美感。"[②]"美是人的一种观念，而任何精神生活的观念，都是以现实生活为基础而形成的，都是社会的产物，社会的观念。"[③]

按照布洛的观点，审美态度被标识为心理距离，它有助于主体自

---

① 四川省社会科学院文学研究所编：《中国当代美学论文选》第一集，重庆出版社 1984 年版，第 239 页。

② 同上书，第 285 页。

③ 同上书，第 5 页。

身远远超脱受范于客体的审美沉思、奔向狂喜摄取与体验因对象而引发的自身内在时空呈现的审美意象价值。① 主观论美学观的思想萌芽形成于古希腊时代，当时著名的思想家柏拉图等提出了"美是理念的影子"等主观论美学观点，体现了对早期自然论美学的超越和对人类本体价值的回归倾向。在此需要指出，在西方哲学史上，柏拉图最早建构了二元论哲学体系，由此深刻影响了西方哲学和西方美学此后数千年的思想演进历程。诸如后来的康德和黑格尔等美学大家，就受到了柏拉图思想的深刻影响。柏拉图提出了哲学的"理念论"——他把世界分为两大类：现实的世界是个别的、不可靠的世界，是短暂的、变动的、不纯粹的、混杂的、不完满的，因此是不真实的；"理念"的世界则是永恒的、静止的、纯粹的、完满的，因此是真实的世界，具有普遍性。

他据此认为，具有永恒价值的是"理念"世界，现实世界仅仅是对"理念"世界的模仿或"分有"形态。他进而认为，在宇宙世界之中存在的事物可以被分为四个层次：首先是"理念"世界，其次是数学对象，再次是个体事物，最后是肖像——事物的影子。它们之间的关系是："理念"是一切事物的蓝本。个体事物是同名的"理念"的摹本或影子。它的"理念论"哲学美学观强调，"理念"的世界是一般人认识不到的。一般认识只能停留在日常的、现实的世界上，经常被现实的世界迷惑，不能获得真知。只有有理性的人能够通过回忆看到"理念"，即事物的本体。

在《大希庇阿斯》篇中，柏拉图反复辩论"美是什么"与"什么东西是美的"是两个不同的问题。美不是美的事物，美就是"美本身"。这种美本身是什么呢？柏拉图说："这种美是永恒的，无始无终，不生不灭，不增不减的。它不是在此点美，在另一点丑；在此时美，在另一时不美。在此一方面美，在另一方面丑；它也不是随人而异，对某些人美，对另一些人就丑。还不仅如此，这种美并不表现于某一个面孔，某一双手，或是身体的某一其他部分；它也不是存在于某一篇文章，某一种学问，或是任何某一个别物体，例如动物、大地或天空之类；它只是永恒地自存自在，以形式的整一永与它自身同一；一切美的事物都以它为泉源，有了它

---

① Anna Elisabeth Schellekens, *A Reasonable Objectivism for Aesthetic Judgements*: *Towards an Aesthetic Psychology*, Ph. D. Thesis, Longdon: King's College, London, 2006, p. 30.

那一切美的事物才成其为美。"而要认识这种"美本身"需要经过一系列的阶段：

第一阶段：从关爱某个美的形体开始，借此体验其中蕴含的美妙之处；第二阶段：学会了解此一形体之美与一切其他形体之美的共性特点、从而在许多个别美形体中见出感性美的形式特征；第三阶段：发现并体验行为和制度之美，同时见出此种美的时时存在和处处贯通的情形；第四阶段：进入学问和知识的世界，见出学问之美和知识之美，逐步掌握那种豁然贯通并涵盖一切的学问、知识和理论（包括以美为对象的学问），逐步领悟美的本体价值。

不难发现，柏拉图所说的这种美之本身，乃是与哲学知识以及科学真理属于同一类的理性认识。因而，他的美学思想又成为后来的理性主义美学的滥觞。由此可见，认识美的思想道路，实质上也是一条探索真理的道路。

二　客观论

自然客观论认为："是美引起美感而不是美感决定美。"① 社会客观论认为："美是不依赖人类主观美感的存在而存在的，而美感却必须依赖美的存在才能存在。美感是美的反映美的摹写。"② "承认美是客观的，承认客观事物本身的美，承认美的观念是客观事物的美的反映，就是和唯物主义一致的，而这种论点就是唯物主义美学的根本论点。反之，认为美是主观的，不是客观的，否认客观事物本身的美，也否认美的观念是客观事物的美的反映，就是和唯心主义一致的，而这种论点就是唯心主义美学的根本论点。"③

换言之，客观论美学认为，美是人的主观意识对客观存在的反映。存在决定意识，如果没有美的客观事物的存在，就不会产生主观的美或人对美的认识。由于不同时代和不同民族的人们所处的文化环境不同，因而导致人们的审美实践活动、审美认识活动和审美思维活动、审美表达活动存在不同的方式，进而重塑了人的审美世界观、审美人生观和审美价值观，

---

① 四川省社会科学院文学研究所编：《中国当代美学论文选》第一集，重庆出版社1984年版，第28页。

② 同上书，第117页。

③ 同上书，第46页。

并使人们对同一事物形成不同的看法：对事物是否美与不美持有不同的
观点。

可以说，客观论美学观具有源远流长的思想基础。早在古希腊时代，
著名的思想家毕达哥拉斯、赫拉克利特、德谟克利特等所关注的主要是自
然本源问题。他们把美看作自然本身的一个本质特征，因此把对美的思考
置于对自然价值的思考之内。后来布瓦洛提出的"模仿自然"的美学原
则、托马斯·阿奎那主张的"美在形式"的思想、休谟建立的经验主义
美学、费希纳倡导的实验主义心理学美学、门罗的科学主义美学、后现代
主义美学旨在通过追求艺术形式和表现方法的繁复美而体现价值虚无、存
在无序和时空相对性的审美观等思想流派，都是对客观论美学思想的深
化、改造和发展，都在特定层面对人类的审美研究做出了重要的方法论
贡献。

同时需要指出，客观论美学虽然体现了唯物主义的认识论价值，但是
忽视了审美主体的智慧性、能动性、理想性和自由性的创造性作用，从而
遮蔽了审美价值由以孕生的本质内容，容易演化为宗教性的神学美学、无
所作为的机械论美学和注重形式的符号论美学等片面倾向。

三　主客观统一论

在中国现当代美学界，秉持主客观统一论的美学观的思想家包括蔡
仪、朱光潜、吕莹、李泽厚等；在西方现当代美学界，体现主客观统一论
的美学观的主要思想流派包括现象学美学、存在论美学和解释学美学，等
等。他们分别提出关系说、相互作用说、实践说、认识统一说、价值契通
说等用以实现主客体世界的审美统一的思想原理，各自为人类的美学研究
提供了富有智性启示的认识论知识。

主客观统一论者提出"物甲物乙说"（"物甲"指自然存在的物，
"物乙"指物的形象）。该学派据此认为："美是对于物乙的评价，也可以
说就是物乙的属性。美感能影响物乙的形成，就是在这个意义上，我们说
美感能影响美。"①主客观统一论者进而认为，美学如果接受了在感觉阶段
意识反映客观存在的大原则，承认了美必有美的客观条件，美感必须在感

---

① 四川省社会科学院文学研究所编：《中国当代美学论文选》第一集，重庆出版社 1984 年
版，第 257 页。

觉素材上加工，它已经就是很稳实地建筑在唯物主义的基础上了。"①如果采取美先于美感这种观点，则需要人们首先说明先于美感而存在的美是什么。偏偏这个问题极为复杂、迄今难以回答，所有持此主张的理论无法明确解释美是什么。如果如主观派所说，美产生于美感，则需要说明美感怎样先于美而形成。对此，主观派解释说，虽然美感是由外物作用于我们的感官所引起的，"但是人的感觉所知道的只是物的形状、颜色、声音、味道、气味等，这些形色声味是美还是不美……就要通过意识的判断。"②另一方面，他们又解释说："美和美感，实际上是一个东西。"③

　　主观派之说认为美是观念，实际意义是说，"美"概念指代的对象是观念性的东西；客观派之说认为美是客观的，即是说"美"概念所指代的对象是客观实存的东西。无论说"美决定美感"还是说"美感决定美"都有一定道理，关键在于对"美"概念的内涵作出判断。用实践美学的理论来说，就是要明确界定"美"是哪个层次上的。主观派说"美感决定美"时，"美"是指审美对象；客观派说"美决定美感"时，"美"是指美本质。

　　作为"美学之父"的鲍姆嘉通把美学规定为感性学，同时他也十分强调秩序、完整性与完美性。笛卡儿的哲学思想为近代思想奠定了基础，他力图从主客体的认识关系来把握美。可以说，有关美的"主客观统一论"后来逐步演化为鲍姆嘉通的感性学——感性化的主客观统一论、康德和黑格尔的理性化的主客观统一论、现象学美学基于存在关系把握美学与艺术价值的主体间性思想、伽达默尔的解释学美学对审美主客观获得统一的认知理论等一系列美学思想体系，尤其是以现象学美学、存在论美学和解释学美学为代表的 20 世纪西方现代美学思潮，共同体现了反拨形而上学美学、力图消弭主客二分视域、统合本质和现象的思想特征，为发展和深化审美的"主客观统一论"做出了独特的思想认识论贡献。

　　当代英国审美心理学家谢金斯认为，审美价值形成于主客体相互作用的某些特殊关系之中；为了深入认识这些关系，我们需要建立相应的复杂

---

　　①　四川省社会科学院文学研究所编：《中国当代美学论文选》第一集，重庆出版社 1984 年版，第 363 页。

　　②　同上书，第 277—278 页。

　　③　同上书，第 285 页。

新颖的主客体相互作用的关系模式。①

　　有学者指出，杜夫海纳赋予审美经验特权：审美经验中的真理，比逻辑的真理对人更有意义。审美主体不仅能得到感性的愉快，达到深度的自我，而且更能达到与世界万物的统一。真理是审美世界的真理，世界是审美体验中的世界，在审美体验中人最为深切地体验着自己是人，属己的人、本真的人、与自然万物息息相通的人、与他人密切共在的人。② 可以说，杜夫海纳所阐述的审美实践、审美真理、审美感性、审美经验和审美理性等核心概念，都为我们界定审美世界与非审美世界提供了清晰、合情合理及新颖深刻的思想坐标，同时有助于我们基于其所意欲的主体间性理论理解审美主客体的融通化合机理。

　　笔者认为，"美的本质"问题的前身是"美的本体"问题。"美本体"是柏拉图在客观唯心主义基础上形成的概念，以"美的理念"的存在为依据。如果把"美"作为实体事物看待，必定会牵涉其与"美感"的认识关系、反映关系。在日常审美经验中，事物是不是美的，既取决于人的观念、判断，也取决于人的情感、感性体验。因此，如何统一审美活动中的意识与经验、理性与情感、抽象价值与具象价值、客观美与主观美，便成为当代乃至未来美学研究的深层目标了。

四　实践论

　　实践论美学对"美"概念的内涵做出详细划分，"美"可以分别作为审美对象、审美属性和美本质而存在。美的不同层次的存在，使美与美感结成了不同的关系：一方面，"美作为审美对象，确乎离不开人的主观的意识状态"。③ 实践美学的理论思路是："自然的人化"造成客观的美本质，美的本质使事物的性能、形式具有客观的审美性质；以此为充分而必要的条件，再"经由审美态度即人们主观的审美心理这个中介"，④就形成了作为审美对象层次上的"美"。

----

① Anna Elisabeth Schellekens, *A Reasonable Objectivism for Aesthetic Judgements*: *Towards an Aesthetic Psychology*, Ph. D. Thesis, Longdon: King's College, London, 2006, pp. 37 – 38.
② 李晓林：《杜夫海纳的审美形而上学》，《厦门大学学报》（哲学社会科学版）2012 年第1期。
③ 李泽厚：《美学四讲》，天津社会科学院出版社 2001 年版，第 68 页。
④ 同上书，第 127 页。

换言之，李泽厚的实践美学是用马克思的实践观改造康德先验哲学的产物。他认为，美是实践的产物，正是在漫长的、历史的社会实践过程中，"自然人化了，人的目的对象化了"，人类通过控制、改造、征服和利用，把自然变成了"顺从人的自然"和人的"非有机的躯体"，人也在这个过程中变成了自然的主人。正是在实践过程中，"自然与人、真与善、感性与理性、规律与目的、必然与自由"得到了真正的矛盾统一，"真与善、合规律性与合目的性"也有了真正的"渗透、交融与一致"。这样，理性就积淀到了感性中，内容就积淀到了形式中，自然的形式因此变成了自由的形式，即"美"。①但是人们不难发现，李泽厚的实践论美学观存在着泛实践化的哲学、社会学倾向，具有更多的认识论、价值论色彩，似乎可以用来释说所有的人类活动：生产劳动、科学活动、艺术活动、审美活动等，但是无法体现对人类审美现象的独特、深刻、细致及合情合理的解释性效度，更无法预测人类审美行为和审美思想的未来趋势。因此可以说，我们需要从审美实践的维度限定李泽厚的实践论美学观，用审美真实、审美感性、审美理性、审美目的、审美自由、审美自然等标志性概念来阐释审美主客体的审美实践内容、机理、价值和效应。进而言之，审美实践乃是人类基于理想化情感评价、创造性思维想象和审美性意识体验及身体表征等方式，与特定对象进行相互作用的精神创造性活动、价值完善性活动、自我实现性活动、对象实现性活动，更是主客体世界在审美时空实现价值合取、整合重构、升华新生、完美统一的自由性活动。

人们看到，"美并不是一种实体性存在：它既不是一种主体性实体，也不是一种客体性实体，当然更不是主客体之外的第三实体（如'理念''神'等）。"②"反映论只是从总体上解决审美意识与审美存在（关系、活动）的关系问题，而不可能解决审美活动中主客体的关系问题。"③换言之，审美活动之所以发生，其根本原因就在于它能够导致新的审美价值、主客体新的关系等系列审美真理及其感性形式的产生。审美的客观反映论忽视了审美主体对客体对象的审美改造，误以为客观对象具有天然的、一成不变的、绝对的美，审美主体需要进行的仅仅是像照相机那般把这种美

---

① 李泽厚：《批判哲学的批判（再修订本）：我的哲学提纲》，安徽文艺出版社 1994 年版，第 433—434 页。

② 蒋培坤：《审美活动论纲》，中国人民大学出版社 1988 年版，第 106 页。

③ 同上书，第 102 页。

拍摄出来而已。从这个意义上说，客体对象的审美转化就意味着审美主体对客体价值的审美添加或变构；审美客体从感性界面向知性地带及理性时空、体性世界的嬗变、升级与演进过程，则又意味着审美主体对审美客体之自身价值与属人价值的充实、具体化、提升和完善性加工。所以有理由认为，审美主客体的价值是同时形成、相互渗透、协同增益、完形化合、整体突现和焕然一新的产物。

　　针对审美活动中的主体论与客体论之争，蒋培坤指出，在审美关系之中，美与美感是同步形成的，不存在孰先孰后的问题。"从发生学的角度看，主体审美感觉从一般感觉中的分化，以及客体审美属性由物的自然属性向人的生成，实际上同主客体之间审美关系的建立是同一个过程。所谓主体和客体，都是属于关系概念。"① 还可以说，主体感觉的审美性转换与客体形态的审美性呈现是同步发生的，主体的审美价值的形成、充实、完善、体验和实现过程也是与客体的审美价值的形成、充实、完善、体验和实现过程同步进行的；审美主客体获得价值契合与完善和谐的最高形式乃是审美间体，其心理表征体则是三位一体的审美主体—审美客体—审美间体之审美意象，其思想形态则是三位一体的审美主体—审美客体—审美间体之审美意识。其间，审美主体方能分别与审美客体和审美间体发生交互性的价值投射与回射作用，进而导致三位一体的价值增益和完善境地，进而分别及同时体验和实现审美客体、审美主体和审美间体的价值内容。

　　"从可能性上说，审美客体也就是审美对象；而从现实性上说，审美客体并非必然是审美对象。"② 换言之，如果没有审美能力的预先具备，审美客体便不能转化为审美对象。另外，"仅有主观的审美态度，没有客体所必须具有的某种物质因素，客体的审美属性也无从形成。……这种能够构成客体审美属性的自然物质因素，主要是物的形式因素，如色彩、音响、线条、形状等。"③ 由此可见，审美客体必然需要具备一些物性化的审美特征，然后审美主体才能对之加以感性认知。现在人们每每提及审美客体与审美对象时，都会强调它们的感性特征，但是尚未分析那些感性特征的实存性、物化性、客观性载体，从而可能导致对审美客体与对象的抽

---

①　蒋培坤：《审美活动论纲》，中国人民大学出版社 1988 年版，第 101 页。

②　同上书，第 90 页。

③　同上书，第 91 页。

象化定位、主观化认定。

譬如，每个乐器发出的乐音并不体现为单个音高的音色，而是呈现出由各具特色的基音与泛音系统结合而成的具有共鸣效应的复音音色。因而，不同乐器的发音原理不同，共鸣腔结构不同，就会形成不同的泛音结构。那些泛音衰减快的乐器，使人听上去感觉柔和、穿透力较强；那些泛音衰减慢的乐器，例如木管乐器：长笛、短笛、双簧管、单簧管、排箫和低音大管等，其音色显得坚硬富有金属质地；那些具有高频突出的乐器，例如打击乐，则使人体会到或浑厚或响亮或清脆的感觉；那些以中频泛音为主的乐曲则体现了更为明显的清晰性、平和性、沉稳性和度；低频泛音让人感到浑厚和空间感……例如在钢琴、电子琴、古钢琴之间，存在显著的音色差别；小提琴与二胡之间、笙与箫及笛子之间、古琴与琵琶及瑟之间，也体现出鲜明突出的音色差异。还如，短笛音色尖锐，清澈响亮，穿透力极强；长笛音色柔美清澈，音域宽广，奏法繁多，表现力丰富，清新、透彻，带有淡淡的忧伤，高音活泼明丽，低音优美悦耳。大管的低音区音色阴沉庄严，中音区音色柔和、圆润饱满，高音区富于戏剧性，适于表现严肃沉重的感情，也适于表现诙谐情趣；低音提琴的音色极其低沉柔和、泛音美妙、可营造深沉厚重的情感意境，可摹状自然世界的雷电、波涛等气势雄浑的事象。

人们常常忘了上述的不同乐器所体现的丰富多样和多层级的音色特点，正是它们才构成了音乐作品的审美感性价值；缘此，审美主体渐次发见和演绎音乐作品的知性价值、理性价值、体性价值和新的物性价值。换言之，作为基础性审美客体或对象的乐器，也具有相对独立的视觉性、听觉性、触觉性和运动感觉性审美价值；其中，它们的音色体现了一种物理属性与生理机能及心理能质相互贯通的物性美品格。如果缺少这个高度个性化的审美客体或对象，那么作为高阶审美客体或审美对象的音乐作品所含纳的丰富多彩、变化跌宕的主客观世界之表现力与言说能力等，就会令人难以理解了。甚至还可以说，乐器的独特音色决定了相应的音乐作品之基本的审美感性特征与价值。

譬如，《梁祝》作品若用钢琴、长笛、低音提琴、小提琴、二胡等乐器来演奏，以及用人声加以表现，就会产生不同的审美效果；还如，以木雕、石雕、金属雕塑、泥塑等材质形式塑造同样的主题形象，也会体现各具特色的审美品位；再如，以木刻、水墨画、油画、素描、漫画、水彩画等形式表现同一种形象，必然会带给观众同中有异的特殊感受。

进而言之，审美主体与客体实现价值统一的根本方式乃是含纳主客体价值特征发生互动互补与协同增益情形的审美实践；换言之，审美的实践论可以调和审美的主观论与客观论之冲突。按照实践美学的理论思路来看，"自然的人化"乃是造成客观对象具有审美属性的根本原因；导致"自然人化"的主观原因则在于审美主体运用审美意识、审美态度、审美想象、审美体验，向审美客体投射自己的情感思绪。可以见出，实践论美学的核心看点，即在于揭示审美主体与客体之间的情感投射与逆投射这种心理活动的决定性作用；换言之，人的审美心理活动属于情知意层面的精神心理实践或内在实践，其与人的身体行为及物化对象化层面的物质实践或外在实践具有明显的差别。

正因为如此，审美心理学才被合情合理地引入美学研究领域，主要用来探究三大问题：第一，建立与描述性及规定性的审美实践密切相关的心理学假说；第二，详细揭示审美评价活动的心理学基础；第三，探究与做出审美判断等行为密切相关的审美能力、审美气质的心脑机体表征基础。要言之，审美心理学旨在解析人类心灵在审美语境之中是如何运作的，包括如何知觉某种事物的审美特征并将之提炼出来、资作审美判断的依据？我们是怎样获得运用审美概念的这种能力的？情感活动在审美评价中具有什么作用？等等。①

那么，审美心理学能否为审美判断属于主体性本质而非客体性本质这个论点提供客观的科学依据呢？笔者认为，它尚无法胜任这个使命。其原因在于，现有的审美心理学主要借助非实证的传统心理学方法来验证相关的审美学说，诸如心理量表法、问卷法以及对这些数据的显著性统计法。这些方法具有较多的主观随意性和可变性，重复性很低、缺乏可操作的观察性与度量性，其客观性、可信度和效度自然值得推敲。因而，仅仅依托审美心理学来论证审美判断的主体性本质是远远不够的。

正当我们对此陷入先是欣喜、后来平添疑虑与困惑的关口之时，一个新兴的跨学科大交叉领域逐渐呈现于美学研究者的视野之中。它就是当今方兴未艾、日渐强盛的神经美学研究。

① Anna Elisabeth Schellekens, *A Reasonable Objectivism for Aesthetic Judgements*: *Towards an Aesthetic Psychology*, Ph. D. Thesis, Longdon: King's College, London, 2006, pp. 47 – 48.

　　在此笔者需要指出，人的审美判断虽然需要基于审美客体或审美对象的感性特征包括形式结构，但是它同时需要主体超越对象的这些客观属性，从中发现或揭示其所隐含的情感象征意义、思想升华力量、意志强化的功能等属于主体的应当性价值（而非实然性价值）。所以可以见出，从对象的感性化物性特征和实然价值到知性化特征与理性化的应然价值，这中间需要审美主体做出情知意层面的系列具身性转化和本体性创造；主体的这些创造活动同时涉及主体与客体的感性时空、知性天地、理性世界和身体行为领域，或者说审美主体的审美认知活动同时改变与创新了自己和对象的系列价值内容：一是感性—知性—理性—内在实践—外在实践的内容；二是表象（包括客体表象、主体的身体表象、情感表象、思维表象、意识表象和行为表象等、作品表象及其物化形态）—概象（即用以表征主体与客体的系列概念性表象及其符号性内容）—意象（包括有关客体的审美意象，有关主体的身体审美意象、情感审美意象、思维审美意象、行为审美意象，有关新作品的创作意象、符号表达意象、身体操作意象等等）；三是改变、扩展、提升和融会贯通了主客体的历时空特征—共时空结构—超时空价值，意味着原本处于实然状态的主客体双方逐步在审美活动中既获得了能动的"外在形变"（即审美主体对自我的感性能力与身体特征及对象的感性特征的双重性审美创变，包括主体对身体意象的审美建构、对审美价值外化能力的提升），也获得了超越性、主客体重整性的"内在质变"（即审美主体对自我的知性能力与理性能力及对象的知性品格与理性价值的双重性审美创变，包括主体审美意识、美感体验、审美人格、审美思维能力的创造性提升）。

　　上述的主客体时空在审美活动中所发生的重大嬗变过程及其深层内容和精细机理，都是哲学领域的美学及艺术美学、心理学领域的审美心理学、艺术学领域的艺术心理学所难以胜任的探究目标。与之相应的是，神经美学则可以站在巨人的肩上，基于美学与艺术美学所形成的形而上制高点来统揽主客体相互作用的这个全息时空，基于艺术心理学和审美心理学所形成的形而中框架来贯通审美世界的"天""地"两极，剩下的问题就是为审美活动的形而上理论及形而中概念找到形而下的科学事据（包括涉及心脑系统、机体行为系统和审美环境系统的神经生物学、神经生理学、神经心理学、神经信息学、神经生态学和进化生物学，甚至包括神经病理学、超常低常心理生理学、心理神经内分泌学、表观神经遗传学等跨度更大、共轭交集程度更深、内容更为复杂的新兴交叉性前沿学科）。

总之可以认为，美学界之前呈现的众多疑难问题、争论不休的观点、相互重复及含混不清的概念、误读与偏解的种种表面现象等，都需要我们立于美学思想与认识论进化的认知坐标上，尽快梳理与勾勒形成 21 世纪多元一体化的当代美学新体系，其中包括哲学领域的美学及艺术美学、心理学领域的审美心理学、艺术学领域的艺术心理学（及具体门类的各种艺术心理学）、审美认知神经科学等多重系列；它们能够体现"科学—人文—艺术—生活"内容的多样化形态、多元化价值和一体化效用、共通性机理。

在上述的这个框架之下，无论是实践论美学，还是主观论美学与客观论美学、经验论美学、符号论美学、现象学美学、理性主义美学等，都需要借此深化并扩展自己的视域，继而通过借鉴吸收移植杂交相关领域的思想精华与实证妙据来不断提升自己的合情合理性、主客观逻辑性、理论的信效度和解释力及预见性品格。

五　存在论、后实践论与本体论美学

李志宏在《当代中国美与美感关系研究的回顾与分析》一文中指出，在从可能性审美关系向现实性审美关系的转化过程中，总要有一个最初的契机，一个决定性的因素；那么，究竟是客观事物的特殊性质引发了主体的兴趣，还是主体的兴趣发现了客观事物的特殊性质从而形成审美关系？进入 20 世纪 90 年代，西方存在主义哲学极大地影响了中国当代美学，促进了"后实践美学"诸学派的形成。他们认为，以认识论态度看待问题，势必造成人与世界的分裂，形成主体与客体间的二元对立。要消除这种对立，必须用存在论或曰本体论取代认识论。[①]

张玉能认为，西方美学史大体经历了三个阶段：一是从古希腊到文艺复兴和新古典主义（公元前 6 世纪—公元 17 世纪），这是西方美学的古代自然本体论美学时期，以"艺术模仿论"为主旋律，突出艺术的客体性；二是从启蒙主义到德国古典美学（公元 18 世纪—19 世纪中叶），这是西方美学的近代认识论美学时期，以"艺术表现论"为主，开始高扬

---

① 李志宏：《当代中国美与美感关系研究的回顾与分析》，《社会科学战线》2003 年第 6 期。

艺术的主体性；三是从马克思主义的实践美学、俄国革命民主主义美学和西方现代主义美学开始到新马克思主义美学和后现代主义美学（19世纪中叶—20世纪末），这是西方美学的现代和后现代人类（社会）本体论美学时期，这时的艺术本质理论是一曲曲无主题变奏曲。①

笔者认为，张玉能尚未注意到2000年前后开始盛行于西方的神经美学、艺术神经科学、神经音乐学、审美认知心理学等多种新兴交叉学科。因而，他的概括还缺少神经美学这个属于人类精神本体论的美学新思潮。可以说，神经美学不但有助于消弭实践论美学、传统的本体论美学、经验论美学、理性主义美学、现象学美学、存在论美学、现代主义美学、后现代派美学、主观论美学及客观论美学之间的分歧，同时有利于人们发现各种美学思潮之间的交集、相通点、共识之处，而且更有助于人们深入理解审美行为之所以具有创造性的人本动因与对象原因以及相关的心脑机制、身体行为原理、价值物化的心智操作之道等超级复杂的跨学科系统化问题。

基于哲学诠释学，成中英建立了本体论的美学观。本体论是指人的本体和宇宙的本体在深处是一体的，人是宇宙的一部分。本体美学有两点特别突出，一是强调一种由人的内在深层的感受发展出来的一种知觉和情感。知觉上内外打通，人与宇宙的贯通，感觉宇宙为你而感，那么那种美的感受我们就叫作美感，有高度和谐感和高度欣悦性的感受。美的感受不是纯粹主观的，是宇宙本身的表达，在这一点上就是客观的。本体的感受一定是多元的，美有层次和深度的差别，那么也反映出志趣和生命的理想。本体美学是基于本体诠释学的，首先也基于本体的意识。它的价值何在？就在于更深地去拓展了美的深度、广度及变化度和各种层次，否则美的研究就会过于死板，美学缺乏活力，有时甚至变为一种形式上的美，或者成为对个别的、具体美的说明，而不是对美整个一个生命的体验有更多更丰富的说明，于是就会抽象化了。真理变成具体的东西就是美，美变成一种抽象的东西就是真理的一部分。②

他指出，本体论、诠释学、美学之间可以经由跨文化的视域而得以内

---

① 张玉能：《西方美学关于艺术本质的三部曲（下）——人类本体论美学艺术本质论》，《吉首大学学报》（社会科学版）2003年第24卷第3期。

② 成中英、朱志荣：《本体美学的研究方法》，《艺术百家》2012年第128卷第5期。

在贯通，进而实现美学的本体论转向：本、体、用、行，集中体现为人类审美行为的创造性品格——无中生有：艺术的发生、发现与创造；自然美与自我发现。① 岂止是自我发现、艺术发现，审美行为还能导致审美主体对艺术作品的个性化创造性演绎与完善、导致其对自然事象的审美塑造与价值完善、导致主体自身的情知意能力的审美升级及身体形象行为能力的审美强化结果。可以说，这才是根本意义上的人类创造本体论美学之核心所在。

存在论美学认为：长期以来传统美学之所以一直陷于尴尬境地，其根本原因之一，在于它们总是"从主体与客体的镜像关系上来说明美与美感。"② "在审美活动中不存在彼此对峙的审美主体、审美客体，只存在互相决定、互相倚重、互为表里的审美自我与审美对象。"③

杨春时针对实践论美学的理性主义倾向，强调要对个体的存在与活动的丰富性给予足够的重视，提出以"主体间性"为其本体论基础来建构他的"生存—超越美学"。这种美学主张从生存出发，把审美当作超现实的生存活动和解释活动。④

实践美学发起者李泽厚本人的思想也在不断发生变化，从坚持"工具本体"的实践论立场，转向了"情本体"的本体论立场。他认为从程朱到阳明再到现代新儒家，讲的都是"理本体""性本体"，这些"本体"仍然是使人屈从于以权力控制为实质的知识—道德体系或结构之下。他所提出的"情本体"，不是道德的形而上学而是审美的形而上学，这表明他已经从实践论美学走向了当代本体论美学。⑤ 当代本体论美学复兴的原因首先在于思想家们对美学的功能和性质的反思的结果。在无根的时代，人们对时代精神的呼唤和对安身立命之根的追寻是本体论复兴的原因之一。人类思维经过否定之否定后，本体论的复兴是人类思维的发展和认识深化的结果。人领悟到自己的存在就是领悟自我存在的意义和价值，这

---

①　成中英：《美的深处：本体美学》，浙江大学出版社 2011 年版。

②　张弘：《存在论美学：走向后实践美学的新视界》，《学术月刊》1995 年第 8 期。

③　潘知常：《生命美学论稿：在阐释中理解当代生命美学》，郑州大学出版社 2002 年版，第 38 页。

④　张伟：《认识论·实践论·本体论——当代中国美学研究思维方式的嬗变与发展》，《社会科学辑刊》2009 年第 5 期。

⑤　同上。

就需要本体论的论证。最后，本体论的复兴说明美学研究的认识论转向以后，美学的许多问题都依赖于美的本体问题的合理解决。当代本体论复兴是美学观念的当代变革，是美学自身发展的再一次否定之否定的上升。当代本体论美学认为"本体"是从人的生存出发的一种目的论的思维假定，是逻辑的承诺和建构。"本体"体现了"生成"的动态性，以区别"已成"的本质规定性。精神的"本体"存在之为存在就在于它是可能存在的境遇，是一种悬设的生成。"本体"的建构是为了给人的生活世界提供安身立命之所。这样，本体论的问题就成了人与生活世界的存在的价值和意义的问题。①

在本体论美学的探索方面，成中英、朱志荣及张伟等做出了可贵的努力。张伟认为，李泽厚虽然强调的是美的客观性和社会性，但实际上他还是从客观认识论的立场上来强调实践而没有从真正的本体论立场上来规定实践，并没有把实践赋予本体地位。2000 年前后，出现了实践美学和后实践美学之争。这场争论表明，当代美学研究的思维方式自 20 世纪末的实践论美学取代了认识论美学之后，转向了本体论美学思维方式。②

那么，此处的本体论美学到底是指什么呢？

后实践美学则是当代崛起的另一种新思潮、新理论。对美与美感关系及审美主客体关系问题，后实践美学只是要在生存—生命本体的层次上，即感性体验的层次上加以消除："美是相对于审美活动存在的，审美活动不存在，美自然也就不存在……也就是说，不是先有了美，然后才有了审美活动，而是在审美活动中才有了美。"③

体验是人自身的主观感觉，当然没有主客体之分。人们需要弄清的是体验的性质、形成过程和机制。在本体论美学这里，美感也应有两种体性、两个层次：一是本体论层次上的、原初的；二是认识论层次上的、次生的。其关系是：本体性的美感（审美体验）决定了美，美决定了认识（反映）性的美感。于是，关键在于本体的、原初的美感由何而来？最终，所有的问题集中于一点：一般的物何以能具有审美价值？何以能引起

① 张伟：《认识论·实践论·本体论——当代中国美学研究思维方式的嬗变与发展》，《社会科学辑刊》2009 年第 5 期。

② 同上。

③ 潘知常：《诗与思的对话——审美活动的本体论内涵及其阐释》，上海三联书店 1997 年版，第 242 页。

美感？在席勒看来，感性和理性的分裂敌对是人性分裂和败坏的标志，也是现实灾难的根源；完整的人性是游戏冲动对感性冲动和理性冲动的协调，健全的社会与文明是建立在游戏冲动的基础上的。

第三节　对审美的感性主义、理性主义和本体论等的认知辨析

本书的导论已经讨论了美学研究过程中形成并做出学术判断的首要的合理前提是，论者需要基于其大体形成的有关人类审美活动机理的某种思想框架或理论模型，只有这样才有可能避免陷入说不清道不明、争论不休和容易搞乱问题脉络的境地。换言之，美学家需要尽量避免以单称式判断立论、以单向性事据驳斥对方的观点。譬如说，不能简单孤立地肯定或否定诸如"美在客观""美在主观"或"美在主客观的和谐统一"之类的说法，也不能直截了当地肯定或否定诸如"美感来自客观对象""美感源于主观世界"或"美感形成于主客观感受的和谐统一"之类的说法。

国内有学者就对古典思想家所说的美学概念进行了误释：席勒所谓的"感性冲动"指的是在自然法则的支配下，人被动接受感觉对象并与之发生实体性关系的冲动，这种冲动将人与实体性的世界关联起来，使人获得时间中的实体性内容，这种内容具有时空性、个别性、特殊性、变化性和多样性的特点。席勒所谓的"形式冲动（即理性冲动）"指的是在自由法则的支配下，人主动给存在以形式的冲动，这种形式具有超时空性、一般性、普遍性、不变性和同一性的特点。席勒认为感性冲动和形式冲动原本是彼此独立而非对立的冲动，它们各司其职而互不相干。审美主义的兴起原是为了反抗神性主义和理性主义的精神专断，它要为"感性"正名，为感性合法地介入人类的生存实践开辟道路。但当它以极端感性主义的方式发展时，它自身也有成为另一种精神专断的危险，正因为如此，审美主义的内部才有了游戏审美主义和神性审美主义的分化。我们可以将游戏审美主义看作以理性限制感性而达到两者协调的努力，而将神性审美主义看作以神性遏止感性而达到两者协调的努力。①

笔者对上述观点的基本认识是，作者所阐述的席勒的"感性冲动"之含义及"理性冲动"之含义，好像恰恰搞混了。至于他所概括的神性

---

① 余虹：《审美主义的三大类型》，《中国社会科学》2007 年第 4 期。

审美主义和理性审美主义，并未道出两者本质相通但机趣各异的要害所在，故而其论难以成立。审美感性并不是那种"在自然法则的支配下，人被动接受感觉对象并与之发生实体性关系的冲动"——这不是审美性的无功利的感性冲动，而是世俗性的功利化的本能性的感性冲动；试问，当一个男士以审美眼光欣赏奥黛丽·赫本的优雅的身体造型或清丽的面容形象时，是否意味着他必然会产生"与之发生实体性关系的冲动"？如果是这般，那么可以明确地断言，他的观照不属于审美行为。

显而易见，审美感性不同于现实的本能的意欲性的功利性的感性，审美理性也不是一般意义上的科学理性、道德理性、宗教理性、自然理性；审美，意味着主体通过对审美客体和作为审美主体（而不是现实主体）的自我的价值合取与完美加工而形成主客体融通与新生的价值表征体，进而据此完美的审美间体之意象形态改善自己的知性、感性、体性和对象，或者说将完美的审美间体之意象价值转化为完美的身体表象、动作行为表象、新的艺术作品表象、完美的审美客体表象。其要害在于，审美主体分别在摄取主客体世界的不完满的价值内容的基础上使之互动互补、优势重构、综合嬗变、时空翻新，继而创造并体验和实现此种既超越现实主客体世界又高于审美主客体世界的审美间体世界之全新、完美、自足、自由的价值内容。

有鉴于此，李泽厚先生所说的审美的"情本体"依然值得深入考量。情本体是否忽略了审美客体的自然性和应然性价值，是否排斥了主体用以辨析、抽取主客体世界之合情合理的审美价值并将之加以范畴化表征、智思性建构和理论化阐释的审美理性与审美意识的主导性地位？否则，中外美学家所一再强调的审美主体的意识性体验又该如何省略或跳过去呢？进而言之，包括李泽厚先生在内的一些代表性的中国美学家，可能因为缺乏对人类审美活动机理的思想路线图或认知框架的建构，从而呈现出或者过分强调实践在审美活动中的作用，或者偏重于对情本体的阐发，或者执守于美的"客观说""主观说""主客观统一说"，或者认为本体性深化与拓展是审美价值的主导动力，尚无法释说审美对象和审美主体在其中的真实地位与关系，更无法说明审美主体为何及如何对自我和审美对象进行创造性完善、因何体会到自由美感灵感和完美的存在价值等深层问题。

还有学者提出了审美的感性本体论主张：审美本体论的澄明，在本质意义上，它既不是一种理性方式的去蔽，也不是一种伦理学意义上的主体性显现，而是唯——种对人的感性存在的澄明。……从理论的角度，它就是康德所谓的与"道德的善"截然不同的"自然的善"……从存在论角度，它也仍然是一种"真"，但又不是一般认识论意义上的思维的真实，它更是一种人类学本体论层面上的"事实"；或者说，它要考究的不是人的认识、逻辑命题的真实性，而是人作为一个感性的生命事实，它存在本身的真实性问题。……只有罢黜了知识论与伦理学之蔽，否定了人存在的"理本体"与"善本体"的本体性，才能使在两者之外的、作为人的感性存在的东西真正出场。……这是一种具有感性本体论意义上的知识论和伦理学。人们也能够把人的感性存在，提高到一种人类学本体论的高度，但是关于它的范畴、性质、意义还有待进一步论证。……它的目的就是建立一套美学认识方法，来显现审美活动的内在机制。这里颇值得一提的是现象学美学的"意向性"概念。现象学认为，客体的显现总是与针对客体的人的意向密切相关，因此由审美意向出发，便可以使人的感性存在直接得以澄明。①

　　然而，我们需要辨明的关键之处是，上述学者所推崇的这种审美的感性本体价值——它既不是认识论意义上的思维真实，也不是伦理学意义上的情感道德的真实，而是一种"自然的善"、可以通过审美意向性来实现，因而是一种具有感性本体论意义上的知识论和伦理学，显然存在自相矛盾之处。前面否定了它与认识论和伦理学意义上的真与善的本质关系，后面又肯定了它作为一种感性本体论意义上的知识论和伦理学，但是并未对它与日常生活的感性价值加以区别，诸如快乐、满足、激动、振奋等情形。其根本问题在于，这种本体性的感性价值到底是如何形成的？它与理性活动又有哪些内在联系和相互区别之处？对此，上述学者尚未论及，而是搬出审美意向性理论加以旁证。

　　"美是真理作为无蔽性而显现的一种方式"。② 也即是说，审美的感性本体需要一种价值来源，或通过感性方式显现审美的真理来体现自己的审美价值。但是，由于上述作者否定了审美的感性本体与理性的本质联系以及与德性的联系，所以这种审美的感性本体论等于同义重复：仅仅强调审美的感性本体的独特性和重要性，却未能对其内涵、来源和特征加以释

---

① 刘士林：《当代美学的本体论承诺》，《文艺理论研究》2000 年第 3 期。
② ［德］海德格尔：《诗·语言·思》，张月等译，黄河文艺出版社 1989 年版，第 65 页。

说，因而缺乏深刻的思想启示。同时还需要指出，从某种意义上说，知识理性与道德理性、科学理性等相关系统，都属于人类的理性活动之列；当然还包括审美理性。问题在于，我们首先需要辨析审美理性与其他几种理性之间的异同之处，然后方能论及如何通过审美理性实现人的感性本体价值。

以笔者之见，审美的感性价值并不是天然存在或直接形成的，而是需要通过审美主体对审美客体和自我的价值提升与完美的再创造来实现的——创造完美的主客体审美价值及其间体新世界，继而对完美的审美主客体及间体世界进行价值体验，进而通过内在预演和具身表征及对象性符号性的表象化的物化表征等系列方式来实现此种审美价值。其间，那种审美的感性本体价值才会通过审美主体对完美的自我情知意之存在境遇的本体性体验、对完美的审美客体的真善美之主体镜像的具身化体验、对绝对完美的审美间体世界之美—情、真—智、善—意（志）的完形化体验……加以体现，才会完美地同时呈现于人的内在时空和外在时空——通过感性观照外在时空的完美的审美客体、通过感性观照内在时空的完美的自我，来双向、双重、多维、立体和综合呈现审美主体的感性创造性价值、知性创造性价值、理性创造性价值、体性创造性价值和物性创造性价值。

论及美与理性的深层关系或审美理性的根本含义时，康德认为，美是一种"普遍关怀着人的物质幸福的更高理性"，"是人的理性所不能产生的""对生命的爱"。① 这里出现了矛盾——美是一种更高的理性，但是无法由人的理性产生。那么，它来自何处？是先验的还是天生的或本能的、遗传而来的，或是后天形成的？既然人的普遍理性或一般理性无法产生审美理性或美（审美价值），那么康德所说的那种美（其实应当理解为审美价值，因为美主要是一种感性形式，可以包含理性美，但是美的主要属性不属于理性形式）便无迹可寻了，真正成为一种可望而不可即的理想化、空灵化、抽象性的神来之物了。

笔者在此需要更正康德所使用的这些概念及其作出的判断。美是一种价值存在，既可以体现为感性形态、知性形态、理性形态，也可以体现为物性形态、体性形态；这种价值形态与人的物质幸福有关，但是与人的精

① ［德］康德：《实用人类学》，邓晓芒译，重庆出版社 1987 年版，第 181 页。

神幸福的关系最为密切——譬如情感幸福、智性幸福、理性幸福、人格幸福等；它主要是由人的审美理性（通过提升与完善审美主客体的现实特征并对之加以合取、重构、融合和衍生全新的审美间体世界）的高峰状态的创造性活动促成的。审美理性虽然不同于人类的科学理性、道德理性、逻辑理性、宗教理性、法律理性等，但是它来自人的一般的共通的基本理性——包含科学理性、道德理性、逻辑理性、宗教理性、法律理性等多重价值内容，而又不同于后者：以完美的情感价值为核心，以完美的智思活动和身体活动为载体，以完美的审美间体及其意象形式为标志，以完美的审美客体为镜像。

杜夫海纳说："说对象美，是因为它实现了自己的命运，还因为它真正地存在着——按照适合一个感性的、有意义的对象的存在样式存在着。因此，我有理由认为自己的判断具有普遍性，因为普遍性标志着客观性，而这种客观性是由如下事实来保证的：对象自身一旦以全部光辉显现的力量出现在我的面前时，它就在我的身上对自己作出了判断。"① 换言之，对象"以全部光辉显现"的意思是，审美对象获得了完美无瑕的存在——归因于审美主体的二度创造；审美主体通过创造和观照这种完美的镜像自我（完美是审美对象）而实现了对自我的完美升级与创造，进而据此体验处于高峰状态的完美的自我情知意与体象行等意象价值，由此获得"对自己"和"对象"的审美判断。对象和主体自我都实现了自由的完美的命运，并且都真实地存在着——存在于审美世界，具有审美的真实品格——因为审美主体真切体验到了自己处于情知意高峰状态的完美境遇，同时真切体验到了审美客体处于真善美极致状态的完美境遇！

论及美学研究领域对审美主客体出现的取消对立性的二分法趋势，有学者指出，在近年来国内关于审美认识的研究中，由否定"主客对立"进而取消"主客二分"的思维方式，成为一种突出倾向和强势话语。其实，"主客二分"在人类认识活动包括审美认识中具有积极作用和重要地位。传统的"主客二分"并不一定等于"主客对立"，也可能包含"主客交流"，以"主客对立"为由否定"主客二分"未必符合事实。现代哲学美学生成论肯定"主客交流"，未必取消"主客二分"。"主客二分"对应的是本质论、唯物论、客观美、共同美，"主客交流"对应的是生成

---

① ［法］杜夫海纳：《美学与哲学》，孙非译，中国社会科学出版社 1985 年版，第 21 页。

论、唯心论、主观美、差异美。在人类文明探寻真理的认识活动和把握美本体的审美认识活动中，认识主体与客观对象的分别无法取消，也不应取消。只有破除非此即彼、唯我独尊的绝对化思维方法，坚持亦此亦彼、多元共存的辩证法，将"主客交流"与"主客二分"、"生成论"与"本质论"加以互补，将"美怎样呈现"与"美是什么"结合起来研究，才能给中国美学带来真正的生机。① 对此笔者认为，审美主客体的关系存在着既对立又统一、既相对独立又互动互补和协同增益的情形。因而，美学研究既需要深入细致地考察审美主客体的对立情形，也需要深入探索审美主客体的融会贯通及合二为一的最终境遇；其间，特别需要对审美主客体为何、如何产生相互作用及其产物与意义做出合情合理的考量与释说。同时，我们迫切需要考察客观美和主观美、共同美和差异美、既成美与生成美等相关内容。

诚如上述作者所言，以蔡仪、朱光潜、吕莹、高尔泰、李泽厚为代表的美学四大流派虽然成就不同、观点各异，但有一点是共同的，那就是他们的讨论基本上都局限在一种主客二元对立的认识论思维方式和框架之中来讨论问题。"主客二元对立的认识论"是"阻碍中国当代美学突破的一个重要因素"。"中国美学要实现重大的突破和发展，一个最重要的途径恐怕就是要首先突破主客二元对立的单纯认识论思维方式和框架。……我们应该用生成论而不是现成论的观点和思路来看待美，否则容易陷入本质主义。只有在审美的实践活动中，美才能存在，才现实地生成。……我们要取得根本性的突破，就必须首先跳出一上来就直接追问'美是什么'的认识论框架，重点关注'美存在吗''它是怎样存在的'一些存在论的问题。"②

在这方面，杨春时所倡导的"后实践美学"彻底超越了实践美学的主客二分思想，否定主客二分的认识方法，突出强调美和审美主体不是现成的、不具有普遍本质，而是生成的、不断变化的。可以说，由原先的主客二分思想坐标转向主客合作的新视域，这体现了主体间性理论的发展性、动态性、交互性的价值建构新思维，具有积极和深刻的思想启示。以

---

① 祁志祥、祁雪莺：《审美认识中"主客二分"的重新审视与评价——兼与生成本体论美学商榷》，《辽宁大学学报》（哲学社会科学版）2010 年第 1 期。

② 朱立元：《走向实践存在论美学——实践美学突破之途初探》，《湖南师范大学社会科学学报》2004 年第 4 期。

笔者之见，美既是存在的，也是不断生成的；它存在于审美时空之中的内外客体和主体身上。对于前者而言，无论是审美主体还是审美客体，尽管两者都具有一些共性美与特殊美，然而尚未完美无瑕，并非尽善尽美，于是人类才会有审美的需求和动机，才会形成对审美理想的孜孜以求行为。对后者来说，不断生成或新生的美，主要来自审美主体对审美对象与自我世界的二度创造及其形成的完美的主客体与间体世界。

换言之，在审美过程中，审美主体和审美客体的美的品质得以不断充实、提升和完善，最终达至极致性、高峰状态的完美境遇，并由此衍生出主客合一的全新价值表征体——审美间体。有鉴于此，笔者对下列观点进行深层剖析。上述学者认为，将生成论本体论的世界观视为至高无上的真理，将取消主客二分的存在论方法论视为把握真理的唯一方法，是否过于绝对和褊狭？在人类的认识活动包括审美认识活动中，认识主体与对象客体能否取消？否认主客对立、承认主客交流，是否就必须取消主客二分？完全用生成论代替本质论，从而否定客观存在的共同美和作为审美主体的人的类本质，是否可行？完全取消主客二分的认识方法和对形而上本体的追问，给美学研究会带来真正意义的突破还是背离事实的异化？[①]　毋庸讳言，在审美活动中，体现于审美主体和客体身上的既成美、显态美、形式美等特点，带有一定的共性美、人心相通的感性美、物性相通的形态美。这种美虽然成为审美主体进行审美创造和审美鉴赏、审美表达的客观基础与初级价值平台，但是其并非审美活动的高阶内容、终极目标和顶级平台。换言之，审美主体通过二度创造所形成的完美的、个性化的主客体价值品格，才是审美活动的重中之重内容所在。

祁志祥认为，提高人的审美观察力的途径在于：一是对于事物的外部特征、外在形式美或现象美的鉴别力；二是对事物的内部特征、内在神韵美或本质美的洞察力。对现实的审美观照如同哲学观照一样，是一种排除主观意念乃至情感羼入的纯客观的静观默察；对现实美的"发现"说到底属于对客观美的主观"反映"。[②]为此，高尔基在《文学写照》中这样分析托尔斯泰的艺术观察力："他那对锐利的眼睛连一粒小石子或一个思

① 祁志祥、祁雪莺：《审美认识中"主客二分"的重新审视与评价——兼与生成本体论美学商榷》，《辽宁大学学报》（哲学社会科学版）2010 年第 1 期。

② 同上。

想也不会放过，他用这对眼睛观察、测量、试探、比较。"这是一种思想家的深邃目光，是不同于"生理视觉"的"精神视觉"。① 高尔基所区别的"生理视觉"与"精神视觉"，对于我们研究审美感性来说极为重要。尤其是那种"精神视觉"以及洞察事物的内部特征、内在神韵美或本质美的能力，还有创造性的价值建构与赋型能力、身体表征能力、对象性符号性物性化表征能力，都与人的审美发现能力一道经由感性体验、知性体验、理性体验和体性体验而抵达审美活动的终点，导致审美主体彻然实现自我与对象的完美价值。皮亚杰指出："认识既不是起因于一个有自我意识的主体，也不是起因于业已形成的、会把自己烙印在主体之上的客体：认识起因于主客体之间的相互作用。这些使用发生在主体与客体之间的中途，因而既包括主体又包含客体。"②

如同上述学者所说，人们越来越清楚地认识到，客观世界并不完全是纯客观的认识对象，对象的客观性部分地是由认识主体在认识活动中生成的，真理并不排斥主体的参与作用。在下述方面，真理凝聚着主体作用的介入与影响。它不仅是对客观本质的揭示，也是对活动本身的描述；在概念、定律、理论中，包含着认识主体思维的自由创造。于是，在真理的认识活动中，认识主体可以从直观走向参与，心物二分可以走向物我交流。进而言之，对完美的审美主客体世界及审美间体来说，它们呈现为同时生成、相互包含、相互合取、相互补充、相互印证、相互依存、共同完善、协同增益的共时空价值境遇之中。

第四节　审美间体价值得以形成的心脑对应体机制

笔者所持的审美价值具身建构—创造论认为，审美活动实际上是人借助审美对象的激发、对自己的情知意体行所进行的内在创构过程，以及对该过程和结果的对象化虚拟观照和具身性验证活动。

一　审美间体价值得以形成的具身认知机制

审美价值，笔者主要指称的是审美间体的价值，生成于主体的审美创

① ［俄］别林斯基：《别林斯基选集》第二卷，满涛译，上海译文出版社1979年版，第129页。

② ［瑞士］皮亚杰：《发生认识论原理》，王宪钿译，商务印书馆1997年版，第21页。

造过程中；其间，首先发生的是人的客观经验变构、情感世界的创造性嬗变、审美形态的情感意象或完美的情感价值形成；其次是思维世界的创造性嬗变、对主客观世界之真善美意义的符号性发现与意象性表征，标志着主体完成了审美智慧的个性化创建；再次是主体对自己所创造的审美价值的镜像预演和虚拟体验，分别呈现为意识层面的审美体验—符号层面的审美体验—体象层面的审美体验—物象层面的审美体验；最后是对审美价值的外在实现、对象性转化、社会性物化，即是说将内在创成的审美价值转化为外在显现的审美价值。

"发现美"的心理本质已不同于传统美学。传统美学强调"发现美"是对于现实生活中存在的隐微难见的客体美的捕捉，现代美学强调的"发现美"则是对物化为对象的主体美的自造。[①] 笔者认为，在审美活动中，审美主体与审美客体的完美升级乃是同时发生的一体化事件、共时性价值境遇；其根本原因在于，审美主体与审美客体在其间发生了交互性的价值内容镶嵌，继而形成了对称性或等量齐观式的完美价值形态。其中，审美主客体交集最多的那些价值域，就充分体现了主客体相通的共性美、本质美；审美主客体交集最少的那些价值域，则相对体现了主体与客体各种的特殊美、品相美。

瓦尔特·赫斯说："印象派只反映瞬间的感觉和主观的情调……这是把纯主观的虚构'看人'自然现象里去。"亨利·马蒂斯也认为："'看'在自身……是一种创造性的事业。"[②]

上述一系列过程都需要主体动用自己的具身装置——以自己的个性化心脑系统与机体系统之结构、功能、信息和能量状态来内化、创构、转化与外化审美世界的主客观价值。换言之，审美价值乃是由人（包括艺术创作主体、艺术表演主体和艺术鉴赏主体等）借助高妙的审美智慧主动创造的结果，而不是照镜子一般加以被动拷贝或抄写的机械反映论的产物。诚然，审美对象须具备某种审美属性、具有潜在的审美价值或他种审美意义，审美主体则须具备某种审美经验或素质；审美创造并非无中生有、凭空捏造，而是需要审美主体把审美对象当作自己创构审美价值之

---

① 祁志祥、祁雪莺：《审美认识中"主客二分"的重新审视与评价——兼与生成本体论美学商榷》，《辽宁大学学报》（哲学社会科学版）2010年第1期。

② ［德］瓦尔特·赫斯编著：《欧洲现代画派画论选》，人民美术出版社1980年版，第11页。

"精神大厦"的构件材料，同时还需要灌注自己的情感力量、动用自己的创造性智慧、诉诸自己的身体行为及感官系统。

因此可以说，艺术鉴赏主体对艺术家原作的审美认知属于二度创造，这种创造并不是要他复制或重现艺术家所创造的审美价值（通过其作品加以体现），而是要他创造出与原作所体现的有所不同的审美价值、要求鉴赏主体对该作品进行独特的审美发现与个性化阐释，即所谓的"一千个观众有一千个哈姆雷特"。

二　审美主体追求与获得审美奖赏的神经机制

基于审美间体原理，笔者认为，审美主体在审美过程中所创造的全新价值表征体乃是审美间体——摄取、重构了审美主客体之完满的价值内容，进而由此催生出能够体现主客体完满审美价值及其有机交融与和谐一体的那种主客神会、天人合一、物我契通的"第二自然"或"心理现实"新大陆。可以说，它是在物质世界、生命世界、文化世界、精神世界之相互作用过程中所诞生的另一个全新和完满的审美理性世界、审美智慧时空，能够与老子之"元道"和宇宙之"一"的内涵相对应，也能与西方哲人奉为圭臬的理念、理性、意识世界相对应。

进而言之，审美主体之所以能够从审美活动之中获得多种价值——快乐、自由、美感、灵感、正能量，诗意惆怅感、满足感、神妙感等，主要原因既不在于审美客体所蕴含的潜在和有待于个性化演绎、完善性二度创造和具象化呈现的审美价值，也不在于审美活动展开之前的审美主体所具有的审美价值特征及其体验境况等，而是在于其对审美客体与自我世界的二度创造——创造性完善自我与对象的审美价值、创造性演绎和外化自我与对象的完满的审美价值，对处于创造性高峰状态的自己的情知意世界和体象行时空进行本体性体验，同时对被牵入完满的价值境地的审美对象之真善美品格进行对象性体验。

概言之，审美主体实际上创造了一个含纳审美主客体完满品格的价值综合体、命运共同体，实际上经历了对审美的主客体世界及其统合性形态与新生性意象的多重性体验、同时性体验、历时空体验、共时空体验和超时空体验！换言之，审美主体并非单单为审美对象或审美客体所吸引、打动、惊愕、震撼、征服和嬗变，而是主要被自己所创造的完满的主客体价值情景以及自己进入高峰状态的情知意—体象行之创造性活动与本体存在境遇深深地吸引、打动、惊愕、震撼、征服并发生内在的嬗变！

　　还可以从主体的审美需求、审美期待、审美动机等方面来理解上述内容。美学和艺术学研究领域长期存在且悬而未决的重要问题之一，即人为什么热爱艺术、需要审美、追求审美价值？莱古拉在 2015 年的研究中发现，大脑的神经递质 5 – 羟色胺分别表达在眶额皮层、奖赏回路和杏仁核等与奖赏体验—惩罚体验密切相关的脑区之中，主要负责表征主体对奖赏目标的期待、对奖赏经验的需求和发动审美行为的动机等重要的认知内容。实验表明，在审美体验的高潮阶段，5 – 羟色胺在眶额皮层、前额叶腹内侧正中区、伏隔核和杏仁核的释放水平显著提高，由此导致审美主体获得了极大的精神满足，动机实现，进入了快乐自由的理想化境地。[1]

　　另外，在人的审美体验的高潮阶段，包括手舞足蹈和摇头晃脑和同步跟唱的情形之中，人脑的前额叶背外侧正中区与边缘侧也体现了高水平的脑电活动。这意味着主体的美感体验与身体律动（前额叶背外侧正中区与边缘侧）、情感律动（前额叶腹内侧正中区）高度相关。[2] 据迪克曼研究，人的身体意识包括主体对自己身体的感觉、对身体运动的空间知觉、对身体行为的意象建构等三重内容。[3] 进而言之，审美主体的身体意识参与了人对审美间体价值的意象性建构、预演、体验和表达过程；审美主体的美感来自审美主体对审美客体之感性形态、知性特征、理性内容和体性效应的具身体验，也来自其对审美主体即自我世界之感性形态、知性特征、理性内容和体性活动的具身体验。

　　音乐心理学家迪克逊等人在 2014 年的实验研究中发现，人脑的两侧前额叶新皮层是加工各种价值信息的最重要的脑区。当被试在体现出追求、期待、获得某种价值对象（比如音乐享受、爱情、物质奖赏、美食等）的过程中，其大脑的两侧前额叶新皮层出现了沿着头尾方向的轴心

　　[1]　Rafal Rygula, Hannah F. Clarke, Rudolf N. Cardinal, et al., "Role of Central Serotonin in Anticipation of Rewarding and Punishing Outcomes: Effects of Selective Amygdala or Orbitofrontal 5 – HT Depletion", *Cerebral Cortex*, Vol. 25, No. 9, 2015.

　　[2]　Nathan Insel, Carol A. Barnes, "Differential Activation of Fast – Spiking and Regular – Firing Neuron Populations During Movement and Reward in the Dorsal Medial Frontal Cortex", Cerebral Cortex, Vol. 25, No. 9, 2015.

　　[3]　H. Chris Dijkerman, "*How Do Different Aspects of Self – consciousness Interact?*" *Trends in Cognitive Sciences*, Vol. 19, No. 8, 2015. http://dx. doi. org1101016/j. tics. 2015. 06. 003.

以此激活的显著情形；其中，前额叶新皮层的背边侧中部结构（即布莱德曼9区和46区）在被试追求与期待音乐奖赏之过程中被激活的程度最显著，前额叶新皮层的腹边侧中部结构（即布莱德曼44区和45区）则在被试认知音乐价值、评价对象的奖赏效应与自己的审美需要之间的耦合程度的过程中被显著激活，而前额叶新皮层边侧的前外上部结构（即布莱德曼10区）则在被试权衡及调试动作行为与价值结果之过程中体现了

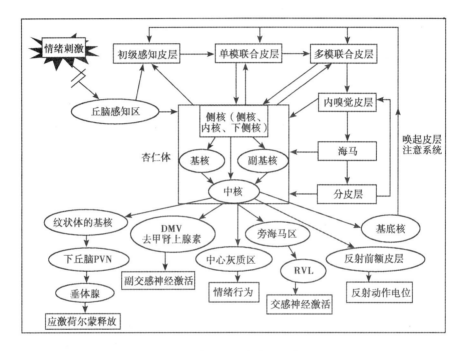

图8　情感认知的神经结构

（资料来源：Ledoux，2000）

高度激活情形。① 由图8可见，人在音乐审美认知过程中，其所唤起的情感经验在杏仁核、颞叶下部、伏隔核、扣带回和前额叶腹内侧正中区等部位分别得到了不同性质的价值表征：即分别体现为躯体生物学反应特征、符号性情感反应特征、本体运动的感受性反应、指向自我的情感意识活动及情感评价性反应等类型；更有意义的是，来自奖赏回路的伏隔核等处的

———————————

① Matthew L. Dixon, Kalina Christoff, "The Lateral Prefrontal Cortex and Complex Value - based Learning and Decision Making", *Neuroscience & Biobehavioral Reviews*, Vol. 45, 2014, http: // dx. doi. org/10. 1016/j. neubiorev. 2014. 04. 011.

价值效应表征活动进而被投射至下丘脑、垂体腺等主司机体的本能性行为与渴望、饥饿感等行为动机和应对正负性环境的激素释放系统，从而导致人的大脑与机体进入高度兴奋或高度紧张的正负性应激状态，有利于主体深刻体验内外价值情景并作出最佳的认知决策和行为反应。

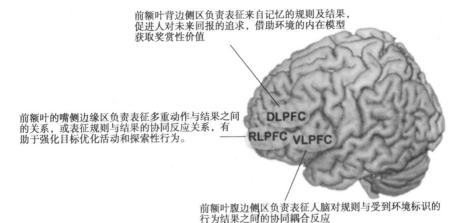

前额叶背边侧区负责表征来自记忆的规则及结果，促进人对未来回报的追求，借助环境的内在模型获取奖赏性价值

前额叶的嘴侧边缘区负责表征多重动作与结果之间的关系，或表征规则与结果的协同反应关系，有助于强化目标优化活动和探索性行为。

DLPFC
RLPFC VLPFC

前额叶腹边侧区负责表征人脑对规则与受到环境标识的行为结果之间的协同耦合反应

图9　人脑加工价值信息的特殊脑区

（资料来源：Matthew L. Dixon，Kalina Christoff，2014）

图9显示，人脑用于处理价值信息的脑区主要位于两侧前额叶新皮层的边缘部分。它告诉我们，审美行为需要源于主体的情感需要、内在动机以及伴随前者发展而逐步形成的审美期待和审美理想；正是这些内在的、高度个性化、具有源头动力价值及先导形成的审美期待标准的孕生、形成和发展壮大，乃至走向高峰状态，才使主体在特定时间和地点的审美行为赢得了本体价值。换言之，主体后来的审美体验、审美创造、自我虚拟实现、对象化实现、对象的理想化创造与价值的虚拟实现和实体实现等一系列行为与结果，都作为一种主客观之果而彰显主体性之因、满足主体性需要、创造主体性理想、完善主体性精神、实现主体性价值，等等。可以说，这个审美之因非常非常重要，它是每个人之所以会表现出不同时间不同地点不同情境之中具有不同的需要和期待和兴趣和理想及不同的审美方式与体验焦点及转化方式的根本性决定因素。

进而言之，前额叶边缘侧在复杂的审美学习与价值决策过程中发挥着特殊的重要作用。迪克逊的相关实验表明，人脑的前额叶新皮层三大边缘侧结构，实际上成为连接主体的审美动机与审美认知这两大心理活动能质的神经中介或思想转换器；其中，主体的审美动机所涉及的大脑结构主要包括：第一，前扣带回外周部（pgACC）；第二，前脑岛（AI）；第三，眶额皮层（OFC）；第四，前扣带回中间部（aMCC）。与之对应，经由前额叶边缘侧所转换的情感动机力量成为主体认知的内在动力和本体价值参照系——它们主要由三个脑区加以表征：第一，额眼运动区（FEFs）；第二，内侧顶叶沟（IPS）；第三，后中侧颞叶沟（pMTG）。参见图10。

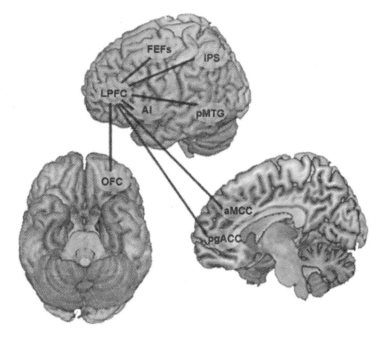

图10　前额叶边缘侧连接动机系统（红色标识区）
和认知系统（绿色标识区）的神经结构示意

（资料来源：Matthew L. Dixon，Kalina Christoff，2014）

　　然而，我们与之相关的美学研究、艺术学研究和心理学研究等，却始终未能基于人类审美的真实客观的行为逻辑及其时空顺序来观照研究对象，而是置之不理、主观臆断和充满功利主义动机、径直进入主体审美的对象化体验等深层地带，其结果却是不言而喻、人尽皆知，即依然是雾里看花，对审美现象这个"灰箱"充满了质疑、争议、困惑、悬念、矛盾，以笼统含糊和彼相重复的一级、二级概念与抽象假设替代科学实证。

三　主体形成审美经验的心脑原理

审美价值的形成，需要基于主体的当下性审美经验的建构；后者实际上包括自下而上的具身性的审美感性体验、符号性的审美知性体验、理念性的审美意识体验和自上而下的本体具身性的审美身体意象体验、审美身体概念体验、审美身体表象体验这两大完整过程。

查特杰等的研究表明，人的审美经验形成于感觉—运动系统的相互作用、情感体验—认知评价系统的相互作用和知识—意义系统的相互作用之综合性过程之中。（参见图11）[①]

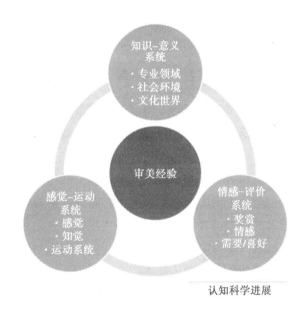

图11　人脑形成审美经验的心理机制

（资料来源：Anjan Chatterjee，Oshin Vartanian，2014）

换言之，审美经验既体现了主体对审美对象的感觉、知觉和意识反应，也包含主体所动用及建构的相关情感、知识和观念内容，折射了主体对审美对象的情感评价范式与程度——包括由审美对象所激发的情感效价、情感强度、唤起的情感记忆深广度及情感活动的持久度，同时隐含着主体其间及其后的身体反应状态、行为表达方式与内容等多重内容。所以

---

① Anjan Chatterjee，Oshin Vartanian，"Neuroaesthetics"，*Trends in Cognitive Sciences*，Vol. 18，No. 7，2014.

说，审美经验的形成是一个极为复杂的过程，深刻表征了主体基于对象之价值内容而进行的具身内化与创造性转化能力，体现了审美活动的本体创造性、自我完善性和虚拟实现性价值意义。

由图 11 可见，人脑形成审美经验的主要机制在于：一是经由感觉—运动系统的信息加工而呈现审美主客体之价值意义的感性特征和体性特征；二是经由审美知觉系统的认知加工，提供有关审美对象和主体的情景意蕴、语义内容、文化背景、专业性的概念与符号的情感象征内容；三是经由前额叶—纹状体系统对审美动机—审美满足行为的认知加工，提供情感评价、认知意向和身体反应等方面的神经生物心理学动力内容，为主体创生审美经验和体验审美价值提供了多元一体化的信息加工—转换—增益—放大—扩散的科学机制。

四　主体情感发生审美嬗变的神经机制

主体的审美行为，基于上述的主体追求与获得审美奖赏的神经机制之内容，我们认为，乃是具有明确的精神需求和情感动机的一种自我整理活动——基于对象的自我强化、自我安抚、自我抒发、自我完善、自我享受、自我实现活动。其间，主体最显著的变化在于，他的日常性、世俗性、生活性情感获得了审美改造和创新建构，即通过审美嬗变而进入高阶层面，拥有了丰富的情感经验—情感知识—情感调节能力和更深广的情感自由，实现了自己的情感价值，等等。

进而言之，情感的审美嬗变依托主体心脑系统的特定反应。深入细致地揭示和证明相关的心脑结构、功能与信息变化特征，乃是神经美学未来需要关注的重要研究目标。

在论及 21 世纪的神经美学的科学建构问题时，著名的神经美学家查特杰指出，认知神经美学家 Leder 和 Nadal 针对十年前人们提出的美学研究的科学化问题，提出了具有先见之明的心理学模型。它从三个方面指明了未来美学研究的若干主要方向：一是审美情感的性质；二是主体情感在审美情景中的时间进程；三是艺术与人类大脑心理之结构与功能进化的关系。其中最令人感兴趣和最重要的问题是，什么东西使人的审美情感显著区别于其他类型的情感活动？比如喜欢之类的情感，表征着人们有关愉快的直接经验，且受到大脑之中的阿片肽系统和大麻素神经递质的调节；而需要之类的情感，则与主体缺少特定的对象并导致行动及获得满足感的内外活动密切相关，它主要受到大脑的多巴胺系统的调节。可以说，人对某种对象产生了喜欢之情，而又不渴求或希望占有之，这种无实用目的的情感即是审美情感。另外，人对审美对象的情感反应需要经历多个阶段，从快速性的感官心率生理反应，到态度反应（喜欢或厌倦），再到渴望或不带渴望的审美情感评价反应，等等。[1]

由此可见，既然审美情感体现了主体喜欢某种审美对象而又无渴求欲望或占有欲望、带有无功利动机和非实用性目的之态度，那么为何唯有审美情感能够使人感受到无限的自由、满足和愉悦美妙之况味呢？

艺术认知心理学家莱德等的研究发现，人的审美认知活动需要经历五个阶段：一是审美知觉；二是外显分类；三是内隐分类；四是认知分析；五是审美评价。他们的实验表明，审美情感体验与审美认知判断是两个相对独立和特点不同的主体性反应与心理产物。[2]

不难发现，审美的情感体验与认知判断需要依托人的心脑系统的相对独立的不同结构。其原因在于，审美主体需要借助审美活动实现多种意图：情感嬗变及其价值体验，认知变构及其思想输出，身体意象建构及其能力的行为表达。其中，主体所经历的情感体验主要是基于并指向那业已发生了审美嬗变的情感新世界，而不是自己在审美之前的情感或他种属性的情感。这是因为，所谓的主体对审美对象的情感评价，实际上主要是指主体由审美对象所激发的一系列的情感嬗变性反应，其中包括情感效价或正负面情感的唤起与交互作用、引发的情感强度、唤起的情感记忆深广度及情感活动的持久度，同时隐含着主体其间及其后的身体反应状态、行为表达方式与内容等多重内容。要言之，上述内容是审美主体进行情感评价的基本范式。它们是感性化的审美产物，而不是理性化、符号性、逻辑性、知识性的产物。

另外，审美主体的情感体验乃是与情感嬗变—情感评价同步展开、互动互补和协同增益的完整的有机过程，同时指向处于审美嬗变进程之中的情感反应和处于被动的审美嬗变（即被审美主体加以审美完善或个性化二度创造）的审美对象世界。对此，现有的美学研究、艺术学研究、审

---

[1]　Anjan Chatterjee, "Scientific Aesthetics: Three Steps Forward", *British Journal of Psychology*, Volume 105, Issue 4, 2014.

[2]　Helmut Leder, Benno Belke, Andries Oeberst, et al. "A Model of Aesthetic Appreciation and Aesthetic Judgments", *British Journal of Psychology*, Vol. 95, No. 4, 2004.

美心理学研究和神经美学研究等，尚未形成共轭坐标并达成共识，误以为人的审美体验仅仅针对审美对象，且对审美主体的情感评价之内容与方式和本体意义语焉不详。

音乐认知心理学家麦当娜、拜尔尼及卡尔顿在 2006 年有关音乐家作曲过程的大脑实验中发现，其间音乐家大脑的背外侧前额叶的功能受到了显著的抑制，从而表明其大脑的执行功能暂时被关闭了，代之以其前额叶腹内侧正中区的功能的高度激活——这提示我们，音乐家的自由创作活动启动了前额叶腹内侧正中区，后者主要发挥主体表达自我情感与思想理念的本体性作用。[1] 换言之，音乐家的作曲理念受到其情感理想、人格观念和思想坐标的显著影响，后者驱动并由而塑造了音乐家的符号创作范式。这种情形印证了一个道理：审美创造活动的本质内容即在于主体发动的具身化的情知意世界的创造性变化。论及主体情感发生审美嬗变的神经机制时，音乐神经科学家英格尔在 2011 年研究爵士音乐家的即兴表演与背景音乐之下的模仿性表演活动的实验表明，音乐家在即兴表演过程中，其大脑之中多个与自我情感、自我记忆、自我意向显著相关的结构得到了高水平的激活，其中包括杏仁核、脑岛、扣带回前部与后部、布罗卡区、前运动区、纹状体的伏核与尾状核，等等。[2]这进一步提示我们：人的主动、积极、充满激情与灵动思维的审美活动包括情感活动，乃是一种创造性行为——它导致审美主体的大脑、心理及身体的相关结构、功能、信息交流水平和状态等都发生了有序的深刻变化；其中，审美意象（审美的情感意象、身体意象、有关作品的创作意象及或表演意象、行为意象、符号表达意象等）的产生则是其所创造的审美价值的心理表征方式。

由于人的情感活动和认知不但取决于身体经受的各种体验，任何经验、情感和思想都是通过身体约束建构的，而且还取决于主体的思想观念，[3] 所以主体的情感系统在审美活动中同时受到自下而上的经验驱动、

---

[1]　R. MacDonald, C. Byrne, L. Carlton, "Creativity and Flow in Musical Composition: An Empirical Investigation", *Psychology of Music*, Vol. 34, No. 3, 2006.

[2]　A. Engel, P. E. Keller, "The Perception of Musical Spontaneity in Improvised and Imitated Jazz Performances". *Frontiers in Psychology*, Vol. 2, No. 83, 2011.

[3]　E. Thelen, G. Schoner, C. Scheier, et al, "The Dynamics of Embodiment: A Field Theory of Infant Perserverative Reaching", *Behavioral and Brain Sciences*, Vol. 24, 2001.

由上到下的理念驱动和贯通上下的概念驱动；主体情感的审美嬗变，主要涉及皮层下系统的杏仁核、尾核、纹状体、旁边缘皮层的脑岛和扣带回、前额叶新皮层的眶额皮层—腹内侧正中区—边缘部、辅助运动区和运动前区、联合皮层的右侧颞下叶等多种复杂结构。

其中，人脑的默认系统（the default mode network，DMN）在主体进行情感评价、反思、自我认知、本体体验、思想漫游和回忆、创造性灵感和心灵理论等非外在认知活动过程中，都显示了高水平的激活情形。尤其是主体在审美过程中聚焦于情感反应、情感评价和情感体验、情感想象、情感预演等内容时，该系统的几乎所有结构都显示了显著的激活水平。[1]该系统大体包括：颞叶中部（情感记忆）、前额叶正中区（负责自我映射、情感唤起和情感管理等行为）、扣带回后部（负责辨析情感性对象及与自我相关的信息、参与情感整合等）、脑岛（主体体验自我情感）腹侧尾核（参与情感奖赏体验）、顶叶后内侧部（空间情感—身体体验）等。由此可见，人脑的默认系统（the default mode network，DMN）表征了主体情感发生审美嬗变的主要神经机制。

西班牙神经美学家塞拉孔德等通过对 24 位被试观赏 400 幅图像情景各异的视觉作品时所做出的审美判断的脑磁图描记术（magnetoencephalography，MEG）图谱分析，发现了大脑不同区域受到激活并做出审美反应的时间序列：第一序列包括前额叶腹内侧正中区（VMPFC）、扣带回后部（pCC）、黑质—塞梅林氏神经节（SN）、旁海马皮层（P. hippo C）和颞顶联合部（TPJ）；第二序列包括位于顶叶内侧的楔前叶（Precuneus）、杏仁核（Amygdala）、顶叶上部和内侧部；第三序列是背侧纹状体（DS）、颞极（Temp P）、背边侧前额叶（DLPFC）；第四序列是腹侧纹状体（VS）、脑岛（Insula）、腹边侧前额叶（VLPFC）、运动皮层（Motor C）；第五序列是前额叶前正中区（AMPC）、眶额皮层（OFC）；第六序列是扣带回前部（ACC）。参见表 1。[2]

① Anjan Chatterjee, Oshin Vartanian, "Neuroaesthetics", *Trends in Cognitive Sciences*, Vol. 18, No. 7, 2014.

② Camilo J. Cela - Conde, Francisco J. Ayala, "Brain Keys in the Appreciation of Beauty: A Tale of Two Worlds", *Rendiconti Lincei Scienze Fisiche E Naturali*, Vol. 25, No. 3, 2014.

表1 **Brain areas activated in 20 neuroaesthetics experiments**

脑区（Area）	No	认知加工（Cognitive processes）
前额叶腹内侧正中区（VMPFC：ventromedial prefrontal cortex）	1	静息状态（Resting state）
前额叶前正中区（AMPC：anterior medial prefrontal cortex）	5	
扣带回后部［PCC：posterior cingulate cortex（L left，R right）］	1	
楔前叶（Precuneus）	2	
黑质（SN：substantia nigra）	1	奖赏与情感加工（Reward and e-motional processing）
海马（Hippocampus）	5	
背侧纹状体（尾状核）［DS：dorsal striatum（caudate）］	3	
腹侧纹状体（伏隔核）［VS（Nacc）：ventral striatum（nucleus accumbens）］	4	
杏仁核（Amygdala）	2	
脑岛（Insula）	4	
前扣带回（ACC：anterior cingulate cortex）	6	
眶额皮层（OFC：orbitofrontal cortex）	5	
颞极（Temp P：temporal pole）	3	
前额叶背边侧区（DLPFC：dorsolateral prefrontal cortex）making	3	判断与决策（Judgment and decision）
腹边侧前额叶（VLPFC：ventrolateral prefrontal cortex）	4	
运动皮层（Motor C：motor cortex）	4	知觉加工（Perceptual processing）
枕叶（Occip C：occipital cortex）	8	
旁海马皮层（P－h C：parahippocampal cortex）	1	
颞顶连合（TPJ：temporoparietal junction）	1	
上顶叶（SPC：superior parietal cortex）	2	
内侧顶叶（IPC：inferior parietal cortex）	2	

The column "No" expresses the number of experiments mentioning each brain area.

（资料来源：Camilo J. Cela-Conde，Francisco J. Ayala，2014）

笔者认为，塞拉孔德小组的实验结果提示，人脑认知视觉艺术信息的过程实际上经历了一个时间窗口序列，第一步，通过扣带回后部和旁海马皮层、颞顶联合部引发相关的自传体记忆，这是基于主体对视觉艺术信息的形态感知和情感格调的感受而生发的情感唤起效应，继而由前额叶腹内侧正中区结合此种情感经验对视觉审美对象的情感价值进行个性化评价；第二步，大脑依托楔前叶、杏仁核、顶叶上部和内侧部加工情景记忆和对象性情景体验，并使之与主体自我相关的情感体验与自我的情感理想、情感审美意识等高阶内容加以比较与耦合，这是主体形成审美的情感体验与情感评价的重要方式；第三步，大脑将主体形成的情感评价结果导入背侧纹状体（尾核）、颞极和背边侧前额叶，尾核含有阿片肽及其 u 受体，介导抑制负面感觉与情绪、镇痛、易化正面感觉与情绪反应，背边侧前额叶则负责对主体的审美动机与审美的情感效应进行比较与判断，借此形成大脑对视觉审美对象能够满足主体的审美需要、审美动机之程度的本体性价值评价；第四步，腹侧纹状体（伏核）是脑奖赏中枢的重要组成部分，参与对主体的审美兴趣及其审美奖赏引发的快感（以及物质性的成瘾药物的兴奋性）的强化、耐受、成瘾过程及审美渴望与审美需要（以及物质性的药物戒断综合征）的表达，这可谓审美奖赏的体用中枢之所在。

　　而脑岛、腹边侧前额叶、运动前区和运动皮层则分别体现为下列功能：脑岛——大脑连接主体的渴望与特定对象，并将之转化为用以满足主体需要的审美行为，从神经科学来看，脑岛叶监视机体饥饿以及对其他事物的渴望，并协助将这些渴望转化为取得满足（例如三明治、香烟或者可卡因）的行动。神经功能成像研究发现，当上瘾者接触到触发瘾头的因素时，岛叶被激活。腹边侧前额叶——参与情绪调节，抑制前脑岛及杏仁核的负面情绪、选择性易化由对象引发的正面情绪记忆及情绪体验；前运动区主要负责人对想象性情景—情绪—情感的内在预演和虚拟体验；运动区涉及主体传达自己的审美情感，或者说将审美的情感律动范式转化为审美的身体律动图式，借此强化大脑对审美奖赏的身体表征与行为实现水平。要言之，第四步是大脑抑制与转化审美过程中的负面情绪、强化和实现审美奖赏的心脑效应与身体行为效能，标志着主体的审美体验、审美评价和审美表达活动达到了高潮。审美知觉过程所引发的大脑活跃的脑区，参见表 2。

表 2　　　　　　　　审美知觉过程中的大脑活跃的脑区

　　　　　　　　　　（布劳德曼脑区命名与塔莱拉什命名对照表）

布劳德曼脑区（BA area）	塔莱捡什坐标系（Talairach coordinates）			A	B	
额中皮质（Frontomedial cortex）	FMC	10	1	54	26	+
前中区（Anterior medial）						
前额叶皮层（prefrontal cortex）	aMPFC	10	− 6	38	4	+
楔前叶（Precuneus）	PCUN 7	− 4	− 47	32	+	+
扣带回后部（Posterior cingulated cortex）	PCC	23/31	1	− 18	41	+
左侧扣带回后部（Left posterior cingulate cortex）	PCC	23/31	− 9	− 49	18	+
上额叶沟（Superior frontal gyrus）	SFG	10	22	45	26	+
前扣带皮质（Frontomedial/anterior cingulated）	FMC/AC	9/32	1	23	32	+
左内侧额叶沟（Left inferior frontal gyrus）	lIFG	44/45/47	− 46	17	0	+
右内侧额叶沟（Right inferior frontal gyrus）	rIFG	44/45/47	46	24	0	+
左颞极（Left temporal pole）	lTP	38	− 43	2	− 29	+
右侧颞顶联合（Right temporoparietal junction）	rTPJ	39/40/42	46	− 56	32	+
左侧颞顶联合（Left temporoparietal junction）	lTPJ	− 41	− 59	35	+	
上额叶沟（Superior frontal gyrus）	SFG	6	− 5	19	62	+
左侧黑质（Left substantia nigra）	SN	18	− 12	− 6	+	
左侧海马（Left hippocampus）	HC	− 30	− 21	− 10	+	

　　After（A）Jacobsen et al.（2006），and（B）Vessel et al.（2012）. None of these articles included analyses of functional connectivity.

　　（资料来源：Camilo J. Cela-Conde，Francisco J. Ayala. 2014）①

　　从表 2 可以看出，在审美的知觉加工过程中，人脑的多个脑区被显著地激活了——额叶中部、前额叶正中区、伏核、扣带回后部、扣带回前部、双侧颞叶下回、双侧颞顶联合区、左侧黑质与海马区，等等。这表

---

　　① Camilo J. Cela-Conde，Francisco J. Ayala. Brain keys in the appreciation of beauty：a tale of two worlds. *Rend. Fis. Acc. Lincei.* DOI 10. 1007/s12210-014-0299-8. 2014.

明，审美知觉加工虽然涉及感觉皮层不多，但是其主要借助联合加工的方式从海马区及颞叶下回等处提取与重组、体验相关的概念表象及符号表象，进而将之投射至扣带回等部位，以便进行具身化的感性还原及意义认知；再将此处的认知加工产物输送到前额叶与伏核，以便对之进行审美的情感评价、价值判断，进而对此进行本体性价值预演和感性体验——分别由前额叶腹内侧正中区、眶额皮层、尾状核及伏隔核承担。

再看图 12，雅各布森等人的研究表明，在审美鉴赏之前的静息阶段，人脑经历了 500ms 的准备阶段；在审美鉴赏阶段，分别经历了 250—750ms 的感知加工过程和 1000—1500ms 的意识加工过程。对非审美性内容，人脑的加工时间比较少；对审美性内容，人脑的加工时间则明显增加：在感知阶段和意识体验阶段分别增加了 500ms。这表明，审美鉴赏需要激活更多的脑区，对多种信息进行比较、选择、重组和转换，以及与主体自己的情感动机、审美期待、审美偏好等进行匹配、耦合及具身性转化，以期获得对本体高峰状态的情知意活动的审美体验，同时实现对审美客体的真、善、美特征的价值体验。[①]

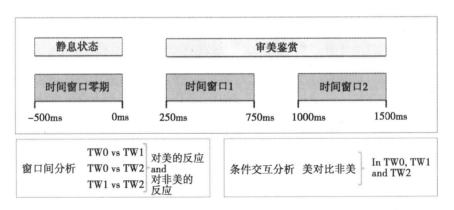

图 12　有关审美鉴赏中的大脑动力学之时间窗口与条件比较分析

（资料来源：Camilo J. Cela-Conde，Francisco J. Ayala，2014）

而布朗小组有关审美认知的感性化模式研究则证实，人脑高阶系统的审美认知加工需要基于个性主体的感知模式；其间，对象的某些特征被放大、深化和细化，另一些特征则被缩减、省略或概括性呈现。这样就会导

① T. Jacobsen，R. I. Schubotz，L. Hofel，et al.，"Brain Correlates of Aesthetic Judgment of Beauty"，*Neuroimage*，Vol. 29，2006.

致审美主体对审美对象的一度创造性改变与个性化完善，意味着在客观对象进入审美主体的时空之后发生了某种形态变构和价值同化情形，进而致使审美主体的审美经验也发生了相应的结构嬗变与功能增益。① 卡瓦巴塔等人对审美价值的大脑表征体的研究表明，人们所感受到的事物之美的特征，不但与其大脑的感知觉活动密切相关，而且与其大脑的因人而异的审美偏好、审美需要、审美动机有着更为深刻复杂的联系，还与人的个性化的思维方式、知识结构和观念意识有着间接然而更为重要的范导式联系。② 进而言之，美学研究需要高度关注审美主体的个性差异，需要探究审美价值的个性化特殊内容，更需要揭示审美体验和审美价值得以实现的个性化内在方式与外在方式。

五 审美主客体的价值交集—分立模型与审美间体的价值生成范式

塞拉孔德等认为，在审美鉴赏过程中，人脑的动力系统由多种要素构成；其中，来自五官的感性动力、来自机体的本体感觉动力、来自前脑的价值动机和观念理想、来自旁边缘皮层的情感动机等，都体现了各自有所不同且无法相互替代的重要作用。③ 换言之，审美价值的完整结构也必然需要含纳上述本体性内容。

另外，舒斯特曼提出的"身体美学"的概念，具有认知科学层面的重要意义，有助于我们深刻把握审美活动对人的身体与行为的创造性美化与完善等本体效能。他指出，美不仅仅等同于魅力、愉悦和自然感情，而且包含着身体的参与和创造；它向人们呈现出如何理解世界的感性方式。这种方式意味审美主体努力形成并拥有一种综合性或整体性的体验。更为重要的是，身体在人的审美过程中体现了"具体化""嵌入性"和"生成性"等新颖品格，因而成为一种"塑造精神"的手段。④

---

① S. Brown, X. Gao, L. Tisdelle, et al., "Naturalizing Aesthetics: Brain Areas for Aesthetic Appraisal Across Sensory Modalities", *Neuroimage*, Vol. 58, 2011.

② H. Kawabata, S. Zeki, "Neural Correlates of Beauty", *Journal of Neurophysiology*, Vol. 91, 2004.

③ C. J. Cela-Conde, J. Garcl'a-Prieto, J. J. Ramasco, et al., "Dynamics of Brain Networks in the Aesthetic Appreciation", *Proceedings of the National Academy of Sciences of USA*, Vol. 110, 2013.

④ R. Shusterman, *Body Consciousness: A Philosophy of Mindfulness and Somaesthetics*, Cambridge: Cambridge University Press, 2008.

由于 20 世纪的审美研究以及艺术研究都侧重于或抽象或表象化的方面，致使美学思考出现过度概念化或符号化的偏向，相关的论点或学说缺乏客观事据，主观臆测性和随意性突出，呈现出支离破碎的碎片化知识，因而无助于人们完整、系统和深入地理解人类的艺术行为与审美活动的心脑一体化机制。为此泽基主张："我坚信，只有基于神经生物学的美学理论才是有价值的。"①拉德曼针对当代美学研究和神经美学研究的境况，提出了他的判析和建议：对精神和大脑的研究缺少"精神的大图像"和"一体化的大脑观念"，美学本身很少关心在精神和意识层面这一广泛领域发生的事情，它甚至放弃了参与多学科性的合作，以有效探索"当代最后一个秘密"（对精神的通常说法）的机会。因此，应当把美学视为人类精神的一个完整维度，就像人们对感觉、记忆和行为的研究那样，把对美的研究也纳入研究精神和意识的框架中。②卡特进一步指出，美学研究需要借助认知科学探究审美文化对人的认知方式的深刻影响，同时认知科学也需要通过对审美行为的实证研究来发现、揭示和概括人类与世界和自我相互交流的这种独特智慧及实践之道。③

笔者基于上述所引之论，提出了审美认知的三元一体化模式，即审美主体对审美对象之价值的具身内化、具身创合与具身外化模式；其中，审美的具身内化是指审美主体通过感性方式内化审美对象之表象价值的过程，或者说人将审美对象的感性特征转化为自己的感官表象及情感状态等；审美的具身创合情形则是指审美主体在其感性力量被审美对象激发之后发生升级奔涌和创新嬗变之时，其思维力量受高峰状态的情感力量所催化，渐次进入创造性智慧飙升状态，据此形成针对自我情知意完美境界和自由创造性过程及产物的本体性价值的审美观照，继而寻根溯源、深究审美对象的人本性审美价值，最后将其所发见并体验的主客体审美价值加以完形整合及意象表征，形成间体形态的审美认知结果；审美的具身外化情形比较容易理解，即是指审美主体次第将主客体审美价值合二为一的审美意象转化为具身化的审美情感意象、审美身体意象、审美行为意象、审美符号意象、审美的物化表象，其间需要审美主体借助前运动区来预演虚观

①　S. Zeki, "Artistic Creativity and the Brain", *Science*, Vol. 293, No. 5527, 2001.

②　Z. Radman, "Towards Aesthetics of Science", *Filozofski vestnik*, Vol. 25, No. 1, 2004.

③　C. Carter, "Art and Cognition: Performance, Criticism and Aesthetics", *Annals of Aesthetics* (*Chronika Aesthetikes*), Vol. 42, 2003.

上述审美意象，再据此于布罗卡区创设相应的艺术符号表现结构，经由运动前区所表征的本体符号系统及布罗卡区所表征的艺术客体符号系统之相互匹配与耦合的操作模式，来依次传达主体所创生的本体性审美价值及客体性审美价值。

可以说，上述的具身化的审美认知模式，必然要包含两大系列的具身性内容：其一是外在的审美对象及其人本价值；其二是内在的审美对象及其人本价值；后者属于多元一体化的创造性产物，其中包括理性层面的审美价值以及人的意识性体验、知性层面的审美价值以及人的符号性体验、感性层面的审美价值以及人的表象性体验。这三种体验次第展开的过程，实则是审美主体对其所创造的审美意象进行本体性具身转化及自我体用的过程，或者还可以说是其实现自我价值的一种内在方式。

进而言之，审美主体无论是对他人的文艺作品、自己的作品，还是对自然情景、生命情状、内心情态，其审美活动的根本目的都是在于满足他自己的某种精神需要、顺应他内心的某种感性召唤、实现他自己的某种深切的爱好兴趣及求知欲，等等。笔者把上述的内在动因称作"审美的价值诉求"。这个东西、这种力量非常重要！否则，我们就很难理解，为何很多学生会在学校里千人一面的艺术鉴赏课、艺术通识课上兴趣索然、昏昏欲睡、玩手机、心不在焉，为何众多中小学生把学校的音乐课、美术课、语文课列为最不受人欢迎的课程。笔者认为，那种不问青红皂白、不管学生有没有审美的"胃口"或需求动机、不顾学生的情态心境，强行给学生灌输"艺术餐饮料"的行为，其实仍然属于一种违反以人为本宗旨、一种变相的填鸭式的应试教育。

第五节　有关艺术创造与审美价值生成的实证研究及评价

那么，涉及感知美与美感形成活动的神经结构是什么？

由前述可知，在审美活动中，审美主体对审美客体或审美对象的美的特性的感知是与其对自身的美的特性的感知同步进行并同时实现的；同时，这种双向性的价值感知还伴随着审美主体对客观存在的审美对象和镜像自我之价值特征的合取、添加、补充、整合、重构、提升与完善性活动。进而言之，审美主体在审美活动中体现了持续性、双向性、整合性与完形化的创造性品格，由此导致了艺术创作意象的形成及审美鉴赏价值、审美创作价值的完满呈现。与之相应，审美主体对审美价值的审美创造、审美体验和审美实现等系列活动，都需要依托其相应的个性化的认知心理系统以及支撑与载荷它们的大脑机体系统。

一　审美价值生成的主体性认知动因

泽基指出，人对视觉艺术的感知有赖于大脑第五视区的高度激活状态；该区主要负责提取视觉艺术作品的运动信息特征和色彩光影特点，这些工作又需要人们动用其前脑的抽象法则及依从他自己的审美需要。[①]

而所谓的抽象法则，即是审美主体有关理解艺术作品与审美对象的认知理念、审美符号的构成范式、审美造型和审美鉴赏的感性特征等意识层面的内容；所谓的审美需求，包括审美主体的兴趣爱好、求知欲、审美的情感需要和思想需要、审美表达的需要、释放自己能力的内在冲动、审美期待等一系列复杂深刻和强烈的必然性内容。

根据戈埃尔（Goel）和格拉夫曼（Grafman）（2000）的研究，人脑的右半球背外侧前额叶、颞枕叶联合区、扣带回与音乐审美活动之间具有非常密切的关系；其中，音乐家操作创造性任务更多地激活了两侧前额皮层、顶叶、颞枕叶联合区和扣带回等区域，非音乐家的音乐鉴赏活动则更多地激活了其右侧前额叶、颞枕叶联合区和扣带回等区域。[②] 其中，右侧前额叶的眶额皮层的激活与主体的审美动机、审美期待、审美需求密切相关，扣带回前部的激活与主体对满足自我需要的审美情感释放行为和审美意象创造活动的本体性体验密切相关。

（一）审美价值创生过程中主体指向自我与对象的三重价值体验及内在实现情形

吉尔伯特（Gilbert）、齐麦诺帕乌斯（Zamenopoulos）、阿历克西乌（Alexiou）及约翰逊（Johnson）等在 2010 年的研究中发现，音乐家在创作过程中，其大脑被激活的区域除了两侧前额皮层、顶叶、颞枕叶联合区和扣带回等区域，还有腹内侧前额叶皮层两侧（bilateral ventromedial

---

① Semir Zeki, "Artistic Creativity and the Brain", *Science*, Vol. 293, 2001.

② V. Goel, J. Grafman, "Role of the Right Prefrontal Cortex in Ⅲ – structures Planning", *Cognitive Neuropsychology*, Vol. 17, No. 5, 2000.

PFC)、布罗卡区、运动皮层和前运动皮层区（motor and premotor corti-
ces)。① 其原因在于，音乐家的创作涉及对音乐符号的自由重构，并伴随
着其在钢琴键盘上的尝试性演奏与聆听审视等行为，因而其大脑的运动皮
层及布罗卡区会被激活；而其双侧腹内侧前额叶皮层和运动前区之所以被
激活，那是由于音乐家的创作活动及其产物会激发他自己的情感体验，特
别是他对自己那处于高峰状态的审美情感的真切体验，而这种体验又分别
经历了审美层面的意识性体验、符号性体验和表象性体验等三重境态，需
要艺术家动用运动前区内在预演上述种种情景之下的创作产物。

    绍耶指出，音乐认知神经科学的实验表明，当音乐家聆听音乐或创作
音乐时，其大脑右半球的颞顶接合部显示了去激活状态，即处于抑制状
态；而非音乐人士则正好相反。这意味着音乐家旨在借此抑制对不相关的
信息刺激的下行性注意，同时提高对上行性的音乐刺激的高度注意效能。
同时，音乐家在即兴创作音乐时，其大脑的 14 个亚区被显著激活了：右
半球前额叶背外侧，辅助运动区前部，双侧前运动区的背前部，布罗卡
区，扣带回前部，颞叶的左后侧上部，双侧枕叶中部，等等。②

    笔者认为，上述的神经美学研究提示我们：在审美活动中，人的大脑
和心理系统都发生了极为显著的重要变化：一是人的审美行为同时受到感
性层面的三种动因（兴趣爱好、情感需要和内在冲动）的自下而上的内
在驱动、意识层面的三种要素（情感期待、审美理想和价值奖赏范式）
由上到下的内在驱动；二是审美体验特别是审美奖赏过程深深地卷入了人
脑之中的自我结构——其中包括扣带回、前额叶腹内侧正中区、运动前
区、眶额皮层等，从而以内隐方式表明，审美主体在进行审美创造的过程
中同时更新了自我的情知意体行之结构功能和信息状态，以及独特演绎或
成就了审美对象的新颖之美；三是审美的高峰体验伴随着人脑前额叶出现
高频低幅脑电波，这种神经电生理学特殊事象标志着审美主体的前脑
（且不只是前脑）与自我认知和对象性认知相关的亚区及神经网络业已发
生了显著的结构变化和功能升级、价值完善。换言之，审美主体用以体验

---

    ① S. J. Gilbert, T. Zamenopoulos, K. Alexiou, et al., "Involvement of Right Dorsolateral Pre-
frontal Cortex in III - structured Design cognition: An fMRI Study", Brain Research, Vol. 1312, No. 3,
2010.

    ② Keith Sawyer, "The Cognitive Neuroscience of Creativity: A Critical Review", Creativity Re-
search Journal, Vol. 23, No. 2, 2011.

对象之美及自我创造之美的情感、思维、意识系统都获得了创造性的完善，并呈现和实现了它们所孕生的审美价值；而诸如审美主体的审美情感意象、审美客体意象、审美身体意象、审美人格意象、审美行为意象等一应精神产物，实乃出于主体的审美创造之功！

（二）艺术创作的高阶心理因素

艺术神经心理学卡尔松指出，艺术家的创作行为本质上是一种归纳与提炼的过程，具体体现为对艺术现象和概念符号的审美透视与提取重构，进而据此形成创作的意识框架。[①]

迪特里希认为，艺术家及或具有艺术素养是审美主体在艺术鉴赏过程中，都会体现出鲜明而独特的创造性特点，其中包括他们所形成并加以巧妙使用的长期记忆和工作记忆系统——因为艺术性质的长期记忆和工作记忆系统不但能够为审美主体的二度创作活动提供源源不断的想象性资源，而且有助于审美主体建构自己的审美意象。在审美创造性体验的高峰阶段，人脑的前额叶会出现由点到面逐步向全脑扩散的高频低幅脑电波。这可视为人脑进入创造性思维过程的神经标志。[②]

神经美学家孔德及安拉指出，人脑中与审美活动相关的神经网络可分为两类：一是由感觉皮层组成的审美启动网络，主要体现人脑在审美刺激信息呈现之后的250—750ms这个窗口1期内，枕叶及颞叶所做出的审美感觉反应；二是由联合皮层组成的延迟审美网络、体现为高度同步化的泛脑脑电波，主要体现人脑在审美刺激信息呈现之后的1000—1500ms这个窗口2期内，主体经由联合皮层所做出的审美体验与审美判断。他们的实验表明，在窗口2期，被试大脑中的前额叶、感觉联合皮层、边缘皮层等中线结构出现的脑电同步化亚区最多，达到19个；同步化反应密切对应着被试所感受到的对象的审美特征以及被试的审美情感与审美想象等主客观维度的深层内容。总之，在艺术与审美活动中，人脑体现出两大显著特征：一是奖赏回馈性；二是泛脑统合性。[③]

---

①　I. Carlsson, P. E. Wendt, J. Risberg, "On the Neurobiology of Creativity: Differences in Frontal Activity Between High and Low Creative Subjects", *Neuropsychologia*, Vol. 38, 2000.

②　A. Dietrich, "The Cognitive Neuroscience of Creativity", *Psychonomic Bulletin and Review*, Vol. 11, No. 6, 2004.

③　Camilo J. Cela-Conde, Francisco J. Ayala, "Brain keys in the appreciation of beauty: a tale of two worlds", *Rend. iconti. Lincei*, Vol. 25, No. 3, 2014.

　　瑞林和巴克斯等人有关人类与灵长类动物的审美神经行为学比较研究证实，人类和黑猩猩在审美过程中，两者的眶额皮层之背外侧与正中侧、顶叶中部都被激活了，但是人脑的两个亚区（BA 9，BA 32）的背外侧之激活程度远高于黑猩猩，黑猩猩大脑中的 BA 10 区之腹内侧部分的激活程度远高于人脑。同时，黑猩猩大脑之中的左半球之激活水平远低于人脑，人脑的左半球的高水平激活标志着高度发达的语言认知及概念加工能力，这些能力对应着人类所创造并加以鉴赏和分析研究的艺术文化系统所特有的语言符号结构、音乐符号结构、美术符号结构，等等。①

　　人脑的默认系统（DMN）在静息状态（即内在指向自我的认知状态）呈现出较高的激活水平，在审美过程中该区同样体现出更高的激活水平（尤其是前额叶腹内侧正中区、眶额皮层、扣带回、脑岛、运动前区等结构）。② 它提示我们，审美行为与人的自我认知活动之间具有非常密切的内在相关性。另外，人脑的默认系统与人类特有的心灵漫游行为密切相关，而心灵漫游实际上需要依托上述的由联合皮层组成的"延迟审美网络"：该网络体现为高度同步化的泛脑脑电波，主要出现于审美刺激信息呈现之后的 1000—1500ms 这个窗口 2 期内，其认知内容则是主体经由联合皮层所做出的审美体验与审美判断。进而言之，人脑的默认系统与"延迟审美网络"之间具有高度交集性，内隐体现了主体在审美过程中对自我的情知意系统及对审美对象的结构—功能—信息状态的创变效应。

　　具体而言，主要体现审美知觉作用的人脑的默认系统，有助于强力扩展人脑对客观对象的审美鉴赏能力。那么，人脑的默认系统又是如何导致生成人的审美体验的？对此，麦逊和诺顿等基于实验指出，心灵漫游主要涉及当缺乏外在刺激性事物时，人脑自由产生并加工内在性的表象、观念、内在声音和情感等现象。③ 上述的这种心灵自由漫游的现象，科学家们将之称作心灵与自我的对话。由于心灵漫游行为具有三大功能（提升

　　① J. K. Rilling, S. K. Barks, L. A. Parr, et al. , "A Comparison of Resting – state Brain Activity in Humans and Chimpanzees", *Proceedings of the National Academy of Sciences of the United States of A-merican*, Vol. 104, No. 43, 2007.

　　② E. A. Vessel, G. G. Starr, N. Rubin, "The Brain on Art: Intense Aesthetic Experience Activates the Default Mode Network", *Frontiers In Human Neuroscience*, Vol. 6, 2012.

　　③ M. F. Mason, M. I. Norton, J. D. Van Horn, et al. , "Wandering Minds: the Default Network and Stimulus – independent Thought", *Science*, Vol. 315, No. 5810, 2007.

人脑的激活水平，提高人对自我的过去及现在经验的统合能力，产生非适应性或非实用性的意义—价值认识），因而可以认为，审美知觉乃是心灵漫游活动的副产物，即主体以高水平的内在活动来观照外在的审美对象而形成的意义认知能力。卡普兰据此认为，人类从对自然景观的审美认知到创造出丰富多彩的艺术文化作品，都需要依托大脑的默认系统和"延迟审美网络"。审美知觉的本义，是指人对自然风景、艺术作品、生命形态做出或美或丑的思想价值设定行为，譬如形成"啊"（Aha）之感悟、惊讶或快活感；它能够次第激活人脑的前额叶背外侧正中区等诸多高阶皮层，从而间接影响人脑的执行系统及人的情态、动作与行为。[①]

那么，有人会问，人脑是如何形成富于感受性的这种主体性能力的？对此，希尔斯指出，作为审美价值的主体性内化方式，人的审美感受性属于一种内在感觉；同时，这种内在感觉既受到审美对象的形式化塑造，又受到主体的审美意识的下行性调制。[②] 笔者认为，审美主体经由外在或内在的审美对象刺激而引发的对审美价值之再发现、再创造、再阐释、再体验，其内在实现及外在实现等系列活动，集中体现为其对这种审美价值的具身化表征方式，其中包括上面所说的审美主体的审美感受性能力生成、审美知性能力生成、审美理性能力生成、审美表达能力生成等内容。同时，主体的上述能力的更新与完善皆以相应的审美价值之心理神经表征体为基础。

审美价值的心理表征体，包括经验层面的主客体审美表象系列、符号层面的主客体审美概象系列、理念层面的主客体审美意象系列、行为层面的主客体审美体象—物象系列等多元一体化内容。

二　美学实证研究的不足之处

第一，现有的神经美学研究尚未提供一种体现心脑一体化水平的信息相互作用之基本原理及其实验证据。

譬如，舒斯特曼提出的身体美学理论旨在强调身体在人类的审美活动中对大脑和认知方式的塑造性作用，这对于改变长期以来美学研究陷入概念化、主观随意化，缺少具象事据、脱离人的精神生活之窠臼的积重难返

---

① S. Kaplan, "Aesthetics, Affect, and Cognition", *Environment and Behavior*, Vol. 1, No. 19, 1987.

② J. R. Searle, "*The Mistery of Consciousness Continues*", *The New York Review of Books*, Vol. 58, No. 10, 2011.

的倾向，具有积极和新颖的思想启示。但是，他既未能在心脑一体化层面化深入揭示身体世界与心理世界及神经世界相互作用的多层级方式，也未能在美学层面对身体之美的创造性品格予以合情合理的机制阐释及应用分析，从而依然无助于人们深刻认知身体审美对主体大脑之结构功能、心理系统之资源能力和行为系统之程序范型所产生的深微复杂影响。

　　有鉴于此，笔者基于具身认知理论认为，人之身体系统，与心理系统及大脑系统共同参与了主体认知的具身化过程，具体内容参见本小节第一部分（P97）的相关讨论：（一）审美价值得以形成的具身创造机制。同时，身体、大脑和心理系统呈现为互动互补、相互创生与完善、相得益彰和协同增益的共轭关系：其一，身体在人们转化对象与主体自身的感性特征、体验并实现对象与自身的感性价值方面，发挥着无可替代的决定性作用；其二，身体系统伴随着人的大脑进化和心理能力升级而不断与时俱进，渐次分化并呈现为感觉表象、身体表象、身体概象、身体意象和动作表象等多层级形态；其三，审美的身体意象乃是主体用以转化主客体完形化的审美价值（其以审美的间体意象为表征形态）的具身化方式，充分体现了主体对自我情感世界、自我思维世界和自我行为世界的审美创造水平，同时也体现了主体的自我完善、自我体验和自我实现之道。该过程分别经由主体对身体意象的审美意识体验、审美符号体验、审美表象体验而抵达审美的客体符号体验与客体表象体验之层面，继而通过审美的动作表象而将之最终转化为对象性和物化形态的审美表象。至此，主体所创造的本体审美价值和对象审美价值，分别获得了内在体验—内在实现和对象化体验—对象化实现之境界。换言之，主体唯有通过对本体审美价值的具身化认知，才能实现对审美对象之审美价值的更为深刻和创造性的认知及物化实现的目标。因而可以认为，主体所创造的本体审美价值既是其所发现与创造的审美对象的审美价值的二阶内容与衍生形式，也是其用以彻底深化并完满呈现与实现审美对象之根本价值的二度回环式认知行为。

　　第二，当代西方的神经美学研究尚未从根本层面揭示审美价值何以形成的大脑机制，进而据此抽析与形成审美价值何以形成的认知科学图式。

　　针对神经科学与美学如何进行知识整合与思想耦合的问题，神经美学家纳米及哈桑指出，美感作为一种主观经验，已经在神经科学、心理学、社会学和文化学等层面得到了全面的探究；在认知神经科学领域，虽然审美经验是一个有争议的问题，但是该领域的研究者们已经获得了与之相关的大量结果，并正在将之加以概念化加工，以便使美学贯通于视觉性情感加工、大脑的奖赏回路、决策的本质特征等神经科学的内容体系。为了深入探索艺术—大脑平行主义这个问题，我们尤其需要基于对知觉与审美经验、审美判断的特征与奖赏回路等关系的科学阐释。[①]

卡瓦巴塔及泽基在运用正电子发射术（PET）研究被试观看不同类型的绘画作品（包括风景画、静物写生、肖像画等）时产生的审美知觉的神经相关物；其中，被试分别将绘画判断为"美的""中性的"和"丑的"等属性。他们发现，当被试感知某些作品并做出"美的"判断时，其大脑之中的眶额皮层显示出高水平的激活情形；当被试感知另一些作品并做出"丑的"判断时，其大脑之中的眶额皮层则显示出超出底线的低水平的激活情形。[②] 但是，此类研究均尚未深入解释下列问题：一是审美经验在知觉经验之中占有多少比重、其相互关系如何；二是在审美经验之中，有多少成分参与了被试对艺术作品的情感反应？

纳米及哈桑认为，尽管正电子发射术显示出风景画能更有效地激活旁海马回、静物写生能激活枕叶边侧部、肖像画能激活颞叶融合沟，但是真实的激活部位可能远比上述一对一的艺术—大脑区域分析复杂得多。[③] 黛尔嘉德等运用事件相关性正电子发射术（event- related PET）研究被试的审美偏好。他们发现，大脑的壳核与人的审美偏好、审美兴趣等审美经验具有密切的正相关关系。[④]

由上可见，在有关审美经验的神经机制研究方面，现有的神经美学仅仅提供了多种多样的碎片化事据，尚未从根本层面揭示审美经验与审美情感及审美价值的关系，进而无法阐释审美价值何以形成的大脑机制，更未能据此抽析与形成审美价值何以形成及何以实现的认知科学图式。

笔者认为，审美经验可以具有多层级结构，其中包括主体审美的感性

① Mohammad Torabi Nami, Hasan Ashayeri, "Where Neuroscience and Art Embrace: The Neuroaesthetics", *Basic and Clinical Neuroscience*, Vol. 2, No. 2, 2011.

② H. Kawabata, S. Zeki, "Neural correlates of beauty", *Journal of Neurophysiologg*, Vol. 91, 2004.

③ Mohammad Torabi Nami, Hasan Ashayeri, "Where Neuroscience and Art Embrace: The Neuroaesthetics", *Basic and Clinical Neuroscience*, Vol. 2, No. 2, 2011.

④ M. R. Delgado, H. M. Locke, V. A. Stenger, "Dorsal Striatum Responses to Reward and Punishment: Effects of Valence and Magnitude Manipulations", *Cognitive, Affective, and Behavioral Neuroscience*, Vol. 3, No. 1, 2003.

经验、知性经验和理性经验——它们分别对应着审美主体的表象体验、符号体验和意识体验等三种经验类型，同时各自具有相应的主导性神经结构与功能：感觉皮层、知觉皮层和意识皮层。同时，审美经验与审美情感的关系也比较复杂。审美情感并非一种单一的构成，而是具有丰富多样的内容及形态，譬如审美性质的道德情感、科学情感、宗教情感、职业情感、爱情亲情、友情与师生之情，等等；譬如感性层面的审美兴趣爱好，知性层面的审美情趣，理性层面的审美旨趣与情操，"感性—知性—理性"三位一体的美感爱意、道德感与良知、理智感与慧心，等等。

另外需要指出，人的审美判断不单需要感性驱动、情感参与、借助以往经验，不仅仅属于知觉行为，而且需要主体动用自上而下的理念判析、审美决策和意识体验。卡瓦巴塔及泽基所验证的大脑眶额皮层与审美判断行为之间的显著性正相关现象，黛尔嘉德等所发现的大脑壳核与人的审美偏好、审美兴趣之间具有的显著性正相关关系等，都提示我们：人的审美判断可能发生于大脑的多个层级水平之上；同时，深刻的审美判断需要基于主体的多层级审美体验，正所谓"不经过具身体验，就没有对象是否为美的审美发言权"。

迄今为止的美学、审美心理学及神经美学研究等，都在一定程度上存在着混淆概念、指称混乱、张冠李戴的现象，譬如审美经验、审美判断、审美情感、审美价值，等等。为此，我们需要同时在事据、概念和理论层面对现有的来自神经科学、美学、艺术学、心理学等领域的知识与方法进行系统梳理、深入辨析、科学取舍、合理简并、全息重构及全新阐释，以便借此推动当代神经美学的学科体系建构进程，使相关的碎片化研究得以提升为系统化、规范化、信效度更高、解释力更强、预见性更高的科学理论。

第三，甚至在大脑层面，研究者也仍然局限于对各个脑区的分散性观察与测量，尚缺乏对人类的审美行为基于时间序列—空间序列高度匹配的原则，进行大脑不同脑区的纵向与横向、上行与下行、左半球与右半球互补互动及整体泛脑网络的多层次定位分析与动态描述，于是他们所呈现的仅仅是人脑不同区域与各种审美活动的一些大致对应的散在图谱，在大脑与审美行为之间并未建立高阶联系和体现时间—空间耦合性的有序逻辑。

戴文斯基在研究人对不同绘画作品的审美偏好时发现，被试对某幅绘画作品的喜欢程度越高、审美偏好越突出、审美兴趣越浓厚之时，其大脑之中的左侧扣带回前部的激活程度相应地就越高。[①]

孔德及安拉等使用脑磁图描记术（MEG）研究视觉艺术鉴赏过程中男女被试所体现的大脑异同性特点。他们的实验结果显示，在男女被试欣赏五种类型的视觉艺术作品的过程中，他们对作品做出"美的"判断时，其顶叶的不同位置会呈现出较高水平的激活情形；相反，当他们对另一些作品做出"丑的"判断时，其顶叶的不同位置会呈现出较低水平的激活情形。其中，女性表现为双侧脑半球的顶叶活动，男性主要体现为大脑右半球的单侧顶叶活动。[②]

笔者认为，人脑的结构分区、功能变化及信息交流模式异常复杂，因而科学家在研究某个主题时，常常选择分离式策略，即侧重关注某个特定目标、相对忽略其他的被认为关系不大的目标。分离式的研究迄今依然是当代科学研究的基本范式，然而事实上这样的研究必然会带有片面性，甚至会误导科学家的思想与行为。上述的孔德及安拉所发现的顶叶在人的审美判断活动中的显性作用，显然与被试对作品乃至自己形成的审美意象所进行的具身性体验密切相关。其实，这种具身性的空间体验只是人的全部审美体验的环节之一，也是人们用以做出审美判断的本体依据之一。

三　审美价值生成的高阶机制及主客体认知形态的创构特征

论及审美价值，我们不能笼统、抽象和孤立地对之加以界定，而是需要分别从审美主体、审美客体和审美间体方面进行多层次的辨识与分析，还需要从它们之间的相互作用、价值增益与衰减、交集叠合与系统效应等系统化、整体性和完形化的层面进行创造性和建构性的理论表述。

（一）审美价值的交集域和独立域及其内容

审美主体与审美客体在审美活动的全过程之中，会发生持续性和交互性的价值内容镶嵌。这既源于审美主体对自我的对象化移情想象、移情体验、移情创造，兼具镜像自我和审美客体的双重特性；也源于审美主体对审美客体的具身化移情想象、具身化移情体验、具身化移情创造等情形。审美主体借此方能形成对称性或等量齐观式的完美价值形态，直至完美的

---

①　O. Devinsky, M. J. Morrell, B. A. Vogt, "Contributions of Anterior Cingulate Cortex to Behaviour creview artiche", *Brain*, Vol. 118, No. 1, 1995.

②　C. J. Cela - Conde, F. J. Ayala, E. Munar, et al., "Sex - related Similarities and Differences in the Neural Correlates of Beauty", *Proc Natl Acad Sci*, Vol. 106, 2009.

主客体形成、完美的审美间体油然而出。其中，审美主客体交集最多的那些价值域，就充分体现了主客体相通的共性美、本质美；审美主客体交集最少的那些价值域，则相对体现了主体与客体各种的特殊美、品相美。

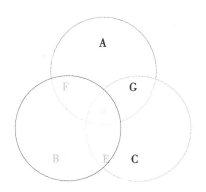

图 13   审美主客体与间体的价值生成模型

(资料来源：崔宁，2011；丁峻，2013)

在图 13 中，圆圈 A 代表审美间体及其价值域，圆圈 B 代表审美客体及其价值域，圆圈 C 代表审美主体及其价值域。三菱图形 D 代表审美主客体及审美间体所具有的共性价值、本质价值；三菱图形 D 和 E 代表审美主客体所具有的共性价值、本质价值，同时体现了审美主客体相互充实对方的价值增益与完善性内容；三菱图形 D 和 F 代表审美客体与审美间体所具有的共性价值、本质价值，同时体现了审美客体与间体相互充实对方的价值增益与完善性内容；三菱图形 D 和 G 代表审美主体与审美间体所具有的共性价值、本质价值，同时体现了审美主体与间体相互充实对方的价值增益与完善性内容。

三菱图形 D 和 G 代表审美主体与审美间体所具有的共性价值、本质价值，同时体现了审美主体与间体相互充实对方的价值增益与完善性内容。

在图 14 中，S 代表审美主体（处于当下的现实时空）；O1 代表镜中的审美客体（处于对形而下—形而中—形而上世界的动态化、变构性、重组性与整合性的感性表征境遇）；O2 代表镜外的关联客体（处于历时空和共时空的想象性生成的境遇之中）；ISO 代表审美间体（含纳理想化和完满性主体与客体价值），处于双重表征与折射主客体价值特征的过去式—现在式—将来式之全息转换境遇。

由图 13、图 14 可以见出，一是审美价值处于不断充实、升级和完善

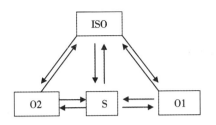

图 14　审美主客体与间体相互作用模型
（资料来源：崔宁，2011；丁峻，2013）

的无止境的发展与变化进程中，其中既包括审美客体，也包括审美主体，还包括审美间体。因而可以说，审美主客体在审美活动开始之前具有某种潜在的、物性化的、内隐的审美价值；在审美活动开始之后则逐渐体现出某种显性的、逐步充实与完善的感性化、知性化的审美价值；在审美活动达致高潮阶段则呈现出完美的与主客体融通的理性价值，进而据此衍生出基于完美的主客体价值的合二为一但又大于两者之和的新生的审美间体及其价值形态；在审美活动进入审美价值的本体转化阶段之后，呈现为主体体性形态的审美价值——诸如言语内容及表达方式、歌唱内容及表达方式、书写内容及其表达方式、手舞足蹈与摇头晃脑的身体象征行为、眼神表情姿态举止和仪表气质等；在审美活动进入审美价值的客体转化阶段之后，呈现为对象性、符号性、实体性和社会性的价值形态，譬如各类艺术作品、审美意义上或审美语境中的科学作品、技术产品、服务产品、生活产品、爱情产物、亲情产物、友情产物、宗教艺术作品、道德实践产物、闪射诗意与美感的自然景象和生命形象及社会事象，等等。

（二）审美主客体与审美间体的共性价值

在美学和艺术学研究过程中，我们需要强调审美活动的个体差异性、主体创造性和心脑差异性，譬如即使面对同一个音乐片段、自然情景、美术造型、诗歌语句，不同的受众主体会做出不同的心理反应及产生有所不同的大脑变化。因而，在研究神经美学时，我们需要基于整体性、主体性、个体性坐标，避免陷入千人一脑、千人一心的机械唯物主义反映论的窠臼，克服形而上学的思维模式，深刻探求审美活动中不同主体的独特心理反应及其特征性的神经对应物。

由认知神经科学可知，人脑的前额叶正中区（MPFC）是指两半球之间位于前额内部的正中区，根据其功能不同，可以分为两个区域：背内侧前额叶（DMPFC）和腹内侧前额叶（VMPFC）。研究认为，腹内侧前额叶（VMPFC）涉及情绪的采择与同情，也有研究认为，VMPFC 有着感知刺激的情感和社会意义的表象的功能。譬如有人问你喜不喜欢篮球，这时你的 VMPFC 会迅速对这个问题做出反应——思考你所喜欢或不喜欢的体育运动是什么。

根据巴特莱等人有关主体性价值的神经对应物研究结果，人脑的前额叶腹内侧正中区（VMPFC）主要表征主体自我的情感价值，背内侧前额叶正中区（DMPFC）则主要表征主体自我的认知价值，前额叶边侧区表征主体的行为价值，辅助运动区、前运动区、运动区和位于顶叶的本体感觉区则用于表征主体的身体价值。[①] 然而需要补充的是，第一，上述脑区在表征主体性价值的同时，也在各自的对应性空间表征客体的价值内容与特征。换言之，主客体的价值特征和要素内容处于同时性、对应性、一体化和相互作用、互为镜像的绝妙情形之中。有关的细节及相关的科学实证研究，参见本书的相关章节；第二，主客体的价值内容在心脑系统和身体行为系统里并非是平等化一、平分秋色、半斤对八两式的掺和物或混合体，而是呈现为主体与客体在高阶—低阶、高能态—低能态、投射—摄取、增益—衰减等一系列差异境遇和活动状态之间的相互替代、交互做主、轮流坐庄、循环往复、次第升级的复杂情形。

克莱斯勒等人有关人脑计算主体性价值的信息分布网络的研究和模拟仿真实验表明，主体性价值的增益或衰减的主要模式之一，即是人脑对主体性价值所对应的客体性价值特征及内容的特异性选择和吸收；同样，经过充实和完善的主体性价值内容（信息、知识、力量、活动、状态等），又会对客体性价值内容、结构、功能与状态等产生积极能动与超前的影响。[②] 这再次表明，相互作用以及其间和其后所出现的主客体价值内容的增益、衰减、重构、升级及催生新的价值共同体与综合体等情形，乃是审美活动之中我们难以凭借感性和知性而得以发现、概括、理论化、具身体

① O. Bartra, J. T. McGuire, J. W. Kable, "The Valuation System: A Coordinate - based Meta - analysis of BOLD fMRI Experiments Examining Neural Correlates of Subjective Value", *NeuroImage*, Vol. 76, 2013.

② J. A. Clithero, A. Rangel, "Informatic Parcellation of the Network Involved in the Computation of Subjective value", *Soc. Cogn. Affect. Neurosci.* Vol. 9, 2013.

验及内在实现的超级事象——形而上层面的本质特征、意象形态、范畴—概念指称物、核心价值及元意义的表征体。所谓的美学创新，即是指形成新表象，进而据此形成新概念，再据此抽析与合并重构简化形成新的范畴，再据此形成新的审美认知路线图—关系图—价值交变网等；进而将之转为意象形态的审美间体时空及其价值交集域和独立域，然后对之进行意识层面的审美理性体验、符号层面的审美知性体验、表象层面的身体感性体验和物象层面的客体镜像性体验。

人类的审美认知行为具有全脑同步性和完形心理突现性的根本特点。即是说，主体的大脑里同时进行着自下而上的经验驱动和由上到下的意识驱动过程，两者交汇于联合皮层的第二区［即视觉联合皮层第二区（VA Ⅱ），听觉联合皮层第二区（AA Ⅱ），躯体感觉联合皮层第二区（SA Ⅱ），躯体运动联合皮层第二区（MA Ⅱ）］；同时，VA Ⅱ 又分别向视觉联合皮层第一区（VA Ⅰ）和前额叶联合皮层第一区（PFC Ⅰ）发出下行性投射与上行性投射，AA Ⅱ 又分别向听觉联合皮层第一区（AA Ⅰ）和前额叶联合皮层第一区（PFC Ⅰ）发出下行性投射与上行性投射，SA Ⅱ 又分别向躯体感觉联合皮层第一区（SA Ⅰ）和前额叶联合皮层第一区（PFC Ⅰ）发出下行性投射与上行性投射，MA Ⅱ 又分别向躯体运动联合皮层第一区（MA Ⅰ）和额叶的运动前区第一区（PA Ⅰ）发出下行性投射与上行性投射。另外，视觉联合皮层第二区（VA Ⅱ），听觉联合皮层第二区（AA Ⅱ），躯体感觉联合皮层第二区（SA Ⅱ），躯体运动联合皮层第二区（MA Ⅱ）和前额叶联合皮层第二区（PFC Ⅱ）共同向扣带回—海马旁回联合皮层第一区（CC—PH Ⅰ）发出投射；表明自下而上的经验驱动和由上到下的意识驱动过程同时对主体的本体性与客体性回忆—记忆—联想及情感体验活动产生重要的调制性影响。

同时，视觉联合皮层第一区（VAI）又分别向 V Ⅱ 和 PA Ⅱ（额叶的运动前区第二区）发出投射，听觉联合皮层第一区（AAI）又分别向 A Ⅱ 和 PA Ⅱ（额叶的运动前区第二区）发出投射，躯体感觉联合皮层第一区（SA Ⅰ）又分别向 S Ⅱ 和 PA Ⅱ（额叶的运动前区第二区）发出投射，躯体运动联合皮层第一区（MA Ⅰ）又分别向 M Ⅱ 和 PA Ⅱ（额叶的运动前区第二区）发出投射，前额叶联合皮层第一区（PFC Ⅰ）又分别向扣带回—海马旁回联合皮层第二区（CC—PH Ⅱ）和 PA Ⅱ（额叶的运动前区第二区）发出投射。

　　另外，前额叶的背外侧正中区（DMPFC）是形成审美的情景意象及作品意象的主要脑区；前额叶的腹内侧正中区（VMPFC）则是形成审美的情感意象的主要脑区；大脑的前扣带回（ACC）及相关脑区是形成自我意象的主要部位；而大脑的运动前区（PA）——布罗卡区（Broca's Area）则是形成身体意象及符号表达意象的主要脑区；沃尼克区（Wernicke's area）是形成综合性表象—概念性表象的主要脑区；三大感觉运动区及其联合皮层，则是形成主客观视觉表象、听觉表象、身体感觉表象、身体运动表象、味觉触觉表象、语声表象、书写绘画动作表象、体育舞蹈运动表象等审美心理产物的主要脑区。

　　另外需要指出，施密特娜等人在研究中发现，当人工干扰前额叶背边侧的正常神经电生理活动后，被试减少了模式化的控制性活动、相对增加了灵活性的控制活动。[①] 这意味着，前额叶背边侧所体现的模式化调控作用源自主体的价值标准与行为规范的下行性约束，而前额叶腹边侧区所体现的自由式调控效应则源自主体的情感直觉以及对情景的深刻洞察。它们集中体现了情感评价与认知判断在人的精神心理活动中既相互对立，又相互渗透并趋于动态协调的复杂关系。对此，霍金斯等的艺术认知神经科学实验进一步予以了证实：前额叶腹内侧正中区所形成的情感评价结果与管理产物，经由前额叶高频低幅同步脑电波的传导与扩散，被送达前额叶背外侧边缘区——此区负责对情感评价结果与管理产物的认知管理或认知加工。[②] 继而，经过认知加工的情感价值特征又被送往辅助运动区、运动前区、扣带回、布罗卡区和杏仁核等相关脑区，借此形成身体化、动作化、符号性的情感律动图式。由此可见，在人的心脑系统里，审美主体与审美客体的价值内容呈现出对偶并列式分布、交互渗透性作用和相互转化性的境遇；其间，既存在着共性价值的亮相、充实、提升、完善和审美实现的情形，也存在着个性价值的凸显、增益、衰减、调整、重构、臻于完美和得以象征性实现的境遇。

　　其中，由杏仁核—前额叶形成的神经网络联合体成为个性主体在情感

---

　　① P. Smittenaar, T. H. FitzGerald, V. Romei, et al., "Disruption of Dorsolateral Prefrontal Cortex Decreases Model - based in Favor of Model - free Control in Humans", *Neuron*, Vol. 80, 2013.

　　② C. A. Hutcherson, H. Plassmann, J. J. Gross, et al., "Cognitive Regulation During Decision Making Shifts Behavioral Control Between Ventromedial and Dorsolateral Prefrontal Value Systems", *Journal of Neuroscience*, Vol. 32, 2012.

管理过程中凸显个性差异性品格的核心基础。① 具体而言，不同的审美主体对负性情感、负面情景，诸如悲剧事件、应激情景、天灾人祸、逆境、挫折、遭遇、疾病、惆怅心境、悲伤或悲哀经验、忧愁和抑郁事象等，会体现出显著有别甚至截然相反的认知重评态度，进而形成个性鲜明、具有重大差异的意义判断、价值体验和身心行为反应，尤其是在日常生活审美化的境遇里。

譬如，面对耳聋、贫困、世俗丑恶等重大负面事件，贝多芬将之视为凸显负性价值之极致情形的认知机遇，作为自己隔绝外部干扰而得以静心创作的绝佳条件，把它们转化为审美创造的负面动力；将自己的悲痛、忧思、对现实世界的绝望视作凸显精神潜能和个性情感张力的本体价值生长点，进而将之转化为寻求理想自我的审美期待、进行艺术创作的审美激情和实施对象化与本体性想象的审美智慧。

另外，不同的审美主体对同样的审美客体，也会做出有所不同的审美反应——感性反应、情态反应、知性反应、理性反应、体性反应、符号反应及对象性的物化反应。譬如，同样面对人间的假恶丑现象、逆境困苦和悲剧命运，海顿——性格善良，诚恳而质朴，其创作的音乐幽默、悠闲、明亮、轻快，含有宗教式的超脱气质，一生追求平静安逸的生活以及力图保持受人尊敬的地位，唯命是从、卑躬屈节、低调内敛。他不像莫扎特那样，敢于向封建势力和现实世界展开乐观、沉着、柔韧有加的精神斗争，更不像贝多芬那样英勇顽强、充满斗志和激情、主动向黑暗的现实发动持久深刻和强劲的精神猛攻！海顿虽然对屈辱的现实处境感到痛苦，但是能够安于现状，自得其乐。在生病期间，他经常靠弹奏《皇帝四重奏》来寻找精神安慰。这首曲子是他 1797 年以一个爱国者的热情创作的讴歌奥地利国王的著名作品。他的音乐风格正如他的个性：乐观、亲切、真诚、爽朗、幽默。例如在弦乐四重奏中，他采用"说话的原则"来抒发其对现实的失望和对理想的渴望，各声部彼此像交谈般地得以彼此呼应、委婉有致、和谐演进，从而既体现了清晰的旋律，又具有复调的美感。海顿音乐的最主要的特点是把细微简单的音乐主题扩展成宏大的结构。

海顿风格的呈现部分与莫扎特和贝多芬的不同之处在于，一是复杂和

---

① H. Lee, A. S. Heller, C. M. van Reekum, "Amygdala – Prefrontal Coupling Underlies Individual Differences in Emotion Regulation", *NeuroImage*, Vol. 62, No. 3, 2012.

细腻；二是重复与转调。他常常不需要一个对比性的"第二主题"来达到属音，而是重复已展开的主题（或其变奏）：在展开部，其音乐内容通过迥然不同调式的转变被重组，转换以及分解，体现了丰盈绚丽的变奏技巧和独具特色的半音和声表现力；在再现部的构思与表现上，他常常将主题的顺序打乱，其中呈示部的内容被重新呈现，但主要出现于主音调上。通常这种重复包含一个"二次展开"，以此达到通过变调过渡到属音的效果。三是富于谐谑性。海顿不同于其他作曲家的另一个特点是，他在作品里不时注入幽默性因素，譬如在第 94 号交响曲 *mit dem Paukenschlag* 里突然响起的和音、在四重奏 Op. 33 Nr. 2（降 E 大调"玩笑"）、Op. 50 Nr. 3 以及 Op. 50 Nr. 1 platzierte 里表现的谐谑性格及古怪的周期性幻觉情景。四是具有贵族式的典雅、从容和淡定风格，譬如《C 大调小步舞曲》、《F 大调弦乐四重奏》第二乐章《小夜曲》等。①

而莫扎特面对黑暗的现实、贫困的生活、恶势力的折磨等负面情景，则以恬静、乐观、充满柔情、富于诗意和睿智的歌唱性旋律来表达自己的态度、情感、思致、理想。他的交响曲虽然含有一些悲剧性因素，但更多的则是抒情歌唱，体现了灵动活泼、充满热情和自信、调皮嬉戏的机智幽默风格。莫扎特的音乐创作及作品体现了无与伦比的流畅性与自如感。据说贝多芬在作曲时，常常是汗流浃背，而莫扎特作曲时却如同写信一般轻松自如，这大概不是笑话，而是一种真实。例如他的 F 大调钢琴奏鸣曲（K. 332）末乐章：其闹剧的开场、嘹亮的号角、灵巧的走句，以及突如其来的忧郁沉思——这些似乎互不相干的杂乱图景，一经莫扎特的妙手加工，顿然显得自然流畅、委婉柔美，令人深深感叹。莫扎特的乐谱，随处可发现他创作时运用的各种复杂技术、创作经验老到的证据。比如第 41 交响曲"朱庇特"中令人耳目不暇的对位展示，或是著名的 C 大调弦乐四重奏（K. 465）中令人赞叹的不协和效果处理；又如 F 大调钢琴协奏曲（K. 459）末乐章所展现出的智力凯旋。在这些作品中莫扎特娴熟高超的创作技艺均有体现。他的音乐蕴含着隽永深邃的审美气韵、智性内容和人性真理。莫扎特音乐的深邃内涵在他的歌剧创作中体现得十分明显。莫扎特被誉为"最伟大的音乐戏剧家"，其原因在于，他不但能以同情的心态

---

① ［美］查尔斯·罗森：《古典风格：海顿、莫扎特、贝多芬》，杨燕迪译，华东师范大学出版社 2014 年版，第 126—127 页。

体察人世的悲欢离合，而且能以超越的眼光透视世态炎凉的内在品质。因此，在莫扎特歌剧作品中，都蕴含着令人回味的深刻内涵。例如《费加罗的婚礼》中的伯爵夫人，虽然背负刻骨铭心的悲哀，却能在关键时刻给世界带来和解与希望。①换言之，作曲家所创作的艺术形象（例如"伯爵夫人"等），充分体现了主体情感性格与思想行为的对象化投射效应。他通过艺术形象表现自己的精神智慧、情感理想和人格价值，具有"以超越性的眼光透视世态炎凉"的审美智慧、于"刻骨铭心的悲哀"情态之中、"在关键时刻给世界带来和解与希望"。

莫扎特的《a 小调奏鸣曲》（K.310），和声丰富，织体凝重，充分体现了歌唱性的"情感风格"。又如《c 小调奏鸣曲》和《c 小调幻想曲》，也具有深沉的情感和较强的戏剧性。

署名为"热心网友"者认为，海顿一生备受凌辱，他虽也偶尔激怒过，但总是逆来顺受，当时进步的文学思潮和革命情绪都很少能使他激动，他的音乐同斗争也是永远绝缘的。莫扎特精神上遭受的苦难并不比海顿少，他敢于反抗，宁愿贫困而不能忍受大主教的侮辱，但在他的音乐中，从那充满阳光和青春活力的欢乐的背后，往往还是可以感觉得到一种痛苦、忧郁和伤感的情绪。只有贝多芬，他不但愤怒地反对封建制度的专制，而且用他的音乐号召人们为自由和幸福而斗争。贝多芬是世界艺术史上的伟大作曲家之一，他的创作集中体现了他那巨人般的性格，反映了那个时代的进步思想，他的革命英雄主义的形象可以用"通过苦难——走向欢乐；通过斗争——获得胜利"加以概括。他的作品了既壮丽宏伟而又极朴实鲜明，它的音乐既内容丰富，同时又易于为听众所理解和接受。贝多芬的音乐反映当时人民群众的痛苦和欢乐、斗争和胜利。所以他的音乐总是激励着人们，鼓舞着人们，直到现在仍使人们感到亲切和鼓舞。②

有鉴于此，我们有理由把莫扎特称作富有审美睿智和诗意情怀的哲人艺术家，而把海顿视作典雅细致、沉稳淡定、风趣谐谑的良师益友式的艺术家，再把贝多芬看作自由豪放、坚毅勇敢、气势恢宏、精深富丽的将军式艺术家。在他们彼此之间、他们与音乐世界和人类精神世界之间，自然

---

① 王昱琳：《莫扎特音乐特点分析》，《现代交际》2010 年第 6 期。

② 热心网友：《贝多芬音乐的特点》；http://zhidao.baidu.com/question/2074038394476576708.html。

存在诸多的共性价值；同时，他们各自又在情知意活动、对现实的反应、对理想的追求、对审美价值的表述和体现等方面，存在着鲜明的个性差异、具有独特的审美价值——诸如莫扎特的充满睿智、热情和美妙诗意的"歌唱性旋律"，海顿复杂细腻清丽典雅开朗幽默的转调与重复式的"交谈性乐思"和戏谑性旋律风格、贝多芬的宣示性乐思和英雄性旋律。例如贝多芬的《第三交响曲》，第一乐章以两个极强的和弦对比造成强烈的戏剧性效果；第二乐章体现了深沉的情感和细腻的乐思；第三乐章的谐谑曲结构刻画了其豪迈、粗犷的音乐性格；第四乐章的曲式结构极为复杂和多变，渐强的变奏、深刻细腻的奏鸣、气势恢宏的回旋、借助调性与节奏的灵活变化来造成规律性的对位与重复的富有戏剧性和张力性的赋格等多种手法交相出现，都充分体现了他的将军式的性格、圣人式的情怀和诗人式的智思。

（三）审美间体的奖赏价值及其主客观来源

至于审美过程中主体的个性化情感力量对审美体验的影响方式，渡边等人的研究表明，人们在寻求和体验学习的奖赏性价值的过程中会形成奖赏预期；对奖赏的预期特别是盖然性的奖赏价值，主要受到主体对奖赏事物的想象性体验及其引发的虚拟性满足境遇等内在因素的强化。[①]

据好搜百科，伏隔核的基本细胞类型是中型多棘神经元（95% 神经元是中型多棘 GABA 能投射神经元），它们产生的神经递质是 γ-氨基丁酸（GABA）—— 一种主要的中枢神经系统的抑制性神经递质。这些神经元也是伏隔核的主要投射型或输出型神经元。伏隔核的主要输入包括前额皮质相关神经元、杏仁体基底外侧核，以及通过中脑边缘通道联系的腹侧被盖区（VTA）的多巴胺神经元。因此，伏隔核经常被描述为皮质—纹状体—丘脑—皮质回路的一部分。由腹侧被盖区而来的多巴胺能输入被认为能够调节伏隔核神经元活动——这些神经末梢是高成瘾性药品如可卡因、安非他命的作用区，能引起伏隔核多巴胺浓度的大量增加；其他娱乐性药物也能够在伏隔核增加多巴胺浓度。伏隔核传统上被研究在成瘾中的作用，同时涉及由音乐引发的调节情绪的效应，对音乐的神经认知中的节奏定时有作用，并被认为在边缘—运动界面（Mogensen）有关键作用。

---

① N. Watanabe, M. Sakagami, M. Haruno, "Reward Prediction Error Signal Enhanced by Striatum – amygdala Interaction Explains the Acceleration of Probabilistic Reward Learning by Emotion", *Journal of Neuroscience*, Vol. 33, 2013.

其原因可能在于它能调节多巴胺的释放水平。总之，伏隔核很可能是阿片和精神兴奋剂强化作用最后的共同神经结构，因而也是人脑实现审美奖赏性价值的神经效应器。

尾状核与负责调控人的行为和习惯的背外侧前额叶皮层（DLPFC）具有极为密切的联系。人类的高级认知功能的行为控制系统包括背外侧前额叶皮层的活动。该脑区与人的目标、意愿有关，并且能影响一个人在今后很长一段时间内对特定刺激的反应。换言之，尾状核负责传达来自背外侧前额叶皮层的行为图式，而人的行为图式又基于特定的价值标准、价值期待、价值判断和行为评估——主要由前额叶的眶额皮层主导进行；所以由此看来，尾状核充当了大脑奖赏回路的"开关器"角色——抑制不符合人的价值观的那些奖赏性反应，譬如对色情、毒品、赌博等的刺激性反应；强化那些符合人的价值观的积极和正性的奖赏性反应，譬如审美活动、体育活动、亲情与友情活动、休闲观光活动、益智游戏，等等。尾状核 P 物质。解剖学证实，尾状核头部到新皮层、扣带回间脑和脑干等处有直接投射纤维。特别是证明刺激尾状核可提高痛阈，电针合谷时尾状核有诱发电反应，刺激尾伏核可加强电针镇痛效应，损毁尾状核则此效应减弱。

要言之，审美主客体及审美间体的共性美与个性美具有相对明确的神经基础：第一，在大脑的奖赏系统之中，接受人脑的高位结构诸如前额叶眶额皮层调控的尾状核，发挥着控制奖赏回路"开关器"、执行选择价值反应图式的决定性作用。因而，它折射了个性主体独特的审美价值观、道德价值观、自然价值观、爱情价值观、法律价值观和环境价值观等一系列相互关联的价值标准、价值期待、价值理想、价值规范，从而能够精细、准确、生动和具体地体现个性主体对共性美的特殊反应方式，以及对个性美的独特表征范式。第二，在大脑的奖赏系统之中，接受腹侧被盖区多巴胺能神经元投射的伏隔核，当腹侧被盖区的末梢神经元释放的多巴胺与伏隔核的多巴胺 D2 受体相互作用时，就会使大脑诱发或产生有效的"奖励"效应。进而言之，这个过程中的大脑的"奖励级联（reward cascade）"过程包括释放血清素，刺激下丘脑脑啡肽的释放，抑制黑质 γ-氨基丁酸，从而调节伏隔核中的多巴腰释放数量。要言之，伏隔核作为执行审美奖赏任务的"价值效应器"，能够通过与个性主体的杏仁核、扣带回和前额叶腹内侧正中区等多层级情感中枢的互动互补与协同增益而传征与体现个性主体对共性美的不同的情感反应细节，以及对个性美或特殊美做

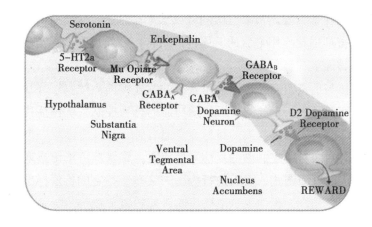

图 15　大脑的奖赏回路及其神经递质

nucleus accumbens（NAcc）——伏隔核；substantia nigra——黑质；hypothala-
mus——下丘脑；caudate——尾状核；ventral tegmental area—— 腹侧被盖区；dopa-
mine——多巴胺；dopamine neuron——多巴胺神经元；D2 dopamine receptor——多巴胺
D2 受体；GABA——γ - 氨基丁酸；$GABA_A$ receptor——γ - 氨基丁酸 A 受体；$GABA_B$
receptor——γ - 氨基丁酸 B 受体；Mu opiate receptor——阿片 Mu 受体；serotonin——五
羟色胺；$5-HT_{2a}$ receptor——五羟色胺 2a 受体；Reward——奖赏。

（资料来源：N. Watanabe, et al., 2013）

出不同方式、程度和细节的具身化体现。

　　由此可见，主体的审美意识活动及多种感觉活动共同调制审美知觉及
其神经对应物——感觉运动联合皮层及扣带回—海马旁回联合皮层——后
两者分别导致人的具身化体验及审美的主客体想象行为，乃至出现美感—
灵感—理智感的三位一体高峰体验（伴随着前额叶的高频低幅同步扩散
的脑电波）。其间，源于前额叶新皮层的目标预期工作记忆、目录检索工
作记忆和动作执行工作记忆，分别体现了主体的审美理念对审美思维和审
美表达等活动的超前性、能动性和创造性影响——导致审美情景意象、审
美情感意象、审美创作意象和审美身体意象的次第廓出；同时，主体源于
前额叶新皮层的目标预期工作记忆和目录检索工作记忆，又对其大脑的感
觉运动联合皮层、扣带回—海马旁回联合皮层、三大感觉皮层及运动皮层
的上下行信息传播与调制活动产生了深刻持续的重要的影响：对正负性情
绪体验、主客观经验情景、审美联想与想象、身体感觉与运动、对象性与
本体性的视听觉活动等进行基于审美意识的重塑、重整、优化与强化，并
由此衍生主体审美的主客观情景表象、概念表象、身体表象、情感表象、

言语表象、文字表象、音乐表象、舞蹈表象、动作表象，等等。

（四）审美实践、审美价值与审美自由

美学面对的不单是一个开放性、日益复杂和系统化的知识世界，而且面对的是囊括原始人类、古代人类、近代人类、现当代人类和未来人类之特殊的精神实践活动等主体性世界。拉巴特等有关不同的个性主体之情感体验及痛觉体验的差异性的实验研究表明，人脑的杏仁核在个体做出情绪反应和生理性痛觉反应的过程中发挥着重要作用。换言之，不同的个体对同样的对象会做出不同的情感评价、对同等强度的痛觉刺激也会做出有所不同的本体感觉反应。[1] 这提示我们，审美行为由主体内在的多种自变量和外在的因变量之相互作用予以启动，不同主体在感觉模式、知觉模块、理念框架、性情倾向和身体行为图式等方面存在着重要甚或是显著的差别。正是这些内在的、变化不定的和相互作用的心脑机体差别，才决定了审美认知的超级复杂性品格——这些复杂性难以单单凭借美学及艺术学本身的知识与智思而得以圆满破解。

温克夫等人在 2013 年的社会认知神经科学的实验表明，人脑的前额叶腹内侧正中区主要用于编码主体自己的情感价值，同时也编码社会领域、自然世界、艺术世界、科学世界等方面的对象性的情感意义。[2] 不妨说，人的自我情感价值与社会性、自然性、科学性、宗教性、艺术性等世界的对象性的情感意义，共存于人脑的前额叶腹内侧正中区等结构与网络之中。它们相互依存、相互渗透、相互增益、协同作用，共同影响着人对自我和世界的审美反应、认知反应、生活行为。

进而言之，伏隔核及前额叶腹内侧正中区都能够被主体真切感受的愉快的表象所激活，同时也能够被主体所想象的愉快的表象、情感意象所激活；杏仁核能够被愉快的情景及负面情景所激活。其中，杏仁核的激活体现了其对人脑被外在的音乐或内在的情感意象所唤起的情感经验。[3]

---

① R. C. Lapate, H. Lee, T. V. Salomons, et al., "Amygdalar Function Reflects Common Individual Differences in Emotion and Pain Regulation Success", *Journal of Cognitive Neuroscience*, Vol. 24, No. 1, 2012.

② A. Winecoff, et al., "Ventromedial Prefrontal Cortex Encodes Emotional Value", *Journal of Neuroscience*, Vol. 33, No. 27, 2013.

③ Vincent D. Costa, Peter J. Lang, Dean Sabatinelli, et al., "Emotional Imagery: Assessing Pleasure and Arousal in the Brain's Reward Circuitry", *Human Brain Mapping*, Vol. 31, No. 9, 2010.

　　因而可以认为，审美活动中的奖赏效应来自审美价值的创造性与增益性生成——归因于前额叶的背外侧正中区和眶额皮层及扣带回前部、运动前区等脑区的创造性的审美想象；这种创生性和完满的审美价值，继而通过眶额皮层—前额叶腹背侧边缘区—尾状核、眶额皮层—前额叶腹内侧正中区—伏隔核、伏隔核—杏仁核—扣带回、丘脑—下丘脑—垂体等系统加以价值情景预演、价值内容体验和价值效应的躯体性表征。

　　有学者指出，本体论的主体间性意指存在或解释活动中的人与世界的同一性，它不是主客体对立的关系，而是主体与主体之间的交往、理解关系。本体论的主体间性关涉自由何以可能、认识何以可能的问题。[①] 问题在于，主体间性仅仅指涉人与人的交互性价值关系，尚未涉及人与自然对象、艺术对象、自我关系和生命形象的审美关系。譬如说，人与自然景象、艺术作品、生命形象及自我是如何进行审美意义上的价值交流的，美、美感及审美价值是如何产生并获得完善的，人又是如何通过审美活动实现自我完善和自由品格的？

　　在此，前述的有关审美意象对人脑的体验区、奖赏区和机体反应区的强烈、深刻、持续和同步化的正向刺激与显著激活情形，可用以初步解释上面所表述的美学问题。具体内容之展开细节，请参见本书的第五章相关部分。

　　笔者的推论是，主客体只能统一于价值完善的境遇之中——唯有审美实践能够促成之。换言之，那是一种具有审美真实性的境遇。有学者认为：“本真的存在不是现实存在，而是可能的存在、应然的存在，它指向自由。本真的存在何以可能，就在于超越现实存在，也就是超越主客对立的状态，进入物我一体，主客合一的境界。这个境界不是像道家那样把主体降格为客体，而是把客体升格为主体，变主体与客体的关系为主体与主体的关系。同时，主体本身也脱离了片面性，从现实主体升华为审美主体。在主体与主体的平等关系中，人与世界互相尊重、互相交往，从而融合为一体。这就是主体间性的存在，存在的主体间性。”[②] 也可以说，审美实践不同于科学实践、道德实践、生产实践、生活实践、宗教实践的根

　　① 杨春时：《本体论的主体间性与美学建构》，《厦门大学学报》（哲学社会科学版）2006年第 2 期。

　　② 同上。

本原因，就在于它在主体自觉自愿、自由自主、自能自足、自创自验的本体性坐标上促成了人对自我和对象的完美创造、价值体验、自由的内在实现和外在实现等完形化活动。

美学面临的一个问题是，审美作为一种自由是如何可能的？传统哲学、美学没有解决这个问题。古代哲学是实体本体论的客体性哲学，主体性尚未确立，因此没有可能解决自由何以可能的问题。近代哲学是主体性哲学，它认为自由是主体性的实现。古代的客体性美学认为美是实体的属性，美能自美，它具有超现实的魅力，人在对美的观照中就获得超越。……黑格尔把审美看作理念在自我认识、自我复归历史行程中的感性阶段。马克思认为审美是人的本质力量的对象化活动。但是，主体性不能达到自由，因为客观世界不是主体的构造，主体不能把自己的意志强加于世界。审美也不是像实践美学所说的那样主体征服客体的主体性行为，征服不能消除主客对立，也不会带来自由，更不能达到审美的境界。审美也只是现实的对立面。审美是自由的存在方式，这是审美的最根本的性质。但是，我们处于现实存在之中，没有自由可言。如何实现自由，只有通过主体间性的实现，消除人与世界的对立，进入审美境界。① 杨春时的理论设想比较合乎情理，但是主客体如何通过相互作用而共同获得完善与自由呢？对此，他给出的解释仍然是有限的和无法令人信服的：

> "在审美活动中，主体与世界的关系发生了根本性的变化，不再是对立的主客体关系，而是主体与主体的同一关系。主体间性的动力来自审美理想，即自由的要求。审美理想在这里体现为审美同情，而审美同情是价值上的互相认同。由于审美理想的作用，突破了现实关系的束缚，自我由片面的、异化的现实个性升华为全面发展的自由个性，这就是审美个性；世界由死寂的、异己的客体变成有生命的、亲近的另一个主体。审美同情使两个主体之间互相尊重、彼此欣赏，以至于最后融合为一体，达到主客合一、物我两忘的境界。"②

---

① 杨春时：《本体论的主体间性与美学建构》，《厦门大学学报》（哲学社会科学版）2006年第2期。

② 同上。

　　他认为，借助审美同情和相互欣赏，即能使得主客体合二为一，使主体获得自由。但是，美——美感或审美价值是如何产生并完善的，又是如何体现的？人又是如何获得自由并实现自我的？对此，上述论述语焉不详。笔者认为，审美价值生成于由审美主客体共同推动的审美实践活动中，具体体现为审美主体对审美客体的价值摄取、对自我价值的审美提炼、对主客体审美价值的整合与重构及创造性完善等过程之中。进而言之，审美主客体的价值完善与融合，导致衍生全新和完美的审美间体——它是审美真实境遇的思想表征体，也是审美认知的心理表征体，还是审美主客体完美价值的时空表征体：完美无瑕、无限自由、无穷动力、无尽意义……

　　进而言之，审美主体最终、最高、最根本的创造性，审美主客体的完美价值，用以表征美与美感及自由品格的精神形态，皆系于斯。审美主体基于审美间体意识这个顶级坐标和完美视域来体验自我之情知意—体象行的高峰状态和极致境遇，同时观照审美客体达至真、善、美极限境遇的情形，以及更为重要的是体验主客体实现完满价值契通合一及其衍生的绝妙和谐自由的全新价值时空——借此方能真切感受并实现主客体的完满自由与完美价值！

　　买农等人有关音乐欣赏过程中的人脑奖赏回路的反应之实验证实，在审美体验的高峰阶段，人脑的伏隔核的多巴胺的释放水平达到了高峰；同时在前额叶、联合皮层和感觉皮层、旁边缘皮层和其他皮层下结构之中，出现了奇妙的同步化脑电律动现象。[①] 笔者认为，特别是在前额叶的眶额皮层、腹内侧正中区、背外侧正中区、背侧边缘区、辅助运动区—前运动区—运动区—本体感觉区等部位的高频低幅同步脑电波的出现，意味着主客体世界获得了认知价值的融通与整合化一，获得了情感价值的互动互补、协调增益与完美合一，实现了主体自身的情知意—体象行的价值完善与协调统一；同时这种源于前额叶的高频低幅同步脑电波又向全脑包括其他脑区和皮层下结构乃至全身扩散，从而造成身心脑一体化、主客间体统合化的极致境遇。

　　林登在有关人脑发动奖赏行为的认知机制的研究中指出，人脑之中存在名为"奖赏回路"或"愉悦回路"。它主要是指大脑的中脑腹侧被盖区与伏隔核、尾状核、苍白球、丘脑、海马、杏仁核、扣带回及前额叶等其

---

① V. Menon, D. J. Levitin, "The Rewards of Music Listening: Response and Physiological Connectivity of the Mesolimbic System", *NeuroImage*, Vol. 28, No. 1, 2005.

他脑区之间的神经通路。腹侧被盖区与这些区域通过轴突互相连接。当人产生愉悦或兴奋感的时候，腹侧被盖区将更多的多巴胺传递到这些区域，尤其是伏隔核之内，从而借此引发了人对愉悦事物的兴奋性体验。其中，大脑的眶额皮层在调控尾状核与伏隔核的活动方面，发挥着决定性的"开关作用"——包括启动正性体验与负性体验这两种反应所需的神经递质释放模式。[①]

由图 16 可知，自然性奖赏因素和药物性奖赏因素均作用于纹状体的伏隔核及尾状核，后两者又与大脑前额叶包括眶额皮层、腹内侧正中区、背外侧正中区、背侧边缘区等具有双向联系，从而致使行为主体的价值选择—行为控制和价值体验—行为强化表征等系列活动得以有效展开。另外需要补充说明的是，审美主体借助想象性活动所创造的系于审美对象及主体自身的审美情感意象、审美运动意象、审美情景意象、审美作品意象和审美身体意象等系列高阶产物，能够更强烈、深刻、持续和有效地激活、提升、强化大脑的奖赏回路的兴奋性活动，从而有助于审美主体借助审美创造获得完美的高峰状态与极致境遇的审美价值体验。

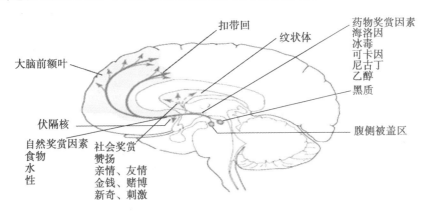

图 16 大脑的奖赏回路及其刺激因素

（资料来源：科学公园，2015，http：//www.scipark.net/archives/25364）

由图 17 可见，根据韦钰等人的研究，人的乐感的形成同样受到奖赏回路的塑造性影响：来自感觉皮层的音乐刺激信号到达纹状体——苍白球、伏隔核和尾状核等处，来自前额叶眶额皮层的审美动机和价值偏好性

——————————

① 〔美〕大卫·林登：《愉悦回路——大脑如何启动快乐按钮操控人的行为》，覃薇薇译，中国人民大学出版社 2014 年版，第 102 页。

选择等指令也达到尾状核及伏隔核，引发了它们的积极的正性反应；这些反应又因受到来自红色回路的感觉强化和来自绿色回路的意识体验的强化而得以持续升级，直至达到高峰状态，从而导致人脑对音乐鉴赏价值期待的满足，同时使人的乐感得以完满实现。

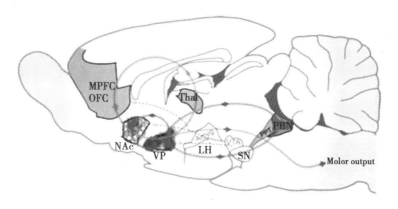

图17　与乐感相关的重点脑区和回路

图中主要的脑区：NAcc——伏隔核；VP——苍白球；VTA——中脑腹侧被盖区；PBN——脑干的臂旁核；Thal——丘脑；OFC——眶额皮层；MPFC——内侧前额叶正中区皮层。红色标出的脑回路主要与无意识的"乐感"有关，绿色标出的脑回路表示认知机制的参与。

（资料来源：韦　钰，2011）

对此，美学家卓迪普等人又提供了更为客观的实验事据：同步化脑电体现了人脑中枢神经系统加工整合全脑复杂多元信息的一种时间序列，高频低幅波则意味着大脑形成了耗能最低、信息量最大、价值效应最强的一种最佳的活动范式。在音乐欣赏的高潮阶段，音乐家的大脑所产生的显著的 γ-高频低幅同步脑电波，实际上深刻体现了人脑的智慧特征和认知—信息加工的创造性与审美性品格。在非音乐家被试的大脑里，他们在音乐欣赏的全过程中虽有少量的较高频率的脑波出现，但是仅仅体现为80—120 赫兹的 β 波，而缺少音乐家那种250—300 赫兹的超高频率的低幅脑波；同时，后者的脑波同步化程度很低，仅限于感觉皮层、运动皮层等散在区域。[1] 这提示我们：审美主客体的价值完美升华状态、完美价值的合

---

① Joydeep Bhattacharya, Hellmuth Petsche, Ernesto Pereda, "Long - Range Synchrony in the Band: Role in Music Perception", *The Journal of Neuroscience*, Vol. 21, No. 16, 2001.

一新生境界、价值体验的主体完形化效应等情形，都可以在人脑进行审美认知的活动中找到相关的神经标志体，也能够在认知科学层面找到相关的心理表征体，因而有理由在美学层面建立相应的思想理念表征体——审美间体之意象世界及其镜像时空。

（五）审美主体—审美客体—审美间体的虚实性、本体化、镜像化和对象化作用

进而言之，审美主体与审美客体的相互作用情形十分复杂：既存在着主体对客体的意义发现与价值摄取现象，也存在着主体向客体投射价值内容的情形，还存在着主体对主客体价值的契通整合、完形化合及形成全新的审美间体的浑整表征体的极致境遇。从这种意义上说，以往人们对审美主客体的相互作用情形的认知存在简单化、片面化、抽象化、笼统化、哲学社会学化倾向。

譬如，有学者针对美学界的代表性观点指出，实践美学把审美对象当作主体的对象化，认为通过实践或者"人化自然"使客体（自然）打上主体的印记，使世界主体化，人就可以在对象身上"直观自身"，这就是对美的欣赏。这种推理是行不通的。实践美学否定了把美当作客体的自然属性的观点，这是其历史的贡献。但实践对客体（自然）的改造，虽然可以在一定历史水平上使自然人化、给客体打上主体的印记，但在实践关系中，客体仍然是客体，而没有成为主体。这样，实践美学就又遇到了客体性美学的困境：人与异己的客体无法交往，也不可能发生审美关系。审美对象或美压根儿就不是客体，或者说客体压根儿就不是审美对象或美。只有不把世界当作与人分离的客体，而是当作与自我一样的主体，与之交往，才可能使之成为审美对象或美。也就是说，只有在主体间性关系中，世界才能成为美。这种情况只有在超越现实的精神创造中才可能发生，而在现实的实践活动中是不可能发生的。①

笔者认为，审美时空之中的主客体之相互作用不同于生产劳动、科学和社会生活中的主客体之相互作用，其根本特点在于审美主体基于审美理想和审美智慧，对审美对象进行个性化的价值摄取、对主客体世界进行个性化的价值合取与重构及完形化合与表征体创新、对处于高峰状态或理想

---

① 杨春时：《从实践美学的主体性到后实践美学的主体间性》，《厦门大学学报》（哲学社会科学版）2002 年第 5 期。

化极致境遇的自我情知意力量与体象行状态的峰值体验、对同样处于真、善、美之顶级水平的审美对象进行个性化的价值体验、对含纳了主客体之完美价值且高于斯的审美间体世界的全新的超越性自由式体验，以及对上述价值的身体表征和对象性符号性物化表达形态。需要补充一点，唯有在审美实践的精神世界，借助对自我与对象的感性化的表象把握、知性化的概象把握、理性化的意象把握、体性化的体象把握和对象性符号性的物象把握，审美主体方能作用于客体对象；换言之，审美对象并不是对实体性的客体对象直接进行物化改造与完善过程，而是经由审美实践过程中的多层级心理表征体来间接作用于客体对象的。

国内的学者进一步强调说，同时，客体作为实践对象，虽然打上了人的印记，但它仅仅是人的现实的、物质的力量，体现着人的现实的、物质的需求，而不是人的自由的、精神的需求和力量。因此，对实践客体的观照，仍然是人与物的关系，是现实的观照，而不可能是自由的审美。在现实与审美之间存在着本质的界限，这个界限不是靠物质实践，而是靠精神的超越才能突破。实践美学抹杀了这种界限，这是一个原则性的错误。最后，实践美学认为审美是在对象上面的自我观照，这就等于说审美的根据在主体。这是经过改造的自我论，是黑格尔的理念自我认识论的翻版。它的谬误在于，自我欣赏并不等于审美意识，哪怕是经过实践中介的自我欣赏也一样。①

以个人之见，审美间体作为审美主客体获得完形统合的最高形式，集中体现了审美主体的创造性智慧、审美主客体的完满价值境界、审美实践的自由品格和审美文化的根本效能。审美意识不等于自我欣赏，而是意味着审美主体基于完美的情感理想、顶级智慧和太一人格来分别观照、合取、重构、化合与完善主客体世界，进而由此催生全新的主客合一而又超越主客体世界的审美间体世界的交互增益性、智性创造性、价值完善性、共同实现性活动的那个顶级思想模板、观念体系和认知框架。它同时体现了合情合理性、合性合体性、主客观规律性、内外世界的规律性、主体的创造性和自由性、客体的必然性和应然性品格。

"美学之父"鲍姆嘉通认为"美学的目的是（单就它本身来说的）感

---

① 杨春时：《从实践美学的主体性到后实践美学的主体间性》，《厦门大学学报》（哲学社会科学版）2002 年第 5 期。

性知识的完善，（这就是美），应该避免的感性知识的不完善就是丑。"①
这里所说的"完善"状态，实际上就是指审美认知过程中所形成的审美
主客体符合审美理性的价值规范的那种完满境遇。换言之，审美活动的关
键所在并不是人对主客体既有价值的感性显现或对象性投射与体验，而是
基于完满的审美意识的创造性完善及其多向性体验、多元化实现行为。

笔者认为，审美间体经由审美主体与审美客体的交互作用而得以产
生，同时能够在高阶层面持续引领人的审美认知、审美创造、审美体验和
审美表达活动；其间，审美主体可以采用或虚或实或本体化或对象化等多
种方式来实施上述系列内容。其一是主体对完满的审美价值采用虚拟性或
内在式的具身创造—体验—实现方式；其二是主体对完满的审美价值采用
虚拟性或外在式的对象化寄命方式——借助审美对象的活动来间接创造—
体验—实现自我审美价值，譬如观看影视作品、戏剧戏曲作品、音乐表
演、舞蹈表演、艺术体操和花样滑冰及花样游泳表演、书法表演等情形，
观者借助艺术家的自由表现而将之引为理想自我的化身，借此虚拟—象征
性实现自我价值；其三是主体对完满的审美价值采用具象或实在性的身
体—动作方式，借此达到具身性的审美价值之本体实现或身体表征目的；
其四是主体通过创造与制作形成具体的对象化、符号性及或实然性的各种
作品、产物等，借此转化与实现自己内心创生的完满的主客体审美价
值——新的对象既体现了完满的客观性的某种感性品格，也体现了审美主
体之新的自我或完满自我的多重价值（主体情感价值、个性智慧价值、
体性技能价值、人格审美价值，等等）。

总之，有关审美感性、审美理性、审美智慧、审美价值、审美意识与
审美自由等系列重要内容及其内在的本质联系，都可以在具有审美真实属
性的审美实践时空之中加以辨析、发现、确认和体悟。

---

① 北京大学哲学系美学教研室编：《西方美学家论美和美感》，商务印书馆1980年版，第
142页。

第二章

审美间体及审美价值的创生与体验机制
——以音乐审美为例

人的审美判断基于价值体验。后者需要主体基于审美客体与主体自身的价值特征加以创造性的发现和体验，同时需要主体超越主客体对象的现实性存在属性，从中发现或揭示其所隐含的主客体世界的规律性、真理性、人格性、理想性、意志自由性和智慧性内容——它们标志着主客体世界的审美升华与价值完善境地，体现了主体的应然性价值（而非实然性价值）。由此可见，从对象的感性化物性特征和实然价值到知性化特征与理性化的应然价值，其间需要审美主体对审美客体与主体自身做出情、知、意层面的系列具身性转化和本体性创造；主体的这些创造活动同时涉及主体与客体的感性时空、知性天地、理性世界和身体行为领域，或者说审美主体的审美认知活动同时改变与创新了自己和现实对象的系列价值内容。

这意味着原本处于实然状态的主客体双方逐步在审美活动中既获得了能动的"外在形变"（即审美主体对自我的感性能力与身体特征及对象的感性特征的双重性审美创变，包括主体对身体意象的审美建构、对审美价值外化能力的提升），也获得了超越性、主客体重整性的"内在质变"（即审美主体对自我的知性能力与理性能力及对象的知性品格与理性价值的双重性审美创变，包括主体审美意识、美感体验、审美人格、审美思维能力的创造性提升）。

可以说，上述的主客体时空在审美活动中所发生的重大嬗变过程及其深层内容和精细机理，都是美学及艺术美学、心理学及审美心理学、艺术学及艺术心理学难以单独胜任的探究目标。譬如说，原先人们所认定的审美对象——审美客体，包括艺术作品、自然景象和生命形象等——不再合乎主体之情及对象之理了，而应代之以主客体合一的审美间体；还如审美价值之生成机制、人本效能及其心理表征体和神经载体等一系列问题，在以往的研究者那里皆被作为抽象笼统的概念之物而加以思辨分析，但是最终却依然不了了之，使之陷入了黑箱境地。有鉴于此，我们迫切需要提升当代审美研究的客观性品格、科学信效度特征和理论解释力及预见性品格。

进而言之，神经美学立于巨人的肩上，能够基于美学与艺术美学所形成的形而上制高点来统揽主客体相互作用的这个全息时空，基于艺术心理学和审美心理学所形成的形而中框架来贯通审美世界的"天""地"两极，剩下的问题就是为审美活动的形而上理论及形而中概念找到形而下的系列性科学事据。

依笔者之见，在音乐审美过程中，审美主体以主客合一的音乐空间作为审美体验的平台及审美判断的内在参照系，借此发动同时指向对象与自我之价值综合体的完形认知活动，进而据此改变与创新完善了主体自身和现实对象的系列价值内容——感性情景、知性结构和理性意识，因而可以说，其间审美主体所面对的真正审美对象既非音乐作品，也非主体自身，而是经由其二度创造所形成的主客体价值综合体——譬如情感综合体、符号综合体、意识综合体。正是基于对这种全新、独特和主客体价值获得重构之后整体涌现的审美间体（及其意象时空）的审美体验，主体才能深切感知那羼杂了主体情思气韵的音乐世界的象征美，那兼容合取了主客体价值特征并获得系统升华和整体突现品格的间体世界的理想美，那因着摄取了对象价值特征而获得充实嬗变与创新完善的自我世界的自由自足美。

概言之，对主客体世界的价值创新乃是人的审美行为的本质特征；审美间体及其意象世界既是对这种审美创造之价值形态的心理表征，也是主体用以发动审美的创造性体验与判断活动的思想平台之所在。其间所牵涉的人脑的复杂认知原理及神经机制，乃是本文意欲探讨的核心问题。在此不揣冒昧抛砖引玉，敬希获得学者同人的批评指正。

第一节　审美对象及审美价值的创生原理

在审美活动中，审美主体和审美对象是同时出场或同步形成的，因为人同时需要基于审美动因、审美需要、审美期待、审美的主客观条件而对自己和客体进行精神调制或认知转换；同时，审美价值——审美主体和审美对象之潜在性、隐性或现成价值，都需要通过审美主体的多层级的二度创造而逐步获得完善，进而最终形成完满的主客体价值及其全新的思想综合体——审美间体。因此可以说，审美主体与审美对象的价值完善过程，是同步于审美间体的孕育、发生、形成与完善过程的。其间，审美主体需要动用高峰状态的情知意力量和极致境遇的体象行方式；相关的心脑—机体行为呈现了极为复杂的交互性作用及叠合性效应。目前，美学界对此知之有限，因而值得我们加以深入细致的客观辨识。

一　关于思维创造之中介形态的理论分析

人的思维活动，无论是审美创造、艺术创作与表演、科学创造还是生产劳动性质的创造活动，都需要借助相应的中介体——思想中介、符号中介、物质中介、中介人，等等。

（一）思维中介

唯物辩证法认为，对立统一是世界发展的根本规律；各种事物通过特定的相互联系而产生相互作用，后者必然导致相关事物的运动、变化和发展，经过渐进的量变积累而涌现出瞬间的质变、整体体现出全新的综合性新事物。对于人的审美活动来说也是如此，审美主体与审美客体之间实际上发生了极为深刻、复杂和多层级的相互作用；正是由于审美主体不断通过具身方式发生审美的对象化移情自我返身移情体验、审美的对象化想象（思维投射）和反观自身（思维返身）的本体性想象等一系列相互渗透与交融活动，才会导致审美主体在摄取对象价值的过程中逐步充实与完善了自身，同时在向对象投射情知意价值的过程中导致了对象的审美完善或二度创造性新生。而经过完善的主客体世界又借助审美主体的自我审美意识与客体审美意识之形成与高阶相互作用过程中逐步实现了内在整合与重构突现，生成了主客体合一的完满意象世界。这个"思想新大陆"的崛起，既意味着审美主体所创造的新的自我、自我意识、自我审美价值的个性自由与幸福的内在实现，也意味着审美主体所创造的新的达到完满境地的审美客体、客体审美意识、对象审美价值、对象的自由品格与幸福意义的个性化受体性内在实现。

黑格尔深刻地揭示了思想中介的重大作用："中介的环节，在一切地方、一切事物、每一对概念中都可以找到";① 由此可见，一切事物的相互联系，都是通过中介的纽带作用发生的；抓住了审美活动中的思维中介，就能够揭示审美主体与审美客体的普遍性价值联系。审美活动中的思维中介，即笔者所说的"审美间体"及其意象形式。"只有通过反思中介的变化，对象的真实本质才可能呈现于意识面前。"②也即是说，思想中介是一个"双面折射镜"，既能呈现对象（即艺术作品或自然景象、生命形象）的本质特征，也能反射主体自身的本质特征。

同时，思维中介还有助于体现审美主客体价值内容相互转化的关键环节。如果没有中介，主客体事物就不可能发生相互转化，更不可能达到相互完善的境地。对此，恩格斯指出，一切差异都在中间阶段融合，一切对立都通过中间环节而相互转移，辩证的思维方法同样不知道什么严格的界限，不知道什么绝对有效的"非此即彼"，而在恰当的地方承认"亦此亦彼"，并使对立通过中介相联系。③借助思维中介，审美主体既可通过吸收审美客体的独特价值来消除自身的片面性、缺陷性、功利性和本能性特征，又能通过投射自身的独特价值来消除对象的片面性、抽象性等特征，进而实现相互完善、物我合一、共臻完善境地的审美理想。

（二）间体意识——主体性自我意识与对象意识获得对立统一的观念中介体

处于审美活动中的思维主体到底是如何运用概念性的思维工具来辨识审美客体的精神价值或观念理论，进而将之转化为审美主体的精神内容或意识组分的，以及思维主体是如何对审美客体进行二度创造，从而使之生成完善自足的理想化客体的？对此笔者认为，在上述活动中，中介概念是思维认识论和辩证法的重要概念之一。马克思主义认为，中介是客观事物发展与转化的中间环节，也是对立面双方或多方获得融合与统一的必然形式。

论及意识与自我意识的关系时，黑格尔指出："意识一方面是关于对象的意识，另一方面又是关于它自己的意识；它是关于对它而言是真理的那种东西的意识，又是关于它对这种真理的知识的意识。既然两者都属于

① ［德］黑格尔：《小逻辑》，贺麟译，商务印书馆1980年版，第109页。

② 同上书，第76页。

③ 中共中央马克思恩格斯列宁斯大林著作编译局编译：《马克思恩格斯全集》第4卷，人民出版社1995年版。

意识，所以意识本身就是它们两者的比较。"①人的意识之所以能够借助概念—范畴而掌握主客观世界的某些规律，进而能够体现某些真理性品格，其根本原因就在于人在意识活动中能够通过比较与整合主客体世界的独特价值来实现主客体的价值互补及协同完善目的，进而形成了理想化、完满化和一体化的主客统一体这种新的意识内容。对此，黑格尔强调说："可以说，意识是在和它自己进行直接的自我交谈，它只是欣赏它自己。诚然在解释中，意识仿佛是在认识某种别的东西，然而事实上它只是在认识它自己。……这样的对于一个他物、一个对象的意识，无疑地本身必然是自我意识，是意识返回到自身，是在它的对方中意识到它自身。……而且表明了只有自我意识才是前一个意识形态的真理。"②马克思也持相似的观点："劳动的对象是人的类生活的对象化：人不仅在意识中那样理智地复现自己，而且能动地、现实地复现自己，从而在他所创造的世界中直观自身。"③

换言之，人在审美活动中之所以能够创造性地、能动地观照对象、复现自身、直观自身、改造自身与对象，其内在机制就在于其所创造的审美间体。在审美活动中，主客体的相互联系都是通过这个思维中介—意识综合体而得以发生的；同时，作为思维中介—意识综合体的审美间体，还有助于体现审美主客体价值内容相互转化的关键环节。如果没有这个中介体，则审美的主客体之间因着异质性内容而不可能发生相互转化；而且，借助审美间体，审美主体即可实现对自身和对象的审美完善之举，进而借此体现对主客体的审美整合与价值重构，涌现用以表征全新与统一的、包含主客体之完满形态而又高于二者之和的审美意识及其全息意象世界。舍此，审美主体及审美客体则无法达到相互完善的审美创造性胜境。

神经美学家谢金斯指出，审美价值创造的主体性来源，一直是从康德到尼采等古典哲学家和美学家所极力强调的基本观点。然而，在现实生活中，很多研究者和艺术工作者忽视了审美价值得以生成的这个主体性基础，而是陷入见物不见人的机械唯物论与形而下的表象主义泥潭中不能自

---

① ［德］黑格尔：《精神现象学》上，贺麟、王玖兴译，商务印书馆1997年版，第59—60页。

② 同上书，第112—113页。

③ 中共中央马克思恩格斯列宁斯大林著作编译局编译：《马克思恩格斯全集》第42卷，人民出版社1979年版，第97页。

拔：过分强调审美对象或审美客体的既定价值，否认审美主体对审美客体的个性化价值完善及其对自我情知意力量的审美提升与完善之举。这无异于是一种贬低审美价值的创造性生成的懒汉美学。① 针对审美价值的主观论、客观论等各执一词的情形，布鲁诺深刻地指出，我们在这个世界里所发现的任何价值，既不是客观性的，也不是主观性的，而是由我们所拥有的共同信念即交互主体性所构成的。这体现了人类的熟识性和历史性视域。②

在此需要指出，对于 Intersubjectivity 这个术语，国内学者大多译作"主体间性"，但是这种翻译的确令人费解。还有人将之译作"交互主体性"，意指主体和客体都可以向对方投射价值特征、都可以进行能动的价值吸收与完善活动，等等。笔者认为，这后一种译法可能比较贴近该词的原义。进而言之，它提示我们重新理解人类认知的对象世界，特别是不再将精神现象看作客体而是看作主体，并确认自我主体与对象主体间的共生性、平等性和交流关系。胡塞尔晚年所提出的自我和他人的"立场之可相互交换性"以及"主体间本位"，都包括了主—客体关系能呈现于其中的"中间"地带。笔者认为，主客体之间的这种"相互交换性"和中介关联性，体现在审美活动中，即是笔者所说的"审美间体"——它既体现了审美主体与客体进行价值层面的相互交换性作用，也表明了主客体通过相互作用而形成的价值产物处于主客体之间的时空中介地位，从而有助于我们理解并解释审美价值何以既能兼具主客体特征，而又高于现实性的主体与客体，体现了主客体的完满境地和大于两者之和的系统增值品格。

伽达默尔深刻地分析道，审美过程中的意义构成物被追溯到了意识之中所给定的最终统一体，这个统一体丝毫不再含有对象性的、生疏的和需要解释的东西，这就是体验的统一体，同时也是感知的统一体、意识的统一体。③ 作为一个意义整体而存在的创造物，其本身不是自在的，而是处

---

① Elisabeth Schellekens, "Review: Aesthetics and Subjectivity: From Kant to Nietzsche, 2nd Edn", *British Journal of Aesthetics*, Vol. 44, No. 3, 2004.

② G. Anthony Bruno, "Aesthetic Value, Intersubjectivity and the Absolute Conception of the World", *Postgraduate Journal of Aesthetics*, Vol. 6, No. 3, 2009.

③ ［联邦德国］伽达默尔：《真理与方法》，王才勇译，辽宁人民出版社 1987 年版，第93 页。

于一种偶然的中介化过程中，并借此实现了价值转化，获得了真正的存在。① 换言之，伽达默尔所说的体验的统一体、感知的统一体、意识的统一体，其实就是指审美主体于内心所创造的用以统合主客体世界的审美间体；后者同时能够促进并表征主客体世界的相互完善与完形合一的完满境地。在伽达默尔看来，审美的中介化是审美创造及意义突现的关键环节；在笔者看来，它也是审美创造及意义突现的最终思想产物——作为心理表征体的审美间体意识及其意象形态。

可以说，审美间体乃是审美主体营造自我审美意识和对象审美意识的思想中介体；后者皆以自我审美意象、客体审美意象作为心理表征体，其中包括审美主体指向自我理想或完满自我境界的情感意象、身体意象、思维意象、理念意象、行为意象等，以及指向对象理想或完满客体的审美形式意象、审美结构意象、审美语义意象，等等。

二　音乐审美时空的主客体合一形态——内在创生的审美对象

在音乐审美活动及音乐创作活动中，主体都需要借助音乐审美时空的主客体合一形态——音心象征体来形成自己所需要的完美的审美意象及创作意象。

（一）音乐体验的二元结构及内在象征体

音乐美学家渡边护指出，在音乐体验中存在着一种二元结构。作为一种共时性存在形式，这种独特结构既是审美客体或审美对象的音乐运动象征体，也是作为审美主体之精神象征体的情知意活动。如果说音乐体验的对象是象征体，那么对于构成这种象征体的对象是怎样的，应当予以阐明。②

对此，他将上述的象征体称作"内在象征"：在内在象征中，由于被象征的事物在某种意义上具有很高的价值，因此它伴随着主体充足的价值情感。③ 音乐象征体与其所意味的内容——精神象征体相互依存、相互区别、相互融合、彼此具有相似性；这种融合一是可以从原来的相似性之中再生出来；二是还可以从原先并不明显的相似性情形中加以重构性再融合

---

① ［联邦德国］伽达默尔：《真理与方法》，王才勇译，辽宁人民出版社 1987 年版，第 171 页。

② ［日］渡边护：《音乐美的构成》，张前译，人民音乐出版社 2000 年版，第 48 页。

③ 同上书，第 42 页。

而形成。这正是内在象征的根本特点。①

（二）音乐审美时空的主客合一形态之体验价值与研究价值

仅仅概括出音乐体验的二元结构及其共时性存在形式，仍然是非常不充分的。还必须弄清这个主客体对立是怎样被融合在一起的。音乐体验实际上是主客体在多方面进行合一的复杂过程。② 那么，音乐体验的二元结构的共时性存在形式又是什么呢？答曰：音乐空间。渡边护认为，作为音乐体验的基础和研究音乐体验的核心对象——音乐空间，并不是指那种仅仅作为对象的音响本身所具有的空间——它并不是我们真正的研究对象，而是指作为对象的音响与接受它的主体之间所形成的关联性空间。这两种空间在原理上是完全不同的，以至于研究音乐的学者们对这两种空间缺少严格区别的情形。……可以说，如果不把音乐空间作为体验对象和研究对象来把握，借此研究主体的心理状况，那么就找不到从内部弄清音乐的道路。③ 换言之，主客体合一的音乐空间体现了作为对象的音乐作品与接受它的主体之间所形成的关联性价值。它既是人们体验审美事物的真正对象，也是我们用以把握审美价值和研究美感何以形成的真正对象。与之相反，那种仅仅作为外在的客观对象存在的音乐作品本身及其所具有的空间，以及仅仅作为独自静处、未与外界发生关联的主体——都不是真正的体验对象，也不是我们真正的研究对象。对此，我们需要予以高度警视。迄今为止，很多研究者，甚至包括艺术工作者在内，依然将现实形态的审美客体诸如艺术作品、自然景象、生命形态等视作真正的审美对象，结果导致审美体验等同于艺术知觉、审美研究沦为艺术研究的异化情形。

殊不知，审美对象也存在多元形式和多层级结构：一是现实时空和形而下境遇之中的审美对象——处于潜在审美状态的艺术作品、自然景象、生命形态等；二是处于共时空审美状态的主客体符号统一体；三是处于超时空审美状态的主客体意象统一体。

（三）音乐审美时空的主客体合一的基本内涵及其研究价值

在音乐审美过程中，作为审美对象的音乐美与作为其象征内容的精神意象美获得了完全的融合，其结果意味着美的对象与主体实现了更为密切

---

① ［日］渡边护：《音乐美的构成》，张前译，人民音乐出版社 2000 年版，第 18—19 页。

② 同上书，第 254 页。

③ 同上书，第 76—77 页。

的融合。……音乐的内在象征体之所以能够体现出主客体合一的独特而显著的认知特性，主要基于以下几点理由：一是知觉（与音响运动合一）；二是语义（与符号表征体合一）；三是象征体与意义合一；四是意味主观化、情感客观化；五是主客体的律动合一；六是音心合一（即意象统合）；七是音乐美与审美理念合一。这些根据在其他艺术活动中都能或多或少地见到，但是所有这些只有在音乐审美活动中才体现得最为纯粹。[①]

三　审美价值获得创生和体验的基本原理

审美主体—审美间体—审美客体的三位一体相互作用效应由上可见，在审美活动中实际上存在着三大世界：作为审美主体的个性之人，作为审美客体或初级审美对象的艺术作品、自然景象或生命形态等，以及作为表征主客体相互作用之中介与结果产物的审美间体。审美间体一旦形成，在审美主体的能动范导下，它就会作为相对独立的第三世界而与审美主体及审美客体（或审美的现实性客观对象如音乐作品等）发生更为复杂的相互作用。兹将其作用原理图示于下，见图18。

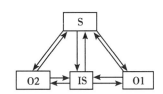

图18　审美主客体与间体交互作用的时空模型

（资料来源：崔宁，2011）

音乐审美的共时空镜像模型及主客体同主体间性互动映射的价值关系场。S 代表审美主体（处于当下的现实时空）；O1 代表镜中的审美客体（处于形而下时空，象征或隐喻形而中及形而上世界的动态化、变构性、重组性与整合性价值境遇）；O2 代表镜外的关联客体（处于历时空和共时空的联想境遇）；IS 代表审美间体（形象），处于双重表征与折射主客体价值特征的过去式—现在式—将来式之全息转换境遇。

---

① ［日］渡边护：《音乐美的构成》，张前译，人民音乐出版社 2000 年版，第 260 页。

第二节　审美价值的心理表征观

审美价值的心理表征体的核心内容是审美间体，其中既包括经验层面的主客体审美表象系列、符号层面的主客体审美概象系列、理念层面的主客体审美意象系列、行为层面的主客体审美体象—物象系列，也包括情感中介体、自我中介体、思维中介体、意识中介体和符号中介体等多元一体化内容。

一　音乐空间与审美意象所表征的主客体相互作用及其合一情形

音乐美学家渡边护认为，音乐空间是人在音乐体验中建立起来的，其中既包含了音乐对象本身所具有的空间意味或价值，也包含了对象与主体之间发生关联的意义或价值。① 换言之，审美主体与审美对象（此处指音乐作品）在音乐空间发生了一种独特的融合：它是主体体验音乐的心理对象——一个非现实的主客体互动的虚象：它含有音乐本身的空间特征，还含有对象与主体相互作用的心理空间，其中必然包括了主体的价值特征。

同时需要指出，渡边护所说的"音乐空间"是某种非现实的虚象（virtual）。它并不是主体单纯的幻想或思考的产物，而是能够作为外在对象来感受的，然而它在体验之外的实际世界里又是非存在的现象。这种虚象虽然不是实象，但也绝不是假象。② 笔者认为，作为虚象的音乐空间，实际上就是人们常说的"意象时空"——其中不但包括作为审美客体或审美对象的音乐意象时空，还包括审美主体的情感意象、思维意象、身体意象和行为意象等时空内容。

这体现了三维对象独特的神秘性格；其间，对象世界逐渐接近观照主体，并且把主体本身引入到它的世界之中。……这样一来，作为对象空间的音乐空间，就往往把主体也包容于其中了。③

---

① ［日］渡边护：《音乐美的构成》，张前译，人民音乐出版社 2000 年版，第 72—85 页。
② 同上书，第 87 页。
③ 同上书，第 91 页。

二　审美间体——表征审美主客体得以创生的价值共同体和命运共同体

我们可以将审美主体之情知意活动与审美对象（审美客体）形式—结构—语义系统发生相互作用，进而以整体突现方式形成的格式塔产物称作"审美间体"；它既融合了主体的感性经验、知性力量和理性价值，又摄取了客体的感性形象、符号特征和象征价值，因而属于既非自然体和艺术体亦非纯主观体的价值中介体，并使主客观世界在审美时空获得了对立统一与完善。

（一）音乐作品与听者心灵走向合一的内在动因

黑格尔在《美学》第三卷上册里深刻地指出了音乐审美的主体性本质特征："所以音乐的基本任务不在于反映出客观事物，而在于反映出最内在的自我，……音乐是心情的艺术，它直接针对着心情。拿绘画来说，固然也可以借面貌表情和形状来表现内心生活，……但是我们从画中所看到的这些客观现象，和观照它们的'我'、作为内心方面的自我，却仍然是两回事。……这类艺术作品始终是本身存在的对象，我们逃不脱对它处在观照地位的关系。在音乐里这种主客的差别却消失了。……把我们主体的内心情况摆进去，达到物我同一状态。"[1]

可以说，音乐与人的情感世界的距离最小，无论这情感是来自作曲家、演奏家、歌唱家还是欣赏者。这是由于，"人的内心生活以情感作为自己和音乐发生关系的最主要因素，情感就是自我的自由伸展的主体性，……情感永远只是内容的包衣，这正是音乐所要据为己有的领域。……在这种表现里即可见出心灵的那种自我生产和对象化。"[2] 换言之，情感特征作为一种精神中介，能够缔合审美主体（作者、表演者和听者等）与审美对象（譬如音乐作品）的价值时空；情感行为作为一种身体语言，能够表征音乐家、普通大众和人类的精神创造力及存在意义，还能促进人对自我与世界的深刻认知，进而贯通广义层面的主客体关系。因而，无论是作曲家、表演家还是普通听众，在置身音乐世界之时，都会穿

---

① ［德］黑格尔：《美学》第三卷上册，朱光潜译，商务印书馆 1982 年版，第 332、342 页。

② 同上书，第 345—346 页。

越乐音形式而会合于情感高峰地带，进而借此激发和释放自己内心的巨大潜能，针对自我与对象展开创造性的美化与完善之举，最后虚拟直观体验自己所创造的这种完满的主客统一体——审美间体及其意象时空。其间，我们即可见出审美主体针对自我的精神再生产以及将自我当作镜像客体的对象化审美之妙况了。

（二）音乐审美活动中的真正对象

对于这个问题，或许大多数人都会不假思索地反问道：音乐欣赏的唯一对象不正是音乐本身吗？难道除了音乐还会有别的审美对象吗？

其实，对于非专业的普通人士来说，这种认识情有可原，但是需要对之加以科学引导；对于从事审美研究以及艺术创作与表演、教育行业的专业工作者来说，如果他们也坚持上述判断，那么则不但是错误的而且会误导自己的研究、创作、表演、教学等工作。

1. 主客体合一的审美对象之创生机制

那么，人在音乐审美活动中所体验的真正对象是什么，仅仅是音乐本身吗？笔者不以为然。其主要理由在于如下几个方面。

第一，情感中介体/综合体。音乐运用乐音形式体现特定主题，继而以此表征人的情感活动，最后借助情感这种双元符号来表征人的内心生活或精神潜能。要言之，情感活动是贯通音乐世界与审美主体的精神世界的符号中介体。"所以音乐凭借声音的运动直接渗透到一切心灵运动的内在发源地。所以音乐占领了意识，使意识不再和一种对象对立，……无拘无束地沉浸到音乐里去，我们就会完全被它吸引住，被它卷着走，……乐音这种基本元素占领主体，不仅凭借这个或那个特殊方面，即不仅凭某一确定的内容，而是凭主体的单纯的自我，凭他的精神存在的中心，把他吸引到作品里来，使他自己也动起来。"[1] 譬如听到轻快的音乐节奏时就会跟着打拍子，听到舞曲就会呈现手舞足蹈的动作。因而可以说，我们在音乐审美活动中所面对和体验的真正对象并非单纯和绝对独立无涉的音乐作品本身，而首先和主要是那种情感中介体（情感间体）——审美主体自己的情感系统与音乐作品所象征的情感律动相互作用的综合体；其间，不但音乐作品的情感律动要引发主体特定的情感反应、造成主体情感世界的高

---

① ［德］黑格尔：《美学》第三卷上册，朱光潜译，商务印书馆 1982 年版，第 349—350 页。

峰状态、改变主体的情感结构与功能状态，而且后者又会被主体能动地投射到前者之中，进而使之发生某种个性化的改变（即体现了所谓的二度创作或创造性演绎）。进而言之，在人的音乐审美过程中，既不存在孑然中立、绝对无涉的纯粹的审美客体，也不存在无动于衷、依然如故的审美主体。恰恰相反，存在着主客体纠缠不休、难舍难分、同甘共苦、交互创生、相依为命的情感共同体。借此，审美主体方能真正创造出感性层面的审美对象，进而通过体验这种主客交融的情感联合体来发见、创生、体验和判断其中的审美价值。

譬如，人们为什么会喜欢伤感的音乐呢？作曲家为何要费尽心机地创作那些令人忧愁或揪心的音乐作品呢？对此，迄今的音乐学家、美学家和心理学家尚未做出令人信服的回答。音乐心理学家戴维斯指出，经典的看法是，之所以出现上述现象，那是审美距离所致，即审美距离有助于淡化或遮蔽导致人们产生消极情绪的现实生活的负面事件，进而使人们消除了对音乐世界所诱发的伤感情绪进行行为表达的动机；另一种意见认为，审美体验中的控制因素有助于改善音乐作品所激发的人的消极情感反应。而在对艺术作品的反应上，我们通常具有相同的境况，并且审美提供的安全感抵消了我们体验到的不愉快的感受。①

笔者认为，基于审美主体与审美客体的相互作用原理，一方面，音乐作品所蕴含的惆怅感等审美情态能够引发主体的相似性情感经验，使人们感受到原因有别但反应性质相近的某种负面情感；另一方面，审美主体通过移情体验而实现了对此种负面情感的对象性投射或转化，使之消解了真实而具体的现实性动因与行为意向、代之以审美性质的艺术性动因和能量释放/内在的虚拟性审美表达。更为重要的是，通过审美活动，人们在内心生成了一种强劲、沉稳、内敛、含蓄、深广和美妙的、主客体合一的审美意象——一种具有精神牵引力、人格感召力和情感强化剂的思想意识，从而借此将现实世界的那个惆怅不安的主体带入审美间体这个体现"心理真实"的新世界。人们素常所说的"精神支柱""信仰之本"，其实指的就是这个"心理真实"的高妙世界，其中浸透了个性主体的无上之爱，体现了无限而自由的美。可以说，审美间体及其意象能力乃是人类心理经

---

① 〔美〕斯蒂芬·戴维斯：《音乐的意义与表现》，宋瑾、柯杨等译，湖南文艺出版社 2007 年版，第 263—264 页。

历漫长而复杂的进化所形成的本体性创造硕果，体现了人类智慧的本体性造化之功。

第二，镜像自我——自我中介体/综合体。在审美活动中，主体的自我系统会逐步发生多层级的审美嬗变，譬如指向自我的情感态度、针对自我的元认知策略水平与效能、自我的身体表象—身体概念—身体意象之结构与功能、自我意识的内容与效能等；因而，主体对自我世界的体验与认知活动也会随之发生重要的改变。主体的上述活动，都需要依托镜像自我——自我中介体来实施之。

这是因为，"自我并不是无定性（无差异）、无停顿的持续存在，而是只有作为一种聚精会神于本身和反省本身的主体，才成其为自我。自我经受了否定，从而使自己变成对象，才能获得自为（自觉）存在。只有凭借这种对自己的关系，主体才有自我的感觉和自我意识，等等。"① 换言之，在音乐审美过程中，主体的自我意识之所以能够获得显著的提升与完善，其根本原因即在于其所创生的镜像自我——自我中介体。正是借助对这个新的自我——主体基于自己所创立的情感中介体而导致原先自我的情感发生审美嬗变，继而引发自我思维和自我身体系统的审美重塑与完善——的对象化观照、体验、评价及内在实现（对自我审美价值的内在预演）等方式，来提升和完善原先的自我意识，形成更新的审美性的自我意识。

第三，符号中介体/综合体。音乐之所以具有情感整饬效能，主要原因之一，乃在于它借助协和音程与不协和音程的戏剧性对立及诗意性转化手段来有效地节制人的功利性情感、本能性情感冲动、极端化情感意向，同时借此提供了人们获得内心自由的安全自在、合情合理的感性轨道，从而使人们能够在悲欣交集的音乐体验中获得自由感和幸福感——"这才是真正理想的音乐，也是巴勒斯丁那、杜朗特、洛蒂、波格勒斯、海顿、莫扎特诸人的乐曲的特征。这些大师在作品里永远保存着灵魂的安静，愁苦之音固然时常出现，但总是最终达到和解，……比例匀称的乐调顺流而下，从来不走极端，欢乐从来不流于粗狂的狂哮，就连哀怨之声也产生了最幸福的宁静。"② 由此可见，音乐所外现的根本内容乃是人的精神世界；

① ［德］黑格尔：《美学》第三卷上册，朱光潜译，商务印书馆1982年版，第359页。

② 同上书，第389—390页。

协和音程与不协和音程的戏剧性对立及诗意性转化都是对人的精神世界的审美象征，其相互对立的形式昭示了主体与外在客体及与自我的对立，其逐步走向统一的和谐过程则体现了主体与客体及自我分别通过情感中介体和镜像自我中介体而实现价值互补、协同增益、完形合一的审美创造之道。

2. 主客体合一的审美间体作为顶级审美对象的价值功能

著名的音乐认知心理学家多纳德—霍杰斯深刻地阐释道，音乐作为人类的一种内置的认知体系，采用特有的方式帮助人们认识自己的内心世界和外部环境。……人类更多地依赖学习，进而据此实现自己的内置潜能。……任何认知体系的全面发展，唯有当人的内部潜能在环境条件下得以实现时，方能成为现实。① 笔者认为，霍杰斯所说的人的"内置潜能"，乃是一种经由长期的审美实践而形成的审美创造性能力，其中包括主体对审美对象、审美间体、审美理想、审美情感、审美人格、审美意识、审美思维等诸多方面的自我完善能力，而创造审美间体的能力可以说是重中之重。一旦具有了这些内在形态的创造性能质，人们就会借此催化与提升自己的其他诸种认知能力，诸如道德认知能力、科学认知能力、社会认知能力、文学认知能力、自我认知能力，等等。

进而言之，创造和体验审美间体的能力并非人们先天形成的，而是需要加以长期的教化、启示、引导和培养的。从这个意义上说，音乐教育有别于审美教育，因为审美活动需要人们具备创造和体验审美间体的基本能力，因而培养这种能力就成为审美教育工作的重中之重；而音乐创作与表演方面的教育，其重点在于专业知识和技术能力，同时仍然需要具有一定的创造和体验审美间体的素质，以便能够对自己的艺术构思或所表演的作品进行较高水平的二度创作和价值体认。当然音乐创作与表演方面的天赋能力不在其列，姑且不论。

（1）提升情感品格

在心理学上，情感效价是指情感活动对人的注意活动、记忆与回忆联想想象、心理资源的配置与整合过程等方面的影响效用及其客观体现，其中包括正负属性、唤起度、强度和持久度等四个指标。持久度是笔者所特

① ［美］多纳德·霍杰斯主编：《音乐心理学手册》，刘沛、任恺译，湖南文艺出版社 2006 年版，第 554—555 页。

意增加的一个指标，因为它能表征情感活动对人的心脑与机体系统的影响时程及效能，能够充分体现艺术文化对人的情知意之精神世界的重塑作用。

进而言之，基于情感表征—评价原理及其四大标志（正负属性、唤起度、强度和持久度），主体在音乐审美过程中逐步通过情感的审美激发而形成了兼备主客体价值特征的新型的情感中介体，后者为主体创生更为完满的审美属性的自我情感和对象化世界提供了体验的平台。

笔者的艺术认知研究表明，音乐刺激信号先抵达丘脑，然后分别被送往听觉皮层和边缘皮层加工；其中，杏仁核结合来自皮层与皮层下结构的特定指令，对音乐信号做出情感反应、进行情绪编码，进而将结果反馈输送至感觉皮层、联合皮层和前额叶新皮层。感觉皮层、联合皮层及前额叶新皮层参考来自杏仁核的情感编码信息，结合它们各自的信息加工特点，对音乐信号进行自下而上的逐级抽析与整合，最后形成对音乐情景的认知意象，再将此送往海马，指导海马对音乐信息及主体情感反应进行主客体相统一的记忆编码，最后将编码的情感反应式记忆送往杏仁核，将涉及情感反应的客观事物之表象特征送往左右侧额叶前下部，将主体对音乐的本体体验送往扣带回后部的自传体记忆库，将体验音乐的审美意象生成体送往前额叶的背外侧正中区及大脑的奖赏执行系统（负责表征审美的情感动机与期待的眶额皮层，负责表征情感强度的尾核，负责表征情感唤起度的扣带回后部，负责表征情感持久度的伏核，负责整合与调节正负面情感的前额叶腹内侧正中区）；等等。

由此可见，悲欣交集、五味杂陈乃是低阶情感中介体的基本特征之一，其神经对应物乃是杏仁核；高峰体验、心身律动是高阶情感中介体的基本特征之一，其神经对应物是前额叶和大脑的奖赏系统。它们都在人的音乐审美过程中体现了各自有别但又协调统一的重要作用。

（2）完善自我世界

可以说，只有当主体与客体产生了逐步深刻和纠缠一体的相互作用，并初步形成了一系列的主客综合体（诸如情感综合体、价值综合体、命运综合体、运动综合体、观念综合体等）之后，主体与客体才算真正进入了审美时空，并缔结了相互依存—同甘共苦—相得益彰的价值亲和关系；换言之，审美间体标志着主客体关系世界的审美生成，它来自主体对自我与客体的创造性交互式嵌入。

其根本原因在于，审美活动的实现不但需要主体的内在条件和某种客观的外在条件，而且更为重要的是需要主体深深地嵌入客体世界，与之同呼吸共命运，进行同步化的价值时空运动——情感同步化与一体化运动、思想同步化与一体化运动、身体同步化与一体化运动。譬如人们在聆听轻快美妙的音乐时，常常会手舞足蹈、摇头晃脑、载歌载舞，实际上即听者与音乐作品的情感律动发生了同步化、一体化，进而出现了身体节律与音乐节律的同步化、一体化情形。听者及作品都通过这种主客合一的方式彼此获得了存在价值的具象性完善，体现了互为对象的二度创造性品格。

进而言之，审美主体在其感性力量被审美对象激发之后发生升级奔涌和创新嬗变之时，其思维力量受高峰状态的情感力量所催化，渐次进入创造性智慧飙升状态，据此形成针对自我情知意完美境界和自由创造性过程及产物的本体性价值的审美观照，继而寻根溯源、深究审美对象的人本性审美价值，最后将其所发见并体验的主客体审美价值加以完形整合及意象表征，形成间体形态的审美认知结果。

可以说，自我认知乃是人的思维能力或认知能力的核心内容，因为人既是宇宙之中独一无二的个体存在，具有某些显著的个性特征与能力价值，又是宇宙系统的一个微小的分子，其心脑与机体行为的发生发展与成熟过程都遵循相关的宇宙规律，诸如生物学、化学、物理学、生理学、遗传学、行为学、神经科学，等等。所以说，人对外部世界的认识是与认识自我的行为相伴而行的，并且在青年阶段之后通过强化自我认知而有效提升自己对世界的认知水平。

进而言之，审美行为与人的自我认知活动之间具有非常密切的内在相关性；自我认知需要创造并依托一种新型的自我——镜像自我，即主体通过与客体的相互作用而形成的高于现实自我、低于理想自我的一种过渡性主体或自我中介体。借助这个自我中介体，审美主体一是可以表征自己的审美发现产物、审美摄取结果；二是可以提升自我的感性能力和知性能力；三是可以体验自己的初级审美成果或自我的新特征、新价值、新功能；四是可以形成完善自我的新动力、新目标和新方法，最终形成审美间体—自我审美意识—客体审美意识。

（3）体现审美创造成果、表征主客体的审美价值

人的客观认知框架实际上是由主观认知框架转换而成的；其中，身体既成为主体转换思想理念的本体具象化方式，也是主体内化外部知识的本体性感性化方式。

在音乐审美过程中，审美主体基于审美间体这个审美认知的思想模型，次第将主客体审美价值合二为一的审美意象转化为具身化的审美情感意象、审美身体意象、审美行为意象、审美符号意象、审美的物化表象，其间需要审美主体借助前运动区来预演虚观上述审美意象，再据此于布罗卡区创设相应的艺术符号表现结构，经由运动前区所表征的本体符号系统及布罗卡区所表征的艺术客体符号系统之相互匹配与耦合的操作模式，来依次传达主体所创生的本体性审美价值及客体性审美价值。

其间，审美间体及其意象时空的整体涌现，乃是人的心脑世界所发生的革命性事件。审美间体作为源于主客体并超越主客体世界的第三新世界，严格来说属于一种哲学概念；其与心理学相对应的概念当是（审美的）间体意识—间体意象，（审美的）间体意识是一种描述性概念，而（审美的）间体意象则是一种可操作性概念，具有心理表征意义。

"审美间体"及其衍生的"镜像时空"既不同于自然时空、艺术时空，也不同于心理时空；它含纳了自然世界、创作主体和审美主体所体验过的历时空、共时空和超时空镜像，它表征了自然形态、艺术形式和主体心灵的形而下、形而中与形而上内容，它贯通与整合了感性价值、知性价值与理性价值，它昭示了过去、现在和未来的深层联系，它呈现了自然世界、艺术世界、生命世界和意识世界的动力特征、运变规则和演化规律。因而可以说，审美间体作为主客体相互作用的最高产物与顶级结果，既能体现作为审美对象的具体音乐作品的完满境地，也能体现审美主体完满的情知意力量、创造性能力及个性价值。

进而言之，对于人在音乐审美过程中所进行的深刻复杂的精神创造活动及其产物和心脑机制这些极为重要，同时也是超级复杂的问题，迄今国内外的研究大多语焉不详或有意无意地绕过去，这值得我们深思。

众所周知，长期以来，中外的审美研究在两极之间往复穿梭、来回摇摆：或偏重于笼统含糊的哲学式概念思辨与理论旁证，或沉浸于琐碎细腻的事据考证与科学实验，或满足于感性化的文学抒情与议论，或拘泥于技术性的符号解码与机械性的知识诠释，不一而足。依笔者看来，最突出的问题在于，一是人们尚未发现真正的审美对象，譬如说，在音乐审美情景中，审美对象是一个还是多个，应当是音乐作品、主体情感还是处于相互作用之中的主客对立统一体？二是缺少对审美主体如何认知自我及创造性完善自我的深入考量。三是尚未确定审美价值的创生机制及其体现方式。

四是尚未弄清审美活动对审美主体的根本影响。五是缺少对审美主体为何及如何以内在方式及或内—外方式表达审美产物、实现审美价值。

依笔者之见，唯一能够体现欣赏主体的审美创造成果、表征完满状态的主客体的审美价值、为审美主体提供价值体验平台和价值实现通道者，乃是意象时空的审美间体——其间充盈着感性与理性的互动互补与融通合一、主体价值与客体价值的合取重构与增益创生！

（4）完善审美对象，实现客体世界的审美价值

在音乐审美活动中，审美主体需要借助具身认知方式内化音乐作品的符号结构，继而将之转化为自己的符号感觉表象、符号体验表象、符号认知意象、身体表达意象、身体器官动作表象等一系列主体性内容，以便借此更深刻地体验和表达自己所创生的审美价值——对作品的创造性演绎和个性化完善、对自我创生的审美间体意象的价值转化——通过审美的身体方式或艺术方式。

具体而言，音乐符号系统的主体性内化方式，包括感性层面的三种乐音表象建构（即音素—音位—音节之声学表象，听觉与视觉的微观特征整合包括频域振幅和空间位相之物理时空表象建构，听觉与视觉的中观特征整合包括对象形态与时空情境之综合性感觉表象的建构）；知性层面的音程—乐句—乐段的结构规则等音乐结构语言概象的建构（包括对音乐结构的编码与解码规则、符号指称与价值判断规则、意义想象与推理程式等精细内容）；理性层面的音乐符号意象建构，包括音乐符号的整体映射规律、其能指的客体世界的运动规律、其折射的主体世界的动机意向与精神价值等主客体特征交融的高阶内容；行为层面的符号输出能力建构，包括用以表达审美价值的身体意象、身体概象、身体感官动作表象、艺术造型表象等逐级还原的具身性与对象化内容。

进而言之，人对音乐符号系统的主体性内化过程需要其诉诸相应的价值体验、形式重构和身体律动，它们都基于主体所创生的符号中介体而得以次第展开。或者说，主体需要参照自己创生的情感审美意象和自我思想意象等，将音乐符号意象转化为审美的身体运动意象；其间需要主体借助内在预演的审美观照方式，分别对音乐符号意象与身体运动意象的耦合图式及操作程序进行虚观体验、对音乐符号与身体运动表象的匹配模式及协调状况进行内在预演、对行为表达结果及对象化的（审美性或艺术性）产品进行虚拟感受。概言之，从客体符号内化到主体符号输出，需要主体

经由情感律动—身体律动这个价值转化中介来体验相关的审美价值、调整与完善自己的审美输出形式——本体符号与客体符号对立统一的价值载体。上述内容深刻体现了符号中介体在主体的音乐审美过程中所发挥的重要作用。

（三）审美间体——作为审美主客体（价值关系）生成和主体审美创造性品格的思想标识

如同前面所说，就像音乐审美活动中的真正对象并非外在的、中性的和"千人一面"的音乐作品那样，因为"一千个观众有一千个哈姆雷特"，它需要主体进行全身心和全命运的审美创造，审美主体也并非天然形成或人人皆可担承的那种认知角色，而是同样需要主体进行全身心和全命运的审美创造：既创造了主客体合一的新型审美对象，也创造了主客体互动互补、相得益彰的审美关系，还创造了不同于此前的自我及现实性客观对象的审美主体、审美客体。

对于上述问题，或许大多数人仍然会不假思索地反问道：每个人不就是审美的主人吗？难道成为审美主体还需要特殊的内在创造性努力吗？笔者的回答是：每个人并不是天生的审美主体，而是不仅需要后天的审美实践，还需要在特定的审美时空锚定特定的对象，更需要在审美活动中使自己的情知意及体象行（思想活动）深深卷入对象之中，与之同呼吸共命运，进而方能成为真正的审美主体。当然，其间他同时创出了独属于他的个性化演绎时空的一级审美对象（即音乐作品或其他艺术作品，自然景象，生命形象等）和二级审美对象——审美间体及其意象世界。

因而可以说，审美间体——作为审美主客体（价值关系）生成和主体审美创造性品格的思想标识，实际上是与审美主体及一级审美对象同时生成、同步发展、相互依存、相得益彰的情感共同体、思想共同体、人格共同体、价值共同体、命运共同体、自由共同体、幸福共同体！

三　审美间体与镜像时空的形成机制

（一）自上而下的理念—意识驱动

它导致主体的知觉及客体的知觉特征发生能动性、定向性的审美嬗变，继而由后者导致主体的感觉及客体的感觉特征发生能动性、定向性和具身性的审美嬗变。

（二）自下而上的经验—情景驱动

经由主体的前审美理念之下行性投射或审美调谐，其视觉、听觉、本体感觉和触觉等多元一体化感觉系统就会发生三大变化：一是感觉范型因为观念、情感、动机的注入而得以改善、提升了感觉效能；二是感觉阈值下调或感受性敏化；三是神经元及大脑的感受野扩增、感觉容量及信息倍增。这就为审美主体发现对象之美，进而感受对象之美并返身体验自己的这种被美化的情趣心态创造了独特的感性平台。珍妮特的音乐审美所引发的自传体记忆研究，音乐唤起自传体情感记忆，两者相互激荡、回环往复、相互纠缠，从而形成了相互依存的感性共同体。

（三）左右互动的知性贯通

经由主客合一的情感共同体，审美主体需要对自己所发现的音乐作品的感性美及自己的美妙感受进行知性概括、符号表征和知觉体验，由此形成了新颖的自我—对象符号共同体及其概念化表象，然后对之进行审美观照——意味着他同时观照、整合并完善自我与客体的符号时空，包含了相关的符号性具身体验。此处所说的"自我—对象符号共同体"，主要是指音乐对象所呈现的知性价值——协和音程与不协和音程的戏剧性对立及诗意性转化情景，及其对审美主体的认知影响这两大内容。换言之，这既体现了主体对审美对象的时间动力结构的认知与价值吸收特点，也反映了音乐对象因着主体的审美联想、想象和判断推理等知性产物的投射而获得了符号性完善的情形。

（四）由局部到系统的理性整合与价值意象突现

杜夫海纳认为，审美对象是一个双重的世界、具有二重存在方式："它连接了呈现出来的对象自身的特点和被意识到的对象自身的存在特点。艺术具有一种'特殊的真实'品格，当我们观照一个审美对象而进入忘我状态时，对象的那种内在品质和魅力是与我同在、共存共灭的。……美是一种理想化的对象形态，一种想象中的世界。审美活动使人被那些呈现于感性中并得到辉煌的充分肯定的对象所满足。在审美经验中，如果说人类不是必然地完成了他的使命，那么至少也是最充分地体现了他的地位：审美经验揭示了人与世界最深刻和最亲密的关系。……审美对象所暗示的世界，是某种情感性质的辐射，是迫切而短暂的契通体验，是瞬间发现自己命运意义的经验。"① 他所强调的主客体世界在深层价值上的相互作用、审美对象逐步凸显于审美知觉和审美意识之中的观点，无

---

① 朱狄：《当代西方美学》，人民出版社 1984 年版，第 86 页。

疑具有重要的独创性。

认知神经科学家科斯林深刻地指出，心理表象与审美知觉等价，是贯通记忆与想象、感觉与意识、情感与知识的中介桥梁，具有深广强烈高效的知觉启动效应。具体说来，从大脑高位结构和高层感觉部位向低层感觉皮层的反馈式投射，不但能够激活更多的脑区、实现信息捆绑和价值整合功能，而且这种自上而下的映射模式成为建构心理表象并使之获得层级跃迁（嬗变为更高层级的心理概念乃至心理意象）的核心机制。①

进而言之，由审美主体次第创造的审美对象，其实经历了形而下、形而中和形而上三种升级过程，由此呈现并辐射了音乐心理学家 S. 戴维斯所说的"三级情感"（即自然性质、象征性质和对象化情感）。在主体大脑对音乐的审美反应之脑成像实验中，音乐心理学家霍杰斯发现，人脑的左右侧前额叶在辨别音乐和旋律、理解主题和价值判断、形成创作意象和意义认知的过程中，都得到了高水平的激活，表现为远高于常人的动作电位振幅及其泛脑扩散的高频同步振荡波。②

认知神经科学证实，左侧前额叶涉及语言理念、文学创作和行为意图设计；右侧前额叶涉及音乐理念、美术构思和审美意识生成等审美创造与价值判断过程。可见，理念是情感的灵魂。有鉴于此，笔者才会在本小节提出价值判断和理念显现的三级跃迁目标。美学心理学家谢金斯深刻地指出：在审美体验中，主体与对象处于共时空境遇，主体的情感运动特征与对象的感性形式形成了密切的结合体，对象成为主体的心灵标记、主体的心理活动成为对象所表征的意义内容。这既是一个价值共同体，又是一个命运共同体。③

为此，我们可以将审美主体之经验与客体之外观形象及艺术符号体相结合的感性表象称作"审美间体"（初级形态）；它既融合了主体的经验，又体现了客体的感性形象及艺术符号特征，因而其属于既非自然体和艺术体，亦非纯主观体的价值中介体，使主客观价值在感性时空获得了对立

---

① S. M. Kosslyn, "The Role of Mental Image in Perception", Cognitive Neuroscience, M. S. Gazzaniga (eds), Cambridge, Mass. : MIT Press, 1995, pp. 729 – 737.

② ［美］多纳德·霍杰斯主编：《音乐心理学手册》，刘沛等译，湖南文艺出版社 2006 年版，254—255 页。

③ Elisabeth Schellekens, "Aesthetics and Subjectivity", British Journal of Aesthetics, Vol. 44, 2004.

统一。

可以说，正是在审美想象的美妙自由世界中，审美主体才能与审美表象进行深广自由的交互式价值投射和无限颖妙的意义映射行为；其间，主体的移情达到高峰状态（共鸣），主体的直觉判断导致对自我世界、间体世界、艺术世界和自然现象界的全新的诗意理解与全息完形的价值认同。因而，主体借助审美想象活动不但能够创造出全新的审美经验和诗意情感，而且还能借助对象化移情体验来从间体世界发现、确认和欣赏自我的美妙经验和诗意情感；间体世界与自我精神同步升级、联袂攀升、互为表征、协同完善，由此引发了主体的彻然快乐和满足感：主体既痛快淋漓地享受着自己的自由创造产物，也以万分激动和惊讶新奇之感体验着自己从镜像世界所发现的自我之本质力量、存在价值与情感理想！这是主体生成美感的价值源泉和内在实现自我的心理机关。

此处所说的审美性质的"间体世界"，体现了审美主体对审美客体与自我时空的双重性价值摄取、重构、升级和系统嬗变的创造性劳动。它不但包含了审美的主客体的所有积极的价值特征，而且具有纵向的多层级维度和横向的多系列格局，从而有助于审美主体将主客体实现审美统一的价值联合体加以系统重构与结构功能升华。

主体借助上述三度创造的"间体世界"及"镜像时空"，终于发现了全新的自我和完美的对象世界，继而对其所发现的奇妙事象进行对象化体验与本质化诠释。至此，主体自身和艺术作品、自然景象、生命形象，还包括间体世界，都赢得了次第完善的审美价值和存在意义，并实现了完美的发展和创造。然而至此，审美活动尚未结束，主体需要将内在呈现的本质力量、核心价值和生命意义加以理性观照并形成观念图式，以期从主客体世界找到最佳的形式匹配体和结构耦合体，借此发见和确证自己的最高精神价值，进而借此理念图式和意象模式来构思创造感性化和对象化的艺术作品、生命作品、知识产品和行为文明。

所以说，上述内容均需要主体对中级形态的"审美间体"及"镜像时空"进行再创造（即三度创造与欣赏）：将自己对主客体世界之情景想象及由此引发的激情所做出的本体性体验状态与诠释态度再度投射至中级形态的"审美间体"上，从而使其内的"结构表象"嬗变为"规则/理式/规律意象"、"知觉概象"转化为"统觉意象"、"符号表象"升华为"理念意象"；至此，这三大意象精妙链接、互补互动、协同增益，进而综合形成了理性层面和意象形态的"间体世界"，其所衍生的"镜像时空"又接受了主体心灵的第三次投射，使主体精神世界的最高法则、绝对理念、价值理想和对客观世界发展规律的理性意识都转化为意象世界的对象化存在体；接着，主体又启动了第三次能动性的自我创造、自我完善和自我体验之伟大工程。

即从内在的"意象之镜"中直观自我最高价值、顶级力量和隽永意义之形下中结构样式和形而下外观特征，由此确认了自己所拥有、对象所显现的理性力量与形而上意象，由此引发了超时空、形而上和理性化的经验革命、情感升华（情操）、思维练达（直觉）和意识创新（主客观规律统一的完形理念）！接下来等待主体的是：将自己的审美意象或艺术创作意象等转化为对象化、可操作性、感性化、实践性的物化客体，包括艺术作品、生命形式、知识产品、制度形式、物质产品和服务产品，等等。

一言以蔽之，"审美间体"与"镜像时空"的三级生成和全息突现，集中体现了主体的情知意创造结构及其全新独特的"内在实现"情形，并成为诗意美感和直觉灵感得以厚积薄发、人格价值和理想观念得以圆通合一的根本动力！

四　审美间体系统的基本结构

审美间体可分为：感性间体（表象）；知性间体（概象）；理性间体（意象）。它还可分为：情感间体；思维间体；意识间体；符号间体；道德间体；科学间体；技术间体；宗教间体；艺术间体；爱情间体；生命间体；知识间体；物质间体（即广义的工具、仪器、设备等，诸如劳动工具、生活用具、交通工具、通信工具，望远镜、显微镜、军事武器）；等等。

一是审美间体表象（其中包含了达至完满感性状态的审美客体和审美主体的表象特征）。无论是达至完满感性状态的审美客体之表象情景，还是达至完满感性状态的审美主体之表象情态，若要获得它们，都需要审美主体借助创造性联想—幻想—想象来催生新颖有趣的虚拟形象。

二是审美间体概象（其中包含了达至完满知性状态的审美客体和审美主体的主要概象特征）。

三是审美间体意象（其中包含了达至完满状态的审美客体和审美主

体的主要意象特征）。

五　审美间体的功能分析

第一，范导并体现主客体相互作用的中介方式及其作用结果与思想产物。

第二，表征审美主体所创造的审美价值。

第三，体现审美主体在审美时空所涌现的创造性智慧及其所引发的精神嬗变与自我完善情形。

第四，作为审美主体进行审美体验、做出审美判断的顶级坐标。

第五，资作审美主体实现自我价值的理想参照系。

第六，成为主体建构审美意识（包括自我审美意识和对象审美意识等系列内容）的核心生长点。

第七，构成审美主体创制个性化的"心理现实"时空、理想人格、自由意志和幸福感的思想模板。

第八，成为审美主体完善审美客体、创造新的审美作品的理想化模本。

第三节　审美间体（价值）由以涌现的神经对应物

笔者认为，人类主体的审美认知能力主要由高阶调控系统（"元认知系统"和"自我参照系"）、内源闭环系统（即人脑的"默认系统"，DMN）、信息内化—具身模拟系统（以镜像神经元系统为根基）、思想创生—具身预演系统（由前运动皮层及布罗卡中枢等构成）、价值内驱系统（以大脑的奖赏系统—情感决策系统为根基）、知识映射系统（包括自我映射、镜像映射、身体映射、符号映射等）六大系统进行多维预演、全息运作和价值转换、意义创生。

一　大脑加工基础性情感信息的情感综合体

麻省理工学院的凯泰博士（Kay Tye）、南毗人博士（Praneeth Namburi）和拜尔勒博士（Anna Beyeler）及其同事的神经行为学实验表明，在大脑深处的基础性情感中枢——杏仁核的基底外侧核（basolateral amygdala）中存在着一些会聚神经回路的交叉点，它们与调节或整合恐惧和奖励性学习行为有关。上述交叉点的一个分支投射到大脑的奖赏中心——伏隔核（nucleus accumbens），另一个分支则投射到大脑的恐惧中心——作为基础性情感中枢的输出站的杏仁中央内侧核（centromedial amygdala）。每种回路投射都是由不同情感效价的交织在一起的神经元细胞群组成的。被试在恐惧学习之后，其大脑的杏仁核基底外侧核之中的交叉点与奖励中心之间的神经活动减弱，但随着奖励学习而得以增强；与之相反，其大脑的杏仁核基底外侧核之中的交叉点与恐惧中心之间的神经活动随着恐惧学习增强，随着奖励学习减弱。[①]

　　这说明，在人脑的皮层下结构里业已存在着负责接收与整合初级情感信息的情感中介体或情感综合体。它们位于杏仁核的基底外侧核之中，并分别向大脑的奖赏中心——伏隔核及大脑的恐惧中心——作为基础性情感中枢的输出站的杏仁中央内侧核发出含有积极性和消极性情绪效价的情感行为输出性信息投射，由此引发机体及主体对各种刺激信息的综合性调节与能动性反应。其中，位于杏仁核的基底外侧核之中的情感综合体结构可以根据其所接收的情绪信息的不同效价而同时向大脑的奖赏中心及恐惧中心输出抑正扬负或抑负扬正这两种综合性行为反应信息。

　　中脑边缘系统之中的多巴胺能神经元的大量释放能够表征主体大脑对食物、漂亮异性等高价值客体的功利性奖赏行为意向和实用审美态度。在高等动物及人类，这种奖赏行为获得了大脑皮层水平的高阶整合——包括过去和现在的展望与期待、情感反应与心智活动，从而形成了内涵丰富和视域深阔的审美性质的自我实现感、价值享受感、自由创造感。另一方面，人类所独具的审美能力则容许审美主体通过观照艺术作品、自然景象或生命形象、数字符号等广泛的对象而获得审美奖赏，借此实现自我价值、享受对象与自我的完满的自在品格。

　　萨里浦（Valorie N. Salimpoor）和札特莱（Robert J. Zatorre）有关审美奖赏的大脑实验证明，一是纹状体分别接受来自黑质和腹侧顶盖区—边缘系统—前额叶的神经冲动，包括来自前额叶腹内侧正中区的神经传导束至腹侧纹状体、来自眶额皮层的神经传导束至腹侧和背侧纹状体、来自扣带回前区背侧和前额叶背外侧正中区的神经传导束至背侧纹状体，同时向对

　　① Praneeth Namburi, Anna Beyeler, Suzuko Yorozu, et al., "A Circuit Mechanism for Differentiating Positive and Negative Associations", *Nature*, Vol. 520, No. 7549, 2015.

方发出反馈性投射纤维，借此实现对基础性奖赏行为的调控。二是伏隔核也作为表征大脑奖赏信息的中介体，同时接受来自杏仁核、海马、腹侧顶盖区和前额叶的上下行神经传导束的投射，然后再向对方发出反馈性输出。[①] 笔者据此认为，纹状体和伏隔核分别作为兼容正负性奖赏刺激信息的价值表征中介体或综合体，在审美主体实现审美奖赏的过程中发挥了关键作用。其中，只有位于腹侧纹状体的伏隔核才能接受来自眶额皮层和前额叶腹内侧正中区的神经传导，其神经递质以多巴胺为主；位于背侧纹状体的尾状核接受前额叶背外侧正中区和黑质的神经投射，主要表征与奖赏行为有关的寻找行为、学习驱动行为、身体运动行为等。譬如当人们听到其所喜爱的美妙音乐时，就会出现手舞足蹈、载歌载舞的动作，此时的肢体与器官运动主要受到尾状核活动的价值层级表征，体现了主体的自我实现程度、审美享受程度。

要言之，主体实现审美奖赏的大体神经路径是：杏仁核→眶额皮层和前额叶腹内侧正中区、扣带回→伏隔核→尾状核→ 前脑底部→杏仁核→前额叶→运动皮层；其中，"眶额皮层—伏隔核—杏仁核、脑岛、扣带回—前额叶腹内侧正中区"这个局部网络主要表征主体对审美对象的喜欢程度及体验的价值水平，而"眶额皮层—尾状核—杏仁核、脑岛、扣带回—前额叶背外侧正中区"这个局部网络主要表征主体表达自己的审美价值及情感思想意象的价值能力与机能状态。可以说，上述的完整回路构成了用以支撑审美主体对审美价值的发现与创造、判断与体验、构思与表达等系列内容的神经基础，并体现了审美主体对其所创造的审美价值所分别采取的两种加工路径，同时显示了主体创造审美价值的本体意义——形成全新的体验对象——和实现审美价值的身心意义——借助体象行表达情知意世界之审美价值。

当然，在上述的两个奖赏回路里，物质性奖赏刺激和审美性奖赏刺激均能激活相应的神经核团。我们的疑问是，对应于审美奖赏的特殊的大脑回路是什么？它看起来不是某个单一的神经核结构，而很有可能由包括皮层下和皮层的一系列复杂的神经结构组成。

---

① Valorie N. Salimpoor, Robert J. Zatorre, "Neural Interactions That Give Rise to Musical Pleasure", *Psychology of Aesthetics, Creativity, and the Arts*, Vol. 7, No. 1, 2013.

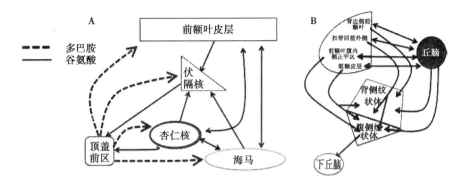

图19　大脑奖赏回路之中的情感奖赏综合体

　　A：从中脑到前额叶的多巴胺输出，黑线显示谷氨酸能神经元反馈路径。B：前额叶—纹状体—丘脑—下丘脑的双向连接路线图。DLPFC——背边侧前额叶；dACC——扣带回前外侧；VMPFC——前额叶腹内侧正中区；OFC——眶额皮层；Thal——丘脑；DS——背侧纹状体；VS——腹侧纹状体；Hypo——下丘脑。

　　（资料来源：Valorie N. Salimpoor，Robert J. Zatorre，2013）①

　　杰恩尔等在 2008 年的实验表明，音乐可以诱发人的九种基本情绪反应，诸如好笑、伤感、紧张、惊愕、宁静、超越、亲切、怀旧、强劲感。对具体的个人而言，每个人对同一种音乐作品可能会做出有所不同甚至区别显著的情感反应，其内在动因即在于同一种音乐所诱发的每个人的自传体情感记忆的内容及其价值体验不尽相同；它们具体体现在每个人大脑里的情感综合体所接收和输出的情感信息的不同构成及其重整之后的不同效能。②

　　由此可见，人脑加工情感信息的基本范式乃是采用类似于加减乘除式的混合运算法则，借助形成多层级的情绪—情感综合体而进行层层再提炼、再组合、再运算，直至达到最顶层的情感认知中枢，再由后者进行统一整合、情感价值评估和价值体验，而后将其结果输送给眶额皮层、接受后者的全息性价值判断——包含审美主客体所具有的、由审美主体所创造的完满的价值境遇。

　　①　Valorie N. Salimpoor，Robert J. Zatorre，"Neural Interactions That Give Rise to Musical Pleasure"，*Psychology of Aesthetics*，*Creativity*，*and the Arts*，Vol. 7，No. 1，2013.

　　②　M. Zentner，D. Grandjean，K. R. Scherer，"Emotions Evoked by the Sound of Music：Characterization，Classification and Measurement"，*Emotion*，Vol. 8，2008.

二　镜像神经元系统——主客体相互作用的具身认知神经装置

在人脑之中，存在着一种称作"镜像神经元"的特殊神经细胞。社会认知神经科学家林诺等在 2009 年的研究表明，镜像神经元是折射主体自己和他人的相关动机、判断、行为意图和动作特征的大脑镜面。这些细胞有助于我们在自己内心再造出别人的经验、体会别人的情感、理解别人的意图，使人类的社会交往、情感思想动作交流具有了大脑心理的内在认知基础。[①]

其根本原因在于，人脑中的镜像神经元（mirror neuron）是一种具有特别能力的神经元——能使高级哺乳动物及人类像照镜子一样在头脑里通过内部模仿而辨认出对象的动作行为的潜在意义，进而据此做出相应的情感反应。镜像神经元是意大利帕尔马大学的贾科莫·里佐拉蒂（Giacomo Rizzolatti）等科学家在 20 世纪末首先在猴脑上发现的。镜像神经元是折射我自己和他人的相关动机、判断、行为意图和动作特征的大脑镜面。这些细胞有助于我们在自己内心再造出别人的经验、体会别人的情感、理解别人的意图，使人类的社会交往、情感思想动作交流具有了大脑心理的内在认知基础。[②]

大脑中的额下回，布罗卡区，杏仁核及颞上回等结构内均有镜像神经元（见图 20）；这些特殊的神经元在被试观看别人的动作或自己操作这种动作时，都会产生强烈的兴奋性动作电位，并能标志被试对别人的动作意图或情感动机的推测行为（即领会其动作的含义，辨别目的和区分意图）与移情行为。

（一）音乐律动与神经律动

当一部音乐作品被播放的过程中，其节奏的律动与欣赏者大脑中的镜像神经元激活水平的动态变化呈现出很高的相关性。其所对应的脑区包括双侧布莱德曼（Broadmann）44/45 区、颞上沟、腹侧前运动皮层、下顶叶，以及其他一些与运动相关的区域和脑岛。这些脑区富含镜像神经元。

---

①　A. Lingnau, B. Gesierich, A. Caramazza, "Asymmetric fMRI Adaptation Rreveals No Evidence for Mirror Neurons in Humans", *Proceedings of the National Academy of Sciences of the United States of America*, Vol. 106, No. 24, 2009.

②　I. Molnar－Szakacs, K. Overy, "Music and Mirror Neurons: from Motion to 'E' Motion", *Social Cognitive and Affective Neuroscience*, Vol. 1, No. 3, 2006.

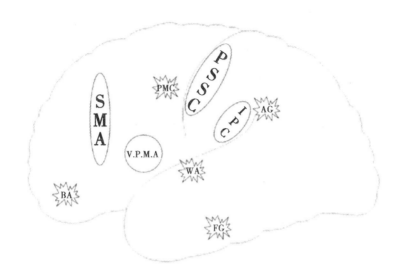

图 20 人脑的镜像神经元系统分布

1. 辅助运动区（SMA）；2. 初级本体感觉皮层（PSSC）；3. 顶叶下部
（IPC）；4. 腹侧前运动区（VPMA）；5. 布罗卡区（BA）；6. 沃尼克区（WA）；
7. 初级运动皮层（PMC）。

（资料来源：Acharya S，Shukla S.，2012）

莫纳－扎卡斯（Molnar-Szakacs）和凯蒂·奥弗里（Katie Overy）在 2006
年有关镜像神经元和音乐审美行为的实验研究中发现，人类对音乐的审美
加工活动，主要体现为基于音乐知觉—情感身体反应之间的模仿性捆绑与
主客体信息整合特征，主体与客体借此交流意义和情感；人的音乐经验的
上述特征受到镜像神经元系统的精细调节。[1] 由图 21 可见，镜像神经元
系统作为联系人的音乐感知和情绪反应乃至身体反应之间的主客体感性中
介体，发挥着整合音乐信息与人的情感记忆信息、捆绑音乐特征与人的情
感特征的价值综合体作用。这种作用体现为主体基于模仿机制对音乐情景
的再演绎、再解释和情感性评价，既要模仿外在的音乐律动，还要模仿内
在的情感律动，进而将两种律动加以有机整合及内在统一。

（二）审美移情与主客体交互渗透

对此，以发现镜像神经元现象而著称的意大利科学家加莱赛深刻地指

---

[1] I. Molnar－Szakacs, K. Overy, "Music and Mirror Neurons: from Motion to 'E' Motion",
Social Cognitive and Affective Neuroscience, Vol. 1, No. 3, 2006.

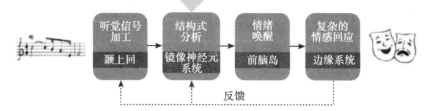

图21   人类镜像神经元系统在表征音乐的内涵与情感时的
知觉—动作综合体反应模型

（资料来源：Molnar-Szakacs，Overy，2006）

出，人类的交互性主体性品格通过彼此共享相应的感觉、情绪、意图和动作等多元一体性价值而得以实现；其中，镜像神经元乃是人类体验并实现同情、共理、主客体动作节奏情绪同一律的根本神经基础。[①] 笔者认为，人的镜像神经元系统里存在能够同时表征自我与对象的动作模式、意图特征、情绪形态的共轭信息模型。这种兼容主客体动作模式、意图特征、情绪形态的共轭信息模型可以被称作"主客体情绪—动作—意图综合表征体"。

镜像神经元的存在证明，人们在观察到他人进行某种活动和自身做出该活动时都会激活其相似的脑区，从而为知觉—动作模型提供了生物学依据。具体而言，审美活动中主体的移情体验之认知心理加工过程，大体包括"自下而上"（bottom-up）加工和"自上而下"（top-down）加工过程，两种加工过程借助早期评估和后期评估范式共同制约个体的审美移情体验活动，进而促使审美个体产生相应的情绪反应和行为反应。[②]

其中，审美移情体验的自下而上加工过程是指各种刺激线索会自动激活主体自身与之相关的历时空情绪、感知觉内容和自传体记忆经验；而审美移情体验的自上而下加工范式则是指主体的综合性审美意识、道德意识、宗教意识、科学意识等社会认知标准对人的审美移情体验的下行性调

---

① V. Gallese, "The Roots of Empathy: the Shared Manifold Hypothesis and the Neural Basis of Intersubjectivity", *Psychopathology*, Vol. 36, No. 4, 2003.

② L. Goubert, K. D. Craig, T. Vervoort, et al., "Facing Others in Pain: the Effects of Empathy", *Pain*, Vol. 18, No. 3, 2005.

节作用。脑科学研究也证明了共情包括自下而上和自上而下的两个加工过程。①

但是需要指出，严格意义上的镜像反应仅仅提供了一种主体在低阶维度使自我的感知状态与作为认知目标的客体状态进行情境匹配的机制，它所能引起的可能主要是情绪感染，即主体在情感上自动模拟并内化、认同客体或他人的经验、情绪、姿态、动作的一种倾向。②

主体对镜像具身认知活动的内在展开，必然会导致主体相应的行为出现。然而不得不强调的是，人借助想象、知觉体验和情景模仿都能产生移情体验。③

换言之，审美主体的移情体验可以分别在感性层面以表象形式呈现、在知性层面以概象形式呈现、在理性层面以意象形式呈现以及在体性层面以体象形式呈现；进而言之，主体在不同层面所展开的审美体验，会产生不同属性和特征的情思反应——它们可以被分别称作经验性或表象性情感（价值—意义）、客体符号性或概念性情感（价值—意义）、理念性或意识性情感（价值—意义）、本体符号性或体态性情感（价值—意义）。由此可见，人脑之中的镜像神经元系统可能体现的情感认知的自下而上的加工范式，其作用在于为人的移情心理活动提供一种感知觉层面的低阶水平的自我情感状态与客体目标状态加以匹配的神经基础。由于镜像神经元也存在于与运动相关的脑区，因而它能促进主体对他人行为的理解。④

2006年，神经哲学家劳伦斯等的研究发现，人们对他人行为、感觉和情绪的理解是通过激活自身与这些状态相应的神经表征来进行的，知觉和行为之间有着类似的表征编码形式，即共享表征（shared representation）。⑤ 也即是说，人们对于自己经历过的动作和体验过的情绪会产生一

---

① J. Decety, C. Lamm, "Human Empathy Through the Lens of Social Neuroscience", *The Scientific World Journal*, Vol. 6, No. 3, 2006.

② E. Hatfield, J. T. Cacioppo, R. L. Rapson, "Emotional Contagion", *Current Directions in Psychological Science*, Vol. 2, No. 3, 1993.

③ P. L. Jackson, A. N. Meltzoff, J. Decety, "How Do We Perceive the Pain of Others? A Window into the Neural Processes Involved in Empathy", *Neuroimage*, Vol. 24, No. 3, 2005.

④ C. Keysers, J. H. Kaas, V. Gazzola, "Somatosensation in Social Perception", *Nature Reviews Neuroscience*, Vol. 11, No. 6, 2010.

⑤ E. J. Lawrence, P. Shaw, V. P. Giampietro, et al., "The Role of ' Shared Representations ' in Social Perception and Empathy: An fMRI Study", *NeuroImage*, Vol. 29, No. 4, 2006.

个心理表征，而当他知觉到他人执行同样的动作和体验同样情绪时，也会产生一个类似的心理表征，两个表征中相互重复或形成交集的部分就是共享表征。对此，认知心理学家辛格等人首次通过使用 fMRI 技术研究共情现象时发现，当被试处于观看自己爱人接受疼痛刺激和自己直接接受疼痛刺激这两种实验条件之下时，都激活了其大脑的相同脑区，其中前脑岛和前扣带回与共情行为具有显著的相关性。①

拉姆等人通过使用基于图像和基于坐标的元分析方法研究人们获得共情体验时，自我与他人的相关感觉及情绪经验的神经基础。他们的研究发现，前脑岛、前内侧扣带皮层和后侧前扣带皮层在直接接受疼痛刺激和感受他人疼痛情绪都被激活了，从而表明主体所体验到的自我情绪和其所感知到的他人情绪具有心理表征的一致性和神经表征的一致性。由此可见，共享的心脑表征是主体理解他人乃至文化事件和作品的心智基础。②

上述事实提示我们，审美移情所依托的共享表征系统——包括心理表征、神经表征和体态表征，后者是迄今研究者所未提及的一种重要表征方式，并且是更为可感和生活化、实践性、应用性或体用性的一种本体表征形态，应当对之进行深入细致精准的客观探究——其理性价值在于为我们提供了一个用以认识审美间体、思维综合创新体和智慧价值表征体的思想阶梯，包括认知科学层面和神经科学层面的"共享表征"理论。

（三）调控审美情感的高阶中枢

同时需要说明，人的审美移情活动并不单单依赖中低层级的镜像具身装置，还需要依赖高阶层面的意象映射系统。Molenberghs 等人通过对镜像神经元系统参与人类被试的共情模仿的元分析发现，人脑的顶上小叶、顶下小叶、背部前运动皮质以及额叶都在共情模仿中得到了激活，但是额下回（镜像系统的主要部位）没有激活。并且，顶上小叶（非镜像神经元区域）和顶下小叶（镜像神经元区域）同等程度地激活。这个元分析证明顶叶和额叶的大部分区域，而不只是镜像神经元区域在共情模仿中有

---

① T. Singer, B. Seymour, J. O'Doherty, et al., "Empathy for Pain Involves the Affective but not Sensory Components of Pain", *Science*, Vol. 303, No. 5661, 2004.

② C. Lamm, J. Decety, T. Singer, "Meta – analytic Evidence for Common and Distinct Neural Networks Associated with Directly Experienced Pain and Empathy for Pain", *NeuroImage*, Vol. 54, No. 3, 2011.

关键作用。① 因此，镜像神经系统在共情中的作用有待进一步研究。似乎只要我们暴露在他人情绪中，就会产生共情体验。但事实上并非如此。在现实生活中，我们不可能时时刻刻都对他人及环境或相关的外在事象发生移情体验；否则，我们就完全丧失了与自己的情绪独处与对话的空间，完全沉浸在他人和外在的情绪之中而失去了自我意识。②

笔者认为，调控人的移情反应的高阶中枢主要是人脑前额叶的腹内侧正中区。功能神经解剖学业已证实，该脑区向下连接主管符号性情感记忆的左右侧颞下叶（包括主管语义性符号性情感记忆的左侧颞下叶、主管人脸与表情姿态性和艺术性情感记忆的右侧颞下叶）、左右侧布罗卡区（它们分别调控人的文化符号表达活动与身体符号表达活动）、左右侧前运动区（它们分别控制人的象征性感官活动与虚拟性身体运动）、左右侧顶叶（包括本体运动区和本体空间感觉区等）、属于旁边缘皮层的海马—杏仁核—脑岛—扣带回—纹状体—基底核，属于皮层下系统的垂体—丘脑—下丘脑—顶盖前区，等等。其中，人脑的颞叶、顶叶、前运动区、布罗卡区等部位，皆含有丰富的不同类型的镜像神经元。为何在 Molenberghs 小组的实验中，参与共情模仿的被试的额下回（镜像系统的主要部位）没有得到激活呢？笔者推测，额下回所包含的镜像神经元类型，主要是负责对各种人工符号（譬如以乐谱形式呈现的视觉音乐符号，以乐音呈现的听觉音乐符号，以文字造型—书法形式及点线面体和光影—色彩—体量—肌理—轮廓—动相呈现的视觉美术符号，以数字符号和字母形式呈现的数理科学符号）做出反应，由此体现了专业性的艺术工作者、语言文字学工作者和审美教育工作者的技术知识品格。如果 Molenberghs 小组的被试不懂艺术符号及或特殊的语言符号，那么他们就无法对这些交流媒介做出及时、有效和富有深度与意义的共情反应。由此可见，审美移情体验实际上既可以包括具象性和感性化的对象及其内容，还可以包括半抽象半具象的符号性与知性化对象及其内容（譬如以言语形式或文字形式呈现的"太阳""星空"语词），更可以包括意识性、理性化的对象及

---

① P. Molenberghs, R. Cunnington, J. B. Mattingley, "Is the Mirror Neuron System Involved in Imitation? A Short Review and Meta - analysis", *Neuroscience & Biobehavioral Reviews*, Vol. 33, No. 7, 2009.

② J. Siersma, J. Thijs, M. Verkuyten, "In - group Bias in Children's Intention to Help Can Be O-verpowered by Inducing Empathy", *British Journal of Developmental Psychology*, Vol. 33, No. 1, 2015.

其内容（譬如作曲家、画家、书法家、诗人在内心形成的审美创作意象，戏剧戏曲表演家、声乐歌唱家、器乐演奏家在内心形成的艺术表演意象）。

同时需要说明，正是审美主体及或认知主体依靠自己的审美意识对自己的感知觉活动、情绪反应、身体反应、思想反应进行全程性高阶监控、调节和引导，才不会导致人们时时刻刻都对他人及环境或相关的外在事象发生移情反应；或者尽管发生了内心的移情，但是在外表姿态、表情、言谈举止等方面仍然保持从容、沉稳、冷静的气度。此可谓理性文化、主观真理、主体意识对本能情绪、感性身体和下意识行为的重塑与规制效应。其主要原因在于，人脑的顶叶和额叶的大部分区域也参与调控人的共情模仿行为，而不只是镜像神经元区域；在某种意义上说，前额叶在人的共情模仿、审美移情、道德同情等活动中发挥着关键作用。

拉姆等人还发现，基于不同的实验范式引发的共情反应是不一致的，其所激活的共情脑区也不一样。譬如，基于图片、音乐、身体动作的共情实验范式激活的是镜像神经系统或情绪共享神经环路，而基于符号性内容和抽象性线索的共情实验范式则更多地激活了与心智化、心理理论、心灵漫游和观点采择相关的脑区，还包括表征自我—他人关系、价值和状态的相关脑区。[①]

总而言之，人类正是借助镜像神经元系统这个神奇的内在装置，才得以虚拟性再演绎或创造性地内在预演音乐作品和自我情知意与体象行以及对象世界的内外合一的共振频率、共有律动和共轭内容、共享价值——那种理想化了的、经过主体的审美完善的、无限自由美妙的审美间体！

三　人脑的"默认系统"（DMN）——主体实施对象性—本体性想象的审美创造性神经扫描网络

大脑的默认网络是一个相对独立的认知系统，它包含一些功能联系紧密的脑区：扣带回后部/前楔叶（PCC/Precuneus）——加工自传体记忆、支撑自我意识和执行自我认知的核心神经结构，腹内侧前额叶正中区（VMPFC）——自我情感评价、自我认知的高阶神经中枢，双侧角回（bi-

---

① C. Lamm, J. Majdandžić, "The Role of Shared Neural Activations, Mirror Neurons, and Morality in Empathy — A Critical Comment", *Neuroscience Research*, Vol. 90, 2015.

lateral AG）——负责连接视觉意象与听觉意象、贯通视觉文字及形象与音乐、言语信息这两大时空，参与人的主客体回忆联想和想象活动；双侧外侧颞叶（bilateral lateral temporal cortex，LTC）及双侧海马（bilateral hippocampus，HF +）——保存有关主客体特征的记忆；眶额皮层（OFC）和前额叶背外侧正中区（DLPFC）——负责审美期待、审美评价；默认网络的活动和注意网络（attention network）的活动相互拮抗（anticorrelation）（如图 22 所示）。

　　更为重要的是，大脑的默认网络能够体现审美主体对自我之情知意——体象行和对象的形态特征—内在结构—价值功能的创造性发现、建构、体验、评价和外化传达等智慧品格。扣带回后部（PCC）和前额叶正中区（MPFC）前部表现出最高形式的网络中枢角色，默认网络中的后扣带回/前楔叶和内侧前额叶是重要的大脑网络枢纽（hub），并且显著地和默认网络内部其他脑区相关。对其他脑区进行层次聚类发现，PCC 和前额叶的前正中区（anterior medial prefrontal cortex，AMPFC）都对前额叶腹内侧正中区（VMPFC）和"背内侧前额叶系统［dorsal medial prefrontal cortex（DMPFC）subsystem］"这两个系统的功能起作用。[①] 换言之，默认网络的活动被认为和自我参照加工特别是情绪加工有关；PCC 为前额叶腹内侧正中区（VMPFC）执行自我认知和情感体验提供主体自己的自传体记忆信息，前额叶的前正中区则为前额叶背外侧正中区执行社会道德认知与科学文化认知提供理性知识和记忆信息。从这个意义上说，这个系统乃是主体用以创造顶级审美对象及创生与体验审美价值的核心结构所在。参见图 22 和图 23。

　　要言之，所有的创造都呈现为主体对主客体记忆内容的选择性激活、想象性重构和虚拟性预演。[②]

　　一言以蔽之，两者都基于审美间体且回归于斯。大脑的默认网络乃是主体创生顶级审美对象——审美间体及审美价值得以由此廓出的核心神经结构。

　　图 22：上方显示了大脑默认网络的活动格局；下方两图显示了大脑

---

　　① 李雨、舒华：《默认网络的神经机制、功能假设及临床应用》，《心理科学进展》2014 年第 22 卷第 2 期，第 234—249，第 236 页。

　　② Daniel L. Schacter, Donna Rose Addis, Randy L. Buckner, "Remembering the Past to Imagine the Future：the Prospective Brain", *Nature Reviews Neuroscience*, Vol. 8, No. 9, 2007.

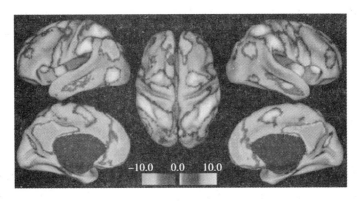

图 22　默认网络的活动和注意网络的活动相互拮抗

（转自 Fox et al.，2005）

注意网络的活动格局。其中，这两大网络的活动区域既有较多的空间重叠，又有同步化的时间拮抗相互作用。

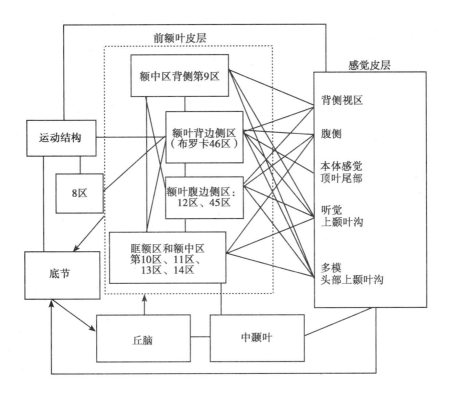

图 23　人脑前额叶新皮层与皮层下组织的结构

神经科学家瓦莱瑞的科学实验表明，杏仁核分别向眶额皮层、前额叶腹内侧正中区和伏隔核发出投射；眶额皮层、前额叶腹内侧正中区和扣带回前部继而向伏隔核发出投射；后者再返回投射至前脑底部及上述脑区。① 换言之，"杏仁核＋丘脑＋海马—眶额皮层＋前额叶腹内侧正中区—尾状核＋伏隔核"构成了大脑的全息奖赏系统；其中，"杏仁核＋丘脑＋海马"亚系统属于大脑奖赏的经验驱动系统，第二个亚系统"眶额皮层＋前额叶腹内侧正中区"属于大脑奖赏的理念驱动系统，第三个亚系统"尾状核＋伏隔核"则属于大脑奖赏的兑现执行系统。从中可以看出，第二个亚系统主要负责执行奖赏期待、奖赏体验评价、主体行为范导等价值认知与行为转化活动，发挥着奖赏信息加工中枢的关键作用——因为该亚系统同时接受来自"杏仁核＋丘脑＋海马"这个大脑奖赏的经验驱动亚系统的感性信息刺激（包括对象的信息特点和主体的情绪反应类型），以及来自"尾状核＋伏隔核"这个属于大脑奖赏回路的价值兑现—执行系统的信息反馈，还能够同时向这两大亚系统输出调适与重整后的奖赏反应指导性信息，借此实现大脑奖赏活动的主体性效能——调整与优化提升主体的感性能力—情绪反应模式、情感体验能力—机体行为反应水平。因此可以说，"眶额皮层＋前额叶腹内侧正中区"作为调控大脑奖赏活动的理念驱动系统，实际上体现了人脑对主客体情感价值进行审美整合与重构的"顶级情感综合体"或情感性审美间体之核心作用。至于形态性审美间体或顶级认知性价值综合体，则主要依托"眶额皮层＋前额叶背外侧正中区"。

对此，神经科学家科林巴赫在研究人类的眶额皮层的审美作用时指出，人类的眶额皮层是一种具有多功能的神经装置，它涉及人体验审美刺激的许多特殊类型。同时，该脑区并非具有审美加工特异性，而是更多地卷入那些要求基于内部状态对经由五种感觉通道输入的信息作出的反应和决策行为之中。实验表明，该脑区通过整合多种多样的感觉资源和认知信息而实现对特定对象的价值品质的评价与鉴赏。②

换言之，眶额皮层通过整合奖赏性刺激和主体的快乐体验，进而形成了一种能够同时表征音乐作品的奖赏效应和审美主体的情感效价的价值中

① Valorie N. Salimpoor, Robert J. Zatorre, "Neural Interactions That Give Rise to Musical Pleasure", *Psychology of Aesthetics, Creativity, and the Arts*, Vol. 7, No. 1, 2013.

② M. L. Kringelbach, "The Human Orbitofrontal Cortex: Linking Reward to Hedonic Experience", *Nature Reviews Neuroscience*, Vol. 6, No. 9, 2005.

介体，主体借此实现了主客体之间经由大脑、心理、机体介导的审美相互作用，最终将对象性的审美价值转化为主体性的审美创新过程及其产物。可以说，眶额皮层乃是审美主客体的价值转换中介体、价值实现的综合体。

第四节　主客体的审美工作记忆系统

作为人类审美认知的大脑信息加工系统，主客体的审美工作记忆系统集中体现了审美主体的创造性能力。众所周知，人类的心脑世界里存在着工作记忆这个独特的信息加工系统，其中包括语音回路、视觉空间画板这两个附属系统和中央执行系统。根据巴德莱（Baddeley）的研究，工作记忆指的是一个容量有限的信息加工系统，大脑以此暂时保持和存储信息，是知觉、长时记忆和动作之间的接口，因此是思维过程的一个基础支撑结构。[①] 实际上，工作记忆也是指短时记忆，但它强调短时记忆与当前人从事的工作的联系。由于工作进行的需要，短时记忆的内容不断变化并表现出一定的系统性。短时记忆随时间而形成的一个连续系统也就是工作记忆或叫作活动记忆。视觉空间系统可能又可以分成视觉客体工作记忆（WM）和空间工作记忆（WM）。事件相关电位（ERP）技术为这两种视觉系统内 WM 的区分以及它们与言语 WM 的区分提供了有力证据。

目前，研究美学、艺术心理学和认知科学的科学家们正在深入探究心理表象与工作记忆的内在关系，以便借此贯通心理表征和心智操作这两大系统，进而形成客观性更强、信效度更高的整合性与重构性理论。波斯特等人的实验研究表明，人的视觉心理表象常常与视觉工作记忆的内容产生相互交织，体现为时间性同步和空间性交集的情形。[②] 神经美学家达琳等人的脑成像实验证明，人的心理表象主要呈现于感知觉过程中，心理意象主要呈现于意识体验的活动中，而视觉工作记忆主要出现于认知执行环节，譬如视觉计算、视觉构思造型、视觉推理、视觉模拟、视觉注意、视

---

① A. D. Baddeley, *Working Memory*, *Thought and Action*, Oxford: Oxford University Press, 2007, pp. 123 – 124.

② G. Borst, G. Ganis,, William L. Thompson, et al. , "Representations in Mental Imagery and Working Memory: Evidence from Different Types of Visual Masks", *Memory & Cognition*, Vol. 40, No. 2, 2012.

觉搜索，等等。它们相互之间存在着比较复杂的相互影响，并共享了某些心脑机制。①

依笔者之见，第一，基于工作记忆的多成分模型和心理意象的主客体内容，我们可以推定，人的心脑系统之中必然存在着下列类型的工作记忆及心理意象形式：客体视觉情景工作记忆（及相应的心理表象和意象形态），客体听觉情景工作记忆（及相应的心理表象和意象形态），客体视觉符号工作记忆（及相应的心理表象和意象形态），客体听觉符号工作记忆（及相应的心理表象和意象形态），客体嗅觉记忆（及相应的心理表象和意象形态），客体味觉记忆（及相应的心理表象和意象形态），客体体感记忆（及相应的心理表象和意象形态），客体情感工作记忆（及相应的心理表象和意象形态），客体运动工作记忆（及相应的心理表象和意象形态），客体运动规则工作记忆（及相应的心理表象和意象形态），客体运动规律工作记忆（及相应的心理表象和意象形态）；相应的还有，人的本体视觉情景工作记忆（及相应的心理表象和意象形态），本体听觉情景工作记忆（及相应的心理表象和意象形态），本体视觉符号工作记忆（及相应的心理表象和意象形态），本体听觉符号工作记忆（及相应的心理表象和意象形态），本体嗅觉记忆（及相应的心理表象和意象形态），本体味觉记忆（及相应的心理表象和意象形态），本体体感记忆（及相应的心理表象和意象形态），本体情感工作记忆，本体思维工作记忆，本体意识工作记忆，身体工作记忆，本体动作工作记忆，本体人格工作记忆，本体行为工作记忆，等等。第二，基于主客体相对论，一个人、一个民族乃至整个人类，既是认知的主体、存在的主体、创造的主体，也是认知的客体、存在的客体、创造的客体；其对自我的认知与改造，同时意味着对作为主体的自我负责和对这个世界及宇宙负责，意味着他同时发现理解和掌握了作为世界一成员和宇宙一分子的客体性自我的内在规律，意味着他对他人、社会以及生命世界之基本发生发展规律的体认与体悟。因而可以说，人与世界、心与物、意识与存在之间，都具有共轭内容、共享表征、共性价值。于是，人的心脑系统里既然存在着指向客观事物的视觉工作记忆、空间工作记忆、语音工作记忆和情景过滤器等诸多成分，那么必然相应地

---

① S. Darling, C. Uytman, R. J. Allen, J. Havelka, D. G. Pearson, "Body Image, Visual Working Memory and Visual Mental Imagery", *PeerJ* (*Peer - Reviewed And Open Access*), Vol. 3, 2015.

存在着指向主体自身的视听体味嗅动觉工作记忆、情感工作记忆、思维工作记忆、意识工作记忆、身体工作记忆、动作行为工作记忆，等等。

一　客体工作记忆系统——主体对客体进行审美认知的大脑信息创造性加工系统

巴德莱所说的工作记忆的语音环由语音储存和发音预演两部分组成；后者既需要主体接受外部的语音或乐音信息的刺激，还需要主体激活或调动与之相关的非语音或非乐音的信息感知及信息记忆内容，以便为主体在内心虚拟呈现自己的发音或歌唱动作提供身体性、情感性、语音性、乐音性参照系。参见图 24。

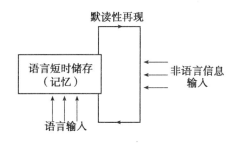

图 24　巴德莱的语音环模型（Baddeley's model of the phonological loop）
（资料来源：Baddeley，1986）

然而，在对工作记忆的研究过程中，某些实验研究并不能用 Baddeley 的三系统概念进行解释。如，在实验中被试只能记住 5 个左右的不相关的单词，而却可以记住 16 个左右有共通之处的单词。为此，在对原有工作记忆模型进行修改的基础上，Baddeley 提出了情景缓冲器（Episodic buffer）的概念，作为对三系统概念缺陷的补充。[①] 这是一种用于保存不同信息加工结果的次级记忆系统，其中包括视觉性、空间性和语言性信息内容；它有利于人脑在中枢执行系统的控制之下保持经过主体的整合性加工之后的综合信息，以便支持主体大脑后续的高阶认知加工操作。比如人们对某个电影片段的记忆，对某个故事的综合性记忆，对某个芭蕾舞动作与

---

① A. Baddeley, "The Episodic Buffer: A New Component of Working Memory?", *Trends in Cognitive Sciences*, Vol. 4, No. 11, 2000.

背景音乐的记忆，等等。①

　　在此，笔者拟提出一种新的工作记忆结构划分方式，一是位于前脑的"预期工作记忆、目录工作记忆和执行工作记忆"系统。其中，预期工作记忆主要以眶额皮层为结构功能基础，目录工作记忆主要以前额叶正中区作为结构功能基础，执行工作记忆主要以前额叶正中区边缘侧下部及辅助运动区、前运动区等为结构功能基础。需要指出，执行工作记忆系统还包括预演工作记忆子系统——本体预演工作记忆子系统主要由辅助运动区、前运动区和顶叶内侧构成；客体预演工作记忆子系统主要由布罗卡区和前额叶正中区边缘侧上部构成。二是位于联合皮层和感觉皮层的"视听体情景具身工作记忆"系统。三是位于皮层下的"工作记忆整合重构生成"系统，主要包括海马、杏仁核、丘脑、下丘脑、黑质—纹状体等神经核团。

　　有关音乐工作记忆的研究，罗尼等提供了极为细致深入的结论。他们认为，音乐工作记忆主要包括音乐符号工作记忆、音乐形象工作记忆、音乐表演动作工作记忆、音乐声响工作记忆、音乐情景工作记忆等系列复杂内容。② 进而言之，巴德莱所建立的工作记忆的第三附属系统——情景缓冲器，不仅涉及上述的视觉性、空间性和语言性信息等客观内容，同时还必然涉及人的情感记忆、身体记忆、意念动机记忆等本体性内容。这是因为，人脑在感受并知觉客观信息的刺激之时，需要借助具身化方式将之转化为自己的大脑活动、身体运动、心理活动等本体信息状态，因而会激活相关的镜像神经元；这个过程需要以大脑的扣带回后部为中介，主体借此唤起自己相关的本体记忆内容：情感记忆、身体记忆、意图记忆，等等。

二　本体工作记忆系统及自我参照系——主体进行自我审美认知的大脑信息创造性加工系统

　　大脑以分布式方式保存音乐认知信息的神经机制在于，负责感知音乐的听觉皮层分别向眶额皮层和扣带回后部发出投射，进而分别在扣带回后

---

①　L. Vandervert, "How Music Training Enhances Working Memory: A Cerebro-cerebellar Blending Mechanism that can Lead to Scientific Discovery and Therapeutic Efficacy in Neurological Disorders", *Cerebellum and Ataxias*, Vol. 2, No. 1, 2015.

②　Roni Y. Granot, Florina Uzefovsky, Helena Bogopolsky, et al., "Effects of Arginine Vasopressin on Musical Working Memory", *Auditory Cognitive Neuroscience*, Vol. 4, No. 6, 2013.

部形成有关音乐作品的情景记忆以及由此引发的主体的自传体情感记忆这种主客体信息的综合体、在眶额皮层形成有关音乐的奖赏效应和审美主体的情感效价的价值中介体。审美主体的自我参照系由此形成。

对此，珍妮特的实验研究表明，音乐能够唤起听者的自传体记忆，进而有助于主体充实和改善自己的记忆内容、情感结构和思维效能。[①]

（一）自传体（艺术）记忆、短时艺术记忆和长时艺术记忆

艺术记忆包括音乐记忆、美术记忆、戏曲戏剧记忆、舞蹈记忆、影视记忆和文学记忆等系列内容。

譬如，当在人们聆听音乐、体验音乐的时候，他对音高、节奏、节拍和调性、旋律等表现形式进行感知和识记之后，就形成了暂时的音乐记忆（保存在海马之中）。为了长期保存暂时的音乐记忆，主体就必须通过有意识记忆对其进行多元编码，进而将之分别送往大脑的相关部位（主要是左半球颞下叶前部、右半球颞下叶前部和杏仁核等结构）加以存储，使之由短时记忆转化为长时记忆，以便满足主体对音乐信息的随时提取。

以音乐记忆为例，根据音乐记忆的内容属性，可以将它分为音乐形象记忆、音乐情感记忆、音乐表演记忆和音乐语汇记忆等多种成分[②]。其中，长时音乐形象记忆主要由人脑的右半球颞下叶前部进行加工，长时音乐情感记忆主要由右半球颞下叶中部（负责本体对音乐的情感反应）和杏仁核（负责表征音乐作品的情感特征）进行加工，音乐表演记忆主要由人脑的左右侧前运动区、辅助运动区、下顶叶、左侧布罗卡区和小脑等进行加工，长时音乐语汇记忆则主要由左右半球的枕颞联合皮层、左侧布罗卡区及沃尼克区等进行加工。

同时，在人脑的左右侧前额叶新皮层有四大核心结构：一是左侧前额叶边缘区（负责对主体指向自我的抽象反思活动及指向对象的抽象思维活动进行输出调节）；二是右侧前额叶边缘区（负责对主体自我的身体动作及指向对象的形象思维活动进行输出调节）；三是前额叶背外侧正中区（负责整合客体记忆、进行主客体认知与决策、制定主体的认知反应策略和操作图式）；四是前额叶腹内侧正中区（负责整合本体记忆、对主客体价值进行

---

① P. Janata, "The Neural Architecture of Music – evoked Autobiographical Memories", *Cerebral Cortex*, Vol. 19, No. 11, 2009.

② 张凯：《音乐心理》，西南大学出版社 2005 年版，第 141—142 页。

情感体验与直觉评价、形成主体的审美性—道德性—社会性信仰意识及态度反应模式）。由此可见，前额叶正中区乃是统合艺术记忆与非艺术记忆、本体记忆与对象记忆、情感记忆与理性记忆的最高中枢，同时负责为主体的各种记忆行为提供元记忆坐标（包括目标工作记忆、目录工作记忆和输出工作记忆等重要策略、路径与资源视野）。

（二）本体陈述性艺术记忆

本体陈述性艺术记忆（subjective declarative memory of art），是指人对艺术事实与资料的具身化表述性记忆。譬如一个人对艺术作品名称、艺术家姓名、艺术表演情景、艺术概念、艺术造型规则、自己的艺术鉴赏过程、自己的艺术创作情景、自己的艺术表达经历等内外情景与事实的信息加工和表述性整理，都属于本体陈述性艺术记忆。

本体陈述性艺术记忆的特征是，一个人在面对自我需要或社会需要时，能够将自己所记取的艺术事实进行本体性陈述，主要说明自己对相关的概念性与经验性艺术事实的认知判断、意义阐释和具身参与程度等主观化和可表述的艺术事实与情景。

人的本体陈述性艺术记忆既能作为他建构本体艺术经验的核心资料，又有助于他充实自己的本体性艺术知识、扩展自己的综合性本体知识（即有关自我情知意的知识系统。陈述性艺术知识是学校艺术教学的客观内容，本体陈述性艺术知识则是艺术教育旨在实现的主观目标；其中，本体艺术经验乃是主体形成本体艺术知识、发展本体艺术意识的先导基础。

具体而言，本体陈述性艺术记忆的形成机制在于，主体基于自己所设想的特定问题，借助来自前额叶前部的"目标性工作记忆"系统，对自己所学习的艺术事件、艺术情景和艺术事实等客观信息进行目标扫描和特征提取、据此形成"可操作性工作记忆"的靶目标，进而运用"操作性工作记忆"来检索其脑中的客观陈述性艺术记忆等相关资源，再将之转化为自己的本体陈述性艺术记忆。[1] 其间，人脑需要对来自杏仁核的对象化艺术情感记忆（信息流）、来自枕颞叶和顶叶的客观性艺术感知觉记忆、来自左侧布罗卡区的对象化艺术符号记忆等系列客观信息进行具身加工。[2] 即是说，大脑需要分别将之与来自脑岛和扣带回前部的本体性艺术

---

① 丁峻：《艺术教育的认知原理》，科学出版社 2012 年版，第 154—155 页。

② 同上书，第 91 页。

情感记忆、来自右半球感觉皮层的本体性艺术情景记忆、来自右半球联合皮层的本体性艺术符号记忆、来自左侧前运动区及运动区的本体动作记忆、来自下顶叶右侧的本体感觉记忆进行条件化匹配与耦合转化，从而形成短时记忆形态的本体陈述性艺术记忆；再经过海马区的本体记忆编码、前额叶腹内侧正中区的本体情感编码、前额叶背外侧正中区的本体认知编码、右侧前额叶下部的身体动作编码、左侧前额叶下部的自我言语编码，逐步使短时记忆形态的本体陈述性艺术记忆转化为长时记忆形态的本体陈述性艺术记忆，并将其作为自传体记忆的新内容而进入扣带回后部，供主体随时检索提取，借此实现对自我或对象的深入认知与新颖创造等价值目标。

（三）艺术情感记忆

人的情感记忆主要涉及主体对外部事物（自然情景、艺术作品、科学现象、社会生活、亲情友情爱情等）和自我的情感体验及价值认知活动；其中，由于艺术文化对人的情感世界的激发效能最强、持续时间最长、唤起的情思内容最深刻，因而笔者在此主要讨论艺术情感记忆。论及艺术情感记忆，兹以音乐情感记忆为例。音乐情感记忆是指在音乐活动中，主体对音乐作品所蕴含的复杂情感特征与意义进行具身体验，做出情感反应，进而将对象化和本体性的音乐情感经验由短时记忆转化为长时记忆的系列过程。

根据其功能类型，可将音乐情感记忆分为：有关音乐情感的情景记忆和语义记忆、有关音乐情感的程序性记忆、有关音乐情感的自传体记忆、有关音乐情感的工作记忆；依据其主客体属性，可将其分为有关音乐情感的本体性情景记忆、语义记忆、程序性记忆、自传体记忆和工作记忆，以及客体性（对象性）的情景记忆、语义记忆、程序性记忆、自传体记忆和工作记忆。

艺术情感的情景记忆涉及主体自身在各种艺术活动中所经历的情感事件和情感状态。艺术情感的短时情景记忆容易被人所遗忘，而一旦被转化为长时记忆（包括自传体记忆、陈述性记忆、程序性记忆和工作记忆）后，它们就可以被主体通过意识检索而得以重新体验。

具体说来，人的情感发展和知识内化均以经验为感性资源，以想象体验为加工平台，以趣味动机意向为价值坐标。由此可见，艺术性的情感记忆乃是一个人获得内在统一与全面发展的首要精神基础与底层心理平台。

（四）艺术语义记忆

涉及艺术内容的语义记忆是指主体借助艺术表象而形成的一种具有情感韵味的符号记忆。主体在加工这种记忆时常常需要动用自己所掌握的相关的知识规则、文化含义、情感价值，而不必保存或提取整个事件的经历。因而，这种记忆具有形态抽象、结构简明、内蕴深富和需要与相应的感觉表象进行匹配等特点。艺术情感的语义记忆通常是由主体借助视觉符号解读、听觉符号解析及身体感觉再现等方式而形成的。

例如，我们在听某种乐曲时，自然会形成对该乐曲的名称、主题、旋律特征、情感韵调、社会背景等对象化的情感语义记忆，其中会渗透自己以往的欣赏经验、情感反应、价值判断、时空场景、在场的人物活动及情感态度等本体性的情感语义记忆片段。

人对艺术内容的部分情景记忆会随着时间的推移而被转化成语义记忆、自传体记忆和工作记忆等更为深刻、稳定和体用频度更高的本体经验要素。

（五）艺术工作记忆：从对象到本体

艺术工作记忆是指个性主体（通常是艺术家、艺术专业的学生、具有专业素质的艺术爱好者以及研究者等，后者包括美学家、艺术教师、艺术心理学家等）所形成的有关艺术文化的重要经验、常用信息、核心知识、操作规则、思想理论、审美观念等方面的长时记忆。根据其知觉属性，可分为视觉艺术工作记忆、听觉艺术工作记忆、体觉艺术工作记忆等，体觉艺术包括舞蹈、戏曲、影视艺术，花样滑冰、艺术体操、花样游泳等；根据其操作属性，则可分为创作（艺术）工作记忆、表演（艺术）工作记忆、鉴赏（艺术）工作记忆、（艺术）教学工作记忆、（艺术）研究工作记忆等类型。

具体而言，艺术工作记忆的基本内容大致包括艺术目标工作记忆、艺术资源工作记忆和艺术执行工作记忆等三大部分。其中，艺术目标工作记忆是指人对艺术活动所持有的价值理想、认知目标和最终结果的理念识记；艺术资源工作记忆则是指人脑在目标工作记忆的引导下，自上而下地分别检索视觉性、听觉性、动觉性等性质的具体的艺术记忆经验，它们位于联合皮层、感觉皮层、杏仁核、海马和小脑等部位；艺术执行工作记忆主要指两种操作：内向操作与外向操作，前者呈现为虚拟的演唱、演奏、谱曲、写作、绘画、跳舞和情景美化等情形，后者呈现为主体真实的演唱、演奏、谱曲、绘画和身体律动等艺术表达状态。两者以前运动区为界。

在此需要指出，第一，由于人在形成艺术工作记忆时以自己的自传体记忆为参照系，进而又将之归入其中，以便使之成为充实个性主体的本体记忆和表征自己的独特知识与能力的一种信息标记，所以主体首先需要借助自传体记忆来建构自己的艺术工作记忆系统；第二，由于人的情绪状态能够直接影响此后的审美认知活动，所以主体还需要动用元认知系统（尤其是元调节）来优化自己的心脑—心身状态，调控情绪反应，活化心脑系统的相关信息资源，以便借此推进高效和具有人本价值的艺术认知活动。

（六）本体（审美）工作记忆

审美主体的本体工作记忆系统包括六大组成部分：一是本体经验工作记忆；二是本体情感工作记忆；三是本体思维工作记忆；四是自我身体工作记忆；五是本体动作工作记忆；六是本体形象工作记忆。

审美主体的本体工作记忆受到审美元认知系统的强效调节，其伺服目标和自上而下的理念驱动源则是主体业已形成的审美间体；后者又受到主体先前形成的思维间体、动作间体、情感间体等的多重影响。

音乐之所以能够唤起听者的自传体记忆，其原因在于，音乐具有情感效价，换言之，音乐能够唤起人的或正或负的情感反应；音乐欣赏者必然要对音乐作品做出情感评价——包括其对音乐的知觉反应，比如忧伤或兴奋的情绪反应；其对音乐的认知反应，比如"有趣""乏味"等；其对音乐的记忆反应，比如借此唤起的自己的自传体记忆，尤其是情感记忆、以往的音乐经验记忆，等等。而主体对音乐的记忆反应又分别体现为四个维度的价值内容：音乐所唤起的主体的情感记忆的强度、广度、深度、持久度。

进而言之，音乐所唤起的主体的各种本体记忆，包括相应的情感记忆、身体记忆、唱歌经验记忆、手舞足蹈的音乐反应记忆、想象性经验记忆等内容，必然需要由人脑的高阶系统加以整合与重组，以便将之送往海马及杏仁核等加工新的短时记忆的神经核团那里，继而形成新的本体性短时记忆、本体性工作记忆等用于主体随后的音乐情景预演和意识性体验、音乐认知评价、对音乐的身体反应及发声器官反应、肢体反应；对于专业人士来说，还需要借此形成音乐创作的本体符号表达图式。要言之，音乐欣赏主体在音乐审美认知过程中，实际上会形成新的与音乐审美认知和审美表达密切相关的本体工作记忆，譬如情感工作记忆、思维工作记忆、身体—行为工作记忆；当然，他同时还需要建构相应的客体工作记忆的新内容，以便应对不断发生变化的审美对象特别是审美间体的认知挑战。对此，笔者在《艺术教育的认知原理》一书里曾有过论述，[①] 在此不再赘述。

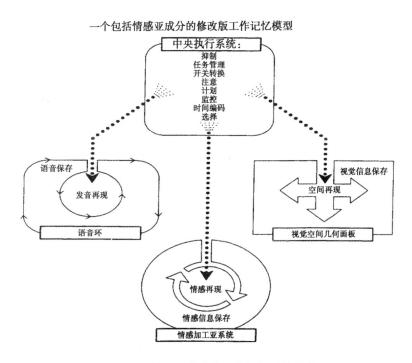

图 25　包含情感亚成分的工作记忆系统示意

（资料来源：Joseph A. Mikels，2003）

　　约瑟芬认为，审美主体的非言语性和非视觉情景性的情感体验需要获得内在预演；这种内在预演活动必然需要主体修改与调整原先的工作记忆模型，同时需要主体建立相应的情感伺服性次级系统。只有如此，主体在审美过程中的情感预演活动才能在工作记忆的情感伺服性亚系统得以次第

---

　　① 丁峻：《艺术教育的认知原理》，科学出版社 2012 年版，第 154 页。

展开与深化。① 约瑟芬还推测说，与情感伺服性次级工作记忆相对应，人在审美过程中的情感预演活动必然还需要一个专司情感执行功能的情感工作记忆亚系统。② 笔者则认为，情感工作记忆属于一个相对独立的系统，必然包含主体的情感判断—评价—决策这个最重要的亚系统；上述的约瑟芬所说的其实是大脑负责情感体验的工作记忆亚系统，再加上负责情感表达的本体工作记忆亚系统，这样，一个比较完整的主体性情感工作记忆系统便得以廓出了。

有关审美主体参照音乐作品的情景线索来提取相关的自传体记忆内容，进而据此重组新的短时记忆（包括情感经验记忆、思维情景记忆和身体反应记忆等主体性工作记忆的内容）等情形，亨尼西的实验研究提供了比较深入细致的证据与结果。③

至于前额叶活动对主体的情感工作记忆的状态依赖效应，韦根等人运用重复性经颅磁刺激技术（rTMS）的研究结果表明，大脑右侧前额叶背边侧正中区与负面情绪的产生及身心效应密切相关，且此种负面情绪状态能够影响大脑右侧前额叶背边侧正中区的相关的工作记忆内容；换言之，主体的负面情感状态与其面向客体对象的工作记忆系统之间产生的相互作用改变了后者的相关的结构与信息内容，进而导致情感工作记忆这个新的工作记忆子系统形成。④

同时，本体工作记忆的更新、保存、整合、操用等过程，也对审美主体建构自我参照系具有决定性影响。

首先，人脑里存在着有关音乐的工作记忆系统及相关内容。有关音乐的工作记忆主要涉及人脑的双侧听觉皮层、视觉皮层、运动皮层、海马区、布罗卡区、眶额皮层、背边侧前额叶等多个区域。加压素（AVP）

① Joseph A. Mikels, "*Hold on to That Feelings*：*Working Memory and Emotion from A Cognitive Neuroscience Perspective*", the University of Michigan；2003，pp. 20 - 23.

② Ibid. , p. 23.

③ Jaclyn Hennessey, "*Differential Neural Activity during Retrieval of Specific and General Autobiographical Memories Derived from Musical Cues*", The University of North Carolina, M. A. , 2010.

④ A. Weigand, A. Richtermeier, M. Feeser, et al. , "State - dependent Effects of Prefrontal Repetitive Transcranial Magnetic Stimulation on Emotional Working Memory", *Brain Stimulation*, Vol. 6, No. 6, 2013 .

能够显著提高人的音乐的工作记忆容量及效能。①

　　沃尔夫等有关情感工作记忆的实验表明，人的情感工作记忆主要涉及下列大脑结构：左右侧脑岛；颞叶内侧和上部；右侧眶额皮层；腹边侧前额叶；右侧背边侧前运动区；尾状核右侧；杏仁核右侧；左侧海马区；右侧顶叶内侧；双侧枕叶。在大脑皮层，与情感工作记忆密切相关的神经递质主要是谷氨酸；在中脑和皮层下，与情感工作记忆密切相关的神经递质主要是多巴胺。②

　　表3显示了情感工作记忆所涉及的相关脑区及其情感效价。神经科学家 Chen SH 等有关人的发声预演动作与词语工作记忆的研究表明，词语工作记忆主要涉及客观存在的语词形态、语义结构、拼音方式等语言学内容，主要与大脑的左侧布罗卡区密切相关；而人的发声预演动作虽然需要参照相应的词语工作记忆的内容，但是其重点则在于使主体形成相应的用以表达某个语句所需的头面部肌群—关节运动之平衡协调的综合性模式，包括口咽部、口腔牙齿系统、面颊部、声带肌群、气管—肺部肌群等多个肌群—关节运动系统的功能内在预演行为。③

表3　　　　　大脑中与行为工作记忆显著相关的区域活动

脑区	条件化的最佳均值及贝塔波均值	R^2	p	脑区	不同状态条件下的最优均值差异及贝塔波均值差异	R^2	p
右侧梭状回面孔区	愉快	0.08	0.040	左侧杏仁核扩展区	生气及中性	0.09	0.027
右侧海马旁回	愉快	0.07	0.042	右侧中枢	生气及中性	0.10	0.021
右侧内顶叶	生气	0.08	0.038	右侧梭状回面孔区	生气及中性	0.23	<0.001
	中性	0.10	0.016		愉快及中性	0.11	0.012

---

①　Roni Y. Granot, Florina Uzefovsky, Helena Bogopolsky, et al., "Effects of Arginine Vasopressin on Musical Working Memory", *Auditory Cognitive Neuroscience*, Vol. 4, No. 6, 2013.

②　C. Wolf, M. C. Jackson, C. Kissling, et al., "Dysbindin - 1 Genotype Effects on Emotional Working Memory", *Molecular Psychiatry*, Vol. 16, No. 2, 2011.

③　S. H. Chen, J. E. Desmond, "Cerebrocerebel - lar Networks during Articulatory Rehearsal and Verbal Working Memory Tasks", *Neuroimage*, Vol. 24, No. 2, 2005.

续表

脑区	条件化的最佳均值及贝塔波均值	R2	p	脑区	不同状态条件下的最优均值差异及贝塔波均值差异	R2	p
右侧内顶叶沟	愉快	0.11	0.011	左侧梭状回面孔区	生气及中性	0.13	0.006
	中性	0.10	0.021				
右侧内颞叶回	愉快	0.13	0.006	左侧海马	生气及中性	0.08	0.030
	生气	0.08	0.033				
左侧内颞叶回	愉快	0.10	0.015	右侧内顶叶	生气及中性	0.24	<0.001
	生气	0.07	0.044				
	中性	0.14	0.005				
右侧规叶皮层	愉快	0.07	0.044	右侧内颞叶回	生气与中性	0.07	0.049
					愉快与中性	0.10	0.016
右侧眶额区	愉快	0.07	0.046	左侧规叶皮层	生气及中性	0.08	0.037
	中性	0.09	0.024				
左侧眶额区	生气	0.09	0.022	右侧额眶区	生气及中性	0.14	0.005
	愉快	0.08	0.039				
右侧眶额皮层	愉快	0.09	0.022	左侧眶额区	生气及中性	0.10	0.019
右侧上颞叶沟	愉快	0.13	0.007	右侧上颞沟	生气及中性	0.15	0.003
					愉快及中性	0.17	0.001

（资料来源：C. Wolf, M. C. Jackson, C. Kissling, et al., 2011）

何为内在预演？依笔者之见，内在预演是指审美主体在其内心展开的有关理想客体、理想自我、创作图式和造型情景、行为模式及身体动作范式的虚拟体验过程。该过程不但涉及布罗卡区等大脑负责加工语言及形成音乐符号表达模式的客体符号区，而且涉及大脑负责制定主体的内隐动作与外部行为模式的前运动皮层、辅助运动区等系列区域。进而言之，更为重要的是，审美主体的内在预演活动能够改变、充实与提升主体原有的主客体工作记忆内容,[①]因而它有助于审美主体通过超前体验来内在实现他所创造的审美价值。换言之,审美主体在大脑与心理层面充分实现了其对审美间体世界的心脑表征,同时实现了对自我价值的内在建构及意象表征。就此而言,审美活动实质上乃是人们在内心创造美妙意象并享受美妙自由经验的一种完满价值体验活动;其后的手舞足蹈、载歌载舞、作词吟诗、绘画书写等动作,无论是属于艺术性或非艺术性之作,都体现了主体的审美创造及其身体表达的价值形态。

第五节　主体对审美间体进行价值体验的大脑特殊网络系统

审美主体的价值体验极为重要。人不但需要学会或具有创造审美价值的能力,而且需要深入知晓并掌握如何进行价值体验的方法;不然,他所进行的审美活动便一无所获。根据笔者的综合认识,在漫长复杂的人类心脑与机体行为进化过程中,人脑逐步形成了与主体之审美价值体验密切相关的多个神经网络。以下兹择要讨论其中最重要的三大网络。

一　奖赏回路

音乐神经美学家札特莱指出,在现实生活中大约有5%的人对音乐缺乏感受,虽然他们具有正常的音乐知觉能力,并能够分辨出音乐作品中的情感意向。他们通常对诸如金钱等物质性奖赏刺激具有较强的情感反应能力、心理生理和行为反应能力。[②] 那么,这是什么原因呢?

众所周知,人脑的奖赏系统主要负责对初级奖赏性刺激信号(诸如性、食物、毒品等)和次级奖赏性刺激信号(诸如金钱、权力、荣誉等)产生反应。然而,音乐信号既不属于物质形态的初级奖赏性刺激信号,也不属于象征利益形态的次级奖赏性刺激信号。人脑的背侧纹状体主要发挥对奖赏性刺激的期待和预测作用,而腹侧纹状体则主要发挥加工快乐情感并标识高峰体验状态等实现奖赏效应的价值功能。埃雷罗斯等创制了有关音乐

---

① P. Janata, B. Tillmann, J. J. Bharucha, "Listening to Polyphonic Music Recruits Domain – general Attention and Working Memory Circuits", *Cognitive*, *Affective & Behavioral Neuroscience*, Vol. 2, No. 2, 2002.

② Robert J. Zatorre, "Musical Pleasure and Reward: Mechanisms and Dysfunction", *Annals of the New York Academy of Sciences*, Vol. 1337, No. 2015, 2014.

奖赏的问卷（the Barcelona Music Reward Questionnaire，BMRQ）。他们的实验结果表明：在现实生活中有一小部分人，他们虽然身体健康、生活愉快，但无法享受音乐，不能从音乐世界之中获得快乐。此类个体存在着能体验"金钱奖赏"性快乐的正常感受能力，这意味着那些缺失"音乐奖赏"感受能力的人并不会因此而缺少感受物质性或进去权力性快乐的能力。[1]

维露曼等的最新研究表明，人脑加工初级和次级奖赏性刺激信号的部位主要是皮层下的神经核团及前脑底部组织；而大脑加工音乐刺激信号的脑区，则不但以上述神经结构为基础，而且涉及更广泛的大脑皮层组织。临床上有关音乐冷漠症的病人研究证明，这些病人大脑之中的奖赏回路并不存在缺陷，其缺陷存在于颞叶、额叶、顶叶皮层等处。[2] 萨利浦等人有关音乐奖赏性体验的认知神经科学实验则进一步证实，音乐奖赏价值增强这一心理现象，与大脑额—颞皮层同纹状体的伏隔核的相互作用高度相关。那些患有音乐冷漠症的人，其听觉皮层的音乐感知能力、情感认知能力都无显著缺陷，其大脑的奖赏回路也基本正常。[3]

大脑的伏隔核位于尾状核头部、壳核的前部。它与嗅结节组成了腹侧纹状体，构成了基底核的一部分。伏隔核可以分作两部分：伏隔核的核与伏隔核的壳。这两个结构有不同的形态和功能。伏隔核的基本细胞类型是中型多棘神经元，其所产生的神经递质是 γ-氨基丁酸（GABA），作为一种主要的中枢神经系统的抑制性神经递质。此类神经元也是伏隔核的主要投射性或输出神经元。伏隔核的 95% 神经元是中间型多棘 GABA 能投射神经元。伏隔核的背内侧核投射到前额皮质和纹状体；伏隔核的主要输入来源包括前额叶皮质相关神经元、杏仁体基底外侧核，以及通过中脑边缘通道联系的腹侧被盖区（VTA）的多巴胺神经元。因此，伏隔核构成了"皮质—纹状体—丘脑—皮质回路"的一部分。从 VTA 而来的多巴胺能神经输入的作用在于调节伏隔核神经元活动。这些神经末梢是高成瘾性药品如可卡因，安非他命的作用区，能引起伏隔核多巴胺浓度的显著增加；其

① E. Marco - Pallares, J. Lorenzo - Seva, U. Zatorre, et al., "Individual Differences in Music Reward Experiences", *Music Perception*, Vol. 31, No. 2, 2013.

② P. Vuilleumier, W. Trost, "Music and Emotions: from Enchantment to Entrainment", *Ann. N. Y. Acad. Sci.*, Vol. 1337, No. V, 2015.

③ V. N. Salimpoor, V. D. B. Iris, K. Natasa, et al., "Interactions between the Nucleus Accumbens and Auditory Cortices Predictmusic Reward Value", *Science*, Vol. 340, No. 6129, 2013.

他娱乐性药物也导致伏隔核多巴胺浓度的显著增加。现有研究发现，伏隔核涉及音乐体验和由此引发的奖赏性情绪反应，其主要机制则在于音乐体验能够引起大脑调节多巴胺释放水平此种结果。伏隔核对音乐认知中的人脑节奏定时具有特殊作用，特别是在边缘—运动界面（Mogensen）发挥关键作用。有研究表明，在恋爱的中后期，恋人们的大脑伏隔核的神经电活动最为活跃；一旦失恋，尾状核的活跃强度会显著降低，甚至比从未恋爱的人更低，然后随着时间慢慢恢复；那些尚未进入恋爱状态的人，他们的大脑伏隔核的神经电活动则相对较低。

笔者认为，人脑尾状核的活动或认知功能主要在于为主体实现价值目标提供期待与预测，这些活动都建立于主体原先的相关经验、知识和情感、意识、观念等基础之上。也即是说，它的期待指向主体业已经历过的现实事件或内心事象，它的预测指向主体所熟悉或所希冀的对象的发展特征、运动规律与价值效应等多重内容。同时，尾状核与前脑的眶额皮层密集相连，而伏隔核的主要输入来源则是前额叶腹内侧正中区及背外侧正中区，因而可以认为，那些缺失"音乐奖赏"感受能力的人主要是缺乏感受音乐的行为动机；其行为动机又受到先前的相关审美经验的激发与强化——通过音乐期待和预测行为而形成或强化寻求音乐体验的审美动机。他们先前缺乏欣赏音乐的快乐经验，因而在当下的音乐实验或体验情景中无法形成音乐期待及欣赏音乐的行为动机，由此抑制了其前额叶的眶额皮层的脑电活动；后者继而自上而下地对尾状核进行了抑制。尾状核的抑制行为直接影响了伏隔核的兴奋水平；同时，此类主体在当下的音乐体验活动中也因着前额叶腹内侧正中区对伏隔核神经电生理活动的下行性抑制，而共同导致伏隔核内多巴胺释放水平显著下降，最终致使主体无法感受音乐律动所蕴含的快乐美妙韵味。

更重要的是，人脑的奖赏回路不但接受来自感觉皮层的刺激信息，而且接受来自前额叶新皮层包括腹内侧正中区、背外侧正中区和眶额皮层等高阶中枢的情感想象性信息、价值体验性信息和价值判断性信息的自上而下的理念驱动，因而导致大脑的奖赏回路之正向性的奖赏效应不断得到强化。① 大脑的这种分别由自下而上的感觉刺激输入、由杏仁核和海马的情

---

① Vincent D. Costa, Peter J. Lang, Dean Sabatinelli, et al., "Emotional Imagery: Assessing Pleasure and Arousal in the Brain's Reward Circuitry", *Human Brain Mapp*, Vol. 31, No. 9, 2010.

感记忆信息的循环输入、由前额叶新皮层发出的想象性信息的自上而下的输入等，共同导致大脑的奖赏效应不断升级和强化，直至达到高峰水平，进而引发大脑前额叶新皮层的高频低幅同步振荡波——它们从前额叶新皮层不断向联合皮层、感觉皮层及皮层下组织强力扩散，由此激发了神经垂体和下丘脑的高峰水平的激素释放效应，进一步强化和扩散了大脑的奖赏效应，导致审美间体次第形成、审美主体在多向体验境遇和多重动力作用下出现颤抖情形——心颤魂抖、激情汹涌、热泪盈眶、灵感迭现、心物契通、主客合一、自由神妙、无限幸福……

由此可见，主体对审美间体进行价值体验的大脑特殊网络系统包括感性奖赏系统、知性奖赏系统、理性奖赏系统和体性奖赏系统等多个复杂网络。它们通过不同层面的信息馈送与输入，造成进入奖赏回路的正向刺激信号日益丰富、日渐强劲、日益深刻和持久化，由此导致奖赏回路的神经化学反应和神经电生理学活动逐步强化，回环叠加及协同增益，逐渐达至高峰水平。这些现象表明，人类以大脑之奖赏回路为主要效应器的价值体验活动，分别在心理层面、生理层面和生物结构—功能—信息层面获得了奇妙的多元一体化的叠合、强化、放大、升级和倍增效应，充分体现了人的精神心理之创造性思维活动对主体心理、大脑、机体和行为系统所贡献的超前能动和强劲持久的动力性价值！

二　元认知系统——审美体验—价值判断的顶级神经网络

人脑的前额叶正中部有两个极为重要的亚区：腹内侧正中区（VMPFC）和背外侧正中区（DLPFC）。前者在我们进行激情体验的过程中得到了显著的高水平激活；当我们进行冷静的逻辑思维活动时，后者得到了高水平的显著激活。

萨利浦等人在 2013 年的研究表明，人脑之中存在两种奖赏系统：基础性奖赏和审美性奖赏系统。基础性奖赏系统主要体现为人脑（的该系统）对那些与人的生存密切相关且至为重要的事物产生特异性兴奋反应（譬如对食物、水、性对象等）；审美性奖赏系统则主要体现为人脑（的该系统）对那些与人的精神利益密切相关甚至至关重要的实物产生更为强烈、深刻和持久的兴奋反应、获得自由感和满足感及幸福感等，譬如音

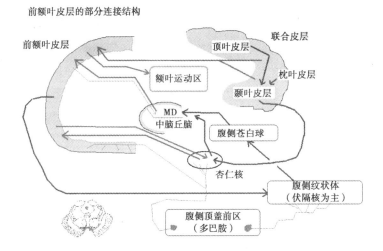

图26 人脑的奖赏体验—期待满足之神经回路

(资料来源：Vincent D.，2010)

乐、舞蹈、文学欣赏与听讲故事等。①

进而言之，由于音乐能够唤起听者的相关记忆、经验、思绪和情感意向，因而它有助于人们实现其对自我特征、自我能力、自我价值、自我理想的认知和体验等系列目的。同时需要指出，对同一部音乐作品来说，不同的听者会做出不同的情感反应。甚至同一个听者在不同年龄阶段、不同心境条件之下，对同一部音乐作品也会做出有所不同甚至完全不同的情感反应。这涉及审美主体的审美动机、审美期待、审美心境等内在的价值认知目标及态度取向等深层情形。依笔者之见，迄今的审美研究对个性主体在具体时空之中的审美动机、审美期待、审美心境等内在的根本特征问题关注不够甚至完全忽略了，代之以人皆相同的审美动因之假设，进而导致形成人皆相同的审美情感反应、审美的大脑活动模式及身体动作模式等机械主义性质的潜在推论。基于上述的非客观性理论框架去建构与实施精细精准或笼统抽象的审美研究的思想路径，则注定会陷入主观臆断的惯常误区。

譬如，学术界通常采用自主神经系统检测法（autonomic nervous system activity，ANS）来评价人们对音乐的情绪反应，包括观测被试的心率、

---

① Valorie N. Salimpoor, Robert J. Zatorre, "Neural Interactions That Give Rise to Musical Pleasure", *Psychology of Aesthetics, Creativity, and the Arts*, Vol. 7, No. 1, 2013.

脉搏、血压、面部是否出汗、皮肤电导率等一系列植物神经活动特征。[①]
但是，每个人对音乐的心理反应是不同的，因而决定了人们对音乐的生理
反应不尽相同。具体而言，能够引发每个人的最强烈的情感反应的音乐作
品类型、风格、名称因人而异。这是因为，人的音乐偏好是高度个性化的
一种认知行为。格鲁等在 2007 年进行的有关不同国家的青年大学生的音
乐偏好研究证实，美国青年大学生对 20 世纪 80 年代的美国流行歌曲"让
爱成空"（"Making Love out of Nothing at All"）最为喜爱，而德国的青年
大学生则对 80 年代美国的这首流行歌曲不熟悉，因而无法产生明显的情
感反应。[②]

　　另外，不同的人格特征也会导致人们体验音乐的强烈情感的方式出现
显著的差别。那些能够体验强烈深刻情感的人大多在人格维度测评上得分
很高。譬如，性格外向者不同于性格内向者；还有，不同的职业素养也导
致人们对音乐的情感体验及表达方式的显著不同，譬如思想家、学者、法
学家、军人、政治家等人的情感体验及表达方式等，明显不同于诗人、音
乐家、舞蹈家、演员、歌唱家、演说家等人。最后是年龄因素，即不同年
龄阶段的同一个个体，会对同一部音乐作品做出有所不同甚至显著不同的
情感反应；即便是做出强烈的兴奋性情感反应时，一个人在青少年时期大
多会出现心魂颤抖的情形，而在老年阶段则不太会出现心魂颤抖的强烈感
受，而是更多地体现为内心平和的情感同步律动等富于智性特征的审美体
验情形。

　　总之可以说，人们所感受到的来自音乐的快乐情感更多地与其对音乐
所唤起的情感强度的体验有关。[③] 换言之，主体在欣赏音乐过程中所获得
的美感，主要来自其对相关的衍生性个性化情感的自我体验。

　　另外，前扣带回（ACC）主要发挥执行监控作用，其作用机制在于

---

①　O. Grewe, F. Nagel, R. Kopiez, et al. , "How Does Music Arouse 'Chills'？Investigating
Strong Emotions, Combining Psychological, Physiological, and Psychoacoustical Methods", *Annals of
the New York Academy of Sciences*, Vol. 1060, No. 1, 2005.

②　O. Grewe, F. , Nagel, R. Kopiez, et al. , "Listening to Music as a Re‑creative Process‑
Physiological, Psychological and Psychoacutical Correlates of Chills and Strong Emotions", *Music Percep-
tion*, Vol. 24, No. 3, 2007.

③　D. H. Zald, R. J. Zatorre, "On Music and Reward", J. A. Gottfried（Ed. ）, *The neurobiology
of sensation and reward*. Boca Raton, FL：Taylor and Francis, 2011, p. 24.

大脑基于动机与奖赏期待而做出对"意志行动"的整合性控制,并具有对行动结果的情绪评价意义。也就是说,前扣带回受到大脑的眶额皮层和背侧纹状体的输入性调控,借此对主体的音乐体验活动作出动机—效果维度的情感评价。大脑借此实现对主体的审美动机、审美需求、审美期待、审美奖赏和审美的身体效度的综合评价与持续调节。

三 音乐节奏—情感律动—思维律动—身体律动的神经结构

审美活动必然会导致一系列的心脑反应与身体行为,笔者将之称作审美的生命效度。这是我们用以研究审美现象、艺术活动以及认知创造行为的重要且必不可少的客观参照系。举例来说,脑岛(Insula)既在人的音乐审美过程中体现出高水平的脑电活动特征,也在心率加快、血压升高时出现高水平的脑电活动特征,还在诸如抽烟、饮酒、吸毒、性活动、享受美食等过程中呈现出显著的激活特征。因而在此值得我们深思:审美情感的神经表征体是否是独一无二、不同于物质性享受或快感?

大脑右半球主要是负责感知音乐作品的整体旋律、记忆音高,大脑左半球负责感知音程的结构、记忆音节音位、加工音乐的语义信息等。在加工音乐节律及表达身体节律的过程中,人脑的运动皮质(Motor Cortex)的主要的功能是执行运动、脚打节拍、跳舞、演奏乐器,本体感觉皮层(Sensory Cortex)的主要的功能是执行主体在演奏乐器和跳舞中的触觉反馈。据科尼舍娃等的正电子发射术实验研究,人脑的左半球腹侧前运动区和辅助运动区则主要对主体所偏好的音乐节奏产生反应。[1] 器乐演奏及欣赏、舞蹈表演与欣赏等活动,都需要表演者及欣赏者通过听觉感知音乐节奏,进而据此同步产生动作节奏。[2] 那么,音乐、舞蹈的欣赏者为何要根据音乐的律动来产生身体的律动呢?对于这个问题,学术界迄今为止尚未做出令人信服的科学阐释。

众所周知,大脑进行音乐认知的主要结构包括:第一,运动皮质,负责身体的感知性与反应性运动、脚打节拍、跳舞、演奏乐器等。第二,听

---

① Katja Kornysheva, D. Yves von Cramon, Thomas Jacobsen, et al., "Tuning – in to the Beat: Aesthetic Appreciation of Musical Rhythms Correlates with a Premotor Activity Boost", *Human Brain Mapping*, Vol. 31, No. 1, 2010.

② 王颢霖、王东雪:《音乐节奏与动作节奏的同步认知:听觉——运动交互研究》,《黄钟》2013 年第 3 期, 第 136—141 页。

觉皮层（包括听觉联合皮层），负责对音位、音高、音调等音乐形态结构的认知与分析。第三，前额叶皮层，主要负责形成审美动机、音乐期待，进行音乐体验和评价，规划身体律动图式；第四，旁边缘皮层与皮层下结构，包括海马、杏仁核、纹状体、扣带回、脑岛等，主要负责执行奖赏反应、情绪唤起的相关记忆加工与整合预演等体验性价值功能。第五，小脑，主要负责执行身体运动与平衡，诸如脚打节拍、跳舞、演奏乐器。笔者认为，审美主体对审美对象的情知意评价与体象行反应，乃是一项前后贯通的一体化有机活动；换言之，身体律动是表征审美主体的思维律动的本体化感性方式，而思维律动又源于主体的情感律动，情感律动生成于主体对音乐作品的形式律动的具身体验，包括节奏、节拍、旋律等用于体现音乐张力的核心要素。节拍是指乐音系列之中固定的强弱音循环重复的序列，速度是指乐音所体现的规律性的强弱交替的运动速率或快慢程度；两者构成了节奏的体系，对应着人的情感思绪的变化状态：快速象征着轻松愉快，缓慢象征着沉重抑郁，乐音响亮意味着兴奋或激动或对抗张力，乐音弱小意味着伤感、思虑、忧愁等负面情感思想状态。

其中，机体肌肉系统的快运动单位的运动频率是每秒30—60个脉冲，容易疲劳，此频率与大脑前额叶皮层的高频低幅波相近；肌肉系统的慢运动单位的运动频率是每秒10—20个脉冲，不易疲劳，此频率与大脑感觉皮层的低频高幅波相近。基底神经节和辅助运动区（SMA）被认为与韵律和脉冲知觉有关，并已被证明当倾听韵律性的节奏时二者表现得更为活跃，而仅仅是听节奏就不可能诱发脉冲认知；对帕金森病人进一步的研究中证实了基底神经节具有调停脉冲知觉的作用。帕金森氏病（PD）患者对于节奏（含节拍）的识别受损明显，这充分说明了基底神经节只是作为系统的一部分参与检测或产生内部节拍。[1]

川上艾等人有关音乐节奏的神经科学实验研究表明，主体节奏感的形成及其对音乐节奏的感知，主要与大脑的前运动皮层、辅助运动区、脑岛和基底神经节及小脑的结构功能密切相关。[2] 科尼舍娃等在音乐认知科学的实验中发现，对于喜欢的节奏，主体的左腹侧前运动皮层（PMV）活

---

① Heather L. Chapin, Theodore Zanto, Kelly J. Jantzen, et al., "Neural Responses to Complex Auditory Rhythms: the Role of Attending", *Frontiers in Psychology*, Vol. 1, No. 4, 2010.

② Ai Kawakami, Kiyoshi Furukawa, Kentaro Katahira, et al., "Sad Music Induces Pleasant Emotion", *Frontiers in Psychology*, Vol. 4, No. 311, 2013.

动更为活跃。前运动皮层与听觉皮层及布罗卡区的连接十分密集，音乐节奏与动作节奏的脑区是功能重叠的。[1]

笔者认为，辅助运动区主要负责转化与整合由前额叶正中区传递而来的运动意象和情感意象，据此设计身体动作意象；前运动皮层主要负责按照辅助运动区所提供的身体动作意象来执行或预演音乐节奏，脑岛负责判断音乐节奏；基底神经节和小脑负责检测及调试主体的身体运动节奏。进而言之，既然音乐节奏与动作节奏的脑区是部分功能重叠的，那么就可以说，前运动皮层通过与布罗卡区的互动而实现对听觉皮层传入的音乐节奏的提取与感知，它同时通过与辅助运动区的互动而有效及时地再现音乐节奏以及创造性地内在预演主体自己的身体动作节奏——基于主体自身的情感律动。

人的情感、知识和观念既源于直接性的真实经验，又需要超越感性约束而升达对事物之的本质性认识。因此在审美认知过程中，审美主体需要其所获得的感性表象次第转化为审美的知性概象和审美的理性意象，以期形成对自我和对象的理想化再创造，借此形成完美的主客体价值形态。而后，还需要审美主体将此种完美是价值意象次第转化为自己的审美身体意象、审美身体概象（身体律动、器官活动和表情姿态与行为举止所需的本体符号图式）、审美的身体表象和审美的对象化与物化形式的作品表象。

同时，前运动区乃是大脑用以规划运动图式与战略的神经中枢之一，也是主体对审美情景进行内在预演的核心装置之一。而基地神经节是大脑奖赏回路的重要节点之一，其对脉冲律动的检测基于内在的"本体律动器"这个独特装置。笔者揣测，个性主体大脑之中的"本体律动器"，可能受到前运动区和前额叶腹内侧正中区的上游调制，还受到扣带回、杏仁核、颞下叶、丘脑等下游结构的后馈式调节，从而有利于主体设计与实施合情合理、高度自主和自由和谐的身体运动。

由此可见，审美主体的身体律动乃至歌唱动作、书写动作、手舞足蹈活动、表情姿态等行为特征，都是其用来外现自己的审美思维之理性律动

---

[1]　Katja Kornysheva, D. Yves von Cramon, Thomas Jacobsen, et al., "Tuning-in to the Beat: Aesthetic Appreciation of Musical Rhythms Correlates with a Premotor Activity Boost", *Human Brain Mapping*, Vol. 31, No. 1, 2010.

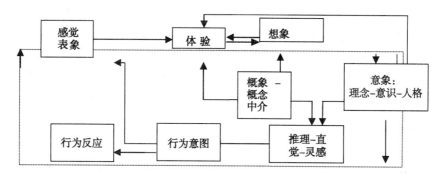

图27 心理表象—概象—意象的形成机制及认知功能

(资料来源：丁峻，2013)

内容和个性化审美情感律动及作品的客观的乐音律动范式的具身样式，都是其用于实现审美价值及体现自我的创新价值的本体形式——借助上述本体形式的审美表达，相应的审美作品或艺术作品便油然而生了。同时需要指出，审美主体的身体律动又会通过反馈性输入而成为新的强劲的感觉刺激信息，从而能够引发主体之新颖的本体性审美体验，进而导致其进入大脑奖赏回路之后引发后者的新一波或更高水平的奖赏效应。进而言之，主体所表达的本体审美形式，乃是其用来表达客观性、对象化和实体性的审美产物与创作成果的主体性模板或价值链所在。

总之，主体所偏爱的音乐节拍及律动模式能够强烈地激活其大脑的左侧前运动皮层（在非音乐工作者则为右侧前运动皮层），进而会引发主体高度同步的身体—肢体运动。[1] 其个中原因及意义，皆在于前运动皮层作为表征、执行和体现"音乐节奏—情感律动—思维律动—身体律动"之审美价值的主客体律动中介及其神经结构。

进而言之，以音乐审美为例，从对象性的音乐律动、乐感律动、乐思律动和乐理律动等，到主体性的情感律动、思维律动、理念律动、意志律动、神经律动、身体律动、感官律动和行为律动，再到主客体合一的审美间体之意识律动、意象律动、符号律动、作品律动、环境律动，皆有出现于人脑前额叶新皮层并向全脑扩散、引发身体行为同步化反应的高频低幅同步脑电波形成之后——它实际上也是审美主体之情知意活动达到高峰状

---

① R. Schaefer, R. Vlek, P. Desain, "Decomposing Rhythm Processing: Electroencephalography of Perceived and Self-imposed Rhythmic Patterns", *Psychological Research*, Vol. 75, No. 2, 2011.

态和极致效应、实现自我完善与对象性完善、形成审美间体意象和审美价值完满廓出的标志性神经事件，意味着主体的审美感性—审美知性—审美理性—审美体性的完形整合与完美统一境遇，也意味着主客一体、心物交感、天人契通的价值共鸣与同理状态；上述过程体现了审美价值得以内化与转化、充实与完善、体验与体用的完整内容、内在机制和多重效用，从而客观表征了审美活动重构认知时空的心理效应。

由上可见，审美间体乃是审美主体所创造的最高形态的审美对象或审美客体——它标志着审美主体连同审美客体共同获得了完美的价值理想，借助艺术文化与生命文化的联姻与交媾而得以共同化育出全新的"第二自然"及"审美真实时空"；更为重要的是，真正的审美体验乃是源于斯又归于斯的一种指向理想性世界的真实自由的创造性活动。基于审美主体对审美间体（其中含纳了交互镶嵌与合取重构的审美主客体的价值特征）的高峰性情感体验和极致性智慧体验及极限性意志体验，审美主体才会形成自己的审美判断——那种感性活动与内容、知性活动与内容、理性活动与内容、体性活动与内容皆达致融为一体的高峰状态、喷涌情形和至情至性至慧至能的大同化境——情知意合一、感性—知性—理性—体性—物性融通、物我契合、主客一体、天人交感的理想世界与主客体的完美化身！

同时需要说明，以往的美学研究过多地关注和争辩感性与理性、美与美感、主观与客观价值等缺少思想框架和理论模型支撑的孤立的碎片化问题，尚未论及人的体性活动及其价值内容对审美主体之二度创造、意象预演、价值体验、价值体用和价值外化等一系列重要环节的重要作用。

根据前述，第一，当代的认知神经科学业已证实，身体律动、手舞足蹈、摇头晃脑、同步哼唱等现象，均发生于人的审美体验的高峰阶段；其间，审美主体在审美间体的强力同化性作用之下，将理想化和完美无瑕的音乐律动（及或舞蹈律动、视觉造型的空间符号律动或自然事象的情景律动等）次第转化为自己的情感律动、思维律动、意识律动、身体律动、器官律动、表情神态形象律动和肢体手指律动等本体性审美表征体，从而具有在三位一体层面彻然实现自我理想、表征自我的完美价值、间接实现审美客体的理想、间接表征完美的客体价值等关键和决定性的意义！

第二，人们常说的审美价值，大多指向审美对象；实际上，审美主体与审美客体具有同时形成、相互依存、相互包含、难以分割、同甘共苦、互补互动、协同增益、完形毕现等系列特点，它们都是同时被创新、被完善和被体验和被实现的命运共同体、价值共同体、意义共同体、生命共同体。因而，我们有理由用审美的间体价值来替代那种笼统的"审美价值"称谓。

第三，审美活动的本质特征，即在于审美主体的精神创造；唯有形成了全新的审美间体及其镜像时空，审美主体才会被这个见所未见、闻所未闻的理想化和完美性的主客体融通化生的全新的意象世界强烈震撼、深深感动、极度惊愕、彻然征服、通体融化、无上满足；同时，他更为创造这个奇妙而又真实的理想化完美世界的自己高峰状态的情愫、智慧、意志、体能、技巧等深深地感动、振奋、自豪，进而能够切实体会到处于自由王国的情知意力量所体现的无限自由、无穷动力、无尽诗意！邓肯曾经有言：唯有最自由的身体才会蕴藏最自由的智慧。换言之，唯有最自由的审美情感和审美智慧、审美意志，才能催化或转化为最自由的身体语言运动——譬如富有创造性演绎精神和美感特质的艺术体操、花样游泳、花样滑冰、声乐表演、器乐演奏、哲学演讲、科学实验、技术发明、文学创作、教学示范、创意设计、舞蹈造型、影视表演、戏剧演唱、体育竞技、军事操作、美食烹调、产品赋型、游戏娱乐、自我对话、幽默言行、美化环境等应有尽有的审美价值物化情形。

在这个意义上说，审美主体所创造的审美间体及其意象世界既是完美无瑕的，又是真实可信的。其根本原因即在于，审美主体的情知意和体象行都处于自己的高峰状态和极致境遇，都达到了理想化的完美境地；因此审美主体才会对这种内在的审美真实境况产生同样完美和真实的价值体验，才会油然而生无限的自由感、无比的神妙感、无尽的诗意美感、奇特精准的直觉灵感、无穷的动力感、无以言表的幸福感和满足感！

第三章

审美间体（意象价值）的外化之道

　　一般人的审美行为之根本目的，乃在于通过审美活动而完善并美化自我，继而享受此种全新价值带给自己的无上自由、无比美妙和无限幸福的韵味，进而借此美化自己的身体形态、言谈举止和动作行为，由而产生相应的具有审美价值的劳动产物、文化作品及服务产品等；对于从事艺术创作、表演或美学研究的此类专业人士而言，其所实施的审美活动，则主要目的是借此催化自己的创作灵感、孕生创作意象与表演意象等，进而据此提高艺术表达的审美价值品格或提高艺术与美学研究的思想产出质量，以此造益大众精神文明的升进和社会文化的繁荣。

　　我们实施上述活动的能力都需要借助自己的早期艺术教育及审美教育而渐次获致。审美教育的根本目的是培养学习者的内向审美、本体认知与自我意识。通过艺术教育，我们即能使大学生由外在的对象化观照达到移情入性，使心灵进入内在化、本体性的自我观照状态，进而抵达超感性的世界。"在审美活动中，那种提高到主体自我形式及生命形式的自然形态，具有'从他物中反映自我''从他物中享受自我'的拟人化品格，成为人类情感生命的象征及对象化存在。"[1]

　　其间，艺术中的自我与世界的关系已经转化为主体与意象的关系，两者完全融通，我中有你、你中有我，彼此难分，成为价值与命运的共同体，成为主体实现个性理想和精神价值的内在方式。

　　进而言之，"不断发展的情感既从大量的客观媒介中提取原料，也从主体以往的经验中抽取特定的态度、意义和价值，进而使它们得以活化与浓缩、被提炼与组合为思想和情感的意象及灵感。在这种过程中，两者

---

　　[1]　谭容培：《论审美对象的感性特征及其构成》，《哲学研究》2004 年第 11 期。

（指主客观世界）都将获得它们不曾具有的形式、特征和活动规律"①。

正是由于主体发现了自身和对象世界的完满本质与发展规律，他才能够于内心呈现出相应的情感理想，获得真、善、美兼备和主客观世界相统一的价值理念，进而将这些内在价值逐步转化为相应的独特新颖的知性形式与感性形式，最后将这种感性形式加以对象化的符号呈现和对象化的实体传载。

审美心理学家布劳尔精辟地指出："正是借助非凡的想象能力，人类才得以超越经验世界，进入符号世界，才能共享全人类的精神财富，借此把握内外世界的本质特点、理解对象和自我的深层意义！"② 可见，审美经验实际上是一种虚拟而真如的理想化情景之自由体验；审美活动实际上乃是人对自己所进行的内在创构过程，以及对该过程和结果的对象化观照和具身性验证活动。这是主体生成美感的价值源泉和内在实现自我的心理机关。

第一节　审美实践的体性、心性和物性价值观

审美实践包括审美研究、审美教育、审美鉴赏、审美创作、审美表演、审美传播等多重类型；其中，审美教育对人类行为及社会生活的影响尤为显著。因而，本节拟以审美教育为例，深入探讨审美文化所体现的一系列无可替代的价值功能。

一　审美价值的镜像实现模式

最为重要的是，人的审美行为能够产生主客体完满价值的"双重实现"效应。

其一是审美主体之完满价值的对象化虚拟—象征实现效应：审美对象作为审美主体的意向性"代理者"，代替审美主体实现其所期待、其所能为的某种理想；其间，审美主体通过对象化移情和具身化移情方式，分别将对象视作自己的"化身"、将自我视作对象的"代言人"，继而据此直

---

① ［美］M. 李普曼：《当代美学》，邓鹏译，光明日报出版社 1986 年版，第 207 页。

② Candace Brower, "A Cognitive Theory of Musical Meaning", *Journal of Music Theory*, Vol. 44, No. 2, 2000.

观对象化的自我镜像及本体化的对象镜像，进而分别及同时展开对自我镜像和对象镜像的双重完善行为。要言之，人无法直接目击或直观自我，对象也无法如此直观它自身，因而审美主客体同时需要以对方为镜面，来间接观照自我并间接改造与完善自我。其二是审美主体完善自我的创造性活动也能导致对审美对象的直接改造与完善效能。

另外，审美主体也可借助具身转化方式来实现其所创造的完满的自我价值，包括虚实相间的两种情形：一是借助内在的虚拟预演方式呈现自己的身体状态、表情姿态、言行举止、动作行为等大类于内语、内动、内在表情的内隐性身体语言行为，与之相关的还有审美认知过程中的内隐性感觉——内视、内听、内嗅、内在触觉等；二是借助外在的实体呈现方式表征或实现其所创造的完满的自我价值——显性的身体运动、肢体活动、歌唱、言语、写作、表情姿态举止等。为此，笔者将上述机制称作"审美价值的镜像实现模式"。

对于审美主体来说，"审美价值的镜像实现模式"能够比较深刻、合情合理及合性合体地用以释说心物一体、天人合一所衍生的审美快乐及自由释放自我能量的心理奥秘，还有助于审美主体深切体味对象化同情所蕴含的深层审美意蕴——对象不但成全了完满的主体，也在审美层面成全了自身；因而，主体才会对之产生充满无上敬意与爱心的价值认同感，进而才能缔结成真正的主客精神联盟——情感共同体、价值共同体、命运共同体！从真正的审美心理学意义上讲，此种同情乃是指主客体进入感同身受、情同手足、视为己出的那种一体化的情知意境遇和体象行状态。笔者认为，还可以将之称作"审美寄情"——将主体的审美情感、审美思致和审美理想、审美行为、审美命运等托付给审美对象，寄情之后又不是拂袖而去、被动旁观，而是时刻直观、处处应和、交相投射、彼此营摄、同步完善、一体化实现完满命运。有道是：山水者，天地之才情；才情者，人心之山水。

然而，无论是审美移情说还是审美寄情说，都难以完满征传笔者所说的"审美价值的镜像实现模式"。因为移情、寄情说都属于拟人化、人格化的审美想象产物，而将对方认定为与自我情思同一、价值同一和命运同一的行为，具有更多的代理者意味。或可将之称作"审美化身"。审美间体犹如"法身"，审美主体犹如"报身"，审美对象犹如"应身"，审美表象犹如审美真理的"化身"。

　　有学者针对艺术活动与审美活动的对象性差别，认为"艺术作品的这种'客体性存在'首先表现为艺术作品的'公共性'，即某一事物被确定为艺术作品这一事件是一个社会的公共行为，而与个人的私人承认与否无关。由于艺术作品所具有的'客体性存在'属性，艺术活动也具有了相应的'客体性存在'的属性。这种'客体性存在'显现于日常生活中，就表现为艺术活动具有一些约定俗成的直观上可把捉的辨认依据，凭此依据我们可以把艺术活动与其他日常生命活动区分开来。……然而，艺术活动所具有的这种可先行描述的'客体性存在'属性，对于审美活动来说并不存在。在审美活动中，主体与之打交道的对象——审美对象不具备'客体性存在'的属性。这表现于在我们的日常世界中，并没有一种可以先行于审美活动的具体发生而被标识出来的'审美客体'的存在"①。该学者据此提出了"客体性存在"与"对象性存在"这两个概念，用以区别艺术活动与审美活动的不同对象。

　　然而笔者认为，上述论者所强调的艺术作品在艺术活动中作为先行的"客体性存在"和审美对象在审美活动中作为"对象性存在"之内在显著差别，实际上并不存在。其原因在于，无论是"客体性存在"还是"对象性存在"，都是指称某种与主体性和本体性相对应而又呈现为一体化关系的认知对象；再者，无论这种认知对象是以实体形态、符号形态还是混合形态呈现，都无关紧要，因为人类认知万物——包括艺术认知和审美认知活动——都是以相应的心理表象作为根本切入点的。所以，无论是艺术作品还是审美之物象事体，都需要在人的感性层面形成相应的艺术表象或审美表象，而后再经由艺术概念或审美概念、艺术意象或审美意象、艺术体象或审美体象达致艺术物象或审美物象之对象性、客体性、符号性境遇。

　　毋宁说，艺术活动与审美活动之重要区别，乃在于前者诉诸艺术世界的专业性、规范性、系统化和感性化的符号造型、体性化的符号转化及对象化实现形态，后者则侧重于诉诸主体之情知意世界的生活化、自由性、个性化和感性化的形象造型及本体性意义表征形态。由是观之，审美实践的体性、心性和物性价值观虽然不同于艺术实践的体性、心性和物性价值观，但两者之间还是具有很多的共通指出，譬如感性呈现、情感高峰体

---

① 董志强：《试论艺术与审美的差异》，《哲学研究》2010 年第 1 期。

验、想象性极致境遇、身体律动与情感律动—思维律动同步共振共鸣、意象性体验和表象性体验相互融通，等等。

二　审美实践的社会方式——审美性的艺术教育

进而言之，实践表明，如果学校能够将美育教育与德育教育、学科教育结合，学生通过动手实践、动脑思考，融会贯通，那么就可以有效地提高青少年学生的学习积极性、主动性、自主性、创造性，还有助于引导他们发现自我潜能、唤醒个性梦想、规划幸福人生。有研究报告说，美国国家教育科学院在对 1999—2000 学年度与 2009—2010 学年度的艺术教育进行对比研究时，做过一个有 5 万多名本科毕业生参与的问卷调查。其中有一个问题是："什么知识最有用？"回答的结果颇为耐人寻味。毕业 1—5 年的答案是"基本技能"，毕业 6—10 年的回答是"基本原理"，毕业 11—15 年的结论是"人际关系"，而毕业 16 年以上的则提出"艺术最有用"。这一调查，与其说是人们对自我成长经验的总结，不如说是这个时代对艺术教育越来越急促迫切的呼声。那么，艺术教育在当代社会究竟具有怎样的价值和意义呢？①

西方有一句谚语，"教育的本质，不是把篮子装满，而是把灯点亮"。约翰·奈斯比特是世界著名的未来学家，他曾经是肯尼迪总统的教育部副部长，做了很多和教育相关的事情。他指出，教育的目的和快乐有关。教育的本质不是单纯地灌输，而是让人发现人性的本质。现在有一个危险的倾向，就是经济的压力会使教育的水准和人类道德的标准下降。教育的本质绝对不是把大脑灌输满，而是鼓励和激发他们的灵魂和心智。

达尔文曾经说过，"年轻的时候阅读诗歌给我极大的快乐，但是最近几年我连一行诗都读不进去了，大脑似乎变成了一个机器，只会处理机械的事务。如果我可以重新再活过一次的话，我会给定一个规则，每周会读两行诗，每周会听一些音乐。由于我生活中失去了这些快乐，肯定让我的快乐减少，而且一定会导致我的智力、灵感和道德标准下降，因为这些快

---

① 陈东强：《艺术教育为什么很重要》（http：//mp. weixin. qq. com/ s？—biz = MzA5ODM 2OTM5MQ = = &mid = 208887228&idx = 1&sn = 91f55dc36b28f00f0c47944244540a36&scene = 1&srcid = UUeGhORB2qWaXMwZDy9Q&from = singlemessage&isappinstalled = 0#rd）。

乐的失去，会使我人性中最充满灵性、充满激情的部分受到损伤。"①

怀特海在他著名的教育著作《教育的目的》中提出教育的核心问题是要让学生掌握生动活泼的知识，而不是"呆滞的思想"。他说："就教育而言，填鸭式灌输的知识、呆滞的思想不仅没有什么意义，往往极其有害……"他还说："零零碎碎的信息或知识对文化毫无帮助。如果一个人仅仅是见多识广，那么他在上帝的世界里是最无用且无趣的。"他还指出："学生是有血有肉的人，教育的目的是激发和引导他们的自我发展之路。"②郑建锋认为，这一点其实涉及两个方面的内容：一是教育者应当时刻敏锐地觉察学生在学习中的实际感受，要激发学生的兴趣，而不要压抑学生的情感和思维；二是一切教育活动都必须旨在学生自身的发展，教育不能满足于是否教会了学生某些特定的知识，而是要尽可能地引导学生进行自主思考、自主探索。③

梁漱溟说："生活的本身全在情意方面，而知的一边——包括固有的智慧与后天的知识——只是生活之工具。工具弄不好，固然生活弄不好，生活本身（情意方面）如果没有弄得妥帖恰好，则工具虽利将无所用之。所以情意教育更是根本的。所谓教育，不但在智慧的启牖和知识的创造授受，尤在调顺本能使生活本身得其恰好。"④他进一步指出本能虽不待教给、非可教给者，但仍旧可以教育的，并且很需要教育。因为本能极容易搅乱失宜，即生活很难妥帖恰好，所以要调理它得以发育活动到好处；这便是情意的教育所要用的功夫——其功夫与智慧的启牖或近，与知识的教给便大不同。从来中国人的教育很着意于要人得有合理的生活，而极顾虑情意的失宜。从这一点论，自然要算中国的教育为得，而西洋人忽视此点为失。盖西洋教育着意生活的工具，中国教育着意生活本身，各有所得，各有所失也。⑤

---

① 〔美〕奈斯比特：《教育不是把篮子装满，而是把灯点亮》（http://learning.sohu.com/20141221/n407136036.shtml）。

② 〔英〕怀特海：《教育的目的》，庄莲平、王立中译，文汇出版社 2012 年版，第 26 页。

③ 郑建锋：《要活的思想，不要死的知识》，2015 年 8 月 6 日，教育思想网（http://mp.weixin.qq.com/s?—biz = MzA3MTAwODgzOQ = = &miol = 207774483&idx = 1&sn = b974de193554de05eb56fadb05de3b81& scene =4）。

④ 梁漱溟：《论东西人的教育之不同》，载《教育与人生》，当代中国出版社 2012 年版。

⑤ 同上书，第 226 页。

美国的艺术教育家马琳指出，儿童从事艺术制作的动机有多种，其中包括据此讲故事、表达自我经验、展示自我特长、尝试以新方法加工新材料、使想象之物变成真实情景等，[①]换言之，借助外在的艺术制作——儿童艺术教育活动，即能促进儿童发现生活之中的美好事物，进而借此引发他们的自由想象，并将自己的内在情感和思想借助艺术方式表达出来，以此达到对儿童的情感、思维、意识和身体行为能力进行审美教化的根本目的。可以说，艺术教育和审美教育的根本价值，就在于开启人的意义世界，进而促使人们运用审美之道和艺术形式传达或实现那个意义世界的价值。

哲学家梁漱溟指出："中国教育虽以常能着意生活本身故谓为得，却是其方法未尽得宜。盖未能审察情的教育与知的教育之根本不同，常常把教给知识的方法用于情意教育。譬如大家总好以干燥无味的办法，给人以孝悌忠信等教训，如同教给他知识一般。其实这不是知识，不能当作知识去授给他；应当从怎样使他那为这孝悌忠信所从来之根本（本能）得以发育活动，则他自然会孝悌忠信。这种干燥的教训只注入知的一面，而无甚影响于其根本的情意，则生活行事仍旧不能改善合理。"[②]

那么，我们未来的教育，尤其是审美教育，又应当如何保全人的优良本性、剔除人的负性因素、提升与完善人的情知意能质与品格呢？有学者认为，美感不仅仅是形式问题，它是由质感、形式感、生命感、价值观及形而上学性的精神感受等因素共同铸成的。这些构成因素上的差异，决定着时代的美感与民族的美感之间的差异。[③]换言之，人所形成的美感既具有感性价值、知性意义和理性价值，也具有体性功用和物性效能，即能造益人对自我世界与对象世界的价值完善性创造活动、对主客体价值功能的具身体验性活动、对主客体完满价值的身体力行表征和对象性物化表征等多重行为。

因而从这个意义上说，审美教育的根本作用就在于使人们懂得并学会

---

① Heather Malin, "Making Meaningful: Intention in Children's Art Making", *International Journal of Art & Design Education*, Vol. 32, No. 1, 2013.

② 梁漱溟：《论东西人的教育之不同》，载《教育与人生》，当代中国出版社2012年版，第226—227页。

③ 刘旭光：《欧洲近代美感的起源——以文艺复兴时期的佛罗伦萨为例》，《文艺研究》2014年第11期。

如何创造审美价值、表达何种审美、如何表达审美价值等方面的审美实践之道。

梁漱溟指出：人的生活行动在以前大家都以为出于知的方面，纯受知识的支配，所以苏格拉底说知识即道德；谓人只要明白，他做事就对。这种意思，直到如今才由心理学的进步给它一个翻案。原来人的行动不能听命于知识。孝悌忠信的教训，差不多即把道德看成知识的事。我们对于本能只能从旁去调理它、顺导它、培养它，不要妨害它、搅乱它，如是而已。譬如孝亲一事，不必告诉他长篇大套的话，只需顺着小孩子爱亲的情趣，使他自由发挥出来便好。①

柏拉图说过：世上的万事万物转瞬即逝，唯有事物的本源——理念才是完美的永恒存在。所谓理念的新与旧，主要是理念的价值取向不同；理念的转变之实质是价值观的转变，而价值的取向应以是否保证和促进学生的发展为依据。这一转变过程是深刻的，甚至可以说这是教师个人教育哲学的确立。还要将理念转化为教育的行为。真正确立审美和科学的教育理念，应该从转变行为开始。行为的改变之实质是文化方式，尤其是文化行为模式的改变。因而需要将审美理念内化为自己的信念，进而将理念内化为自己的人格特征。②

从美感的形成角度看，艺术教育对于唤醒与塑造儿童的美感具有重要的意义。为何艺术文化能够有利于我们培养少年儿童的审美体验的素质、创造性思维的素质和社会认知的素质？陈东强认为，艺术教育唤起人对审美的需要，培养人的审美趣味，形成人的审美观念，通过对艺术作品的感受、欣赏、理解和创造，人会逐渐形成一定的审美能力。一旦人成为审美的人之后，那么在日常生活中，就能按照美的样式来改进自己的生活。③

艺术教育有助于提升人的心理调适能力，因而具有心理疗治的作用。这也是艺术教育所特有的精神救赎的功能。随着现代生活节奏的不断加快，社会竞争的日趋激烈，人的心理普遍存在承受力小、调适能力差、净

---

① 梁漱溟：《论东西人的教育之不同》，载《教育与人生》，当代中国出版社2012年版，第226页。

② 成尚荣：《我们真的不缺理念吗？》，《中国教育报》2015年8月26日第3版。

③ 陈东强：《艺术教育为什么很重要》（http：//mp. weixin. qq. com/ s？ —biz = MzA5ODM2OTM5MQ = = &mid = 208887228&idx = 1&sn = 91f55dc36b28f00f0c47944244540a36&scene = 1&srcid = UUeGhORB2qWaXMwZDy9Q&from = singlemessage&isappinstalled = 0#rd）。

化能力弱等问题。而艺术直接作用于人的情感世界，与人的身心关系最为紧密，并在人的理性和感性冲突之间找到平衡，使人的生活方式由"物质化、身体化"向"艺术化、审美化"转变。在日本等国家，用艺术治疗心理疾病，已经成为一种新型的治疗技术。如通过绘画疗法，让病人释放并表达自己；通过音乐疗法，让病人发泄情绪；通过戏剧疗法，让病人借助于表演回归自我等，具有十分显著的效果，受到人们的普遍欢迎。[①]

笔者认为，通过创造审美间体，人们即可借此表达、体验、鉴赏和实现自己的审美创造性价值，尤其是通过社会人际互动、艺术二度创造、独处时空的个性审美价值预演等内外相通的多元化路径。陈东强指出，艺术教育有助于培养人的社会交往能力。艺术教育不仅让人学会创造，也能够让人学会合作和交往。在艺术学习的过程中，会通过使用一系列视觉的、听觉的、动觉的信号和动作，来表达自己的想法、意见和建议，对于沟通与表达能力的形成具有重要作用。[②]

进而言之，审美教育、审美研究、审美文化与活动管理等系列行为，都有助于当事人改进与完善自己的情知意与体象行品格。要言之，情知意乃是个性主体的人格系统之内在构成，体象行则是人格系统的价值表征方式与外化形态。对个体人格之重塑过程发挥最重要影响者，莫过于主体的个性意识，尤其是自我意识（其中包括自我审美意识、自我道德意识、自我科学意识等）。自我意识的核心内容及顶级产物，乃是涵盖与融通主客体的审美间体意象、科学间体意象、社会间体意象等系列创新性的精神价值表征体。

更重要的是，儿童通过不同形式的艺术教育，能够逐渐形成初浅的平衡、空间、架构等意识，并会根据这些来形成和谐的性格，不断滋养精神、涵育生命、圆善人性。艺术作为人类丰沛美好的情感和感性智慧的结晶，能够直接给心灵以震荡和冲击，能够提高全社会的内聚力和创新力。美国学者艾伯利斯（H. F. Abeles）明确指出："艺术教育有利于形成一个

---

① 陈东强：《艺术教育为什么很重要》（http：//mp. weixin. qq. com/ s？ —biz = MzA5ODM2OTM5MQ = = &mid = 208887228&idx = 1&sn = 91f55dc36b28f00f0c47944244540a36&scene = 1&srcid = UUeGhORB2qWaXMwZDy9Q&from = singlemessage&isappinstalled = 0#rd）。

② 同上。

有内聚力的社会。"① 还可以说，包括艺术教育在内的审美文化实践有助于各种文化层次的人们提升自己的内在灵性，进而据此获得对自我生命意义的全新领悟，以及对人生所有方面的审美认知与智慧创新。

对人类而言，艺术教育能够帮助我们形成看待世界的第三只眼——形成审美思维能力，交给我们开启世界的另外一把钥匙。真、善、美，如同三盏灯，照耀着人类前行。人们一旦学会了用艺术的眼睛去看待世界，也就会自然而然地用这只眼睛省察日常生活、反观自我成长，从而在心灵上发现自我，在精神上获得丰盈，在生命上感受意义，在人生中活得从容。②

总之，艺术教育在人的发展、社会进步的进程中具有不可替代的重要作用，艺术应成为教育的基础。不重视艺术教育，损害的是一代人的心灵世界，是一个民族的精神、想象力和创造力。③ 当然，依笔者之见，倡导审美教育的意义远大于艺术教育：前者可以面向所有青少年和成年大众，后者则是基于前者而面对少数具有内外条件的青少年及成年人。

三　提倡"审美第一"的学习理念、认知方式和人生价值观

艺术不但有助于人创造新经验、激发新情感、催化新思维，还能使人将创新观念付诸实践，因而对人的创造性思维产生了重大而奇妙的影响；艺术体验所催生的境界，乃是其他学科文化所无法企及的。因而，哈佛大学所倡导的"艺术第一"的教育理念，即可转化为"审美第一"的大众学习理念、认知方式和价值目标。

（一）"艺术第一"的西方大学教育理念

进而言之，艺术与审美文化事关个体的精神发展和创造自我之命运。审美教育作为人的感性启蒙之基础环节，同时承担着建构审美与道德素质、重塑情感世界、扩展认知与想象的智性经纬和提升人格行为的内在坐标等多种重要功能，应当成为大中小学素质教育工程的核心内容之一，是大中小学师生不可或缺、无以替代的必修课。我们的艺术教育应当回归人

---

① 陈东强：《艺术教育为什么很重要》（http：//mp. weixin. qq. com/ s？—biz = MzA5ODM2OTM5MQ= = &mid = 208887228&idx = 1&sn = 91f55dc36b28f00f0c47944244540a36&scene = 1&srcid = UUeGhORB2qWaXMwZDy9Q&from = singlemessage&isappinstalled = 0#rd）。

② 同上。

③ 同上。

的感性坐标、超越功利目标，以便真正有效促进国民的人性化、个性化和创造性之自由和谐与全面发展。

21 世纪以来，西方的一流大学（以哈佛大学为例）重新审视艺术教育的人本价值、社会功能及操作方法，提出了"艺术第一"的战略主张，认为艺术乃是大学教育的核心内容，艺术第一应当被置于哈佛教育观念的核心地位。

所谓"艺术第一"价值观，即是强调全校师生与管理者（乃至社会成员）在工作、学习和生活中体现艺术情趣和审美品位，表达艺术经验与审美理念，追求艺术理想与审美道德情操，践行艺术化的内在活动与外在行为。

这是因为，艺术文化的根本价值首先在于对人的感性世界（包括经验结构与情感态度）的审美变造效应；唯有学习者借助艺术对象的形式刺激和特征嵌合，才能引发审美联想、虚拟幻想和自由想象，由此创造出与艺术形式相匹配和虚实相间的新颖的视听觉经验，进而借助新情景激发出自己内心的全新情感体验。

艺术教育学家伯斯纳尖锐地指出："对大多数青少年学生来说，其学习效能不佳的根本原因并不是他们缺乏学习能力，而是由于他们不知道如何使自己的情感与认知活动相匹配。他们天生缺乏这种科学方法的训练；因而教师需要向学生传导有关元认知的操作方法。"[①] 而新型的艺术教育则旨在把学习者体验自我、认知自我和创新自我作为教学的核心内容与主导方式之一，即体验自我、他人和人类情感，体验艺术美、自然美、道德美、科学美之情韵奥妙。

可见，艺术教育不但有助于提升学习者对艺术知识的内化水平与艺术表现能力，更为重要的是能够促进他们的情感与知识的耦合、艺术经验与生活经验的贯通、现实感与理想信念的有机统合，进而引发情、知、意的全息重构与潜能释放效应。

因而，哈佛大学所宣示的新型艺术价值观代表了当代西方一流综合性大学的教育理想、审美理念和以人为本的艺术精神。其根本意义在于，这种艺术价值观超越了以往那种局限于传授艺术知识和艺术技能的狭窄实用

---

① M. I. Posner, M. K. Rothbart, "Influencing Brain Networks: Implications for Education", *Trends in Cognitive Science*, Vol. 9, No. 3, 2005.

的艺术教育理念，将艺术文化从工具理性的有限空间提升到以人为本的主观理性、主体真理和精神规律等本体高阶价值坐标层面，从而有助于大学公民借助艺术文化来实现对自我的创造性体验、创造性认知、创造性意识和创造性表达。

（二）"审美第一"的东方社会教育文化取向

西方大学推行"艺术第一"的教育理念，具有其内在的价值导向、知识基础和社会文化背景。西方青少年的艺术教育不是功利性、机械性、技能为要、臣服于作品和大师的"艺术匠人"式的教育，而是注重人的个性情知意能力发展和体象行素质提升的、以人为本的、催化审美爱心诗意及美感创造性精神的鉴赏家式的全人教育。

美国的综合性大学实行高水平的通识教育，每个大学都设有文学系、音乐系、美术系、艺术系，有些大学还设有艺术学院、音乐学院、美术与设计学院等，所以它们的艺术教育具有坚实的软硬件基础。许多兼修艺术并能力出众的非艺术专业学生坚信，接近艺术不是为了开发智力或增加就业的技术，而是为了领悟真善美、完善自我和享受人生。可见，只有彻底摒弃功利主义的艺术教育观与学习观，才能使之真正有益于人实现内在自由！人的内在自由与精神创造都需要审美移情与观念创新，后者根植于艺术教育的沃野之中。

美国教育思想家爱德华·诺顿（Edward Norton）深刻地指出："知识可以帮助我们生存下去，价值观和道德感可以使我们生活得体面而富有责任感；而认识与理解世界的美、生活的美以及艺术创造的美，则可以使我们的生活更丰富、更有情趣和意义。"① 前任哈佛大学校长陆登庭也强调说，大学教育应当激发我们的好奇心，使我们对新思想、新经验保持开放的心态；它应当鼓励我们去思考那些未曾检验的假设，思考我们的信仰和价值观。因而，最好的教育不但有助于人们在事业上获得成功，还应当使学生更善于思考，具有更强的好奇心、洞察力和创新精神，成为人格更加健全和心理更加完美的人。这种教育既有助于科学家鉴赏艺术，又有助于艺术家认识科学，使人们度过更加有趣和更有价值的人生。② 换言之，艺

---

① 沈致隆：《亲历哈佛——美国艺术教育考察纪行》，华中科技大学出版社 2002 年版，第121 页。

② 同上书，第 131 页。

术乃是自我表现、创造力、自发性和精神变革的动力源泉。

然而，第一，国内目前的艺术审美教育呈现出严重的形式化倾向，进而制约了青少年情知意能力的创造性发展。艺术教育的理念功利化、背离了以人为本的发展观，最显著的体现即是重技轻艺、重知识轻能力、重智力发展轻情感塑造、重模仿轻创造、重西方艺术轻本土艺术。①据共青团中央和"中国青少年发展基金会"连续实施多年的"中外青少年学生创造力调查"结果，一是我国多数学生的创造力低下；二是大中小学学生对音、体、美等人文艺术课程最缺乏兴趣；三是大中小学的学生缺乏想象力、情感脆弱、经验浅泛。

第二，我国的艺术教育研究存在诸多严重问题，显著制约了艺术教育实践的人性化和科学化发展，因而需要通过强化美学研究，特别是审美心理学和审美教育学的基础理论研究，借此纠正目前艺术教育的认知盲区与操作误区，经由更为深广普遍的审美教育来引导艺术教育获得合情合理的、科学的和人性化的高效发展。

一是缺乏清晰严谨的概念系统。概念层面缺乏相对清晰和可操作的成分，例如在有关艺术的通识教育、素质教育、审美教育、创造性教育、人格教育等方面相互混淆、相互重合、相互置换，将艺术教育等同于审美教育或素质教育。

二是缺乏整合性的学科理论。即学科体系缺乏开放性和兼容性，至今很难同时包容音乐学、美术学、舞蹈学、戏剧戏曲、影视艺术、体育艺术、工艺艺术、设计艺术等门类，更别说对它们进行科学整合了。目前的艺术教育学、美术教育学、音乐教育学、音乐心理学等专著与教材寥寥无几，而有关艺术教育心理学、音乐认知心理学、艺术创作心理学、艺术审美心理学和艺术认知心理学的专著与教材甚至是空白。

三是研究方法片面化，偏重外在时空的技术观照。研究方法单一，侧重艺术文献资料的梳理，或者偏重对艺术传达层面的造型技术研究，缺少艺术构思、艺术体验、艺术认知、艺术想象、艺术判断等方面的交叉学科探索，主要使用人文科学的思辨方法和理论旁证手段，极少进行微观层面和定量水平的精细观测，缺少大脑方面的科学事据，尚未深及心理表征与思维操作层面，从而显得笼统抽象，影响了研究结果的客观性、可观测

---

① 伍雍谊：《我国学校音乐教育的回顾与展望》，《中国音乐教育》1995 年第 5 期。

性、可重复性，进而很难具有深阔的解释力和超前的预见力。

四是思想模型阙如。在概念—范畴方面缺少借鉴创新，在艺术教育学的理论建构方面缺乏合情又合理的思想模型，用以表征艺术观念的心理载体出现空白，进而导致艺术教育的价值观和机制观发生匹配失调，以空洞抽象笼统的人本目标取代具体独特丰富的个性情知意塑造目标，甚至将学生推向对艺术教育采取实用主义、功利主义做法的境地，使艺术经典成为束缚学生创造性精神的"黄金枷锁"，从而严重背离了艺术教育的根本宗旨。

五是重视客体性知识，忽视主体性知识。在艺术教育的认知方面过度强调对艺术知识的机械灌输和对艺术技能的刻板训练，严重忽视了对学生的艺术经验的创新塑造、对其艺术情感的内在激发、移情体验和激情想象之科学引导，从而致使艺术学习成为最枯燥乏味、最缺少创造性和最僵硬凝固的个性心灵异化乃至退化的过程！这样的研究缺陷与片面性，进一步影响了理论对艺术教育实践的指导效能，更无法造益于青少年之情知意发展和思想观念人格行为的创新能力。

有鉴于此，我们应当参照国外一流大学的艺术教育之研究理念和实践模式，切实改革艺术教育的研究观念和知识结构，倡导审美为先的教育理念，以创新的审美教育理论与方法引领艺术教育的学校实践和社会实践，借此有效促进人的情知意能力获得全面和谐自由的审美发展，以人的感性、知性、理性和体性素质的审美发展催化人的艺术经验、艺术知识、艺术能力。

东方的美学和审美教育注重天人合一、格物致知、意识化变、性情陶冶、人格养成，倡导具有超越具体知识和专门技能的"做人第一""做事第二"的本体发展价值观。笔者认为，我们理想的艺术教育实际上应当体现审美教育的本质特征，即应当把学习者体验自我、认知自我和创新自我作为学习的核心内容与主导方式之一——体验自我、他人和人类情感，体验艺术美、自然美、道德美、科学美之情韵奥妙。换言之，我们在21世纪应当首先倡导审美教育为先的价值理念。

其根本原因在于，人的情感发展体现了内在的复杂规律，其中包括个体对自我的经验变构、情感映射、想象性体验、自我认知、意象设计和行为调节等方面的科学机制和操作方法。主体对自我情感的"审美创造"过程，需要借助艺术美、自然美、生命美等外在对象，并以此为营造自我经验、情感表象和虚拟经验的感性材料，进而将其加工成用以观照自我情感意向的客观镜像。进而言之，审美教育的核心内容乃是向学习者有效传导以审美之道进行自我管理——先行"情感管理""思维管理"和"意识管理"，后接"身体管理""言行管理""动作管理"和"技能管理"——的审美经验、审美知识和审美方法，而后方能有效促进人的内外行为的审美嬗变、自我完善和自我价值的社会化实现境遇。

为此，艺术教育学家罗斯巴特指出，所谓"情感管理"，即是指人们知道在何时何地、对何人表达合情合理的情感态度，其中包括对自我的情感体验、情感增益、情感调节、情感理想的设定和情感实现（自我交流）等多元内容。[①]

具体而言，对艺术专业和非艺术专业的学生来说，他们都需要掌握"情感管理"的原则。这些原则或方法论主要涉及学习者对知识和行为的情感资源分配、情感态度投射和情感水平的调节等动力性环节。进而言之，审美教育的根本作用即在于造心或内在造化；其中，主体的移情体验对人的社会认知和自我重构发挥着决定性的作用。换言之，艺术教育应当催化内在创造能力，提升人的情感思想境界。

其原因在于，一是审美意象能够衍生无数个相关或类似的观念，有助于人类通过创造对象来认识自我、实现自我的精神价值；二是人在改造客观世界的同时也改造了主观世界；三是审美移情的本质在于主体对自己的内在创造与自我欣赏，其中包括主客观世界相统一的内在创造产物——审美意象及理想化自我。换言之，"审美的欣赏并非对于某个对象的欣赏，而是对于一个自我的欣赏。它是一种存在于主体身上的直接的价值感受。审美欣赏的特征在于：在其中，主体所感受的愉快的自我和使主体感到愉快的对象并不是分立的两回事，这两方面都是同一个自我，即直接经验到的自我"[②]。

更为重要的是，我们在审美对象上所发现和虚拟直观的乃是自己的情感状态，而不是我们对审美对象或他人他物的情感。[③]总之，审美欣赏所

---

① M. I. Posner, M. K. Rothbart, "*Educating the Human Brain*", Washington DC：APA Books, 2007, pp. 64 – 65.

② 朱光潜：《西方美学史》下卷，人民文学出版社 1983 年版，第 610 页。

③ ［美］斯蒂芬·戴维斯：《音乐的意义与表现》，宋瑾、柯杨等译，湖南文艺出版社 2007 年版，第 114 页。

面对的乃是对象与自我的感性统一体。因而，这些最新的科学发现为我们提高艺术教育的社会效能提供了全新的认知路径。

要言之，倡导审美为先的教育理念和人生行为取向，具有以下的重要意义。

一是有助于我们依托科学、先进和人性化的审美教育理论，紧扣人的情知意内容和体象行状态，实施合情合理的审美内化—转化—外化工程，借此超越狭隘的艺术知识教育观念、艺术技能刻板训练模式和功利化的艺术文化教育视域，真正促进人的精神世界获得创造性和审美性的自主能动和谐长足发展。

二是有助于打破横亘于大众与艺术世界之间的深阔复杂的精神隔膜，促使大众超越抽象的艺术专业知识和复杂的艺术表现技能，侧重于重塑自己的感性经验、知性结构和创造性想象的思维能力，提升以审美方式表现言行举止的生活化审美素质，将审美文化—审美价值转化为日常生活与工作之中的思想行为状态和产物。

三是还有助于改变现行的艺术教育之诸种弊端，以契合童心和人性的方式融入审美文化、优化与重塑人的感性能质，借此有效提高青少年和成年人学习艺术文化的内在动力与学习效能，同时有利于深度促进艺术教育的科学化、美学化、人性化和个性化发展，有利于遴选和培养真正具有审美创造能力的杰出艺术专业人才。因为现行的艺术教育成为个性主体发展审美创造力的精神桎梏，而科学化、美学化和人性化、个性化的审美教育则可以遵循人的心脑体行发展之内在规律，依托先进的审美教育之科学理论与科学方法、科学的评价手段和管理激励策略，有效催化人的创造性潜能，有效提升和释放个性主体的审美创造性优势。

四是有利于促进国内大众养成对审美文化的身心体用习惯和生活践行能力。长期以来，国内外的审美教育仅仅注重审美体验、审美欣赏和审美文化的愉快效应，却忽视了审美实践在提升人的正能力、消弭人的负能量、强化人们应对艰难困苦—逆境—疾病—灾难—痛苦—悲剧境遇的精神免疫力和进击能力等方面的独特作用，从而致使审美教育陷入快乐教育的误区，大大削弱了审美教育应有的巨大功能。审美教育固然能够显著提升人的幸福感，但其更为重要且更具现实价值的效能在于，审美教育还能提升乃至完善人的情知意力量与体象行水平，促使人们的精神世界达至情感高峰、智慧极致和体能极限的自由境遇；为此，这样的完满自我当然拥有足够强大、持久和深烈的能量来抗击内外时空的假恶丑力量，来转化内外环境的负能量，从而使自己永保睿智之思、爱心诗意美感之情、良知善意道德意志、健沛脑体和练达行为，进而借此持续创造、体验、享有和转化—实现自己采自审美世界的幸福价值！

总之，艺术文化与审美实践事关每个人的命运与幸福，而不仅仅是艺术家、思想家和专业人士的独有领地。其原因在于，审美活动有助于优化人的性情与品格，提升人的内在创造能力，即通过内在发现、内在完善、内在实现及内在体验而实现精神理想、获致心灵自由。进而言之，审美文化主要是借助其对人的意象世界的构建来影响人的观念动机与价值坐标，来指导人格活动和创造行为的。因此，我们应当借助"艺术之镜"来打造审美与创造的"自我之镜"。唯有创造出了内在的"自我之镜"，我们方能借此投射自己的"智慧之光"，映亮内外时空的黑暗地带，发现—创造—享验主客观世界的真善美之妙品、诗意。

第二节　审美间体价值的心—脑—体—行表征形态

埃德尔曼指出："现存的大多数意识理论不是否认那种现象、解释某种别的东西，就是把问题抬高到永恒的秘密的地位。……我们的意识主要是用来重新组织心脑信息并创造新信息的一种奇妙装置。"[①] 笔者认为，也许意识系统的根本作用不在于"重新组织信息"，而在于"创造新信息"。简言之，意识系统充当了我们的"模型决策者"这个角色，即通过建构主客观世界的深层模型来供我们解释万物，设计自我，实现自我，造福社会。

进而言之，在人的各种意识活动中，主体主要依据自己所构建的心理模型来理解自然、社会、自我、人生和文化现象的规律、价值、意义及自我实现的路径，继而形成合情合理的审美观念、道德规范、自我意识、社会规则、科学理论、宗教学说、民族精神、人类价值，等等。在审美活动中，我们能够通过建构本体性与对象性的审美意识而实现自己的信息创新目标；进而基于信息创新来引发自身的经验更新、情感刷新、思维创新、

---

① ［美］杰拉尔德·埃德尔曼，朱利欧·托诺尼：《意识的宇宙——物质如何变为精神》，顾凡及译，上海科技出版社2004年版，第91—92页。

知识革新、观念创新和行为更新。

　　人类审美意识所具有的心理表征体之核心形态即是"意象"形式，辅之以概念性表象（概象）、身体性表象、物体性表象、符合性表象。其中，"间体世界"即是主体分别在感性层面、知性层面和理性层面所创构的分立统合式之意识心理模型；它们同时在历时空、共时空和超时空维度含纳感性、知性和理性内容，表征形而下、形而中和形而上的价值境遇；其所衍生的"镜像时空"，则能有效映射主观世界、间体世界、自然世界和艺术世界的多重信息。同时，通过对审美间体这个多元一体化意象系统的价值转换，审美主体即可从中抽析出自己的或对象的身体意象价值，并经由身体概象、身体运动表象（包括言语活动表象、歌唱活动表象、书写活动表象、眼神表情姿态体象等）、身体感觉表象等一系列体性审美表征方式，来对审美间体的意象价值进行全息转化和具身外化。因此可以说，主体所创造的"间体世界"既不同于主体的自我时空，也有别于对象（人或物）的客观时空和人类的现实时空，并且具有镜像映射的价值功能。

　　其基本原理在于，人的本体审美理念所具有的价值功能，大体体现为双元效应和三级效应：其双元效应包括具身预演和对象化映射，其三级效应则包括：理性自我的审美意象建构及本体审美意识体验（借助图式迁移）；理性自我的审美知性转换和本体审美意识的符号表征（借助规则迁移）；知性自我的审美感性还原和本体审美意识的具身体验（借助范式迁移）；感性自我的审美特征投射和情感映射（借助情态迁移）。科学家耶茨在 2015 年 10 月的实验研究中发现，人的寻求快感满足、审美快乐的行为习惯，主要经由大脑的奖赏回路之中的伏隔核向下丘脑发放相关的正性指令而得以实现；大脑的前额叶新皮层负责价值预期和价值判断、情感认知及行为调控的高阶中枢又对奖赏回路及运动系统进行自上而下的上游制导。[①] 由此可见，当审美主体在真切体验到了其所创造的完满的自我价值与对象价值之后，便会将此种得到自己认可与正性强化的审美行为加以及时固化和持续化——将之转化为具有感性驱动功能和感性满足效能的躯体行为模式。

---

　　① Darran Yates, "Neural Circuits: Consumption Control", *Nature Reviews Neuroscience*, Vol. 16, No. 12, 2015.

换言之，由于下丘脑是人脑调节内脏活动和内分泌活动的较高级神经中枢所在——它接受很多神经冲动，故为内分泌系统和神经系统的中心，能调节垂体前叶功能，合成神经垂体激素及控制自主神经和植物神经功能，从而有助于审美主体将审美行为模式转化为主体特定的神经内分泌激素释放模式、躯体内脏等器官的生理活动与动作模式，甚至经由第二信号系统和第三信号系统而将之逐步转化为精细稳恒的基因表达谱、蛋白质合成谱及表观遗传学的表观修饰模式等行为遗传学意义上的结构功能信息指令。

特别需要指出，审美间体的价值外化需要审美主体借助体性方式加以实施。其心脑机制在于，一是审美体性系统包括审美的身体意象、身体符号概象、身体运动图式（特别是律动范式）、身体运动表象、本体感觉表象等系列性多层级内容，它们体现了审美主体对审美价值的具身表征范式——这种范式明显地有别于审美主体对审美价值的感性表征方式。二是审美的体性系统之相关活动需要依托人脑的一系列重要结构：第一，主体对身体意象的审美建构、心理预演和价值映射，需要借助人脑左右半球的前额叶边缘区（提供价值转换与意象建构的身体图式）、前额叶背外侧正中区（提供价值转换与意象建构的认知框架）、前额叶腹内侧正中区（提供价值转换与意象建构的情感律动范型）、眶额皮层（提供价值转换与意象建构的认知策略）；第二，审美主体对身体意象的审美心理预演和价值映射，需要依托人脑右半球的辅助运动区、前运动区和本体感觉区等相关神经结构[1]。

譬如，通常人们认为跑步的人感受的快感是内啡肽带来的，而德国研究人员发现，这种快感是由内源性大麻素引起的，这与人们吸大麻是一样的感受。"长时间跑步会有快感，这是人的一种主观感受。几十年来，人们认为运动引起了内啡肽的分泌，这是跑步获得快感的唯一原因。但最近的研究证明，内源性大麻素可能也起了作用。"[2] 这提示我们，身体的快感可以来自人的单纯的生理性身体运动——因为后者能激发大脑释放内啡

① Flavia Filimon, Cory A. Rieth, Martin Sereno, et al., "Observed, Executed, and Imagined Action Representations Can be Decoded From Ventral and Dorsal Areas", *Cerebral Cortex*, Vol. 25, No. 9, 2015.

② Johannes Fuss, Jörg Steinle, Laura Bindila, et al., "A Runner's High Depends on Cannabinoid Receptors in Mice", *PNAS*, Vol. 112, No. 42, 2015.

肽与阿片肽，特别是后者的含量更高；两者都能显著减轻人的焦虑感、疼痛感、忧伤感等负面情绪与感觉状态，也可来自心因性、审美性的身体运动，譬如人们听到美妙和特别偏爱的音乐旋律时，会表现出摇头晃脑、手舞足蹈、同步哼唱等身心一体化情形，实则意味着审美主体将其所二度创造形成的审美间体价值转化为自己的理想化的情感律动范式，再将审美的情感律动转化为审美的身体律动、感官律动形态；其间，同样会发生人脑之中的内啡肽、阿片肽、多巴胺、五羟色胺等体现奖赏效应的神经递质的高水平释放，同时伴有相应的高水平的脑电活动，譬如审美高峰阶段大脑涌现的高频低幅同步脑电波，即是审美间体廓出、审美价值创生、审美共鸣、美感形成的神经标志。

有学者最近指出，实验表明，人脑的前额叶正中区能够为审美主体的想象性情景增添价值意义。[①] 笔者认为，前额叶背外侧正中区可为审美主体的想象性情景（意象建构及认知预演）增添理性价值，相应地，前额叶腹内侧正中区则能够为审美主体的想象性情景增添情感价值。它们在审美主体完善审美客体及自身的审美价值、建构审美间体意象、体验间体价值等关键性过程中，发挥着决定性的认知创新作用。

进而言之，主体在形成完美的自我审美情感意象、完满的自我认知审美意象和统一的自我人格审美意象之后，还要将其逐级转化为符号层面的自我审美概象及感觉层面的自我审美表象，以便借此消除不完美的本体经验内容、自我情感特征、自我认知方式和自我意识形态，由此形成更为合情合理的自我人格审美意象和身体审美意象等，进入对自我人格的情知意世界的审美高峰体验状态和审美理性认知阶段，进而不断更新关涉自我的美感、道德感、理智感、自我悦纳感（自爱）、自尊感和自信心，持续提升主体对自我意识的审美建构、道德重塑、理性认知、科学调控和行为表达水平。

第三节 审美间体价值外化的认知操作原理

心理学认为，决定人的认知发展的主要因素乃是"心理操作与信息

---

① Wen－Jing Lin, Aidan J. Horner, James A. Bisby, et al., "Medial Prefrontal Cortex: Adding Value to Imagined Scenarios", *Journal of Cognitive Neuroscience*, Vol. 27, No. 10, 2015.

转换”的能力。从审美认知层面来看，所谓“审美认知管理”，是指审美文化的学习者对自己加工内外审美信息时所动用的审美价值目标、审美思想策略、审美记忆资源、审美执行程序和审美表达方式等审美认知内容过程与操作范式进行有意识的反思、监督、调节和优化等一系列内在掌控的审美元调节行为。“审美认知管理”涉及人的审美元认知系统和亚认知系统。审美元认知系统主要包括审美元体验、审美元记忆和审美元调节等三大模块；其中，审美元认知体验涉及主体对自我表象（本体经验）的审美感性加工，审美元认知知识涉及主体对自我概象（本体思维规则与具身化符号概念等）的审美知性加工，审美元认知监控涉及主体对自我意象、本体审美策略与规划、本体意识体验（本体审美理念）的审美理性加工过程。从本质上说，审美元认知理念即是符合自我世界与对象世界之审美运动规律的心理表征法则与操作模式，因而审美元认知理念是调节人的其他审美元认知活动的核心因素。

审美主体对自己身体与行为进行审美管理的心脑机制在于，一是需要主体动用高阶决策系统（“元认知系统”和“自我参照系”）；二是需要主体动用信息内化—具身模拟系统；三是需要主体动用思想创生—具身预演系统；四是需要主体动用具身动力—价值内驱系统；五是需要主体动用知识映射系统（包括自我映射、镜像映射、身体映射、符号映射等）。其中，身体意象管理涉及主体的“元认知系统”“自我参照系”、大脑的“默认系统”（DMN）、镜像神经元系统；行为意象管理涉及主体的具身预演系统（由前运动皮层及布罗卡中枢等构成）、价值内驱系统（以大脑的奖赏系统—情感决策系统为根基）和知识映射系统（包括自我映射、镜像映射、身体映射、符号映射等）等相应结构。

人对其身体与行为进行审美管理的认知操作程序又包括哪些内容呢？审美主体基于元认知系统而发动的知识内化—能力生成—价值转化等审美意识创新活动，主要包括下列层级性内容：一是直接经验和技术文化通过人的“感觉—运动系统”的镜像神经元系统和“神经—肌肉”装置而转化为本体经验（包括情景记忆、体象记忆、动作记忆、陈述性记忆、程序性记忆及自传体记忆）；二是抽象的符号知识及间接经验则通过人脑的沃尼克区而转化为人的具身经验与本体性知识，主体借此实现对它们的符号体验与意义理解，进而借助布罗卡区将自己的知觉图式转化为规范性和通约性的符号表达图式（诸如符合词法—句法—语法规则的言语图式，符合字法—章法—修辞文法的写作图式，符合和声—对位—转调—配器法则的作曲图式与声乐、器乐表演图式，符合点线面体—色彩—肌理—体量—光影造型法则的美术表达图式，等等）；三是理性知识与审美意识经验通过主体的前额叶新皮层（主要是背外侧与腹内侧正中区及眶额皮层）而获得意象表征，主体进而借助前运动区、辅助运动区及下顶叶等相关脑区来对此进行行为预演，借此形成与完善自己的理念表达图式与行为操作图式。其中，人的观念性意象发育早而成熟最晚，可操作性意象则发育较迟而成熟较早。其原因在于，审美主体需要借助观念性意象来对人格系统进行高层次的本体创构。

同时，审美认知主体还需要为操用审美工作记忆而动用审美元调节系统；而前额叶新皮层的前内侧（BA 45、47 区）和后背侧（BA 11、6 区），则是审美范畴之加工区，它们负责指导审美任务分类、审美语义检索、审美策略匹配等高级抽象性审美认知加工活动。其中，前额叶的审美客体工作记忆区位于 BA 9 区和 BA 46 区，审美主体工作记忆发生于 BA 11、6 区（其中包括审美情绪工作记忆、审美身体工作记忆和审美行为工作记忆等本体性内容）。[①]

看来，客体工作记忆并非人脑统摄认知活动的核心系统。特别是对于审美认知活动而言。我们有必要从三元一体的认知表征体系方面来理解记忆的动态性、重组性和开放性特征，来把握意象系统中的理念目标程序对于检索、加工和生成概象和表象资源的决定性调节功能。

其一，前额叶新皮质成为整合信息、调节情感、制定策略和设计行动的核心结构，并自上而下地相继启动审美目标工作记忆、审美目录工作记忆和审美执行工作记忆等内在信源系统，指导策略建构及其匹配问题求解程序等有序活动。

其二，大脑的前运动区在人的学习过程中发挥着异常重要的"知识预演—能力操练"之执行功能。它一面要接受前额叶的目标、策略和图式之引导，一面接受经过前脑加工并来自杏仁核的情感投射，同时还要基于前脑的工作记忆之信息检索、有选择性地接受来自三大感觉皮层的表象资源和来自联合皮层的概念范式，以此为主体实施"审美价值预演—审美能力操练"活动的基本构件。

[①]　丁峻：《艺术教育的认知原理》，科学出版社 2012 年 3 月版，第 47 页。

这提示我们，前运动皮层的时空操作表象与真实的感觉知觉运动等效，其生成机制、加工（整合、分解、转换、派生）模式和信息（符号及语义）表征水平均体现了主体之审美心理活动的本质方式，也使审美认知过程中的陈述性记忆、程序性记忆、自传体记忆、情感记忆及工作记忆等加工方式获得了多元统一的检索端口与相互作用通道。

具体而言，人学习艺术的深层过程主要涉及"表象经验重塑—符号知识建构—审美价值预演—审美能力操练"这个认知操作行为系统。换言之，我们在内化艺术文化时，一方面要依托自己的审美理念来确定认知目标、学习策略和信息加工方式（形成审美意象的理念驱动力）；另一方面要听从自己的情感反应，借此有选择地重组各种感觉信息（形成审美表象的经验驱动力），以此为内在模拟艺术情景和创造虚拟意象的认知框架。

这提示我们，人所学习的艺术内容需经由具身体验而转化为主体自己的心脑与身体之相应的活动状态，即不同层级的个性化的认知表征体系，如此方能真正造益于人的内在创造与价值感悟。

第四节　审美间体价值的多层级外化范式

此处所说的审美间体的价值外化，主要是指审美主体所创造或完善的主客体完形统合及升华新生的那种综合性、理想化、完美和谐的审美价值；其中包括审美主体对审美客体的二度创造与价值完善内容，还包括审美主体对现实自我之情知意与体象行等本体功能的二度创造和价值完善内容。因而可以说，实际上并不存在既不属于审美主体，也不属于审美客体的那种所谓中性化的审美价值；同时需要指出，审美主体所完善与创新的审美客体的审美价值，并不等同于其所完善与创新的审美主体自身的审美价值，虽然它们之间存在着同生共灭、相互依存的命运共同体与价值共同体关系，由此可见审美主体所能体现的最大自由度、最高的独创性、最显著的个性化和最切身的幸福感。

概要而论，人的审美工作记忆包括艺术工作记忆、非艺术形态的狭义审美工作记忆和前两者的综合类型。其中艺术工作记忆的基本内容大致包括艺术目标工作记忆、艺术资源工作记忆和艺术执行工作记忆等三大部分。其中，艺术目标工作记忆是指人对艺术活动所持有的价值理想、认知目标和最终结果的理念识记；艺术资源工作记忆则是指人脑在目标工作记忆的引导下，自上而下地分别检索视觉性、听觉性、动觉性等性质的具体的艺术记忆经验，它们位于联合皮层、感觉皮层、杏仁核、海马和小脑等部位；艺术执行工作记忆主要指两种操作——内向操作与外向操作，前者呈现为虚拟的演唱、演奏、谱曲、写作、绘画、跳舞和情景美化等情形，后者呈现为主体真实的演唱、演奏、谱曲、绘画和身体律动等艺术表达状态。两者以前运动区为界。

在此需要指出，第一，由于人在形成艺术工作记忆时以自己的自传体记忆为参照系，进而又将之归入其中，以便使之成为充实个性主体的本体记忆和表征自己的独特知识与能力的一种信息标记，所以主体首先需要借助自传体记忆来建构自己的艺术工作记忆系统；第二，由于人的情绪状态能够直接影响此后的审美认知活动，所以主体还需要动用元认知系统（尤其是元调节）来优化自己的心脑—心身状态、调控情绪反应、活化心脑系统的相关信息资源，以便借此推进高效和具有人本价值的艺术认知活动。

有学者指出，在"审美体验"中，艺术审美的意义就在于它给予了感性个体在其他活动中所不曾有过的自主地位，它使每个个体自身期盼着的自我实现、自我超越的权利得以实现，而艺术审美正是这种实现的特殊方式。审美体验实际上是为个人的心理体验与人类精神的贯通提供了一个媒介体，主体正是从个体的人生境遇出发，通过对对象的形式美的愉悦进入人类精神内宇宙的感悟，去体味人类心灵的深层领域的丰富意韵，从而使个体得以传达总体，实现对人类生命本体的直观表达。文学创作的基本动因之一是作家的语感，语感外化的过程即文学创作的过程。语感外化过程由三个层次构成：文字性语感、文学性语感中的表层语感、文学性语感中的深层语感。"语言事实"并非自然事实，它自我创生，以自己的方式"行动"着，规定着个体思维的形式和范围。因而，语言与实在不可能完全"同构"，文学世界的真实即是"语言世界"的真实。[①]

进而言之，语言本体论只具有相对性。无论文艺家是否承认——艺术符号能够传达某种思想内容，他们实际上都会将自己的情知意渗透到作品

---

① 张婷婷：《文艺学本体论的建构与解构》，《中国社会科学院研究生院学报》2006 年第4 期。

的符号形式系统之中。文学符号或文学语言所对应的乃是一种审美真实而非现实的真实境遇，读者通过对文学作品的审美认知——二度创作、价值体验和价值外化，得以充实与完善自我世界，同时也会形成隐性呈现的对作品的完美的个性化演绎或重塑，进而据此体现及实现主体的自我价值理想。其间的关键环节，即在于主体对本体性和对象性世界的价值完善之创造性加工；读者的语感和作家的语感，或者说符号性律动感，都需要经历从音位—音节—音韵、字形—字声—字义、句型—句法—句义、语体—语法—语象—语义，到相应的语态律动、情态律动、语思律动、文学意象律动、身体（虚拟—隐性）律动等系列阶段。读者或作者据此方能实现对文本价值思想完善与审美体验、具身转化，进而从中获得无上美妙的自由快乐感、智慧感和幸福感。

有学者据此提出：把认识论美学的内容分析和历史视界、感兴论美学的个体体验崇尚、语言论美学的语言中心立场和模型化主张这三者综合起来，相互倚重和补缺，以便建立一种新的美学。① 笔者认为，这种思致具有某种合理性——对于审美鉴赏者而言，他们没必要掌握美感是如何形成的、美的观念和事象作品是如何形成的等美学理论知识；对于艺术家而言，他们则需要了解基本的审美之理，以便操用自己的审美创作与表达之道；对美学和艺术研究者而言，便需要深入、全面、细致地合取认识论美学的视域及知识资料，借鉴感兴论美学的精彩内容与方法，考量符号论美学的精致严密复杂的感性造型原则和效用，以期获得对人类审美行为——从感性、知性、理性到体性和物性等多重环节的全息认知与完形加工。

因而，艺术教育心理学应当主动借鉴相关的前沿理论和实证成果，以便借此深刻把握艺术情感与认知行为的内在关系，有效引导学生的情感管理和认知管理活动，为学生实现情知意的审美发展而提供思想路径和操作方法。

基于新型的本体审美知识观，艺术教师应当把学习者体验自我、认知自我和创新自我作为教学的核心内容与主导方式之一，即借助本体映射来体验自我，通过具身认知来理解他人和人类情感、发现自然规律、领悟科学价值，品味艺术美、自然美、道德美、科学美之情韵奥妙。

换言之，审美教育的根本目的是培养学习者的内向审美、本体认知与

① 王一川：《修辞论美学》，东北师范大学出版社 1997 年版，第 78—79 页。

自我意识，以便使学生能够创造性地设计自我理想、表达自我思想和实现自我价值。

一　审美间体价值经由自上而下路径的再内化—返输入方式

在审美意象廓出的过程中，主体的审美理念对其知觉和感觉活动发挥着自上而下的超前能动性调制作用。其机制在于，人脑的感觉皮层、联合皮层与前额叶新皮层之间，存在着密集的交互式投射结构。具体说来，从大脑高位结构和高层感觉部位向低层感觉皮层的反馈式投射，不但能够激活更多的脑区、实现信息捆绑和价值整合功能，而且这种自上而下的映射模式成为建构心理表象并使之获得层级跃迁的核心机制。[①] 因此，这提示了审美意识对主体感知觉的深刻影响。上述过程也正是主体创构审美表象和孕生审美概象的核心环节，审美意象的形成与廓出同样以此为基础。

主体对镜像自我进行审美观照，继而将由此形成的理想化的自我意象投射至内在时空，据此形成对象化的自我意象，主体接着借助审美间体来整合现实的自我意象和理想化的自我意象，据此形成了综合性、共时空、全息性和多侧面的自我意象；主体进而将此种间体化的自我意象进行外向映射，将之转化为具体的和可操作的身体意象—动作意象—声乐意象—言语意象—表情意象等，据此实现自己的情感理想、智慧价值和社会功能。

（一）扩展本体知识，提升自我想象能力

新颖的情感有助于激发主体更深刻美妙的想象活动：形成新的自我概念、开拓自我认知的新视域、提升本体想象和元体验能力，继而经由自我概象的投射和理性整合，形成自我的情感意象、人格意象和自我意识。

自我认知是自我意识的首要成分，也是自我调节、控制情感的心理基础。单凭人对自我的表象体验和感性认识，尚不足以完成对自我的客观认知、内在完善，更难以实现主体的本质力量与价值理想。因此，主体需要对处于历时空经验、形而下境遇和感性层面的自我表象进行认知加工：共时空体验、形而中抽象、符号性推理，由此生成全新的自我概象。换言之，主体对自我情感的认知是其认知自我本质力量的核心内容之一。

（二）重构本体经验，引发自我情感的审美嬗变

主体对情感的自我体验包括三级内容：情景体验—符号体验—意识体

---

① ［美］多纳德·霍杰斯主编：《音乐心理学手册》，刘沛、任恺译，湖南文艺出版社2006年1月版，第254—255页。

验。自我体验是自我意识在情感方面的表现。自我欣赏、自我悦纳、自爱自尊、自信自强等心理状态，都是自我体验的具体内容。自爱自尊是指个体在社会比较过程中所获得的有关自我价值的积极的评价与体验；自信心是对自己是否有能力实现自我价值而产生的自我判断。自信心与自尊心都是和自我评价紧密联系在一起的。

因而，主体所创造的虚拟的想象性表象能够引起主体的经验重构：添加新的经验、形成新表象，进而借助感受新经验来引发新颖的情感反应、审美的情态嬗变，进而通过自我情感的符号投射与理念投射而充实自我意识、虚拟实现自我理想。

（三）锐化感受能力，发现内外世界的新象妙机

主体在审美过程中所引发的情感体验、自由想象和理念孕育等信息创造与功能状态翻转情形，同时也使其内心世界的心理结构发生了日新月异的定向嬗变。

主体所创造的多元化的自我理念系统既接受主体的情知意投射，又可向主体的客观感觉、客体知觉和客观意识系统等进行逆向投射，从而显著改善主体认识客观世界的能力与水平，推动主体逐步从内在实现走向外在实现的完满境界。同时，指向未来的自我意象又能够深化主体对客观世界的体验水平、认知水平和实践水平，进而从中汲取并转化对象的感性特征、知性规则和理性规律，借此充实和完善主体指向未来的自我意象、人格意识、情感理想、元认知能力。

有学者提出："我们所感受到的情感都只是以'类比'的方式引导我们去发现自己真正自由的手段。"[①]　其实，人类的自由方式可分为认知自由（符合客观理性的科学自由活动）、道德自由（符合主观理性的社会自由活动）、审美自由（符合个性理想的艺术自由活动）、劳动自由（符合客观规律、满足主体需要的价值物化实践活动），等等。进而言之，人类之所以能够借助审美活动实现本体时空的情知意自由，就在于主体创造了内在完满的"间体世界"，并借助"间体世界"所衍生的"镜像时空"来观照自我—对象—理想世界，从而能够获得主客一体化的虚拟性、本质性、理想性价值体验，继而借助经验与情感的审美嬗变、想象与判断的审

---

① 邓晓芒：《康德自由概念的三个层次》，《复旦学报》（社会科学版）2006 年第 2 期，第24—30 页。

美弛豫、移情换思的高峰体验和共鸣感悟等内在革命性事件来更新自我、完善自我和内在实现自我价值。

可以说，"间体世界"可以资作审美价值的根本载体，"镜像时空"乃是审美主体的独特创造产物。人的情知意在"间体世界"获得了前所未有的彻底解放，人的感性价值与理性价值契通于"意象天地"、驰骋于"镜像时空"，由此得以真正实现主体的精神自由、内在价值和个性理想。

审美活动的实质，在于主体借助客观形式来沟通与整合精神世界与客观世界、意识与存在的深层价值。审美活动正是依据主体的审美知觉所构建的心理模型，来理解自然形象或艺术符号的审美意蕴的；而审美表象、审美概象和审美意象，即是主体分别在感性层面、知性层面和理性层面所创构的审美心理模型。

那么，审美价值又是怎样形成的呢？换言之，主体是如何创造与表达个性化的审美价值的呢？笔者认为，美是一种价值——它既是人对理想化事物之感性价值的意象性判断，也是人的某种完美意象借助具体的客观事物而加以象征性体现的感性价值存在方式；美感则是人对意象化的客观事物之完美特征的具身体验和对自我价值的象征性评价过程。

换言之，审美经验有助于个性主体发现对象与自我的情感意义，充实与完善自己和对象的情感能力，虚拟实现自我与对象的社会价值，也即马克思所说的那种完全合乎理想的"人化的自然"之创造、认识评价和欣赏体验。

然而，当代青少年普遍缺乏对象性的审美创造能力，其根本原因在于他们无法将对象化的审美价值转化为具身性的情感体验和本体性的价值认知境遇。笔者曾观看过不少国际性钢琴、芭蕾、美术及艺术体操比赛，发现中国青少年的技艺虽然精湛娴熟，但创造性演绎能力和个性化价值表征能力极其薄弱，不少外国评委也有同样的看法。相形之下，欧美的选手则在此方面具有突出的优势。

笔者认为，人的审美创造能力之形成与发展，主要基于主体所掌握的审美创造的认知方法论与思维操作原理。这两大内容恰恰是我国的艺术教育最缺乏和亟须强化的关键之处。

（四）审美创造的认知方法论与思维操作原理

那么，审美创造的认知方法论与思维操作原理究竟是什么呢？扼要而论，认知方法论包括三层内容：一是感性体验与具身认知；二是知性体验和符号认知；三是理性体验和意念认知。思维操作原理包括三个序列：一是表象思维与体象操作，其中包括主体对物象信息的本体转换、对自我体象经验（言语、表情、姿态、步态、肢体动作等）的重塑、对自我的情感记忆与自传体经验的更新等系列内容；二是概象思维与符号操作，其中包括主体对自我与对象之形态、情景、机制、结构、意义的多元想象，本体知觉的符号性建构与对象性知觉的符号性转换，涉及元体验、程序性记忆、语义记忆等抽象性规则；三是意象思维与理念操作，其中包括主体的意识性体验、理念性预演、意象性映射、体象性转换、动作性编码等系列内容。

其根本原因在于，人对世界的价值理解基于规律认知，这两者都是人实施创造性活动的核心内容。它们主要生成于人的意象建构与符号表达过程之中。对这些内容与过程的个性化操作程序、标准和媒介，便构成了人类审美创造的认知方法论和思维操作原理。进而言之，人的艺术表达行为即能体现其对主客观世界进行双向认识与改造的根本特征。说到艺术表达机制及教学原理，首先需要讨论艺术表达的内容与方式，美和美感便是其中最重要的内容之一。

符号论思想家恩斯特·卡西尔说过："正是通过美，人类心智的崭新功能才被揭示出来，从而使人类的心智可以超越个体性经验的范围，去追寻一种普遍的人性理想……艺术活动总是浸润着主体的人格和生命之整体。言语的节奏和分寸、声调、抑扬、节律，皆为这种人格生命的不可避免和清楚明白的暗示——均是我们的情感、想象、旨趣的暗示。"[1]

换言之，审美经验导致我们心智框架的突然转变并形成内在的"画面"风景，它是我们创造性地建构心理世界和生命行为的自由方式，是情感和智慧的新发现、新发展、新享悦和新自现之综合过程。

由此可见，艺术创作过程是主体基于自己对现实形象及内心印象的重新组合与变形美化而经历的一种对象化虚构、理念预演、意象映射、具身体验、符号匹配和形式表达活动，它体现了"源于生活、高于生活"的创造性审美品格和虚拟象征的特质。

艺术观念源于主体所创构而成的"间体世界"，并在由"间体世界"所衍生的"镜像时空"之中获得全息重组；主体由此孕生了审美创造的

---

[1] ［德］卡西尔：《人论》，甘阳译，西苑出版社 2003 年版，第 62 页。

意象模型，进而在个性元认知系统的制导下对之进行意识体验、理念预演、意象映射和行为设计，据此形成系列性的本体表达图式（诸如言语图式、声乐图式、演奏图式、书写图式、表情姿势、体态动作图式等）。

可见，艺术创作过程中所生成和运作的物象形貌是根本不同于客观世界存在的事物形象的。艺术的审美魅力与创新特质，都集中通过艺术创作过程中的意象—概象—表象形态之产物而次第折射出来。

二　审美间体价值由内而外的本体符号表征方式

艺术家的创作及人的艺术鉴赏活动的根本目的，乃是主体借此来完善自我、认知自我和实现自我价值，其间需要主体借助艺术符号来表达自己的审美意识、自我理念和价值理想。

进而言之，艺术家所要表达的情感其实是一种理想化和审美性的情感，这种情感与主体内在形成的审美意识、自我意象和价值理想等高阶产物相互耦合、互动互补、协同增益，进而形成了三位一体的审美意象。[①]

可以认为，无论是艺术家还是审美鉴赏主体，其创作或鉴赏活动都旨在借助艺术符号创建、品味和表达自己的个性化审美意象。这是审美创造的本质内容。

（一）审美意象系统的间体—主体—客体三位一体结构

人的精神创造活动的实质内容，主要体现为主体的情、知、意、体在意象世界的虚拟运动情景及其价值特征。上述的艺术符号系统主要由两大部分构成：一是人的本体符号系统，其中包括身体语言、声乐动作、文字书写动作等具体形式；二是物化的对象性符号系统，包括乐器、画具、建筑体、雕塑体、音乐曲谱、书画作品，等等。

譬如，歌唱家需要基于自己的情感参照系，把自己对发声动作的"内在体验"和"意象设计"（内部造型）同"音乐意象"相互交融，形成旋律化的"声乐意象"和"情感律动"，进而通过内在预演这些过程来完善表演效果或创造新的声乐风格，最后将此种"情感律动"转化为身体符号系统与音乐符号系统有机融合的"身体律动"形态，借此实现他对审美对象和自我世界的二度创造价值；指挥家则要把乐谱内容和指挥动

---

① J. Langlois, L. Kalakanis, A. Rubenstein, et al., "Maxims or Myths of Beauty? A Meta-analytic and Theoretical Review", *Psychological Bulletin*, Vol. 126, No. 3, 2000.

作同乐队结构有机结合，形成一种"内视"（观照乐队和忆识乐谱）和"内听"（音响记忆性体验和意象活化）相协助的（指挥性）"肢体动作意象"，在此意象体验和内部操练之下达到娴熟明快、干净独殊的指挥水平。众所周知，音乐性或自由律动品格乃是歌剧和芭蕾的灵魂。譬如，歌剧以人的本体符号系统"发声—言语器官"及"表情动作"来演绎个性化的自由律动品格，而芭蕾则主要以人的本体符号系统"肢体运动器官"来传示个性化的自由律动品格。①

还如，"中国古典舞从戏曲舞蹈中提炼出九种袖技，分别是抖袖、出收袖、扬袖、片花、绕袖、推袖、搭袖、冲袖、抓袖。其提炼的根据分别有：符合中国古典舞舞种的审美文化与风格特点；袖技的可舞性；水袖服饰的材料质地与女性清雅柔美、端庄素丽的形象相契合的袖技形象。这九种袖技，都具有各自的运动节奏和发力特点，但是在舞蹈中，当它们成为身体语言的表述者、身体表情的传达者，产生了舞蹈表现性的时候，就始终不能离开身体的呼吸、韵律，因为"技"是为表现服务的，一旦脱离开了风格和表现方法，就意味着"技"失去了生命力，动作也失去了灵魂。……水袖这种特殊的物质材料拥有线性的舒展和似水的柔软，可以放大身体舞动的幅度，扩大身体的空间感，并且可以随着身体劲力的改变而变化。……无论袖法如何变化，它始终与气息的控制、身法的律动合为一体不可分离。"②

可以说，相类于京剧的唱、念、做、打身法步之经典程式，中国古典舞的袖法也是一种身体—肢体造型的艺术方法，能够深刻细致、生动丰富地传示人物的情感思想内容。其间，需要舞者基于伴奏音乐的律动特征来引发自己的情感律动、思维律动、观念律动，进而据此设计和展示相应的身体—肢体律动形态。

那么，"如何使袖法产生表现性？第一要素：情感。情感的带动往往会决定袖法表现性的产生，因为'情感'与'意念'是一脉相通的，是传情达意的一根精神纽带，而通过这根精神纽带转化为物质身体的'表情'，再传达到袖法上的'情态'，表现性便顺其自然地产生了，也就是说内心情感外化到袖法情态的体现。第二要素：身体与袖体的关系。由于

---

① 居其宏：《歌剧美学论纲》，安徽文艺出版社 2002 年版，第 113 页。

② 过节：《中国古典舞袖法表现性探究》，《北京舞蹈学院学报》2012 年第 1 期。

情感的不同变化，身体的形态和动势会产生相应的变化，身体重心的移动也会在身体与袖法的运动变化过程中起到主导作用。……第三要素：气息的控制。……第四要素：发力点及发力分寸的掌控。通常的发力点会有脚、膝、胯、腰、背、肘、腕、指尖，根据我们所要表现的袖法来选择是身体的局部发力还是传导发力，用什么力量的尺度合适，使袖体、袖形的呈现很清晰，能够清楚地表明身袖关系。第五要素：时空合一。"①

换言之，舞者需要将音乐律动、情感律动、思维律动、观念律动和肢体律动融为一体、相互激荡、相互增益，最终形成合力共振—共鸣的审美境遇。由此可见，艺术家的审美表达活动需要通过整合自己的内在世界——情知意力量——并将之合情合理地逐步转化为相应的身体造型和肢体动作形态，达到物我合一、形神契通的审美间体之化境。

更为重要的是，艺术家还需要基于自己的审美理想、审美理念等，对表演的舞蹈范本——审美对象——进行创造性演绎、合情合理的微改与修饰，进而据此自主调节、优化、提升自己的情感律动、思维律动、身体律动，从而使审美对象真正有利于舞者自我达至完满境遇，获致完满的主客体价值体验，进而借助身体语言传征之，据此实现自我和对象的根本价值、最高理想与自由命运。"同一袖技在不同表演情绪的引领下，与不同身法动律相结合，又能产生截然不同的袖法表现性。"②

进而言之，身袖关系的建构、造型和表现都基于舞者的身体律动，后者又服从于主体的观念律动、思维律动、情感律动；人的身心律动又需要基于并超越舞蹈范本的客观律动和音乐律动模式。因此，可以通过借助不同的袖法表现形态来体现同一种袖技，可以表现不同个体及不同境遇之中的情知意内容。

还可以说，审美主体不但可以对作品进行创造性演绎，还可以对具体的表演程式与技法进行个性化的创造性演绎。要言之，创造性演绎的范围和空间具有无限深广的自由度和永无止境的完满境遇。

又如，"我们与电影之间深嵌着恒久的相互体验，电影经验是一种既'存在'于我们身体中，又'存在'于触感所生成的刺激阈空间中的经

---

① 过节：《中国古典舞袖法表现性探究》，《北京舞蹈学院学报》2012 年第 1 期。
② 同上。

验。"① 换言之，观众对电影艺术的体验，可以引发自我的情知意嬗变——作为一种本体性体验，又能够导致主体对作品的个性化对象性体验——对作品内容细节等进行二度创造、充实完善；进而言之，对电影作品的审美认知，既有助于观众借此充实、丰富、拓展、提升和完善自己的审美观念、情感价值、体性力量、感性能力、知性能力和思维能力，也有利于观众检验和直观自己所形成的审美意象及精神价值。因而，我们不能仅仅从电影的客观性价值这个单一维度去解读电影艺术的审美价值，而应当着眼于欣赏主体的自我完善、镜像体验和本体体认、自我实现这个主体性维度，去索解人们为何热爱电影艺术，又从中获得何种价值等深层问题。

论及电影艺术的观念和体系转型，有学者指出："电脑特技技术广泛地应用于电影摄制中，彻底地改变了它当初仅仅被用作记录和描述现实世界的一种手段，使人们长久以来笃信不疑的'眼见为实'的传统观念发生动摇。……电影不再以追求逼真性为目的，而是依赖新技术创造出过去从未见过的影像奇观，让观众感受一种让人眩晕的、似真非真的一连串梦呓。新技术尤其是数字化技术给电影艺术带来了新的表现形式和内容，给观众送去了视觉的盛宴，生成全新的所谓'视觉文化'。……戏剧化电影中，冲突是被确定、坚持的核心，同时也是主题的体现。人物的设置也只是为了体现这个核心的形成、发展和解决。因此，人物在影片中的存在，就带有很大的被规定性，他们必须服从影片中的冲突。除此之外，巧妙的、富有悬念的情节设置是电影戏剧化效应的基石。电影的戏剧性可以说是与电影诞生与生俱来的，是电影最原始的特质。传统电影叙事中，设计故事的戏剧性并不是一味追求感官刺激，而是从故事情节落脚，通过桥段的碰撞产生戏剧化因子。"②

据此可以认为，电影艺术具有无限的创造性空间——对应着观众的感觉阈限、情感高峰、智慧极限、体能极致；电影的戏剧性内容主要诉诸人的情感和智思力量，而景观电影则主要影响人的感官、体动—体觉能力及营造惊愕感、自由感、奇妙感等。由此可见，每一种艺术及同种艺术的不

---

① 孙绍谊：《重新定义电影：影像体感经验与电影现象学思潮》，《上海大学学报》（社会科学版）2012 年第 3 期。

② 陈清洋、饶曙光：《从"戏剧"电影到景观电影——电影叙事策略的位移与派生》，《华中学术》2011 年第 4 辑。

同类型，都能够以其特有的造型之美而重塑人的精神世界之不同侧面与不同部分。

由此可见，审美主体主要是通过对审美间体，而不是仅仅针对审美客体及（或）一成不变的审美主体自我世界的"意象体验"，来发现、体认、实现和享受审美间体的那种兼容之美、互动之美、综合之美、动力之美、变化之美和创生之美的。同时，审美主体的自我完善、自我实现和自我体验过程，不但指向主体自身，而且时常借助对象化方式来进行，譬如观众通过观照电影作品之中自己心仪的人物的圆满结局而间接实现或体现自己的审美理想，等等。这个过程对于旋律的构制者、演奏者、歌唱者、舞蹈者、指挥者、鉴赏者和学习者等来说，的确都具有至关重要的审美价值认知作用和创造性的审美智慧启示。

其原因在于，人的所有内在活动及外在活动均离不开形象；这些形象可包括人的五官感觉表象、身体表象、自然世界的物体表象、文化世界的符号表象、精神世界的理念表象，等等。进而言之，主体所创造的审美价值，可以分别体现为感性化、知性化、理性化、体性化和物性化等五种形态。其中，人的身体乃是审美心灵的"感性符号"、体象语言。所谓"身体语言"，主要是指人通过自身的形体动作、表情姿态、眼神话语、歌唱行为、书写活动、气质神韵来表达内在的审美间体价值的特殊的本体符号系统。最典型的例子便是舞蹈、体操和体育活动，还有歌唱性艺术、演奏、美术、戏剧、曲艺、杂技、文学、军事、政治及生产生活（如两性生活及日常活动）。

歌剧与芭蕾，乃是人通过最自由的身体运动来体验最自由的理想境界的自我实现方式。身体不啻人心的高级符号系统……她宽广的域野，强劲的穿透力，灵逸神妙的多层次变化力和丰富的维度，再次印证了邓肯的名言：最自由的身躯里蕴藏着最高的智慧！

再以京剧艺术的唱腔起源、发展、充实和完善为例。音乐是戏剧的灵魂，唱腔艺术直接决定着戏剧文化的兴衰成败。"徽商聚集于扬州一带，在故乡地区流行的多种戏曲腔调中，他们选择将乱弹戏带到江南演出，不仅仅出于单纯的乡土情结。……徽班的伶人全然不在乎戏曲界常有的门户之见，他们善于将昆弋腔、秦腔等多个剧种甚至曲艺演唱的精华融入自身表演之中，大大丰富了乱弹戏的唱腔、表演、武打等手段，在百余年间，使京剧成为集传统戏曲精华之大成的表演形式。……起源于石牌古镇的乱弹腔，将其新颖的表演形式与凝聚着深厚文化沉淀的徽文化紧密结合，经过了成功的商业运作，才具备了能扩展到全国，最终一统天下的巨大能量。"①

由此可见，对于一门艺术来说，其表现方法的不断充实与完善，同样体现了艺术家对其他艺术文化的审美加工和个性化合取、转化、重构、提炼、完善和升华之创造性品格，这大类于作为审美主体的观众对审美对象或艺术表演作品所进行的双向创造性、双重完善性、全息体验性和自我实现性境遇。

可以说，艺术运动既体现了"他律性"，也体现了"自律性"，还体现了内外统一的"合律性"品格；其中，"他律性"反映了客观真理、客体理性和对象性本质，"自律性"折射了主观真理、主体理性和人的本体价值属性，"合律性"则反映了主客契通、天人合一、物我交感的审美理想化境界，体现了大同之美、和谐之美、共生之美、互动之美、化变之美、创新之美。

论及歌剧与戏曲艺术的区别，有学者认为："同是音乐戏剧，戏曲之有别于歌剧，不仅在于戏曲是唱、念、做、打'四功'的综合运用，而且在于二者音乐形态构成方法和音乐手段实施理念的差异。与歌剧音乐的作曲理念相比，人们都注意到注重'程式化'表现的戏曲音乐是'传统曲调的重复运用'（何为先生语）；……歌剧主要是和声艺术，而戏曲主要是旋律，特别是节奏强化的旋律艺术。在这一基础上，作为演奏形态的戏曲音乐，其功用主要在于为演唱'托腔保调'。……戏曲音乐是建立在方言基础上的声腔体系。从音乐的角度来看戏曲的'地方分化'，可以看到众多的戏曲基本上都归属在昆腔、京腔、梆子腔和皮黄腔四大声腔系统中。北曲播布的地区皆为北方方言区，南曲播布则有吴方言、赣方言、鄂方言、湘方言、闽方言、粤方言、客家方言之多。南方方言区比北方方言区有更大的差异性，其声腔系统具有更大的丰富空间。北曲的'地方分化'同时也意味着某种文化整合，这使梆子腔、皮黄腔腔系的各剧种形成了一种'板式变化'的作曲机制。南曲在向差异性较大的南方各方言区的播布中，其声腔系统得到极大的丰富，因而形成了与'板式变化'迥然有别的'曲牌联套'的作曲方法。曲牌有限，就要从有限的曲牌中

① 丁汝芹：《徽文化·徽商·京剧形成》，《戏曲艺术》2006 年第 2 期。

去开掘'板式变化'的可能性。曲牌联套和板式变化构成戏曲音乐的基础形态。"① 推而广之，话剧艺术重在情节和语言造型，而戏剧艺术则重在音乐律动和动作程式。

　　同时还要看到，艺术程式既具有契合特定观众的传播优势，同时也限制了它所影响的观众之地域范围和年龄区间。"戏曲艺术在当前的困境很大程度上是其音乐表现'程式化'的困境。这一方面是在特定地域、特定人群中有效的表现手段，在跨地域、跨人群的交流中变得有限了。要使戏曲音乐超越'有限'而重建'有效'，就必须实现其历史范型的创造性转换。"② 如何实现戏曲艺术的现代转型呢？笔者认为，可以从表现内容的当代性、音乐律动风格和乐器的多元化借鉴、情节创设借鉴影视艺术等方面加以考量和试验。

　　艺术"重在揭示人生的体验和感悟、心情与心境，重在将人物可喻不可即、可意会不可言传的情感状态，通过比喻、象征、对比、夸张等手法表现出来，借景抒情、托物言志，从而达到以情动人的目的。虚拟性戏曲通过虚空舞台、虚拟动作构筑起假定性的世界，依赖观众想象的补充完成艺术创造，程式化的虚拟动作是戏曲表演一个鲜明的特点，它通过演员与观众的心理默契和协作，取得对一些物体的象喻理解：一鞭代马、双旗为车、持桨为船、叠桌为墙、方布为城，使有限的舞台时空具备了更宏阔的表现度。……戏曲演员用身段动作创造空间结构和时间流程，就对舞台时空采取了一种超脱的态度，既不考虑舞台的空间利用是否合乎生活法度，也不追究剧情的时间转移是否符合常理，戏曲因而拥有了时空伸缩的自由。……艺术表现不能拘泥于物象的外在形象，而应在抓住其内在本质的基础上发挥作者的艺术想象和情趣思考，用特有的表现突出它不同于其他物象的独有特点，作品就能够'形神兼备'"③。为此，我们需要深入揭示艺术文化、审美文化何以及如何有助于人们创造、体验和体用那完美自在而又无法言传，只能意会，可喻征而难以触及的神妙之美。

　　有学者概括道，中国各种戏曲的发展过程有一个共同的规律，即当将独立的民歌（或曲牌）用于戏曲表演，并形成戏曲声腔以后，都经历了

————————

① 于平：《音乐是戏曲的灵魂——戏曲音乐的历史范型及其创造性转换》，《福建艺术》2006 年第 5 期。

② 同上。

③ 廖奔：《中华戏曲审美精神》，《光明日报》2010 年 8 月 27 日第 10 版。

由单曲体声腔到联套体声腔，或由单曲体声腔发展到板腔体声腔的发展道路。戏曲声腔的这种发展规律是被戏曲内在的推动力推动前进的，它的内在推动力就是戏剧性。提高戏曲声腔的戏剧性，即在于让戏曲的声腔能表现复杂多变的人物情感。为此，中国戏曲由音曲体走上了曲牌联套体声腔的道路。所谓联套体声腔，即将大量不同节奏、不同情绪色彩的曲调吸纳为声腔，以展示人物在矛盾冲突中形成的多变的心理活动。① 也就是说，从民歌曲牌—单曲声腔—联体声腔—板体声腔，我们会发现，其间贯穿着一条单—多—单的否定之否定式的高阶回归之脉络，旨在实现戏曲音乐腔体的多元统一与内在一致性目标。

例如，许明教授曾比照西欧近代的十二音作曲法，将黄梅戏的腔核归纳为十音系列。十音系列是由 5、2、5、3、2、3、1、2、6、5 十个音组成的。十个音在序列内部功能上可分为两种不同的类型。1、3、4、5、7、9、10 这七个音为构架音，它们构成一组完整的、下行的五声徵调式音阶；2、6、8 三个音为特征音，它们是十音系列中最基本、最有活力的单位，围绕这些特征音程，形成了 525、253、231、126、265 五个三音列，这些三音列正是黄梅戏声腔中最常见、最有特色的一部分乐汇。如何使黄梅戏常演常新而又不失本性呢？黄梅戏在声腔的改革过程中实行渐变的方式，逐步增加新的特色音程，这使黄梅戏始终保持腔核相对的稳定性，又使人不断产生新颖感。例如《海滩别》的对唱里，整个声腔还是保持了黄梅戏的腔核，但是其特征音程有了变化，出现了 563、521、763、176 等新的特征音程，这些新音程的出现，使观众有了一个新的感觉，特别是将"7"运用于黄梅戏的旋律之中，突破了黄梅戏五声音阶的调式结构，其调性产生多次变化，使声腔色彩更为丰富。在《未了情》一剧中，全剧围绕 512、256 等几个特征音程紧紧融于旋律之中，这些当代民歌中常见的音程进入黄梅戏声腔后，给黄梅戏注入了鲜明的当代音乐色彩。由于黄梅戏借助增加新的特色音程而突破了五声音阶的调式结构，使调性产生变化，声腔腔核由歌曲联合体声腔，逐步改造嬗变为新型板腔体，所以黄梅戏现在的声腔是音曲体、歌曲联合体、板腔体声腔同时并用，使黄梅戏声腔显得更为丰满厚实、生动活泼、优美动听。②

---

① 李玖久：《从特殊道路走向板腔体声腔的黄梅戏》，《黄梅戏艺术》2005 年第 1 期。

② 同上。

　　进而言之，多元腔体并存的黄梅戏较之于越剧和京剧等，相对具有更大的灵活性和表现手段的丰富性，因而为拓展不同地域的更大的观众接受空间奠定了艺术造型的核心基础。同样的情形，还可见之于现代京剧《智取威虎山》、现代舞剧《红色娘子军》和经过改编的由不同乐器演奏的《梁祝》《黄河》等作品。其根本原因在于，"人的神经模式不是稳定不变的"。神经学家威尔逊（Bechtel Wilson）提出了连接主义（connectionist）理论。在他看来，连接主义模型"把认知过程看作相互联系的、类似于神经元的单元构成的网状结构之上的活动传递……单元之间的联系，而不是单元本身，在网络发生作用的过程中扮演了重要角色。……布莱尔谈了这么多的神经科学的新成果，其用意是为了指导戏剧实践。既然我们的情感、自我认同等问题不是大脑中的固定概念，而是取决于神经元的不断连接，演员就应该通过思考和行动不断强化这种连接，以便更好地表现人物的个性"①。

　　坎代尔指出，"人的意识和语言是从生活史中产生的。人的心理结构包括四种类型：（1）身体活动的再现，或者内脏的再现，包括生理状态的图式；（2）运动序列的或者感觉运动的再现，就是运动的'报告'（这使舞蹈演员和乐师能够完成他们的工作）；（3）关于外在事件的图式，如从视觉和听觉得到的，亦即关于感官环境的前语言的'报道'；（4）'将词汇表现和（图式）联合起来以形成网络状的语义结构，这种结构是在逻辑上受限制的，具有等级性的，可用于思想和交流'，也就是说，可以让我们处理前三种信息或者经验的语义的或象征的系统。……记忆既不产生全新的东西，也不是简单地把已经存在的东西再现出来。相反，记忆是在已经存在的图式之中或之间的'严格意义上的生产'……记忆从来不是储存于别的地方的元素的再现；总是'想象的重构'，一种创造。"②

　　进而言之，观众既具有个性化的音乐感知结构和意象体验模式，又需要借助创新的艺术造型不断充实、丰富、提升和完善之，以便获得更为完备的自我价值和实现更为自由的自我品格。

　　达马西欧把身体意象分为两类：来自身体内部的和得自感觉的，如来

---

① J. Kagan, "Biological Constraint, Cultural Variety, and Psychological Structures", A. R. Damsaio, A. Harrington, J. Kagan, et al., "*Unity of Knowledge: The Convergence of Natural and Human Science*", New York: The Academy of Sciences, 2001, pp. 178 – 179.

② Ibid. .

自视网膜和耳蜗的。这两类意象分别代表内部状态的信息和外部环境的信息。我们经历的意象是"对象提示之下的建构，而不是对象的镜子般的反映"。和记忆一样，意象本身就是一样东西，同样真实，但不同于引起意象的对象。身体意象"在心灵中流动，是机体和环境相互作用的反映……大脑中感知身体的区域反应的不仅仅是真实的身体状态，它们也可以和'虚假的'或者'假设的'身体状态打交道。这些可以看作想象的状态，本质上是建立于记忆之上的，即意识和身体经验的回忆和重构"。①

戏剧艺术家布莱尔认为，在掌握了审美意象的特点之后，我们可以利用各种意象更好地为演出服务。关于演出方法，艺术家应当积极地吸收认知科学的成果，充分强调意象和动作的作用，以便给表演艺术带来新意——借助并提升"用身体表现想象的能力"。戏剧表演中的身体意象非常重要，"意象操纵"乃是演员工作的核心要素。"演出或者教演出的时候，我们就得创造和调整对能引起激情的刺激的反应，这种刺激引起特定的激情，进而引起行动的结果。我们创造出正确的物理的和想象的环境，以营造有效的意象之流，促使想要的行动和感情产生。"戏剧的物理环境非常重要，想象的环境也很重要，导演应当尽力通过合适的想象环境引导演员。例如，"演员倾向于重视与插曲式的记忆相关的意象，而不是和语义记忆相关的意象，因为演出中的演员典型地和个人经验更有联系——'某时某地在你身上发生的事情'，身体经历过的事情——而不是事实或认知信息。"②

要言之，艺术家的表演意象需要前承音乐意象、情感意象、思维意象，中接身体意象，后续身体表象、情态表象、动作表象、言语表象，按自己的审美意象进行身体传达和动作表达，而不能在意识之中使"角色"同真实的自我打架，或者出现串混情形。这的确具有重要的艺术美学之思想启示。

审美活动有助于提高人的正能量、消弭人的负能量，有助于人们更有效地应对现实生活中的负性境遇，因而它不仅仅在于营造人的快乐心境，还在于促进人的自我完善——情知意达至高峰状态、体象行进入极致境

---

① A. Damasio, *"Looking for Spinoza：Joy，Sorrow，and the Feeling Brain"*, Orlando, FL：Harcourt, Inc. , 2003, pp. 118 – 200.

② ［美］Rhonda Blair、何辉斌：《意象与动作》，《文化艺术研究》2009 年第 2 期。

遇。这既是审美价值的根本来源，也是审美教育需要高度关注的价值维度。

因而，如果人在自己早期的生活中有机会对悲剧性艺术进行超前体验和精神预演，这不但有助于培植、塑造与强化自己对现实性悲剧境遇的"精神抵抗力"，而且有助于孕育自己的灵感、创造思想精品、实现自我价值。

（二）审美意象实现三元转化及价值外化的深层机制

审美意象得以实现三元转化及次第达至价值外化的深层机制在于，主体审美的多层级"心理表征体"可包括审美表象与主体的自我表象化合而成的主客体之经验时空相统一的感性表象、对象的知觉形式与主体的自我概象化合而成的主客体之知觉时空相统一的知性概象、对象的意识形式与主体的自我意象化合而成的主客体之理念时空相统一的理性意象。审美主体正是通过创造这些主客体信息与价值相统一的全新象征体，来实现对自我心脑系统之信息、结构和功能状态的审美改造与重建等终极目标。

同时，这些心理表征体既是主体诉诸意识体验的全新对象，也是其用以激发和表征审美情感的虚拟具身形式，更是其创新自我意识、体现自我价值和实现自我理想的内在方式。总之，"审美间体"及其所衍生的"镜像时空"乃是审美主体产生美感、激发审美想象、诉诸审美判断、完善自我世界和实现自我理想的全新时空坐标。

因而，审美主体需要借助本体符号方式表征主体自己的象征性的情感审美价值。无论是审美鉴赏、艺术创作还是艺术表演活动，主体所发动与呈现的情感都同时指向自己和观众这两大对象世界。其中，在审美与艺术创作中，这种情感的传征对象首先是主体本人；在艺术表演活动中，其情感的传示对象则主要是表演者和观众。同时笔者认为，表现情感并不是艺术与审美活动的首要目的；其首要目的是主体借助对象化的情感状态来发现自我的本质力量、体验自我的创造性价值、完善自我和实现自我理想。

音乐家是如何将自己的审美情思转化为乐音的律动形式的呢？"旋律感的基础是线条轮廓感，则复调感的基础，便是多线条轮廓的结合感。西方音乐中，多线条轮廓所构成的起伏交错感与和声的张力变化感的复合，即成为艺术音乐基本秩序——亦即纵横方向上的倾向与变化——感知阶段中最重要的环节，因此复调感是紧密地与线条感、旋律感、节拍感、节奏感、和声感、音色感、结构感等相辅相成的。在东方式的复调音乐中，多线结合是围绕主线进行的，轮廓的起伏交错通过似是而非的线条所产生的微小摩擦音响而构成'和而不同'的和谐境遇，使听觉获得审美愉悦。在艺术音乐中，正是复调感组织了多声织体中的音响在时空范畴中的安排，因此它是作曲家感情铸成音乐形式的最重要的心理动力。在大师的作品中，复调感总是以各种灵活多姿的方式，或零星隐伏，或整体把握，或精致细节，或贯彻全局，让人们的形式美感得到满足。对复调感的研究，是打开审美心理奥秘——作曲家如何'使情成体'——的最有趣的课题。"①

换言之，大型音乐作品的核心结构即在于复调及由此引发的戏剧性张力、歌唱性动力和诗意性感召力。理解东方民族的审美思维特征及审美情感品格的有效方法之一，就是品味和探究支声形式的复调音乐；它是东方音乐家表达自我情感和思想观念的标记性的感性符号范式。同时，对全世界各地区、各民族的独特的复调音乐的体验，也有助于我们充实与完善自己的审美情感、审美思维、审美意识及审美行为之内在结构。

那么，为何审美科学、审美教育及艺术教育需要关注复调音乐呢？"就主观愿望而言，复调的产生，是为了让热情挣脱那受到单一线条铺展所形成的单调。为了实现这个目的，人们设法在虚拟的心灵时间和空间两个维度上制造迷乱：或在主旋律骨架上进行流动的加花润色，或在不同高度上平行陈述。东方民族因为空间恐惧，主要借助前一方法，形成支声性质的织体；西方民族则是一种移情的愿望，有着走向空间的冲动，主要借助后一方法，突破单一线形向空间发展。无论西方、东方，'口头文化'时期中对于'有规则迷乱'的追求，诸如主旋律的变体花腔，声部间节奏的对比与互补，音响的不协和—协和的倾向，不同声部之间的简单音调素材的联系等。人们对复调的要求不再只是局限于装饰，或是热情的宣泄，而更要求的是对'意义'的强调。音乐心智的训练需要复调。多声现象而言，东方的支声，非洲的节奏复调，阿拉伯的复合节拍，印度的节奏模式，难道不值得我们去感受其中的魅力吗？"②

进而言之，对复调音乐之象征世界的审美需求，主要基于审美主体向对象世界投射审美情感，继而深广合取对象世界之全息价值，进而借此充

---

① 林华：《复调感的获得》，《音乐艺术（上海音乐学院学报）》2010 年第 2 期。

② 同上。

实与完善自我和对象世界；之后才会有据以体验的更为深广浑整、丰富多彩、生动活泼和多元一体化的复调式的完满的主客体价值意象。

针对审美主客体之间的关系问题，有学者从音乐审美角度提出了"音心对映"的观点；音乐理解现象是人的诸多理解认识活动之一，它通过人的理解认识活动的感性、知性和理性三个阶段来探寻音乐现象之所以能够成为理解对象的动机和原因，寻找其成为理解对象的可然性和现实性，在此基础上构成理解主体与理解对象之间的关系，既是主客体关系也是双重主体关系。主客体关系是在进入认识活动的预设规定情景之前所显示的二者的存在关系，在进入具体认识活动的过程之前，音乐现象是一个潜在的主体；而当进入具体认识活动之后，音乐理解就是具体人和具体音乐现象之间的对话。① 笔者认为，"音心对映"仅仅是一种笼统的抽象性的有关音乐与主体之关系的表述，甚至还可推而广之，提出"舞心对映""剧心对映""画心对映"等一系列论点。但是，从学理层面来看，我们需要对审美的主客体关系，准确而言是审美的主客体之相互作用的价值关系、作用机制及其精神产物进行深入细致和客观准确的辨识。

西方的音乐技术美学的演进历程表明，从和声体系、变奏织体到十二音技法，创作方法的多向突进体现了音乐自律的形式张力。"拉莫表明，复杂的和声现象，可以简化成为一个有限的基本形式，这就是以'主和弦''属和弦'和'下属和弦'为基础的功能体系。这个'既简单又深刻'（保罗·亨利·朗）的理性原理完全是西方音乐划时代的成就，就其在音乐领域中的成就，可以与牛顿在现代科学中的贡献相比肩。拉莫的理论表明，音乐作为理性形式，它必然是包含了确定规则的系统，由泛音列演绎出的、建立在三度叠置基础上的和声原则，反映了自然规律的朴素和单纯，而音乐的无限丰富性和可能都建基于其上。拉莫的和声功能体系则概括了音乐形式的'自然原理'，按照拉莫的设想，这也是音乐与情感相对应的'力学原则'。音乐上的表现主义正是浪漫主义情感论的进一步发展，而创作技法正体现了这一美学观。勋伯格一再声明，十二音作曲只是一种方法、一种纯技术工具、一种结构音乐的形式法则，它是在对音乐形式演进的洞察中所生长出来的，正如传统调性也是一种构成音乐的方法和技术一样，'十二音技法的规定比调性体系不多也不少，同样为作曲家的

---

① 范晓峰：《音乐理解现象中的"音心对映"关系》，《音乐与表演》2008 年第 3 期。

想像和个性留有充分自由'。"①

进而言之，在汉斯立克所宣称的音乐自律论、浪漫主义音乐家和音乐理论家所坚持的音乐他律论之间，十二音技法和变奏手法分别扮演了作用模糊的中介角色。其结果是，多元化的现代先锋音乐剑走偏锋，将造益全人类的音乐弄成仅供少数专业人士孤芳自赏而大多数人听不懂的对象。我们无意全然否定音乐家对形式原则和表现技法的自由探索，但是既然音乐是自律的形式体系，就应当明确其阈限何在，不能听凭一己之好而走极端。

依笔者陋见，对音乐他律论暂且不论，音乐自律论者尚未弄清楚何以自律、由何者掌控自律大权、如何自律、自律的心脑原理和形式法则是什么等一应重要问题，也未能提供信效度足够高的客观事据。因而，美学研究不应止于此类大而无当的宏大叙事之论，而应分别深入、细致、客观、审慎地检视它们的合理合情性、合性合体程度及其客观性水平。相对而言的音乐自律论当然有道理，但是用以自律音乐形式结构和表现方法的绝不会是音符，而应是音乐家的审美的情知意之价值理想和审美创造的意象观念。

"从 18 世纪后半叶到 20 世纪上半叶，愈演愈烈的音乐审美自律原则——音乐审美现代性的核心准则之一——单方面将康德形式美的教条发挥到极端，导致艺术的理性构造与听觉感性之间发生尖锐的矛盾。至少表现在三方面：即永恒性与历史性的矛盾，意义与审美的断裂，理性构造与直觉感性的分离。自十二音技法开始，层出不穷的现代技法与形式化音乐语言的更迭就从未停止过。在争相取对方而代之的多元化先锋音乐道路上，音乐的形式创新、求新，却日益凸显出与人的听觉感性相脱离，全然漠视这曾是音乐赖以建立存在的听觉领域，极端者如美国巴比特（Miton Babbitt）的'谁在乎你听不听'式的作曲家宣言。与此同时，现代音乐也日益脱离与社会文化和生活的一般联系，成为专门化的孤芳自赏的产物。现代音乐在获得自身充分的形式自律之时，却被抽空了它本该必不可少的意义性源泉。审美自律原则便是将康德形式美的单一结论发挥到极端，导致艺术的理性构造与听觉感性之间发生尖锐的矛盾。"②

---

① 李晓冬：《审美现代性视野中的西方音乐进程》，《星海音乐学院学报》2011 年第 1 期。

② 同上。

总之，审美意象实现三元转化及价值外化的深层机制在于，一是主体所欲表达的情感意向同时受到对象的刺激形式和自身的情感目标之双重制约；二是主体实际上是将自己产生的新颖情感投射到对象形式及"间体世界"之中，并借助"间体世界"所衍生的"镜像时空"来直观自己的颖妙情感；三是由此引发主体的激情想象，并将此种虚拟情景投射到对象的主观形式及"间体世界"之中，进而借助"间体世界"所衍生的"镜像时空"来反观自己的创造性思维特征，由此产生了主体的理想化观念、审美意象等最终产物；四是再次将理念投射到主观形式与二级"间体世界"，由此形成了高阶的三级"间体世界"及其衍生的"镜像时空"，主体进而从中发现、体验和完善自己的本质力量，内在实现自己的价值理想与生命意义。

（三）审美间体价值外化表征的多级形态

审美主体可借助虚实相间的具身转化方式及对象化方式来实现其所创造的完满的自我价值与对象价值，其具体形态包括下列诸种情形。

一是本体性内化的虚拟实现表征体。即审美主体借助内在的虚拟预演方式转化其所创造的审美间体价值——包括完满的自我情知意之意象内容，将之呈现为自己的身体状态、表情姿态、言行举止、动作行为等大类于内语、内动、内在表情的内隐性身体语言行为，与之相关的还有审美认知过程中的内隐性感觉——内视、内听、内嗅、内在触觉等。

二是对象性外化的虚拟实现表征体。即审美主体对完满的主客体价值进行对象化虚拟—象征性实现的客体代理主体的意向化镜像表征效应：审美对象作为审美主体的意向性"代理者"，代替审美主体实现其所期待、其所能为的某种理想；其间，审美主体通过对象化移情和具身化移情方式，分别将对象视作自己的"化身"、将自我视作对象的"代言人"，继而据此直观对象化的自我镜像及本体化的对象镜像，进而分别及同时展开对自我镜像和对象镜像的双重完善行为。要言之，人无法直接目击或直观自我，对象也无法如此直观它自身，因而审美主客体同时需要以对方为镜面，来间接观照自我并间接改造与完善自我，同时导致对对方的直接改造与完善效能。为此，笔者将上述机制称作"主客体审美价值的镜像实现模式"。

三是本体性外化的具身实现表征体。即指审美主体借助外显的身体呈现方式表征或实现其所创造的完满的自我价值及对象价值——显性的身体运动、肢体活动、歌唱、言语、写作、表情姿态举止，等等。

四是对象性外化的具象实态表征体。即审美主体通过显性的身体运动、肢体活动、歌唱、言语、写作、表情姿态举止等一系列方式而创造形成的各种劳动产物、艺术作品、教育产物、管理产物、科学知识、技术产物、子代生命，等等。

在此需要指出，审美主体在次第转化其所创造的完满的主客体价值的过程中，还需要将身体表征系统的本体符号内容与人工表征系统（包括艺术造型语言、科学语言形式、民族语言文字等多种类型）的各种符号内容进行创造性合取、调整、变更、重构与有机耦合，以便使之更好地表征审美主体所创造的审美价值；具体而言，它体现为人脑左右半球的布罗卡区（左半球的布罗卡区主司对象化的人工符号加工，右半球的布罗卡区主司本体性的人工符号加工，即主体的言语动作、歌唱动作、舞蹈动作、书写行为等）与前运动区—辅助运动区（主司人的身体运动图式之宏观规划、整体调控和动态预演等功能）之间进行的主客体符号系统的信息交流和内容整合之超级复杂情形，在此不拟赘述。

为什么艺术家需要借助具身表征方式来创造新的艺术生命呢？这是因为，如果没有创作主体对其艺术形象及活动境遇的内心参与、设身处地与虚观亲临之体验，艺术家便无法把握艺术人物及形象的真实特征与活动逻辑，更无法揣摩和设计各类人物事象的言语心态、行为方式和精神性格。首先我们需要从概念的感性来源——身体表象、物体表象和符号表象出发，来把握其具身转化和双元编码的信息加工性质。在审美活动中，主体首先需要以自己的言语声响、视觉动作、文字形态、身体拟动状态等初级表象来编码艺术对象的"形式特征"，进而需要以自己的本体性情感知觉来表征艺术对象的语义内容、价值关系和时空位相等高阶信息（所征指的抽象事物、机制特征、价值意义等）。

这样，由一级感觉皮层所形成的物体表象及身体表象、由二级感觉皮层所形成的符号表象等本体感觉信息，在人的元认知系统的统摄之下分别进入联合皮层，经过此区特有的异常密集的细胞双向连接结构的时空叠加与整合，进而产生了映射本体情感知觉内容的高级表征体——本体情感概象。

舞蹈艺术学家袁禾教授认为："舞蹈是身体的哲学"，"是具有象征意义并自成体系的情感符号，它承载着宇宙的生命内涵，是直接体现生命的艺术";舞蹈不是纯形式的艺术,也不能以表现情感或观念去概括它。舞蹈重视人整体生命状态的呈现,表达人对世界的感觉、理解和融会。"舞蹈借助时空力的式样彰显生命本身,演绎生命的生意和生趣,演绎生命的自在与今在";"舞蹈用舞动的人体,唤起人们对宇宙的感悟,对生命的体验,展现哲学和科学难以昭示的宇宙生命的'生'与'真'"。舞蹈凭身体"说话",它以舞动的身躯传征生命的节奏和宇宙的声音,从而体现出生命之道。①

　　笔者认为,音乐既是舞者用以进行二度创作的审美对象,也与舞者的身体律动共同构成了观众的复合性的审美对象;舞者的身体律动既需要应因音乐的诉求、大体契合音乐的律动,也需要基于自己的情感律动—思维律动—观念律动而适当超越音乐的限制,体现个性化的审美价值创造性和身体意象转化性特征。因而总体来说,舞蹈之美对于观众来说,同样需要诉诸个性化的对乐舞——音乐和舞蹈的一体化世界——的二度创造、价值合取、充实、提升、完善及双重性体验和双向性呈现——内在呈现和外在的感性呈现。"形、神、劲、律"的高度融合,即体现了笔者所说的审美意识对身体意象、身体概象和身体表象的统领效应。舞者和观众都离不开对自己与对象的审美完善及对象化—本体性观照;立圆、横圆、8字圆,轻重、缓急、长短、顿挫、符点、切分、延长等身法节奏,"拧、倾、圆、曲""仰、俯、翻、卷"的曲线美和"刚健挺拔、含蓄优柔"的内在气质,此即是笔者所说的审美价值的体性表征方式。"以神领形,以形传神""心与意合、意与气合、气与力合、力与形合"便是生动的例证。

　　就艺术活动而言,所谓概象表征,是指人们在审美活动中,对主客观形态的审美表象进行概念匹配与符号体验的认知加工过程;同时,艺术家对某种精神概象的价值体验过程也需要借助他的思维操作及符号表达活动来进行。

　　在将审美概象转化为书面形象、身体表象和外部物象的价值传达活动中,艺术家需要根据审美意象的特殊规定,精心罗织语词、布配色彩、构造音响及设计造型。这一系列的语言符号操作活动,也成为审美主体进行概象表征的基本方式。

---

　　① 朱良志:《破解中国舞蹈的生命之美——袁禾〈中国舞蹈美学〉的启示》,《舞蹈》2011年第9期。

进而言之，艺术家的概象—意象思维不但体现于其对艺术形象的对象化体验和创造性设计上，而且体现在其对自我情感世界、思维世界和理念世界的结构嬗变及功能完善方面。由此可见，人的概象世界乃是个性情感的符号表征系统，体现了主体文化心理的本质特征；个性主体的审美创造活动不单指向客体世界，同时也指向主体自己的内心。

"艺术作为人类情感思想的表现载体之一，其材料类型各种各样，它们的物质属性恰恰跟艺术本质没有直接关系，如绘画材料与表演躯体不是艺术所关照的中心。艺术的本质是通过各种材料手段反映的意识世界，其主体最终是人。"[1]

审美活动的最高产物是什么？笔者认为，人的审美的理性情感或审美的情感意识之心理表征方式以情感意象为主，包括人们所说的美感、道德感、理智感、直觉灵感、神妙感、敬畏感，等等。其实质在于：主体在超时空、形而上和理性文化三个维度，对自己、他人和人类的历时空经验、共时空知识、形而下表象、形而中概象、感性情景和知性特征进行全息重构、自由变换，由此将主客观世界的形式特征、中层属性和深层本质加以贯通、整合与突现，从而达到主观真理与客观真理、主体理性与客体规律、主观意识与客观法则相互统一的神奇美妙心态境界。

人对自我情感的意象表征涉及元认知系统。元认知就是指一个人的认知意识、认知的操作理念与核心框架等理性内容，其中包括对自我与对象的认知。需要指出，认知自我或"自我参照系"的形成乃是主体认知对象的先导基础。所以，元认知的核心在于自我认知，包括对自我记忆—自我情感—自我经验—自我知识—自我理想—自我意识等的体验之法、判断之道、预测假设之范式，等等。上述情形同样适用于审美活动。

为此，笔者提出了"四位一体"的审美价值外化表征系统，即本体性内化的虚拟实现表征体—对象性外化的虚拟实现表征体—本体性外化的具身实现表征体—对象性外化的具象实体表征体。其间，审美主体需要将其所创造的完满的主客体价值意象综合体分别转化为相应的审美主体性情感意象、思维意象、观念意象、身体—动作意象及作品—产品之创作意象等多种次级形态，继而将之转化为相应的主客体审美概象，进而再将主客

---

① 程美信：《艺术的本质与美的本质》，程美信当代艺术研究（http：//www. meixim. org/h－nd－83－2_ 407. html）。

体审美概象（概念性表象—符号性表象）转化为相应的主体审美体象、审美主体的言语—歌声—书写—表情等动作表象，最后形成新的审美客体之符号性表象及实体性物象。

审美体象产生于感觉皮层，用以表征历时空的经验与情感；审美概象产生于联合皮层，用以表征共时空的自我概念、情感规则、价值关系和情感特征；审美意象产生于前额叶新皮层，用以表征超时空的情感理念、人格结构、情感信仰、情感价值、情感规律和情感表达范式等顶级精神产物。

所谓理性审美情感或情感审美理念，乃是指主体借助具身认知转化对象的审美情感价值，进而通过自我审美意象之镜体验对象与自我的情感韵味，最终实现自我审美情感理想的一种顶级认知产物。它是主体凭借审美情感意象而把握自我与对象世界的审美感性价值与理性规律的认知表征体，它以主客体世界的审美形式规律、活动范式、价值理想及战略框架为基本对象，从而具有抽象性、间接性、普遍性和超越性、虚拟性等特点。

进而言之，人的审美理性、审美智慧之生成方式，具体体现为以下内容：第一，审美主体建构或创造用以含纳完满的主客体价值的审美"间体世界"；第二，形成体验层面的审美"镜像时空"（使审美主客体产生交流契机）；第三，因着本体性和对象性体验而引发审美主体对自我经验的二度审美重构、对自我情感的二度更新、对自我思维的二度优化、对自我理念的二度纯化、对自我人格的二度升华、对自我理想的二度完善等返身体用审美价值的"审美反哺"情形；第四，审美主体能动和有意识地将自我的新颖特征、本质力量、深幽价值、奇妙意义等，虚拟而真如地投射到审美的"间体世界"，由此创造了更完美的内在的"第二自然"或"第二精神体"；第五，审美主体借助审美"间体世界"的显影特征和逆向映射装置（"镜像时空"），通过对象化的虚拟代理—镜像寄情方式而间接观照完满自我，并象征性实现自我的完满价值，同时直观符号形态的对象世界，由此获得全新的重大发现（主客体之本质力量、运动特征、核心价值和存在意义），这种发现属于创造性的审美体验之花与审美思维之果；第六，审美主体对自己的多重发现进行情感体验、智性体验和理性体验，据此获得创造性审美思维的情景妙机、审美诗意和自由的快感，借此赢得对自我的对象化感性确证、充实完善和内在实现。

（四）审美价值—自我完满情感得以表达的具身预演范式

论及艺术美学乃至大美学的思想价值，有学者指出，由于历史的原因，艺术学给人以缺乏哲学思辨、审美规律性阐述得不够、理论基础比较薄弱的印象。"当我们成为一门独立门类的学科的时候，我们在理论上确实还要做很多。我们的理论还是欠缺的。艺术的本质就是审美，把艺术跟美学联系起来并且进一步在艺术理论的架构下提出艺术美学是顺理成章的，也是合乎学科发展规律的。艺术美学这一名称虽然已有，但还远不成系统，真正独立的艺术美学的学理框架建立还有待时日。"①

总之，我们可以对审美主体所进行的价值创生—内在预演—主客体体验—思想体用之行为的全过程作出如下的描述：在审美移情过程中，主体第一，将对象的视觉性或听觉性客观信息转化为自己的本体（身体感觉—运动皮层）性虚拟运动状态（这主要依托后顶叶、扣带回后部和前运动皮层），第二，主体由此激发了自己对本体性虚拟运动状态的具身感受与情感体验（这主要依托杏仁核、丘脑和眶额皮层）；第三，主体依托前额叶腹内侧正中区，对自己模拟对象特征的情感状态进行对象化映射和具身预演，借此实现对自我情感价值的对象化意识体验和价值判断，进而由此催生自己"情知意"系统地三位一体高峰体验，形成了自己的"美感—道德感—理智感—灵感"。

第一，情感化的"间体世界"含纳了主客观世界的真理要素，从而有助于主体借此表征与探索万物奥妙，揭示天地人生规律，确立完善的发展模式。

第二，情感化的"间体世界"昭示了主客体的深层价值、存在意义和最高理想，从而有助于主体借此不断超越感性和知性阈限，逼近合情合理的完美境界。

第三，情感化的"镜像时空"有助于主体、客体和间体世界彼此展开信息吸收、价值摄取、特征映现、力量投射，有助于主体从历时空走向共时空和超时空的价值王国，从形而下的天地走向形而中和形而上的宏阔境界，从感性表象和知性概象走向理性化的意象新大陆。

第四，情感化的"间体世界"是孕育自我的母体、催化主体之全息意识的"奇异吸引子"、建构人格的蓝图和内外行为发展的向导。我们的美感爱心、道德感良心、理智感慧心皆源于斯、归于斯，我们的人格信念、情感理想、思想智慧和文明行为皆由此造化而成、内熟而外现！

---

① 路涛：《艺术美学的仲夏夜之梦》，《中国艺术报》2012 年 12 月 11 日 B1 版。

　　换言之，一个人的情感意识的生成、发展和深化，其情感理想的逐步充实、完善与内在实现过程，其实是主体借助外在之镜和内在之像不断对主客观世界做出发现、创构、体验、完善和内在实现的永恒之旅；其中，"间体世界"乃是个性意识的"灵魂"，"镜像时空"则是个性心灵自由驰骋的内在王国。

　　从这个意义上说，美感实际上源于主体对自我及对象世界的价值创新和具身体验；它体现了主体对自己所创造的"间体世界"与"镜像时空"的价值欣赏境遇，折射了主体对情感理想和艺术规律的意象统摄内容，因而是人对内在创造与发现产物的一种镜像体验。

（五）审美价值生成的间体结构、意象形式和意识体验境遇

　　在人的审美实践活动中，审美价值的形成结构十分重要，因为结构决定了其后衍生的价值形态、体验的内容和价值转化的内外路径。然而，迄今的相关研究仅仅关注单一、笼统和抽象的审美价值，因而不利于我们深入细致地辨识和把握审美对象、审美主体在审美实践过程中经由相互作用而导致的各方价值的充实、重构、增益和完善等本质变化。为此，我们需要对此加以深入细致的梳理及多层级分析，以便借此形成比较客观的、新颖深刻的理论认识。

　　1. 符号体验

　　人的对情感的理解与评价活动需要借助符号表象来形成相关的体验境遇。缺少相似性的经验、知识，人便无法掌握和领会那些外在的、抽象的或超出人力的东西。所以，指向情感价值时空的虚拟体验是人理解文化的核心条件。它以相似性、熟悉性为起点，将人带向殊异性、新颖性和抽象性的知识王国彼岸。

　　2. 具身模拟

　　艺术文化对人的影响，需要借助人对客观表象的具身转化和本体情感经验建构、借助人对本体情感意识的符号性映射而体现之；主体通过经验重构来创造新的情感对象、引发新的情感反应，进而借此提升自我的情感能力，完善对象的情感品格，实现自我的情感价值。

　　可见，虚拟体验是主体用以认知自我与对象特征、创造自我与对象命运、实现自我与对象价值的必由之路。其间，主体需要借助具身认知方式，以便将外部文化还原为内部经验，再将内部经验升华为意象观念。人的情感性具身模拟活动既是对其所接纳的文化价值的生动传达形式，也是

对他自身的情感品格的符号表征样式。

3. 意象建构

人的审美学习和精神创造最终体现为人格意象这个高阶形态，位于符号性情感意识层面的情感概象则是主体进行元体验、形成元表征和建构元知识的核心模板。进而言之，人格意象包括情感意象、认知意象、身体意象、行为意象等多元内容；意象创构乃是一切文化的根本指向、价值归宿与源头动力，也是艺术教育、审美塑造和个性精神的最高产物。意象建构之所以对主体的文化接受和文化创造活动具有重要影响，是因为人的精神创造活动需要基于"大文化→大体验→大人格→大情操→大智慧→大生命→大作品"这个"认知反应序列"而次第展开。

4. 镜像价值生成

人对情感意义的符号认知与意识体验需要依托主体自身的情感价值标准及认知策略来次第展开。例如，音乐世界蕴含了运动的时间和空间、变化的表象与心境，以及超时空的形而上意义和物质运动的神妙法则。同时，音乐体验、知识基础还因着牵动了深广的体验和超时空的想象，遂使个体能够更深刻地建构和体验自我情感、宇宙意义、精神妙象和时空情态。

主体之所以需要借助镜像化的情感形态来表征自己的全新本质，那是因为他在内心形成本体性情感意象之后，还需要将之进行内在的对象性投射，以便供自己进行自我认知，进而以通过内心的表象转换过程来探索对象的意义、模拟对象的活动机制。

例如，儿童对自我心理现象的理解、对自我情感能力的充实与强化活动，都需要借助从对象到本体的想象性游戏、艺术性想象、生活性想象、想象性对话等蕴含着创新韵味的情感想象，进而在其内心形成对象性的自我情感镜像（资作自己反观自我情思特征的思想形式）。

5. 审美意识廓出

符号化的情感意识成为主体建构创造性的情感意象之高阶表征能力的中介平台。对情感空间的具身表征、概象建构和想象性求解等系列素质，是青少年发展创造性情感意识的核心基础之一。因为它们实质上影响了儿童和青少年的元体验能力。

6. 审美间体—审美意象—审美意识整体廓出

主体在意象世界所呈现的完美理念之启示下，以"间体世界"的形式结构、要素内容和运变模式为理想参照系，据此构思与创制主体的艺术图片、科学模型、思想假说和行为蓝图，继而依托此类框架对相关的艺术形式（要素及结构等）、科学符号、哲学概念和行为范式展开创造性的筛选、重组、变形和整合，借此实现对"间体世界"和自我世界的对象化价值转换与感性化实体呈现：艺术作品、科学体系、技术产品、哲学理论、生命产品和劳动成果。

有鉴于此，我们应当深刻把握人类情感发展的内在程序，能动体用情感发展的基本规律（以体象方式具身转化对象特征、以本体符号的概象方式具身转化对象规则、以理念具身的意象方式转化对象规律），以便学习者借此深入体验自我、科学认知自我和整体创新自我。

由此可见，审美主体、创作主体和表演主体，实际上旨在借助自然形式、生命形式和艺术形式来投射和体验自己的情感，或者说呈现并观照自己的情感及其所引发的创造性想象与超前性预见等个性本质力量的系列特征。

三　审美价值由内而外、由虚而实的对象化符号表征（艺术表征与非艺术性的审美表征）的审美认知参照系

人类在推进自我生命与社会文化相契通的价值升级进程中，一是采取了心—身—世界三位一体的全息语境立场，主张耦合性、整合性和生成性的"管理语境"观，坚持操作性、互动性和镶嵌式的管理建构观，体现虚实隐喻、交互映射、时空转换和层级叠加的管理表征观；二是坚持"客观认知框架由主观认知框架转换而成"的管理价值映射观，采取多层级交互映射的身心行为之审美管理模型，借此表征人的理想价值，实现人的本体审美智慧之内外价值。

认知哲学认为，人的客观认知框架需要由主观认知框架转换而成。本体审美智慧的对象性转化方式包括：将人格化的审美智慧意象转化为身体性的审美智慧意象（及其元调控）范式；将身体性的审美智慧意象转化为符号性的审美身体概象图式；将符号性的审美身体概象转化为感性化的身体审美表象（包括五官四肢等感觉—运动的）范式；将感性化的身体审美表象转化为对象性与物化形态的多元化客体审美表象范式。其所依托的认知科学原理在于：一是审美知识内化的具身机制；二是审美认知发展的身心表征—建构机制；三是审美观念发生的返身预演机制；四是审美知识外化的具身表征机制。

在此拟以艺术表演领域的创造性演绎行为为例，对相关的艺术审美认知心理学过程与机理进行深入解析。

（一）审美间体价值得以外化的内在参照系

笔者之所以在此既不提说中性化或指称笼统的"审美价值"，也不强调所谓客观性、唯物性的"客体审美价值"，乃是因为审美的主体性价值与客体性价值均无法单独存在，都必须以对方的审美性存在为自己以审美方式存在的根本前提，它们同生共灭、相互依存、相得益彰、同呼吸共命运。换言之，主体同时需要对自我和对象进行审美转型，以便使自己和对象同时进入审美时空。

更为重要的是，审美主体与审美客体在展开多层级、多序列和多形态的相互作用的过程中，必然会形成或催生出某种全新的综合性和超越性的审美价值——主体用以表征此种特殊的审美价值的认知心理形式便可被称作"审美间体"：它含纳了主客体的审美价值，但又高于前两者的审美价值，即所谓的 1 加 1 大于 2 的系统叠加—功能增益—价值更新效应。

进而言之，审美主体所表达、所传征、所外化的审美价值，既不仅仅是审美客体在二度创造之前的即成价值形态，也不单单是审美主体在二度创作之前的一成不变的本体价值，更不是单纯的二度创作之后的审美客体价值或审美主体价值，而是二度创作之后的审美主客体那经过创新完善、高峰体验、虚拟呈现和内在实现的审美间体价值。严格说来，审美的间体价值属于一种超级价值联合体、全息命运共同体。

那么，对于上述的此种审美间体价值，审美主体又该如何将之外化呢？笔者认为，审美主体其间需要之前先期形成的用以实现审美间体价值转化的内在参照系。这个参照系，大体说来，可包括下列内容：一是情感参照系（情感律动范式）；二是思维参照系（思维运动范式）；三是理念参照系（意识体验范式）；四是身体参照系（身体律动范式）；等等。

具体来说，以音乐鉴赏和音乐表演为例，审美主体对上述诸种参照系的认知映射性操作，必然体现为主体将其所创造形成的审美间体价值从具体性、对象性的乐音律动范式次第转化为他的个性化的"情感律动范式""思维运动范式""意识体验范式""身体律动范式"，以及表演性、演绎性的"音乐律动范式""舞蹈律动范式""文学形象律动范式"等形态。可以说，审美间体价值得以外化的内在参照系，在此成为审美主体实施创造性审美表达活动的"思想轨道"、价值运动的逻辑链。

对于作曲家而言，其内心构思源于对生活表象、文化表象、音乐表象、知识概象、审美概象、生命意象、音乐意象和自我精神意象的感应与整合、模拟与虚征这样的方式和过程。那么，对于演奏家、歌唱家、指挥家、舞蹈家而言，他们是否也是借助"音乐意象"来建构和表现自己对原作的价值感受的？

例如，钢琴家霍洛维兹和安东·鲁宾斯坦在谈到演奏钢琴作品时面临的"忠实性"和"创造性"这个矛盾时指出，化解这种矛盾的唯一途径，就是演奏者要以全身心进入作品世界，在富含情感的体验过程中同时展开自由活跃的深广想象，借助创造独特的意象模型来深化理解、对原作的主题蕴含和抒情风格进行个性化的"演绎"与拓展。否则，便会成为拘谨、机械、缺乏情智个性的"演奏匠"了，而不是具有创新精神的艺术家。①

譬如，他们各人拥有各自的"贝多芬""肖邦"和"莫扎特"，在主要方面求同，在具体的技法操作和细节处理上形成了各具特色的表现风格和思想特征。马友友、傅聪等华裔演奏家也是以创造性的演绎方式对待原作的，他们在古典文学、哲学、心理学、美术、舞蹈和艺术理论等方面具有深厚的修养，从而有利于提升他们对原作的情感体验、智性理解、意境创新和技术化变等审美创造能力。

具体而言，演奏家对"音乐意象"的认知操作与审美体验，主要是将自己的手指和肢体的动作姿态（与乐器的音位构性相耦合）和力度特征作为本体符号来进行意象操作和具身性——对象化体验的；乐谱则是他们的"对象性符号"。所以，他们的"音乐意象"是基于原作曲谱、本体动作和乐器结构之全息统一体而得以形成的；他们的演奏行为实质上是对"音乐意象"的心理操作和具身体验过程。

例如，马友友为何能超越曲谱和乐器技巧而自由合理地演绎作曲家的思想？陈佐湟为何能够揭现肖斯塔科维奇复杂多变的《第五交响曲》？前者至少应当归功于演奏家在哈佛大学所积淀的文学、哲学和社会心理学经验与知识，后者也必然得益于指挥家经历"文化大革命"而获得的深刻

---

① ［法］夏代尔：《音乐与人生：与二十二位钢琴家对话》，卢晓等译，安徽教育出版社2005 年版，第 126 页。

痛苦亲切的人生体验。由此可见，只有从体验的原点坐标出发，演奏家及指挥家才能以超越性的意识把握、预见和创造性演绎作曲家的音乐感情与个性动机。

再以"钢琴王子"理查·克莱德曼的成功经验为例，讨论他对经典作品的二度创造性改编方法与审美意义。他弹奏与改编的钢琴曲，把抒情与思索、古典浪漫风格同现代豪放精神交融聚汇，从而形成了鲜明浓郁的个性崭新风格——抒情、浪漫、高贵、幽雅、绚丽、深沉，在世界乐坛上别具一格，独树一帜。他学习和借鉴从肖邦、德彪西到斯特拉文斯基、现代音乐，兼收并蓄，推陈出新。如成名作《水边的阿狄丽娜》，形成了超越时空、瑰丽神妙而亲切明快的抒情格调。

（二）现实美与艺术美的异同点

人们之所以无法将艺术作品与自然事象究竟属于审美对象还是属于对象的感性形式等问题加以区分，其根本原因在于他们无法把任何种类的审美客体统一成一种本质相似的认知对象。

以艺术摄影、纪实摄影和直观优美的自然景象为例，它们分别侧重传达理想美、现实美和自然美。但是艺术摄影借助对时间内容、空间内容、人物形态和物象背景的创造性剪裁、变形重构，来反映真实的理想世界之美；而自然景象被作为审美的客观对象，则需要进一步转化为审美的主观对象（感性化的经验表象、知性化的情感表象和理性化的价值意象）；纪实摄影主要借助全息同一的真实对象之典型形态来传达人文理念、主体情感和社会规律。

在审美活动中，这三种审美的客观形式均需要转化为主观形式；而后再由主体向主观形式添加个性化经验、投射生动的情感、诉诸虚拟的想象性加工、贯通主体的理想意象。所以看来，我们必须超越纷繁多样的审美的客观形式之困惑，进入三者殊途同归的审美的"主观形式"这个彼此相通和相似的共相时空。

也就是说，感性表象的生成、主体经验的贯通与重构、新颖情感的激发、新奇想象的时空呈现、主体将主观形式与主观内容加以有机统合并依次创造出三大"间体世界"及其所衍生的三级"镜像时空"，乃是人类对所有审美客体进行审美观照的共同和普遍的心理特征。具微而论，艺术作品、生命形象、自然景象等，皆属于不同客观形式的审美客体；它们被主体转化为审美的主观形式之后，便享有了大同小异、质同形异的品格，其所激发与耦合的主观内容乃至主体所创造的"间体世界"与"镜像时空",也具有等功效应。

更重要的是,它们在各自转化而成的主观形式方面存在着质同态异的显著特点:艺术表象具有复杂精细、有序和系统化的符号形式、结构体系与变化规则,属于人工符号系统之列;自然表象则属于天然而成的非人工符号系统之一;生命表象则同时把人的本体符号(身体符号,包括体态、姿态、表情、动作、言语等形式)和生物性质的自然特征加以完美体现。其共同特征或相通相似之处,在于都会引发审美主体的经验重构、情感嬗变、移情想象、价值投射、本体观照、自我体验和内在实现;也就是说,它们都会形成质同态异的"间体世界"和"镜像时空",使主体得以重塑自我、体验自我、玩味对象、主客契通、亲密和谐!

要言之,美学法则与艺术的典范乃是理想化的主客观世界之精神图式的生成与符号化的现实呈现。其中,艺术摄影能够享有对这种精神图式和符号外现的最深广的自由创造品格;而纪实摄影只能依据现实世界的典型情景来有针对性地传达主体的理念意向,有节制地对理念意向的符号外观形式进行时空同一性的有限性创造。

波德罗(Michael Podro)提出的"阐释性观看"原理指向视觉心理的建构形态,也隐含了心灵的世界图景;在人对视觉形式的创造性活动中,它体现为一系列主导性的心理原则。[①] 换言之,人的审美创造之元型式与本质形式乃是自我—对象的意象镶嵌、时空耦合与价值创生!

简言之,艺术家的构思与表现形式不必体现客观对象及物质媒介的时空真实性,而是主要依据自己有关审美间体的内在造型,进而对客观对象和物质媒介进行自由美妙的时空剪裁与特征重构,由此实现主体与客体、真实与虚拟、形式与内容、感性与知性、小我与大我、心与物、现实与理想、情感与理性、主观真理与客观真理、瞬间与永恒、有限与无限等多重价值境界。

1. 内在空间的造型元素

(1)体象元素。包括自我与他人的身体表象、身体意象、身体概象,以及动作、姿态、表情等生命形态。

---

① 张坚:《"精神科学"与"文化科学"语境下的视觉模式——沃尔夫林、沃林格艺术史思想中的若干问题》,《文艺研究》2009年第3期。

（2）物象元素。包括天文气象、地理景象、山川江河、花草树木、动物、建筑、医院、家庭、学校、广场、公园、科技景观、音乐美术景观、雕塑、自然灾害景象、交通、饮食、衣饰、家具、文具、玩具、武器、仪器、电脑、照相机、摄影仪，等等。

（3）符象元素。包括言语、音乐、文字、文化象征体（组织、机构、团体、国家的徽章，旗帜，标志物，纪念章；少数民族的民间仪式及用品等）。

2. 内在空间的造型语言

（1）历时空和形而下的间体表象。视觉艺术的造型经历了内在空间的嬗变，包括主体对自己以往的非艺术性经验及其相关的情感表象的审美改造：融入艺术形式之中。[①]它主要指艺术家在构制视觉形象的内在模型之初期，审视与选择自身的直接经验和间接经验情景，从感性层面借助经验素材重构所要表现的间体表象，借此实现对自我、他人、人类经验和艺术世界形态特征的感性契通与复合时空整合。

（2）共时空和形而中的间体概象。主要指艺术家在构制视觉形象的内在模型之中期，审视与选择切身的知识概象和古今中外的间接文化情景，从知性层面借助概念—范畴—命题等思维素材重构所要表现的间体概象，借此实现对自我、他人、人类间接经验和艺术世界主题蕴含的知性契通与多时空整合。

（3）超时空和形而上的间体意象。主要指艺术家在构制视觉形象的内在模型之后期，审视与选择自我对主客观世界的理念模型及其解释框架，将此耦合匹配视觉艺术世界、生活世界和自然世界的本质规律，进而整合内外时空的价值特征与规律真理，形成意象形式的审美理想，借此表征主客体世界之价值真理。

自我概象系统乃是本体知识的核心内容。它编码保存主体有关自我的多元知识信息（包括有关自我的言语结构、语法规则、情感特征、思维方式、生理学知识、心理学知识、审美与艺术知识、文字表征、数符表征、生命特征、精神价值、内在需要，等等）。它不但在主体认知自我的过程中发挥着关键作用，而且对于主体理解他人的言语、文字、音乐、美术、情感、思想和行为等文化符号象征体方面具有重要且不可或缺的核心

---

① 孟文静：《视觉化审美嬗变》，《开封教育学院学报》2009 年第 2 期。

作用；换言之，主体唯有借助具身方式来转化外在的一切信息之后，方能真正实现对文化、自然与社会的理解目的。

具体来说，自我概象系统主要生成于大脑的多级感觉联合区和中介联合区，包括第一感知觉联合区［以视听觉为例（VA_1、AA_1……）属于超越物理形式的符号形式一元感知觉整合］、第二感知觉联合区［以视听觉为例（VA_2、AA_2……）属于超越符号形式的符号规则及本体内容的双侧三元感知觉整合］、顶叶联合区（传导本体之符号形式化操作运动感知觉，如书写运动觉、言语运动觉、歌唱或演奏运动觉、绘图计算运动觉等，形成对主客体运动空间的对象化与本体化操作概象或运动图式）、边缘旁联合区（传导整合各感觉联合区、前额叶新皮质、边缘系统包括海马、杏仁核等、皮质下系统如丘脑、下丘脑汇集的信息，形成条件化的情感概象或反应图式）。它们分别在枕极、颞极和额极汇合成密集性、全息性、抽象性和交互性更强的认知反应枢纽。

心理学家鲁麦哈特（David Lumerhart）设想了意识系统内部的一个信息流程图式，进而借此表征意识的内反馈和自我调节（原理与过程）："意识的内容属于某种世界模型，一般由符号组成，分布式地贮存于各认知加工单元的联结之中。意识系统中的解释网络（即自我调节系统）能够对头脑中形成的世界模型进行解释，或者使现实的东西和想象的东西之间进行对话。这样，解释性网络与世界模型之间就存在一种心理模拟关系，解释性网络要对世界模型进行解释、评价、说明和反思。世界模型和解释性网络都由许多并行的认知加工单元组成，共同构成一种意识系统内部的信息反馈关系。"① 可以说，意识的自我调节正是通过意识内部的信息自反馈完成的。

根据鲁利亚（Luriya，Aleksandr Romanovich）的功能系统论和笔者的大脑"三位一体"认知表征系统，这种解释性网络或解释—评价系统主要定位于额前叶，而世界模型或认知记忆系统则定位于联合皮层，价值体验系统定位于三大感觉皮层及边缘系统，自我意识的输出系统定位于前运动区—布罗卡区—运动皮层。

进而言之，自我审美的意象系统（包括有关自我的审美理念、审美意识、审美人格等高阶内容）主要生成于大脑的前额叶新皮层；自我审

---

① 章士嵘：《心理学哲学》，社会科学文献出版社1990年版，第163页。

美意识涉及审美层面的元观念、元认识、元情意、元调节、元记忆（包括情感工作记忆、身体工作记忆、自传记忆及动作声音工作记忆）等诸多内容。自我审美意象能够向自我审美表象"返输入"相关的理念信息，并能对之进行结构、功能和感觉方式的能动性改造与调控。有关自我的行为图式、身心操作程序和价值体现方式等，主要形成于前运动区—布罗卡区和扣带回等部位。

在福多（Fodor J. A.）看来，表象是一种受内在的思想语言所操纵的内在表达方式。① 依笔者来看，福多所说的可操作性"表象"，其实是主体对主客观规律、真理、价值的理性表征方式。更为重要的是，在审美实践中，这种理性表征方式主要呈现为人的本体性审美意象、客体性审美意象及统合性审美意象（譬如"间体世界"和"镜像时空"）。

还可以说，艺术思维与科学思维本质上具有诸多共同点，特别是在意象创设层面。一是因为意象思维既能体现人的主体性情智与人格理想，也能征示客体世界的真理、价值和终极秩序；二是因为艺术思维与科学思维都需要主体将客观信息转化为本体经验，将客观规则转化为本体知识，将客观规律转化为主观真理，再将理念形态的主观真理转化为思想意象，继而借助意识体验、理念预演和意象映射来形成具体而虚拟的对象模型，进而结合对该模型的具身体验、虚拟演示、内在完善来输出成熟的行为实践与物化产物。

（三）艺术本体工作记忆：艺术思维的核心内容、艺术价值外化的首要载体

人们在执行具体的认知任务时所动用的相关记忆内容即工作记忆。工作记忆被形容为人类的认知中枢，目前成为认知神经科学最活跃的研究主题之一。进而言之，认知主体还需要为操用工作记忆而动用元调节系统；而前额叶新皮层的前内侧（BA 45、47 区）和后背侧（BA 11、6 区），则是其范畴化加工区，它们指导任务分类、语义检索、策略匹配等高级抽象加工活动。前额叶的工作记忆区位于 BA 9 区和 BA 46 区。在这方面，前额叶新皮质成为整合信息、调节情感、制定策略和设计行动的核心结构，并自上而下地相继启动工作记忆、陈述性记忆和程序性记忆等内在信源系统，指导策略建构及其匹配问题求解程序等有序活动。

---

① J. A. Fodor, "*Psychosemantics*", Cambridge: MIT Press, pp. 106 – 107.

　　至于艺术工作记忆，则主要用来指称主体对艺术信息的暂时性的提取与使用。[①] 它在人的许多复杂的艺术活动、审美活动及行为实践当中都起着非常重要的作用。进而言之，艺术工作记忆包括艺术目标工作记忆、艺术资源工作记忆和艺术表达工作记忆；还可以将其划分为艺术本体工作记忆、艺术客体工作记忆；依其加工内容的不同性质，则可将之划分为艺术情感工作记忆、艺术思维工作记忆、艺术表达工作记忆。

　　需要指出，笔者所说的艺术工作记忆，主要是用来概括人在所有的艺术活动及与之相关的其他认知活动中所动用的本体性与客体性的核心经验、核心知识及核心操作程序等系列内容。而在现实的艺术活动中，人们经常使用的乃是某一种或几种具体类型的艺术工作记忆，譬如音乐工作记忆、美术工作记忆、舞蹈工作记忆、体操工作记忆、影视工作记忆、戏曲工作记忆，等等。例如，音乐工作记忆是指个体在执行具体的音乐活动时所动用的有关作品内容及表演操作程序的相关记忆，譬如某一首作品的某个乐句的节奏、节拍、速度、力度、乐谱结构、旋律轮廓、抒情韵味、三连音、指法、踏板技术，等等。

（四）符号思维的操作方式

　　真理是具体的，人的思维内容必然要指向具体的对象。同时，人的思维所使用的"语言载体"则是抽象的。换言之，人的思维需要借助各种具象符号或抽象符号来进行，譬如视听觉表象之于感性思维或形象思维、视听觉符号表象之于抽象思维、理念性表象之于意象思维。

　　人类对符号文化的认知与体用过程，一般采用下列几种样式。

　　1. 符号体验

　　它不同于人对实体世界的情景体验，而是指思维主体借助对各类文化符号的形式认知来把握相应的概念、关系、性质、意义等内容，并且能够对历时空和共时空的自我知识与他人的知识展开贯通性与整合性的间接体验——借助自身拥有的直接经验和内源知识进行情景还原和价值映射[②]。

　　2. 符号想象

　　这是指思维主体围绕特定的审美目标或认知主题，对历时空和共时空的自我知识与间接知识展开贯通性、整合性和创造性的具象构造与变形重

---

①　丁峻:《艺术教育的认知原理》，科学出版社2012年版，第154—155页。

②　丁峻:《思维进化论》，中国社会科学出版社2008年版，第454页。

组，从而产生崭新的虚拟经验。

3. 符号推理

这是指主体运用演绎和归纳原则，对想象所产生的虚拟情景进行逻辑加工，从中产生新的概念、命题与判断结论，进而借此形成对主客观世界某个层面的规则性认识，为思想假说和理论模型提供知性依据。

4. 符号意识

符号性的人格情感与思想意识，主要是指主体基于符号体验而形成共时空的象征性情感、经由符号想象与推理所形成的共时空性质的认知方式，据此建构形成了超越有限自我并与他人、群体、人类之情知意相通的文化人格与多元意识结构。它为个体形成和深化美感、道德感、理智感奠定了感性基础，也为其培养审美—道德—科学理性的三位一体意识与人格奠定了知识框架①。

5. 符号映射——符号价值的对象化

符号映射是指主体将内化的符号情感、符号思维、符号理想、符号人格等个性价值加以本体外显及对象化传达，譬如言语、表情、姿态、唱歌、演奏、文学写作、绘画、书法、舞蹈、体育、科学实验、思想理论、养花、服饰、管理、社交和生产、服务等方式。换言之，符号对象化实际上是一种主客体之间的双向性交互映射情形；其中包括主体对自我意象的对象化映射、对客观意象的本体性反向映射、建构镜像自我过程中的自我意象之虚拟预演等复杂类型。

总之，人类对所有种类的符号文化都需要加以悉心揣摩、规范指导、反复练习和切身体用。譬如，儿童的肢体语言、口头语言、文字语言、音乐语言、美术语言和对各种工具的掌握，都需要及时而长期的精心学习和反复试用，方能臻于熟练。

其中，我们应当区分人的本体符号之核心内容，有必要把作为工具符号的知识与技能的训练同人的情感发展和思想发展有机协调，即将扩展经验、丰富情感、完善人的感性品质作为儿童教育的核心目标；由此促进他们对知识、自然、社会、人类的由衷热爱与追求，由此催化他们那深广灵动自由奇妙的想象力，由此驱使他们自觉建构情知意和谐的人格框架和认

---

① 丁峻：《论道德人格的认知奠基功能——兼析儒家伦理文化的现代意义及其科学基础》，《杭州师范学院学报》（社会科学版）2000年第6期。

知内外世界的意识体系。

四　艺术符号思维—技术思维的心脑机制与行为表征范式

在此以人在语言及音乐认知过程中的思维为例，讨论符号思维的基本原理。艺术认知神经科学认为，人类处理艺术信息的过程涉及以下几个重要环节：一是如何内化艺术的感性信息；二是借助什么方式理解艺术作品的知性信息；三是如何建构及表征艺术文化的理性信息；四是新的艺术创作意象或表达意象是如何产生的；五是艺术意象如何借助主体的本体符号系统及艺术符号系统而次第实现其审美价值的外化形态的，其中包括对象化的乐音形态、语声形态、绘画形态、舞蹈形态、雕塑形态、文字形式，等等。

（一）艺术符号思维的心理结构

艺术符号思维既涉及艺术欣赏过程，也涉及艺术创作、艺术表达过程，还涉及艺术与审美研究过程、艺术教育方面的教与学活动，等等。概要说来，艺术符号思维的心理结构主要由感性表象、知性概象、理性意象、体性表象等四大构件组成；同时，人的身体符号系统和艺术符号系统构成了艺术符号思维的行为表征范式。

1. 感性层面的审美表象建构

以音乐和语言文学艺术的感性加工为例，它们包括音素—音位—音节之声学表象，听觉与视觉的微观特征整合包括频域振幅和空间位相之物理时空表象建构，听觉与视觉的中观特征整合包括对象形态与时空情境之综合性感觉表象的建构等系列过程。主体对文字进行认知的感性结构，一方面体现为"笔画—偏旁部首—复合部件"之视觉符号形态，另一方面则因着文字构件的形声特征，导致文字认知过程同时与言语的声学表象形态（音素—音位—音节）发生匹配耦联，于视听觉联合协同之中进行双元编码和认知加工。

2. 知性层面的审美概象整合

仍以音乐和语言文学艺术的感性加工为例，它们包括审美主体对字词法则—句法—语法（规则）的语言概象的审美建构，对语言结构的编码与解码规则的审美策略建构，对词句指称与意义判断的审美价值标准建构，对语言想象与推理程式的语言审美思维模式建构等精细内容。

3. 理性层面的审美意象凸显

具体包括主体对言语意义、文字含义、音乐—美术—舞蹈—戏剧—影视价值的意象建构，对意象体验坐标的重构，对意象映射维度的调试，对主客体世界之审美价值的理性内容、审美运动规律、审美情感理想、审美道德观、审美思维观、审美人生观、审美的身体意象等一系列审美价值联合体，进行审美层面的意识性体验，对审美主体的身体意象—自我意象—社会意象进行全息整合与创新建构，等等。

4. 体性层面的审美体象表征

审美体性不同于审美感性，后者主要是指以人的（位于感觉皮层之中的）五种感官系统为代表的审美主体对审美客体之价值特征的感性内化方式及能质；前者则主要是指审美主体（位于身体感觉—运动皮层之中）的本体感觉、本体运动觉、本体虚拟感觉、本体意象性体验等系列审美具身方式及其能质品格。

总之，人类的符号思维活动含纳了艺术文化的三级表征形态，它是主体得以建构自我意识、形成意象思维能力并进行意识体验的中介平台。可见，符号思维乃是人类的认知能力进化和语言—符号系统进化的内在阶梯。

进而言之，正是凭借人类所创造的独特的语言文化、艺术文化及科学文化，个性主体才能以具身方式内化文化世界的形式特征、运动规则、发展规律，并将之转化为自己的本体知识、体验坐标、想象路线、推理规则、思维理念和行为法则，进而不断完善并适切表达自己的思想智慧。

（二）本体动作可操作性知识：本体审美性技术思维的核心内容

人的本体性和对象性的虚拟想象活动能够激活相关脑区的特定记忆网络；想象性思维与推理性思维主要涉及符号思维和技术思维过程。[①]

例如，声乐作为人们学习音乐文化的重要内容和表达自我的艺术方式，既妙在接受主体的二度创作与学习主体的创造性表演等内在嬗变方面，亦难在其技巧的具身转化与内在预演等认知操作方面。其中，人对乐音感觉表象、乐音知觉表象和乐音意识表象的本体转化与思维操作，在其学习与掌握声乐技巧、构思与表达自我思想及实现作品的个性审美价值等方面，均发挥着关键作用。

① P. Gagnepain, R. Henson, G. Chételat, et al., "Is Neocortical – Hippocampal Connectivity a Better Predictor of Subsequent Recollection Than Local Increases in Hippocampal Activity? New Insights on the Role of Priming", *Journal of Cognitive Neuroscience*, Vol. 23, No. 2, 2011.

　　具体来说，主体对声乐运动表象的操作原理在于，人对声乐表演的意象设计、意识体验、内在演练、理念调控和身体传达过程，分别涉及其大脑的前额叶新皮层（其功能在于执行人对作品和自我表演活动的情感体验、认知评价和创作意象，据此形成表演意象、规划表演图式、调节表演行为）、辅助运动区（转换表演意象、形成表演的初步程序）、运动前区（向身体器官分配运动任务、发布精准敏捷的运动指令）、布罗卡区（负责人对作品的符号内容理解、对主体内外表演活动进行音乐符号匹配与形式法则监控）、左侧运动区（执行运动指令，具体调控双侧发声器官、呼吸器官和肢体运动模式）和顶叶（其上部与身体表象的虚拟运动相关，下部与歌唱经验的迁移和成熟模式保存有关）。[①]

　　进而言之，人对外部声乐运动表象的具身转化、心理表征、本体建构、情感体验、思维操作与意识调节等系列过程，都基于主体对本体动作设计之操作性知识的思维加工，后者涉及音乐移情的神经机制和声乐艺术的共鸣原理[②]：初级感性表象建构（音素—音节—乐音表象）、二级感性表象建构（情景表象和情态表象）、知性表象建构（乐音符号表象、音乐概念表象、结构规则表象等）、理性表象建构（想象性表象、理念性表象、声乐意象）、虚拟运动表象建构（身体运动图式表象、声音运动图式表象、言语运动图式表象、表情姿态运动图式表象）、本体运动表象建构（理念运动表象、气声运动表象、器官运动表象、字声运动表象）。[③]

　　总之，人的本体理念能够引发主体对自己本质力量的持续性观照、纵深性体验、全息认知和高效的对象化实现境况，体现了内源驱动、本体调节和自我完善等根本价值，推动人们逐步从内在实现走向外在实现的自由天地，借此达致完满的价值理想境界。

　　具体来说，我们应当在以下几个方面切实推进本体理念的建构水平和操用能力：第一，建构自我意识的逻辑起点乃是自我表象，从自我表象着手建构情感表征体；第二，自我表象的形成遵循主体对象化的原理，即借助审美与认知的移情体验，达到从对象时空发现自我的目的；第三，对象

① G. M. Bidelman, J. T. Gandour, A. Krishnan, "Cross‐Domain Effects of Music and Language Experience on the Representation of Pitch in the Human Auditory Brainstem", *Journal of Cognitive Neuroscience*, Vol. 23, No. 2, 2011.

② 丁峻：《知识心理学》，上海三联书店 2006 年版，第 197 页。

③ 丁峻：《艺术教育的认知原理》，科学出版社 2012 年版，第 182 页。

的感性特征和运动方式需要被内化、转化为主体自身的感性素质，因而需要我们强化对观察力、记忆力、联想力和透视力的培养；第四，主体需要在对象化体验过程中诉诸自己的理解与价值评价，即认知坐标移位到对象方面，同时折射自己的概念时空、想象经验和推理规则，从而以对象为焦点形成自己的情感概象特征；第五，我们应当善于根据对特定认知对象的感性—知性—理性之综合认识与记忆来复现（演奏、复述、书面呈现、动作再现等）对象的内容，同时借此充实与完善对自我表象—概象—意象系统的内容建构，以便借此形成用以实施个性化创造活动的情知意坐标和练达能力的心理平台。

一是情感体验与思维内容的审美输出。其原因在于，主体进行审美想象时，需要激活其脑内的前运动区、前额叶新皮层的预期工作记忆区、目录工作记忆区、自传体记忆区，以便借此提取与重组特定的经验资源，展开多方位的自由能动的审美想象活动。其间，主体对道德情景及本体反应进行情感评价时，需要借助脑内的奖赏—惩罚系统（扣带回前部—杏仁核—纹状体系统）来感受对象与自我的活动意义，依据它们对自己脑内的奖赏—惩罚系统之激活水平与反应性质来作出直觉性的情感评价。

二是审美情感与艺术产品输出。以音乐艺术的表达为例：运用技术思维创造声乐表象的心理机制。从整体上看，人的艺术学习涉及其对客观世界（包括艺术世界）和主观世界的感性体验、知性建构和理性创造等系列内容。更重要的是，学习者需要将客观性质的艺术知识转化为自我主观形态的本体性知识（包括艺术知识）。其中，主体在审美过程中所进行的思维表征、思维建构和思维操作等系列活动，均深刻体现了艺术知识内化与转化的本质特点，同时成为主体实现对象与自我之审美价值的内在方式。

可以认为，引领艺术教育的审美教育实践之根本目的之一即培养和提高学习者对艺术文化进行审美认知与审美体用的认知操作能力；教师的根本作用即其通过传导个性化的艺术认知操作方法来引导学生学会管理情知意活动，借此催化他们对艺术与生活的审美认知能力，提高他们对自我的审美建构与内在完善能力，培养他们对自我—艺术—社会—文化的审美创造能力。

（三）运用审美的技术思维生成声乐表象的认知操作程序

在审美表演的学习过程中，教师需要运用技术思维方法指导学生创造声乐表象。其中，相关的认知操作程序乃是教师需要特别重视的深层教学内容。

一是具身性识记加工，借此创建个体的本体性声乐经验。

二是主体对新的本体性声乐经验进行自我感知，由此激发自己的激情联想，催生自己的新颖情感。

三是新生成的情感元素能够引发主体的本体性—对象化审美想象，借此创造主体新的虚拟经验，并将之注入声乐表象的形式之中，由此生成新的情景记忆和符号经验。

四是对新的符号经验进行多元编码加工，借此更新自传体记忆、程序性记忆和陈述性记忆。

五是对新的符号经验进行元体验、元记忆和元调节，进而将之转化为新的音乐工作记忆。

六是借助音乐工作记忆检索与生成新的本体程序性音乐记忆、本体陈述性音乐记忆等认知操作内容。

七是善于指导学生基于他们自己的审美意识、情感理想、主体动机和环境需要而构思声乐表达的可操作性意象。

八是还需要提醒学生对新生成的可操作性意象进行虚拟预演、本体感知、内容充实、动作调节、力度控制、效果强化，进而将之输送至运动系统。

九是启发学生将经过充实调整的声乐表达意象性转化为主体的身体运动程序，在真实的外在表达过程中对之进行本体感知和综合调适。

十是引导学生对新形成的声乐表演经验进行具身体验、记忆加工、想象性映射，借此增益情感意识，优化技术思维能力。

（四）学习主体提高声乐技术思维能力的基本方法

人的声乐学习及其对自己的发声表象的构思、设计、内演和表达过程，实际上经历了建构发声表象、整合声乐的物理表象和多元化的情景表象、借助具身体验形成情感表象、借助符号体验形成想象性表象、借助意识体验形成理念表象、借助工作记忆将身体表象和理念表象加以内在链接和全息融通、借助意象映射来虚拟预演自己的声乐表演图式等系列认知操作环节，最终在自己的内心形成趋于成熟和相对完满的声乐"间体意象"及"镜像时空"的表演情景。

具体来说，主体用以表达声音动作的可操作性知识主要涉及人的运动性声乐表象之心理与生理调节程序；后者包括对象性和本体性等多种形式。例如，对象性的运动性声乐表象是指学习者在感受声乐教学及声乐表演活动时，其内心形成的教师示范演唱及歌唱家表演时的一系列声乐动作表象，包括呼吸运动表象，言语运动表象，唇、齿、舌等器官运动表象，演唱姿势及表演动作的运动表象，等等。

这些运动表象乃是学生学习声乐表演方法的身体操作之体象记忆与感性表达基础。本体性的声乐运动表象，则是指学习者所形成的自己表达声乐思想的身体表象、动作表象、言语表象、乐音表象、表情姿态表象、情感表象、情景体验表象，等等。

第一，教师应当引导学生提高其对作品和自己的表达意象进行二度创作的个性化演绎水平。也就是说，学习者需要创制内心的"审美镜像"这种思想模型，同时折射自我与作品的情知意特征和审美认知价值，使之成为二度创作的体验平台和思想坐标。

第二，教师需要同时引导学生对自己的身体活动、肢体运动、表情姿态、言语活动、歌唱活动进行精心设计、反复预演、不断调适，从而使之转化为精细、准确、敏捷、圆润的本体程序性运动记忆，再将本体程序性运动记忆转化为本体程序性思维操作范式。

第三，教师还需要引导学生借助元认知系统调控自己的动情体验—激情表现的心身效果。

总之，人的身体—行为管理活动体现了具身预演—意象映射—体象表征的心脑范式。进而言之，人通过自我表征世界价值的三大过程。充分体现了主客体相互作用的本质特点：一是具身预演。主要是指主体在知识内化过程中虚拟再现与感受自己的内在创造产物及自我情态意绪的过程。二是意象映射。主要是指主体将自我意识、情感理想、人格意象等本体性智慧产物转化为内在的对象化形式，由此获得自我价值的内在实现。三是体象表征。主要是指主体借助身体意象、身体概象、身体表象和物体表象等系列方式转化自己的精神意象，借此实现自我的本体价值与社会价值。

为此，声乐学习者需要借助审美理念来调节自己的情感意象，使之与自己的表演意象、作品的符号意象和自己的审美意象相互实现匹配协调，借此创造完美的个性化声乐行为。只有经过长期的技术训练，音乐学习者才能使自己的视觉声乐表象、听觉声乐表象、审美表达意象和身体运动表象协调一致、趋于完美，进而据此形成相对规范、稳定和个性化的本体动作可操作性知识与体现程序性链式反应效能的技术思维方式。

（五）审美技术思维的心脑基础

人的审美技术思维的发展经历了漫长而复杂的社会进化过程。其间，伴随社会的文化进步、符号系统复杂化、工具精细化、科技发展和人类的心身进化，人类的大脑前额叶新皮层的体积逐渐增大、结构日趋复杂、成熟期逐渐延长，这从而为人类发展审美技术思维奠定了坚实深厚的神经基础。

同时，我们需要对审美工具思维与审美技术思维进行区分。

所谓审美工具思维，是指审美主体运用各种工具对象（包括乐器、文具、生产工具、餐具、厨具、科学仪器、画具、道具、配乐器材、模型、实验用品等）表达自己的审美意象的对象性认知操作方式；它主要涉及审美主体对各种符号表达产物的对象性形式操作，其中包括声乐、器乐、舞蹈、体操、文字、乐谱、数理公式、图表、图像、影视、戏曲、画作、书法、行为艺术、摄影、雕塑、广告作品、工艺、模型等类型。

所谓本体性的审美技术思维，是指审美主体基于审美意象与符号规则来建构、设计、预演、修正、完善和表达自己的思想情感内容的认知操作性策略。这个过程主要涉及人的本体符号表达及认知操作规则：一是身体造型策略与方法；二是言语器官、歌唱性器官的行腔—用气—吐字—发声—音调—韵律的掌控策略与操作方法；三是书写绘画器官表达点、线、面、体和横、竖、撇、捺、勾等空间造型构件的策略与方法；四是工艺、雕塑、木刻、制印等活动中审美创作主体的选材策略、造型方法、符号呈现方式等；五是摄影、音乐表演、舞蹈、艺术体操、花样滑冰、花样游泳、戏剧戏曲表演、影视表演等活动中创作主体及表演主体对光影、冷暖色彩、大小调、协和音程与不协和音程、唱念做打身法步神态的个性化演绎策略及造型风格与操作方法，等等。

总之，人的审美技术思维决定了审美工具思维的操作水平；前者需要动用审美主体的艺术元记忆素材、元体验情景和元调节方式，还需要借助审美工作记忆来调动相应的本体性与对象性的艺术程序性记忆和艺术陈述性记忆，以便使之成为主体重构情景经验、动作系统、情感价值、思维路线、创作意象和表达图式的可操作性规范。

艺术教育心理学认为，人类学习艺术文化的过程涉及以下几个重要内容：一是如何内化艺术情景信息及形态信息，其中包括主体对艺术表象—

身体表象的形式塑造、对艺术经验与情感的具身建构等内容；二是借助什么方式理解艺术的形式结构与文化内蕴，其中包括主体对艺术概象—符号表象的形式塑造、对符号经验和符号思维的知性建构等内容；三是如何形成自己鉴赏、创作与表达艺术内容的理念意识，其中包括主体对艺术意象的理念塑造、对艺术规律的意识体验和对艺术真理的行为实践三大内容；四是主体怎样将相应的艺术思想转化为本体性的身体动作表象和符号表象（言语表象、文字表象、声乐表象、器乐表象、绘画表象、构图表象等）。因此，艺术教师在培养学生的技术思维能力方面，应当注意把握与体用相关的教学原理。

国内外有关心理表象与思维操作的研究主要集中在心理学方面，一是对艺术表象及艺术思维的具体类型与深刻内容的研究很少，譬如相对缺乏有关声乐、舞蹈、书法、绘画、器乐、影视、设计和工艺等领域的表象加工、符号思维、意象创造、技术操作等系列研究；二是尤其缺少有关艺术体验、艺术构思和艺术表达的认知操作内容与技术心理分析；三是从艺术教育心理学层面系统研究促进艺术体验、艺术思维、艺术创作、艺术表达的认知机制、教育原理及教学方法论者更为鲜见。

在艺术教育的理论层面，国内外对涉及艺术鉴赏—创作—表达的技术思维的教学研究缺少深入系统的理论整合与精细客观的实证研究，大多以抽象的人文阐述和具体的技能传示为主，尤其是教师缺乏对艺术教育的价值理念更新，依然强调忠于原作、以经典为本，不愿倡导"以学生为本"，不敢将创造性演绎经典作品视作提高学生的审美表现能力及实现自我价值的符号载体（而非绝对标准或根本目的），导致艺术教师偏重于向学生灌输抽象知识和进行单一的技能训练，这致使大多数学生难以对艺术作品产生动情体验，遂制约了其情感发展、能力提升、个性完善并培养创新思维素质的心理进程。

笔者认为，在人的艺术学习、艺术鉴赏、艺术创作和艺术表达等系列活动中，实际上都会涉及主体对原作品或自己的表达行为的技术价值分析这个重要问题。换言之，原作或学习者自己的表达行为与作品，是否具有审美价值，需要从几个方面加以考量：一是经验层面的审美价值；二是情感层面的审美价值；三是思维层面的审美价值；四是意识层面的审美价值；五是行为技术层面的审美价值；六是物化层面的审美价值。其中，行为技术层面的审美价值是体现主体及其作品的情感思想价值的感性载体和具身样本。

进而言之，缺乏行为技术层面的创新价值的审美行为及作品，必然缺少可操作的审美体用价值及可映射的审美认知价值。如果艺术家或学习艺术的学生决心通过自己的行为与作品来体现自己的个性创新价值，就必须首先进行技术理念的创新建构，进而由此形成技术价值的创新表征和技术能力的创新操作。

归根结底，人对审美表现活动的技术创新与行为创变需要依托自己的意识体验这个思想坐标，其中包括情感性和认知性的意识体验。换言之，人的技术创新价值需要借助主体对情感世界的审美意识体验加以表征、检验和体现之。

其中，"间体时空"作为人的心灵创造的内在产物，同时折射了主客观世界的本质特征，因而有助于我们借此审视自己的情感世界和客观世界的价值意蕴。"自我镜像"又指什么？它好比一个"价值熔炉"，主体借此将自己、他人和人类情感的历时空经验、共时空知识和超时空理念巧妙地荟萃于其内，将生命世界、自然世界、社会世界和文化世界所蕴含的情感内容全息融汇于其内，由此生成内心的"情感女神"，使之展现形而下风韵—形而中气质—形而上智慧，使之具备感性—知性—理性相统合的完美价值品格。主体由此生成的自我"情感镜像"遂成为其镜观对象化自我的价值中介载体，而"间体世界"则成为我们镜观审美主体情感心灵的"第四时空"。

譬如，历史上许多艺术大师对同一种作品所创造的有所不同、个性鲜明的演绎版本表明，艺术表现"似大师者死，适宜变通者生"。例如，著名钢琴演奏家郎朗就说过，他自己在演奏海顿、莫扎特、贝多芬、肖邦等杰出作曲家和钢琴演奏家的代表性作品时，都要进行适当的情感体验和思想重整，进而据此形成自己的情感韵律、思想目标和表达意象，然后以此来重新调适原作的某些音高、节奏、节拍、调式和旋律模式等，以便使之有效地匹配、融通与耦合自己的抒情特征（强度、力度、速度、正负效价、唤起度等），借此实现自己的表达目的及自我价值。

（六）艺术表达行为的思维创新策略示例

以对舒曼的《A 小调钢琴协奏曲》这部经典作品的创新演绎为例，与之相关的演奏版本很多，几乎所有的知名钢琴家都弹奏过这部协奏曲。其中，当代演奏这部协奏曲的屈指可数的几个权威性版本分别是：拜伦·

贾尼斯的演奏版本（由孟格斯指挥的伦敦交响乐团协奏）；弗郎兹的演奏版本（由伯恩斯坦指挥的柏林爱乐乐团协奏）；巴伦博伊姆的演奏版本（由切利比达克指挥的慕尼黑爱乐乐团协奏）；玛尔塔·阿格里奇的演奏版本（由拉宾诺维奇·巴拉科夫斯基指挥的意大利斯维泽拉交响乐团协奏）；阿劳的演奏版本（由乔治·霍斯特指挥的伦敦爱乐乐团协奏）。

通过对以上五个版本的比较，我们就能感受不同风格的钢琴家对该作品的个性化诠释效果，并对相关的器乐教学和表演训练具有诸多启示。

1. 演奏的速度

不少钢琴演奏家都认为，其第一乐章展开部的行板部分的速度太快了，没有人按照谱面上标的速度来演奏，阿劳指出，"第一乐章的行板快得没有办法操作，舒曼的协奏曲当初是怎样构思的，我不知道，总不可能是我们对音乐的感觉全走样了吧？"人们都会发现，几乎没有一个演奏大师是按照该协奏曲所标注的速度演奏的，而是都根据自己对某个乐段的理解来确定自己的演奏速度。他们这样做并非出于能力或体力上的局限性，而是为了更好地表达个性化的音乐理想。

2. 音色的控制

一般水平的演奏者所能胜任的，仅仅是对一个乐句、一个乐段的音色进行个别的调整而已。然而，那些杰出的钢琴家则是真正的与众不同：他们从第一个音符开始到最后一个音符结束，都将其间的音色变化安排得井井有条、和谐自然，既与原作的总体结构与情感思想相一致，又适度体现了演奏者的个性化情思意蕴与技术创新亮点。

3. 乐句的气息和活力

弗郎兹对舒曼的《A 小调钢琴协奏曲》的演绎从容优雅、细腻柔婉，充满成熟气息和沉稳活力；拜伦·贾尼斯的演奏风格则是潇洒辉煌、诗意昂然，洋溢着浪漫主义的激情气息与奔放活力；巴伦博伊姆演奏极具个性色彩，其音色变化丰富，具有哲理韵味、自由气质和创新活力，他着力表现自己心中的舒曼，很多地方没有按谱面标注的规定演奏；玛尔塔·阿格里奇的演奏最具激情、速度最快，体现了其华丽的技巧和柔美的情感，富于冲击力和感染力；阿劳的演奏体现了严谨、纯正、含蓄、热情的完美结合特点，充满自然亲切的人性温馨气息和坚毅果敢的活力。可见，即使是同一句话、同一首歌，如果由不同的人说出来、唱出来或弹奏出来，则都会体现出有所不同的个性气韵与活力特征。这就是艺术家孕育和表达的个性创造力与艺术魅力之所在!①

　　总之我们应当认识到，艺术文化是表达人类的优美情感、创新思想和文明行为的物化结晶，从而体现了人类认识自我、发展自我、完善自我、实现理想的本体重构与价值创新过程；借助研究、鉴赏、表演和体育艺术文化，我们即可创造、体验、评价、完善和实现自我的全新审美价值与认知价值。著名的美学家布罗迪在 2015 年的《自然》杂志上撰文强调指出，美之物象、事体和感受、观念等，都源于人类的进化之功。科学家提出了"客观之美""主观之美"，以及人与人相互作用而形成的"社会之美"等多种审美价值的载体，然而人类之身体与行为乃是最完满的审美价值载体。②

　　为此，未来的艺术教育应当基于审美教育的基本观念、价值观和方法论，大力减少模式化、标准化、机械性的技能训练内容与时间，努力强化学习者的情知意创新能力，以便使学习者能够借助身体语言、动作行为来精细深刻地表达自己的独特情感、创新思想和个性特征，同时实现对经典作品的个性化演绎与完美阐释，进而由此促进个性主体与社会群体之精神世界与行为世界的全面和谐自由发展。

　　除了需要高度注重审美主体在审美活动中的精神创造和自我之内在完善，我们更要格外重视人对审美价值的体性转化和物性转化过程；换言之，审美重在实践、重在身体力行。这是因为，人生的烦恼、痛苦和矛盾，多半源于主体对自己、对他人和现实的不满意、不认可、不欣赏、不珍惜。可见，自我体验、自我认知和自我评价实际上成为体验世界与他人、认知世界与他人、评价世界与他人的内在模板；它们对人的心灵发展具有根本性的影响。同时，现代社会、现代工业文明和现代教育的最大问题，即在于人的自主性和自足感普遍缺失，人格的发展存在缺陷。上述的内外交困之境遇，迫使当代人类社会重新返回理性之岸、重新检视感性之因，进而借此整饬内心、统合体行、实现自我和谐，而后再实现主客和谐的理想。因而，高度关注、认真探究并真诚践行人的审美发展规律和自我实现之道，将会对改善人类群体的精神状况、行为境遇和幸福品质发挥独

---

　　①　[法]夏代尔：《音乐与人生：与二十二位钢琴家对话》，卢晓等译，安徽教育出版社 2005 年版，第 126 页。

　　②　Herb Brody, "Beauty", *Nature*, Vol. 526, No. 7572, October 2015.

特有效、深微持久的建设性作用！

　　要言之，审美实践有助于提升个性主体的情知意能力与体象行水平，也有助于引领我们积极应对现实负面事件、强化自我定力，进而获得超越性发展，还有助于增进人的创造性、自由感和幸福感。有一篇散文写得真精彩："幸福总是肤浅的。唯有苦难让人刻骨铭心。神圣是对苦难的最高礼赞。"① 可以说，审美之乡是智慧之所、爱意之庐、幸福之本！

---

　　① 朱林峰：《云和水的纠缠》，朱林峰 – 雁阵惊寒的博客，2013 年 1 月 22 日（http：//zhu linfeng128. blog. ifeng. com/article/22494419. html）。

第四章

审美活动的心脑机制观

审美活动是人类特有的一种高阶心智行为，依托并体现了超级复杂的认知机制及其大脑神经网络的结构—功能—信息—状态的非线性涨落和自组织特性，因而对人的心智发展和大脑重塑发挥着日益显著的积极作用。为了推进当代美学对审美信息加工、审美创造性思维运行、审美价值生成、审美具身体验和审美价值外化等系列过程的客观认识，国内外的美学工作者正在深入开展对审美活动之心脑机制的多学科探究。问世于 21 世纪的神经美学等新兴交叉学科及其研究成果即具有新颖深刻的思想启示。

第一节　当代西方的神经美学研究

神经美学是一门兴起于 20 世纪末 21 世纪初的新兴交叉性前沿学科。它体现了心理学美学、神经科学和人类进化论等相关学科的交叉整合及系统创新品格，旨在揭示与审美经验和艺术创造行为有关的人类认知与情感行为的神经生物学基础及其进化历程。其代表人物包括伦敦大学学院神经生物学教授塞米尔·泽基、加州大学圣地亚哥分校的拉亚德兰教授等人。在其之前，I. 佩雷兹、R. G. 札特莱等，先后进行了音乐认知神经科学研究。

一　有关艺术与审美的神经现象学研究

自 18 世纪以来，不少哲学家、心理学家和艺术学家们便开始探索审美经验的神经机制。20 世纪 90 年代，伦敦大学的泽基教授和加州大学的拉亚德兰教授开拓了对视觉神经美学的首次研究。他们的理论研究对当代的美学、心理学和艺术学等诸多领域正在产生日益重要的深刻影响。

　　泽基教授等人在世纪之交出版了他的标志性著作《内在认知视域：对艺术与大脑的探究》（*Inner Vision：An Exploration of Art and the Brain*）。他认为，由于人类的艺术活动与审美行为都需要借助大脑而进行，艺术特征及审美价值等认知心理产物都可以在大脑之中找到相应的神经对应物，因而神经科学有助于为人类打通科学与艺术之隔膜提供客观中介。

　　他们以艺术家及其不朽作品为研究对象，运用神经科学的思想方法、技术手段和实验工具来观察人们在从事艺术及审美活动过程中其大脑的特征性变化，以期借此深入了解人类的心智本质，希望通过揭示审美情感与审美创造的神经机制，而透彻阐释诸如贝多芬、莎士比亚、伦勃朗、毕加索那样的杰出艺术大师的天才特征究竟何在，其不朽的作品又是如何吸引、打动并重塑后世热爱艺术的人们的心灵与大脑的。他们的最终目的是通过对大脑的研究，来解释审美价值到底是如何产生的、美感形成的真正来源又是何物、美及审美活动的本质何在等千古难题。

　　泽基教授在《艺术创造性与大脑》一文中认为，新生的神经美学领域从研究基本知觉过程起步，探索艺术创造性和艺术成就的神经基础，它终将揭示那些已被艺术家凭直觉成功运用的审美体验"法则"。[1] 美国加州大学圣地亚哥分校的拉亚德兰是神经美学的另一位倡导者。他通过实验研究，借助艺术刺激大脑视觉皮层，进而发现了各种类型艺术的共同特性及艺术体验的普遍法则——导致人们产生愉悦效应的心理学原理。[2]

　　托拉比在论及神经科学与艺术相互交汇的内容时指出，近年来，神经科学为人们理解审美经验的特征做出了很多贡献。作为主观经验的审美活动，已经在神经科学、心理学、社会学和文化学等诸多科学层面得到了深入的实证研究，譬如，有关知觉、审美经验、审美判断的特征和情感回报系统等认知活动的相互关系是什么。科学家们业已发现，位于前额叶前部的眶额皮层的脑电活动，在被试感受并判断美的艺术作品时会达到较高水平；反之，当被试感受并判断丑的艺术作品或对象时，其眶额皮层的脑电活动则会显著降低。[3]

―――――――――

①　S. Zeki，"Artistic Creativity and the Brain"，*Science*，Vol. 293，No. 5527，2001.

②　V. S. Ramachandran，William Hirstein，"The Science of Art：A Neurological Theory of Aesthetic Experience"，*Journal of Consciousness Studies*，Vol. 6，No. 6 – 7，1999.

③　M. T. Nami，H. Ashayeri，"Where Neuroscience and Art Embrace：The Neuroaesthetics"，*Basic and Clinical Neuroscience*，Vol. 2，No. 2，2011.

但是我们需要发问：是否上述的背边侧前额叶及前额叶正中区仅仅在人作出审美判断的过程中被显著激活？换言之，人们在非审美活动诸如爱情、道德、宗教、科学、体育和社交等活动中进行相应的判断时，是否其上述脑区也会被激活？笔者认为，我们今后迫切需要精细界定人们诉诸审美判断的特定脑区与非特定脑区。只有这样，我们才有可能揭示审美行为与非审美行为在心脑结构与功能层面的根本区别。

二　有关艺术与审美的神经科学实证研究

神经成像术作为神经科学和认知科学的主导性实验技术，已经被研究神经美学的科学家们引入相关的定量分析工作之中了。其研究内容包括正常人的审美经验所涉及的不同神经系统、神经网络、神经加工过程的特殊作用，例如功能性核磁共振实验有助于科学家探查被试在执行某种任务时其大脑特定脑区的神经活动状态，尤其是当被试对所呈现的刺激信息作出是否美的判断及陈述他们对刺激对象的喜欢程度及偏好程度。此类研究已经初步揭示了审美经验所涉及的大脑活动，特别是与知觉、记忆、理解、注意、情感和快乐有关的神经过程。

神经美学的实验研究主题是艺术创造活动的神经机制。这一主题的研究试图回答下面一些问题：艺术创造活动是否存在特异性的神经基础？艺术创造与科学创造的脑基础有何异同？艺术创造与艺术欣赏的脑基础之间具有怎样的联系？早期的研究主要集中于神经心理学研究，考察脑损伤或神经系统退化对艺术创造活动的影响。近年来的研究主要采用无损伤的脑成像和脑电技术来检测正常活体操作艺术创造力任务时所激活的神经区域。[1]神经美学主要采用无损伤性的脑成像（fMRI、PET）、脑磁图（MEG）和脑电技术（ERP），考察与绘画艺术欣赏过程有关的审美知觉、审美情绪和审美判断等活动的神经基础。研究主要从以下两个方面进行。其一是从绘画作品本身的特点出发，通过比较美与不美的绘画作品，或者比较绘画作品与其他非艺术类的图像（如面孔、图形等），或者将不同风格或内容的绘画作品进行比较，以此探索与绘画艺术欣赏有关的脑区；其二是从欣赏者的角度出发，通过考察欣赏者的特点对欣赏绘画作品的影

---

① 沈汪兵、刘昌、王永娟：《艺术创造力的脑神经生理基础》，《心理科学进展》2010 年第10 期。

响，或比较不同加工任务的脑区激活情况，以此探讨绘画艺术欣赏的神经机制。

（一）视觉艺术的神经美学原理

泽基与兰博等人的研究证实，人类的视觉表象认知，包括色彩加工和静态肌理及运动特征的理解等活动，并不是在 V1、V2 和 V3 等初级视觉皮层进行的，而是主要发生于位于联合皮层的 V4、V5 区及位于前额叶的眶额皮层等高阶皮层。具体而言，V4 区主要负责加工静止抽象的彩色视像元素，而 V5 区则主要负责加工处于运动状态的黑白视像元素；它们需要进行相互映射与信息产物重新整合。[①] 泽基等随后借助功能性核磁共振技术，进一步观测人脑对色彩的精细加工过程。他们发现，人脑的海马回、腹边侧前额叶在正常的色彩加工过程中被次第激活；在非正常或新颖的色彩加工过程中，大脑的背边侧前额叶被显著激活。这提示我们，人脑的前额叶在色彩加工过程中体现了重要的联想、想象、判断和学习作用，从而为人的色彩审美提供了高阶水平的情感价值定位与智性阐释框架。

瓦塔尼亚及戈埃尔在《偏好绘画艺术的审美趣味的神经相关物》一文中指出，当人们欣赏艺术人物画的面部并作出直觉判断和情感体验时，其大脑之中的眶额皮层、扣带回前部、左右侧脑岛、视觉联合皮层等部位，都分别获得了高水平的激活。[②]

查特吉指出，实验表明，当人们观看那些具有极强吸引力的面容时，其大脑之中的奖赏—回报系统得到了高水平的激活，其中包括眶额皮层、伏核、腹侧纹状体和杏仁核。这些被激活的脑区反映了主体针对富有吸引力的面孔所产生的情感效价：对奖赏的情感期待和对情感欲望的满足心理。帅哥与美女的面容之知觉特征，包括匀称、对称、颧骨的结构、面部下半部分的相对形态、下颌的宽度等，都影响着人们对面孔美的判断。[③]

---

① S. Zeki, M. Lamb, "The Neurology of Kinetic Art", Brain, Vol. 117, No. 11, 1994; L. Michel, Y. Denizot, Y. Thomas, et al., "Three Cortical Stages of Colour Processing in the Human Brain", *Brain*, Vol. 121, No. 5, 1998.

② V. Oshin, G. Vinod, "Neuroanatomical Correlates of Aesthetic Preference for Paintings", *Neuroreport*, Vol. 15, No. 5, 2004.

③ A. Chatterjee, "Neuroaesthetics: A Coming of Age Story", *Journal of Cognitive Neuroscience*, Vol. 23, No. 1, 2011.

温斯顿在 2007 年发现，优美的面部形象能够显著提高人脑的左后枕颞联合区的激活水平。① 查特吉则认为，美的人体面孔可以依次激活人脑的腹侧视觉联合皮层、后背侧顶叶和前额叶等系列脑区。这些脑区的分别激活，体现了人脑对人体面孔的视觉注意、情感吸引、审美期待和价值判断等认知加工的神经范式。他还发现，脑岛的激活程度与主体对人体面孔之美的审美感受具有显著的正相关关系；而扣带回的前部与后部，则与主体对人体面孔之美的审美感受具有显著的负相关关系。②

西尔维亚在论及审美情感的评价理论时指出，博里尼（Berlyne，D. E.）关于审美兴趣是审美主体对艺术对象的情感反应的论点，值得深思。其一，它也同时是审美主体对艺术对象的认知反应；其二，通过研究人们对现代视觉艺术的兴趣评级、复杂性评级和可理解程度评级，我们发现，人的潜能特质、情感动机、审美素养和认知能力，都会对他的审美兴趣产生影响。认知能力越强、情感世界越丰富、潜能特质越突出的人，越是喜欢复杂性更突出、新颖性更显著和挑战性更强烈的艺术对象。通过实施正负性情感量表测验（Positive and Negative Affect Schedule），西尔维亚得出结论：有关审美兴趣的情感评价理论显得片面，真实的情形是，审美主体的兴趣同时反映了其对对象的新颖性、复杂性和可理解性的判断，也反映了其自身的认知倾向、潜能特质和情感意向。这具体可见于其大脑在产生审美兴趣时所激活的前额叶五大亚区、扣带回、后顶叶和枕颞联合区等神经对应体。③

又如，绘画艺术是一种视觉刺激，它与来自其他通道的刺激（如音乐）的审美欣赏是否存在相同的脑基础？换言之，是否存在独立于不同刺激通道的特异性脑区负责审美欣赏活动？石津与泽基 2011 年开展的一项功能磁共振成像研究发现，无论是听美的音乐或看美的绘画，内侧眶额皮层区均出现更大的激活。研究结果揭示，内侧眶额皮层可能是独立于刺

① J. S. Winston, J. O' Doherty, J. M. Kilner, et al., "Brain Systems for Assessing Facial Attractiveness", *Neuropsychologia*, Vol. 45, No. 1, 2007.

② A. Chatterjee, "Neuroaesthetics: A Coming of Age Story", *Journal of Cognitive Neuroscience*, Vol. 23, No. 1, 2011.

③ P. J. Silvia, "Cognitive Appraisals and Interest in Visual Art: Exploring an Appraisal Theory of Aesthetic Emotions", *Empirical Studies of the Arts*, Vol. 23, No. 2, 2005.

激通道的、负责审美加工的特异性脑区。①

另外，也有少数研究使用时间分辨率高的脑磁图和脑电技术来考察绘画艺术欣赏脑区活动的动态特征。孔德等人以脑磁图技术（MEG）考察了绘画艺术欣赏的脑内时间进程。结果发现，无论哪种刺激，被试判断为美与不美的刺激均在 400—900ms 引发左侧背边侧及背外侧前额叶皮层更大的激活。②

（二）建筑艺术的神经美学

对于建筑艺术如何影响人的行为这类问题，美学家的相关研究比较少见；至于建筑艺术如何影响人的大脑，对这类问题的美学研究则少之又少。瓦塔尼亚等运用功能核磁共振实验研究普通人及艺术爱好者的建筑艺术审美活动。他们发现，建筑的轮廓、体量和色彩等视觉特征能够显著影响被试的审美判断力及其审美行为（接近或回避）；进而言之，当被试面对曲线形的建筑轮廓造型和色彩丰富鲜艳的视觉对象时，他们作出的美的判断的概率最大，其间他们大脑之中的扣带回前部及前额叶正中区都得到了明显的激活。这是因为，扣带回前部与大脑的奖赏—回报系统及情感反应的正负效价密切相关，标志着人脑对客观事物的愉悦感受、正面评价、快乐反应；而前额叶正中区则涉及人脑对客观事物的情感评价与价值判断。③查特吉有关对称美的神经科学实验表明，对称性的艺术造型乃至自然现象，要比非对称性的事物更容易激发人的美感。其原因在于，人脑的内侧顶叶与前运动区等之间的连通，有助于主体同时对审美对象作出"对称"的判断及"美"的判断。④

因而可以说，建筑艺术及所有的艺术，其影响人脑的根本方式之一，即是对大脑负责情感体验和情感意义判断的相关脑区（诸如扣带回前部、杏仁核及前额叶的腹内侧与背外侧正中区等）的结构重塑与功能再造。

---

① T. Ishizu, S. Zeki, "Toward a Brain – based Theory of Beauty", *PLoS ONE*, Vol. 6, No. 7, 2011.

② C. J. Cela – Conde, G. Marty, F. Maestu, et al., "Activation of the Prefrontal Cortex in the Human Visual Aesthetic Perception", *Proceedings of the National Academy of Sciences of U. S. A.*, Vol. 101, No. 16, 2004.

③ O. Vartanian, G. Navarrete, A. Chatterjee, et al., "Impact of Contour on Aesthetic Judgments and Approach – avoidance Decisions in Architecture", *PNAS*, Vol. 110, No. 25, 2013.

④ A. Chatterjee, "Neuroaesthetics：A Coming of Age Story", *Journal of Cognitive Neuroscience*, Vol. 23, No. 1, 2011.

这种过程既可接续人的审美心理活动，也可自下而上地激活或引发人的审美认知心理反应。

（三）摄影艺术的神经美学研究

针对照片与绘画用来表现同样的内容，但是否能够激发观众的不同审美知觉及情感反应这个问题，帕里斯深刻地指出，问世于20世纪末叶的神经美学，可以通过客观的科学实验来解答上述疑问。他进而指出，按照泽基教授的观点，审美与艺术经验基于知觉与认知的含糊性特征；含糊性越强，则审美对象所涉及的艺术性也越强。进而言之，当我们欣赏摄影作品之中的人物动作、动物运动和植物造型时，我们需要将它们的运动情景具身转化为我们自己的神经活动和心理模拟状态，诸如视觉皮层和前运动区，都承担了这种对象性模拟任务；换言之，我们其实知觉与欣赏的正是我们自己的心脑模拟状态。

可以说，照片所显示的事物具有本体性品格和真实性特征，人们可以借助照片来建立自己与现实世界的价值关系；反之，人工绘就的画像则体现了非现实性、想象性、理想化和象征性品格，因而成为人们用来表达情感和驰思想象的载体。实验表明，与绘画相比，照片更容易激发观众的审美同情及接近行为——其神经对应物包括扣带回前部、腹内侧前额叶正中区及脑岛；而绘画作品则更容易激发观众的审美想象和审美判断行为——其神经对应物包括背外侧前额叶正中区及前运动区。只有那些用来描绘人类行为的电影闪跳镜头，才能导致观众的知觉激活前额叶正中区——该区有助于主体判断并推测他人的意图和动机，有助于主体体验他人的情绪。[①] 斯图普斯运用脑磁图描记术研究人脑对电影镜头的反应过程。他发现，只有当电影镜头触发了观众相应的自传体记忆且其所触发的扣带回后部的脑磁图反应更强烈时，才能逐步引发人的最大限度的审美想象、情感体验和人格意识反应。这表明，审美活动从某种意义上说，乃是主体从对象时空发现自我、肯认自我，进而据此创新自我、完善自我和虚拟实现自我价值的本体审美认知行为。[②] 由上可见，科学家对有关视觉及空间艺术的审

---

① F. Parisi, "Mind the Gap: Neuroaesthetics of Photographs", *Cognitive Systems*, Vol. 7, No. 3, 2012.

② P. Stupples, "Neuroscience and the Artist's Mind", *The South African Journal of Art History*, Vol. 25, No. 3, 2010.

美认知行为的多重探讨，集中指向审美想象、情感体验、价值判断和行为表征等四大环节，并通过深入细致的观察和比较，为美学研究提供了新颖客观的经验事据。

（四）音乐神经美学研究

黄卫平的实验表明，同一乐曲对不同的被试可能引发不同的情绪。不论调式大小和拍子类型，不论调式和拍子的组合水平，乐曲速度对大学生情绪的影响非常显著。慢速的乐曲易于诱发大学生忧伤、悲哀、痛苦、烦躁和愤恨等负性情绪，快速的乐曲大多数导致大学生愉悦与兴奋等正性情绪；调式和拍子对大学生情绪没有显著性的影响。[①] 由此可见，人对音乐的情绪反应，一方面取决于音乐的节拍、速度、调性和旋律等对象性特点，另一方面则取决于每个人不同的个性心脑差异，尤其是心境、性格、情感品质、想象能力、人文与艺术素养等重要的主体性品格。可以说，人对音乐的审美反应，特别是情感反应，不仅仅关涉音乐的世界，而且是更深刻、更强烈、更浓郁、更持久地关涉主体的情知意世界及其自我创构、自我完善、自我悦纳、自我实现等内在革命行为。

大脑中的音乐快感区域陆续被科学家确认。例如，音乐的快感是被大脑中负责奖赏的化学物质多巴胺所调节的。在听音乐时，这个古老的奖赏机制被用来提供认知上的奖赏过程。这个区域涉及主体大脑的情感预期的形成和情感奖赏体验活动，存储了所有过去所听到的音乐的模板，因而对于每个人来说都是独特的。

ERP 的优势是具有高时间分辨率及大脑处于无创性测试状态，如 ERP 中的 P3 成分就可以作为反映情绪变化的一个重要的电每理指标。阿勒坎的研究发现，被试在听他们熟悉的音乐时，其大脑的 P3 波幅明显增大。[②] 缪勒等在研究音乐家和门外汉鉴赏音乐过程中的脑电活动时发现，在与音乐鉴赏活动密切相关的前额叶皮层（该处放置额极电极），音乐家在作出音乐的审美价值判断过程中，其额极的 P2 电位达到峰值的时间是 180ms，P2 的振幅是 $7.83\mu VP$；而门外汉的额极的 P2 电位达到峰值的时间是

[①]　黄卫平：《经典音乐对大学生情绪影响的实证研究》，硕士学位论文，湖南师范大学 2007 年，第 30—31 页。

[②]　M. K. Arikan, M. Devrim, O. Oran, et al., "Music Effects on Event – related Potentials of Humans on the Basis of Cultural Environment", *Neuroscience Letters*, Vol. 268, No. 1, 1999.

186ms，P2 的振幅是 4.64μVP。[①]

　　另外，缪勒及赫费尔在研究音乐专业人士与非音乐人士的音乐审美活动的电生理学特征时发现：一是音乐家在100—250ms 期间的 P2 呈现为明显的振幅波动（－2—＋2）μV，而非音乐被试则未出现这种波动，表明音乐专业人士在早期阶段认知音乐作品之音高、节拍、和弦、音程、大小调等方面，明显具有独特优势；二是大脑的负电位事件相关电位（ERAN）作为反应被试对音乐作品进行认知加工的一个特殊指征，在音乐专业人士那里体现为鲜明突出的400—800 ms 负偏离波，而在非音乐人士那里则缺如此种脑电波；三是在 600—1200 ms，非音乐人士的大脑额叶脑电呈现为显著增强的扩布性的晚发正电位，而在音乐人士那里则缺如此种 LPP 电位。根据认知神经科学，LPP 电位主要反映了被试对自我情绪的关注超过对音乐所蕴含的情感的关注，从而提示非音乐人士在加工音乐情感与自我情感方面容易出现两者分离的倾向。[②]

　　萨利普等利用正电子发射断层术扫描人类被试欣赏音乐并感受到快乐情绪时的大脑纹状体多巴胺能系统所体现的神经化学特异性，进而结合自主神经系统活动的心理生理测量，发现在倾听音乐过程中当音乐激发了被试的快感时，其脑内的纹状体会释放内源性多巴胺。同时，他们使用相同的刺激对被试听众进行功能磁共振成像研究，进而发现了大脑奖赏系统存在着一种功能上的分离性反应：在被试作出音乐预期时，该活动更多地涉及纹状体的尾状核；而当被试进入体验音乐的快感反应时，该活动则更多地涉及纹状体的伏核。总之，倾听音乐时感受到的强烈愉快感与属于中脑边缘系统的奖赏系统（包括背侧和腹侧纹状体）的多巴胺活动及相应的脑电活动呈现出显著性相关。[③]

　　由此可见，尾状核的活动与人的想象性快乐情绪、虚拟性经验、预期性理念密切相关；而伏核则与主体的真实性快乐、实体性经验和对象性情

　　① M. Muller, L. Hofel, E. Brattico, et al., "Aesthetic Judgments of Music in Experts and Laypersons — An ERP Study", *International Journal of Psychophysiology*, Vol. 76, No. 1, 2010.

　　② M. Muller, L. Hofel, E. Brattico, et al., "Electrophysiological Correlates of Aesthetic Music Processing: Comparing Experts with Laypersons", *Ann. N. Y. Acad. Sci.*, Vol. 1169, No. 1, 2009.

　　③ V. N. Salimpoor, B. Mitchel, L. Kevin, et al., "Anatomically Distinct Dopamine Release during Anticipation and Experience of Peak Emotion to Music", *Nature Neuroscience*, Vol. 14, No. 2, 2011.

感映射密切相关。这使笔者不由自主地想到扣带回前部与脑岛、杏仁核的不同的情绪反应性质。相关内容此处暂不展开。

可以认为，背侧纹状体属于能够引发人的多种快感体验的共性神经结构之一。换言之，多种刺激——无论是物质性、听觉性、视觉性、体觉性还是虚拟的想象性刺激信息，都能够经由腹侧纹状体的介导而激发背侧纹状体的多巴胺释放活动及脑电反应，进而导致主体产生多元一体化的快感。

其原因在于，对应于抽象愉快感的情感上的期望，预测和预期的感知也能够导致多巴胺释放，但主要发生在背侧纹状体。先前的研究已经发现重复服用苯异丙胺后会诱发右伏核（NAcc）里释放的多巴胺扩散到更大的背侧脑区，由此提示该脑区可能涉及对一种奖赏的预测和预期效果的改善。同样，以前的奖赏研究，涉及包含一些有关内容预测线索（如有关食物和吸烟的气味和滋味），也发现了背侧纹状体的多巴胺释放。相反，某些研究，其中没有有关内容预测线索或服用药物，则多巴胺释放大部分在腹侧纹状体观测到。最后，来自动物研究的证据也提示，由于奖赏变得更好预测，于是腹侧纹状体激发的反应更多移向背侧纹状体。这些结果符合某种模型，其中受试者重复暴露在各种与特异内容有关的奖赏中，他们会逐渐把反应从腹侧移向背侧纹状体，由此再次表明与内容有关的线索使我们能够作出奖赏预测，在我们的事例里，一系列的乐音逐渐导致快感时刻，它们也可能当作通过背侧纹状体进行调节的奖赏预测者。[①]

另外，大脑的伏核还可能与人第一次听到一首乐曲时所产生的愉悦感或者是受到奖励的感觉有关。伏核——这是腹侧纹状体（大脑的奖赏中枢之一）的一部分——的神经活动，可以成为聆听者愿意花多少钱来购买一首歌或专辑的一个准确的预测因子。萨利普及其同事发现，当人们在听他们以前从未听到过的乐曲时，其伏核的神经活动可以表明一个人喜欢该乐曲的程度从而预示这个人是否会决定买下这首乐曲。其间，大脑的杏仁核、听觉皮层和前额叶腹内侧正中区等部位在主体需要作出审美评价时，表现为显著的激活状态；而在主体体验奖赏价值时，其大脑的伏核等

---

①　V. N. Salimpoor, B. Mitchel, L. Kevin, et al. , "Anatomically Distinct Dopamine Release during Anticipation and Experience of Peak Emotion to Music", *Nature Neuroscience*, Vol. 14, No. 2, 2011.

结构处于显著的激活状态。① 笔者认为，伏核本身不会作出这样决定，但它会整合来自大脑的感觉、情感及执行部位的反应。换言之，自下而上的音乐信息编码加工系统，在前额叶腹内侧正中区即达到顶级水平——该结构能够整合来自主体大脑杏仁核、丘脑、听觉皮层、沃尼克区和布罗卡区等部位的感知觉信息，进而依据主体的审美理想、审美爱好及审美期待（其神经对应物为眶额皮层和前额叶背外侧及边侧正中区）作出审美情感层面的价值判断；继而，它将此种高阶认知产物自上而下地投射到大脑的奖赏回路（包括脑岛、扣带回、杏仁核等部位），促使后者产生活跃的脑电反应，借此表征审美对象所引发的对主体的情感奖赏效应。

凯尔奇在研究音乐诱发的情感的神经相关物的实验中发现，左外侧杏仁核对于愉快的刺激（诸如美妙的音乐、美女的形象与甜美的声音等）具有高度特异的敏感性反应；当欢快的音乐诱发了人的大脑之中左外侧杏仁核的显著的脑电活动之后，后者继而能够激活位于腹侧纹状体内的伏核和丘脑中部等结构，导致大脑产生与维系持续强烈的兴奋性状态；相反，人脑右半球的杏仁核基底外侧区主要对伤感的音乐产生反应。他进而认为，上述脑区的活动涉及人的社会性亲近—回避行为。至于左侧伏核及右侧尾状核：一是能够表征音乐所诱发的强烈的快乐情绪；二是还能表征音乐聆听者因体验音乐而产生的战栗经验或颤抖经验。② 笔者认为，伏核主要对生理性、物质性、精神性、社会性的奖赏刺激产生反应，诸如食物、饮品、性行为、金钱、权力，等等。作为社会文化、精神价值和审美情感的表征体的音乐、美术、影视、舞蹈、戏曲等艺术文化，不但能够激发人的复杂情感反应、认知思考和决策行为，还能引发人脑的复杂生理反应、显著的生物化学反应和神经电生理反应。而大脑的前额叶腹内侧正中区与眶额皮层、扣带回外膝部、前脑岛和前辅助运动区等结构，则对来自皮层下结构的上述信息投射进行高阶加工，进而产生更为复杂、深刻和持久的情感体验、价值判断与意识嬗变。

有关音乐认知的神经成像术实验表明，无论是在人们期待音乐引发的战栗性经验，还是在人们亲身经历音乐引发的这种战栗性经验的过程中，

---

① V. N. Salimpoor, I. van den Bosch, N. Kovacevic, et al., "Interactions Between the Nucleus Accumbens and Auditory Cortices Predict Music Reward Value", *Science*, Vol. 340, No. 6129, 2013.

② K. Stefan, "Brain Correlates of Music - evoked Emotions", *Nature Reviews Neuroscience*, Vol. 15, No. 3, 2014.

音乐都能导致人脑腹侧纹状体（特别是左侧的伏核）和背侧纹状体（特别是右侧的尾状核）之中的多巴胺的释放水平显著升高。具体而言，期待性的奖赏体验与背侧纹状体（特别是右侧的尾状核）有关，当下性的奖赏体验与腹侧纹状体（特别是左侧的伏核）有关。临床神经病理学的资料证实，当人们患有严重的左侧脑岛疾病及左侧杏仁核疾病时，就会丧失对音乐的敏锐、强烈和深刻的情感反应能力，即无法对音乐产生战栗经验的能力。[①] 那么，这是为什么呢？从神经解剖学来看，情绪的传导通路分别由两条支路构成：一条是前脑—边缘系统（眶额皮层—前脑岛—丘脑—前扣带回—杏仁核）；另一条是前脑—感知觉系统（眶额皮层—前脑岛—后脑岛—颞叶—枕叶—顶叶）。脑岛主要负责表征人的偏好程度、人对高峰体验之脑电状态的期待、编码负面情绪，不同于伏核对奖赏性刺激对象的情感体验编码，也不同于尾状核对奖赏性经验的期待性反应。当人们患有严重的左侧脑岛疾病及左侧杏仁核疾病时：一是无法对欢快的音乐产生感受性情绪（在左侧杏仁核外部）；二是人脑无法基于感受性的正负性情绪来期待与设计含有多重复杂情绪内容的战栗性经验。[②] 因而，左侧脑岛及左侧杏仁核发生严重疾病时，即便人脑之中的纹状体及前额叶结构与功能均未受累，主体此时也难以产生对音乐的战栗性高峰体验。

另外一个很有趣的问题是，人们为何喜欢聆听伤感、惆怅和富于悲剧韵味的音乐？对此，森野雯等通过实验发现，在听悲伤的乐曲时，听众要比感知到的能更多感受到"浪漫"（比如，陶醉、喜欢和喜爱）和"愉快"的情感（比如，愉快、活泼，以及感觉像在翩翩起舞）。我们在听悲伤音乐时的感受，就可以被认为是"替代情感"。这里没有直接引发情绪的对象或环境，像我们在日常生活中一样。替代情感能避免受它们在现实生活中对应物引发的不愉快事情的影响，而同时能在二者的相似性中汲取力量。我们需要进一步研究替代情感。这样，就能提高对被我们忽视掉的情绪系统特点的认识，即它对除了显而易见的需要或威胁以外事物的敏感性。在我们被伤感音乐的美妙感动得潸然泪下时，我们是在体验我们情感性自我的一个重要方面，这可能包含对艺术体验重要性意义的理解，也包

---

① K. Stefan, "Brain Correlates of Music – evoked Emotions", *Nature Reviews Neuroscience*, Vol. 15, No. 3, 2014.

② M. P. Paulus, M. B. Stein, "An Insular View of Anxiety", *Biological Psychiatry*, Vol. 60, No. 4, 2006.

括作为人的我们自己。①

对此，凯尔奇认为，人脑之中的海马区，主要负责分类加工各种记忆、保存短时记忆、参与长时记忆形成及检索记忆目录。在音乐鉴赏过程中，人脑的海马也得到了显著的激活。但是，这种激活所蕴含的心理内容不同于上述脑区的反应性产物，而是体现了明显的主体性审美价值、审美情趣、审美风格等个性特征。进而言之，无论是哪种音乐，都会引发人们各个不同的有关自己的正负性情绪经验的回忆、有关现在之自我状况的反思与忧虑、有关自我未来的美好憧憬与设想。②

斯洛波达和贾斯廷在研究音乐与情绪的实验中发现，人们甚至能够在聆听惆怅的音乐过程中而引发甜蜜的快感。③

如果伤感的音乐实际上只能唤起不愉快的情绪，我们也不会听。被视为忧伤的音乐实际上包括浪漫情绪及悲伤情绪。换言之，人对音乐的情绪反应包括多种内容，譬如有关音乐作品的感知性情绪、有关自己对音乐的心脑反应的产出性情绪、有关自己对自身情感思维意识身体进行审美想象及二度创造的本体性感受情绪，等等。于是可以说，我们之所以偏爱惆怅伤感的音乐，那是由于它们能够激发我们对往昔羼杂喜、怒、哀、乐等复杂滋味的情感经验的回忆、对理想化自我的美妙憧憬、对音乐意象的完美预期，同时有助于我们以新的超越性眼量和审美的诗意来重新体验往昔的甜蜜的痛苦生活情境，据此美化与升华自己的情感世界。

此处需要特别提出，海马乃是人脑调控垂体—下丘脑—肾上腺应激反应系统（HPA 轴）的信息阀门。实验证实，愉快的音乐能够同时激发下丘脑和海马区的神经递质释放活动及脑电反应，海马区的正电位活动可以降低肾上腺素的释放水平，进而有助于缓解人的应激情绪及压力反应。可以说，这是音乐认知所具有的增进人的心脑健康和机体健康水平的积极价值所在。

---

① A. Kawakami, K. Furukawa, K. Katahira, et al. "Sad Music Induces Pleasant Emotion", *Frontiers in. Psychology*, Vol. 4, No. 311, 2013.

② K. Stefan, "Brain Correlates of Music – evoked Emotions", *Nature Reviews Neuroscience*, Vol. 15, No. 3, 2014.

③ J. A. Sloboda, P. N. Juslin, "Psychological Perspectives on Music and Emotion", P. N. Juslin, J. A. Sloboda, (eds), "*Music and Emotion: Theory and Research*", Oxford University Press, 2001, pp. 71 –104.

笔者认为，上述现象还与美学领域的悲剧美，特别是悲剧艺术美作为最高形式的美这个价值观有关。进而言之，我们在面对审美对象并展开审美想象、审美创造、审美价值判断、审美价值体验和审美价值预演及内在—外在实现的完形化认知过程中，所审视与重构的审美对象其实是我们自己；其间，审美的外在对象仅仅作为我们自己的审美参照系。也就是说，主体之所以要借助审美移情而对客观对象的悲剧命运及忧伤情感进行情景预演、经验重温、情感体验，那是因为这种悲剧性的审美情感体验、审美人格演习、审美意志重塑活动能够强烈激发主体自身潜深巨量的审美能量：将自己的情知意力量提升至极限，将自己的审美理想、人格世界和思想智慧提升到内在的极致境界！

从神经美学的角度看，伤感的音乐、悲剧艺术和惆怅情绪，甚至包括适度的应激性事件、挑战性境遇等，都能够恰到好处地优化与提升人体内应激激素与神经激素的释放水平，进而能够促使人的大脑与机体之中的大多数重要的神经递质、神经调质、作为第二信使系统的细胞膜控制离子阀门通道的 G-蛋白耦联系统和作为第三信使的快速反应基因系统等获得高效释放，从而能够强力实现人的脑体与心理系统的结构—功能—信息的高能活化与完形升级目标，并带给主体强烈的价值奖赏性体验！这是因为，审美主体基于审美对象而创造了内心的审美间体及其主客体审美意象，据此得以完善自我的情知意世界，体验自我与对象的真、善、美全新价值，内在实现并虚拟享受自己的上述发现—创造—实践性产物。

昌达和列维津在研究音乐的神经化学反应时发现，音乐能够引发人体的多种神经化学反应，其中包括：多巴胺和阿片样物质，激素（肾上腺皮质醇、促肾上腺皮质激素释放激素和促肾上腺皮质激素）、五羟色胺和阿片肽衍生物（诸如 α-促黑素细胞激素和 β-内啡肽）、后叶催产素。其中，有关审美体验的奖赏性机制，主要涉及调节奖赏期待及目标定向行为的多巴胺导向系统、涉及寻求奖赏经验和动机形成的阿片类系统、涉及调节主体对奖赏内容的情感反应的中脑—皮层—边缘系统（其中包括腹侧顶盖区、以伏核为主的腹侧纹状体—腹侧苍白球系统、涉及扣带回前部与眶额皮层的前额叶新皮层）三大网络组成。[①]

---

① M. L. Chanda, D. J. Levitin, "The Neurochemistry of Music", *Trends in Cognitive Sciences*, Vol. 17, No. 4, 2013.

（五）有关审美情感的神经美学研究

查特吉的综述性研究认为，下列脑区密切涉及主体对审美表象的情感反应：一是中颞叶前部；二是前额叶正中区和眶额皮层；三是杏仁核、丘脑等皮层下结构；四是奖赏—回报系统；而与人的审美判断行为密切相关的脑区，则主要包括背边侧前额叶、前额叶正中区。与此同时，并非所有的艺术作品都是美的，艺术家们也不在于永远只创造美的作品。[1] 通过熟悉的特定音乐片段并知道一个格外愉悦的音乐部分正在到来，那么情感觉醒也可能发生。音乐诱发的情感状态能够导致多巴胺释放，萨利普的发现提供了脑成像和神经化学的证据，表明人对音乐的强烈情感反应涉及远古的奖赏回路，后者通过显著的多巴胺释放与脑电活动而引发人的强烈快感。[2]

布朗等人在探查审美的悲剧性情感时通过实验发现，前右侧脑岛无论是在审美活动还是在非审美的生命奋斗过程中，都得到了显著的激活。具体而言，在审美活动中，基于客体评价而负责决策的眶额皮层、基于结果而进行审美评价的扣带回前部、负责转化对象运动状态并形成内在知觉的前运动区—内侧顶叶—辅助运动区、负责主体性情感评价的腹内侧前额叶正中区，都与前右侧脑岛的正负性激活水平密切相关。[3]

科学家们业已发现，位于前额叶前部的眶额皮层的脑电活动，在被试感受并判断美的艺术作品时会达到较高水平；反之，当被试感受并判断丑的艺术作品或对象时，其眶额皮层的脑电活动则会显著降低。另外，人的审美偏好受到其深层情感调控；后者的神经相关物主要是脑岛和杏仁核。[4]

缪娜等人的时频分析结果表明，美与不美的刺激在刺激呈现后 400ms

---

① A. Chatterjee, "Neuroaesthetics: A Coming of Age Story", *J Cognitive Neuroscience*, Vol. 23, No. 1, 2011.

② 李志宏、王博：《"美是什么"的命题究竟是真还是伪？——认知美学对新实践美学的回应》，《黑龙江社会科学》2014 年第 1 期。

③ S. Brown, X. Gao, L. Tisdelle, et al., "Naturalizing Aesthetics: Brain Areas for Aesthetic Appraisal across Sensory Modalities", *NeuroImage*, Vol. 58, No. 1, 2011.

④ M. T. Nami, H. Ashayeri, "Where Neuroscience and Art Embrace: The Neuroaesthetics", *Basic and Clinical Neuroscience*, Vol. 2, No. 2, 2011.

出现显著差异。[①] 雅各布森等发现，无论是美的绘画还是复杂的美术作品，都会显著激活人脑的眶额皮层；美的对象能够在 360—1225ms，依次激活人脑自下而上的默认系统的单侧或双侧结构。[②] 库布切克等在 2009 年的研究中发现，当被试采用不同的情感态度与认知坐标来观照艺术作品时，则会分别激活其大脑当中的不同亚区。具体来说，当人们采用客观、冷静的态度来认知艺术作品 A 时，其大脑的右边侧前额叶、背外侧正中区和眶额皮层被次第激活；当人们采用积极、热情和近距离的涉身态度来认知艺术作品 A 时，其大脑的左边侧前额叶等亚区被明显激活。[③] 贝甘达等在比较具有音乐专长和无音乐专长的被试对音乐的情感反应时发现，就组间比较和组内比较而言，两组被试对音乐所作出的情感反应都比较稳定，且与其是否受过专门的音乐训练的关系很小。换言之，人的性格、思维特质、往昔铭记的情感经验等个性认知心理层面的因素，能够基本决定他是否喜欢音乐、喜欢何种类型及哪些作曲家的音乐作品。[④] 针对审美活动中的情感属性，查特吉深刻地指出，美学并不是仅仅探讨美的事物与美的情感的一门科学，审美情感往往包含了多种复杂的成分，比如刺激性、惊险性、动荡性、忧伤性、宁静性、狂热性、痛苦性、欢乐性等；艺术创造及审美活动所涉及的创作动机和超出愉快的奖赏性情感体验的情感反应，实际上含纳了积极与消极的多重复杂内容。[⑤] 中国近代艺术家李叔同提出了"悲欣交集"的审美体验新观点，而自古以来不少美学家都认为，"美"是愁人的事物，所谓的"甜蜜的痛苦"或"惆怅美"，可以说很恰当地概括了人类审美体验与审美情感、审美价值的多元结构及其两极张

① Munar E. , M. Nadal, N. P. Castellanos, et al. , "Aesthetic Appreciation: Event - related Field and Time - frequency Analyses", *Frontiers in Human Neuroscience*, Vol. 5, No. 1, 2010.

② L. Hofel, T. Jacobsen, "Electrophysiological Indices of Processing Aesthetics: Spontaneous or Intentional Processes?", International Journal of Psychophysiology, Vol. 65, No. 1, 2007.

③ G. C. Cupchik, O. Vartanian, A. Crawley, et al. , "Viewing Artworks: Contributions of Cognitive Control and Perceptual Facilitation to Aesthetic Experience", *Brain and Cognition*, Vol. 70, No. 1, 2009.

④ E. Bigand, S. Vieillard, F. Madurell, et al. , "Multidimensional Scaling of Emotional Responses to Music: The Effect of Musical Expertise and of the Duration of the Excerpts", *Cognition & Emotion*, Vol. 19, No. 8, 2005.

⑤ A. Chatterjee, "Neuroaesthetics: A Coming of Age Story", *Journal of Cognitive Neuroscience*, Vol. 23, No. 1, 2011.

力。再如，为何悲剧艺术具有最高的审美价值？那是因为，悲剧艺术能够借助真、善、美的毁灭与假、恶、丑的嚣张情景，而将人的心灵带入深渊，进而借此激发人的顶级精神能量，促使人的情知意放射出巨大的光和热，以此战胜假恶丑，实现更为完满的真善美理想及自我价值。因而可以说，神经美学不能仅仅侧重于研究审美反应过程中的积极情绪、积极思维及其大脑机制，还需要研究其间的消极性惆怅性情绪、非创造性思维特征及其神经对应物。

博德曼和维塞尔等指出，神经美学家常说的审美情感的神经对应物，诸如眶额皮层、扣带回前后部、前额叶腹内侧、伏核、杏仁核等，是怎样相互协作并通力演奏出审美情感体验这出美学交响乐的？这个问题需要我们做出深入细致的科学实验和理论阐释，包括上述的神经结构受到激活的时间序列、空间序列、其所加工的特征性情感内容。[①]

换言之，今后，神经美学家需要在人脑对审美经验所作出的神经反应与人脑对非审美经验、非审美情感所作出的神经反应之间作出清晰的区别和明确的解释。同时笔者认为，不同的人，甚至同一个人在不同年龄及不同心境状态下，对同样的音乐都会产生不同的联想—想象及相关的情绪反应。因而可以说，主体在聆听音乐时所进行的二度创造活动，包括对音乐所蕴含的情感和思想意义的猜想判断与体验，对自己相关经验的选择性回忆—联想—想象和审美憧憬，对主客体审美价值的认知整合与心理表征，对自我的完满价值与最高理想的内在预演和虚拟实现，都会导致其对同样的音乐产生不同的情知意反应与价值认知、行为范式设计。

由此可见，我们需要高度重视审美认知过程中个性主体基于自我的特殊心理资源与独特的情知意内容及其认知反应方式而作出的创造性反应，而不是千人一面、模式化、机械刻板的机器式反应。在这方面，当代学者在借助脑电图、脑磁图、无创性的经颅磁刺激术和神经成像术等探查审美活动的神经机制的同时，还需要在形成共性事据的基础上深入揭析个性化的审美脑电反应、审美生化反应、审美神经影像图谱、审美情感反应、审美思维反应和审美行为。[②]

---

① I. Biederman, E. A. Vessel, "Perceptual Pleasure and the Brain", *American Scientist*, Vol. 94, No. 94, 2006.

② T. Erola, J, K. Vuoskoski, "A Review of Music and Emotion Studies: Approaches, Emotion Models, and Stimuli", *Music Perception*, Vol. 30, No. 3, 2013.

其根本原因在于，在人的审美过程中，第一，自下而上与由上到下的两种加工方式，分别体现了人脑对认知内容的低阶—高阶加工和心理—生理反式作用；第二，审美对象仅仅是一种诱发人的心脑反应的物性工具与感性手段，万千大众不可能按照统一的大脑反应方式及千人一面的情感反应模式、思维判断与意识体验样式来进行二度创造，因为每个人的大脑及心灵的结构、功能、信息资源、遗传特征、后天重塑样式都是不可重复、独一无二的！

柏立芝等的实验结果表明，与人的"喜欢"心理密切相关的皮层下神经结构，可包括伏核外部、腹侧苍白球等。它们分别受脑内的阿片类物质和伽马氨基丁酸等神经递质的调控。而边缘多巴胺系统（包括伏核内部）则调控人的愿望活动。在大脑皮层、眶额皮层及扣带回皮层等，则在意识层面分别调控人的"喜欢"及"愿望"等心理活动，负责对体验到的全部和多元化的情知意模态的效用进行编码。[1] 山姆尼兹·拉金等在研究审美过程中的脑岛活动时发现，前脑岛主要与人对认知活动的负面或产物作出体验与预期，不同的个体具有显著不同的前脑岛敏感性：高敏感性的个体与低敏感性的个体相比，在审美认知过程中更容易引发羼杂负面情绪的惆怅感、悲壮感、沉郁感和落寞感。[2] 帕特拉和凯尔奇对与音乐体验有关的大脑事件相关电位（ERP）的研究表明，N400 波作为一种反映大脑加工继发性意义认知活动（包括符号辨识、概念搜索、意义探查等）的神经电生理学指标，在人们仅仅感知音乐作品的片段或和弦的最小结构单位时，即可得到明显的激发。这表明，音乐有助于引发人对对象意义的概念—词汇认知行为；其中，N400 波显示了良好的时间窗口效应。[3]

凯瑟琳及娜塔的研究发现，无论是日常生活中的爱情、亲情、性爱活动、明星美女帅男崇拜，还是对艺术与自然景象的审美欣赏，都会激活人脑的四大系统：默认系统、奖赏—回报系统、镜像具身系统、元认知—自

---

① K. Berridge, M. Kringelbach, "Affective Neuroscience of Pleasure: Reward in Humans and Animals", *Psychopharmacology*, Vol. 199, No. 3, 2008.

② G. R. Samanez - Larkin, N. G. Hollon, L. L. Carstensen, et al., "Individual Differences in Insular Sensitivity During Loss Anticipation Predict Avoidance Learning", *Psychological Science*, Vol. 19, No. 4, 2008.

③ J. G. Paintera, S. Koelsch, "Can Out - of - context Musical Sounds Convey Meaning? An ERP Study on the Processing of Meaning in Music", *Psychophysiology*, Vol. 48, No. 5, 2011.

我参照系系统。进而言之，涉及具体的艺术文本结构与符号形式、动作表现内容的布罗卡区、前辅助运动区、前运动区、听觉感受区和联合区、左侧前额叶边侧正中区等部位，充分体现了艺术审美有别于生活审美所牵涉的特殊脑区与神经网络。当然，对于其中具体深微细致的结构、功能、信息属性及认知意义等内容，还有待于今后作出严谨客观的实证研究。[①]

通过回顾神经美学的实证研究，我们可以发现，其间时常会出现相互矛盾或比较杂乱无序的结果，从而无助于人们深入理解表象纷呈背后的融杂乱统一的心脑规律。譬如，瓦塔尼亚与戈埃尔在 2009 年的研究发现，与审美判断有关的脑区为右侧尾状核、双侧枕回、左侧扣带回和双侧梭状回等脑区。[②] 而川端与泽基 2004 年则发现，审美判断任务能导致多个脑区更大的激活，这些脑区包括皮层下结构如左侧苍白球、左侧杏仁核、右侧小脑蚓体和双侧内侧眶额皮层。[③] 又如，雅各布森等人使用功能磁共振成像技术考察了审美判断神经基础。他发现，审美判断大都激活了被试的内侧和外侧眶额皮层。[④]

由上可见，科学家通过对审美认知过程中人的心理反应及大脑相关区域的脑电变化、血流耗氧水平和糖代谢水平的定量观测，获得了比较深入细致的客观事据，从而有助于推进美学工作者及相关学科的研究者对审美现象的深层客观认识。

三　审美研究的经验学科与理论学科如何相互借鉴、互动互补、协同发展？

目前的神经美学研究主题包括以下几个方面：第一，审美体验的神经机制，其中美的体验是研究者关注的核心问题；第二，审美判断的性质；第三，审美奖赏；第四，审美创作；等等。就第一个问题而言，现有的研

① K. Tullmann, N. Gatalo, "Cave Paintings, Neuroaesthetics and Everything in between: An Interview with NOËL CARROLL", *Postgraduate Journal of Aesthetics*, Vol. 9, No. 1, 2012.

② G. C. Cupchik, O. Vartanian, A Crawley, et al., "Viewing Artworks: Contributions of Cognitive Control and Perceptual Facilitation to Aesthetic Experience", *Brain and Cognition*, Vol. 70, No. 1, 2009.

③ H. Kawabata, S. Zeki, "Neural Correlates of Beauty", *Journal of Neurophysiology*, Vol. 91, No. 1, 2004.

④ T. Jacobsen, R. Schubotz, L. Hofel, et al., "Brain Correlates of Aesthetic Judgments of Beauty", *Neuroimage*, Vol. 29, No. 1, 2005.

究主要探讨审美体验中审美知觉、审美情绪及审美判断三个方面，常用的实验材料为面孔、绘画作品和音乐。当前的研究主要致力于探索与审美体验有关的如下问题：第一，审美知觉是否区别于一般物体的知觉？哪些因素影响美的知觉？第二，艺术为什么会从情绪上触动我们？这一过程是怎么产生的？审美情绪与一般的情绪过程有何异同？第三，审美判断的本质是什么？它与一般的判断活动或者道德判断有何异同？第四，不同的脑区如何协调活动以产生审美体验？哪些因素调节审美欣赏的神经网络的活动？[①]

现有的神经美学研究主要运用脑成像技术考察艺术行为有关的脑区激活情况，而对于艺术与审美活动中认知和情绪加工的脑活动的动态时间进程知之甚少。第一，审美判断的本质。虽然已有研究发现了与审美判断有关的脑区，但还不清楚这些脑区的活动是否为审美判断的特异性脑区。第二，审美奖赏的特征。艺术或美带来的快乐是否与其他的快乐（如美食或金钱所诱发的）具有不同的神经基础？与审美快乐有关的这些脑区是如何共同作用而产生审美情绪的？

目前，科学实验是人们研究神经美学时所采用的主导方法。科学实验需要由总体框架加以驱动，以便对可证伪的假设进行检验，进而有助于人们揭示与美学世界有关的特殊的神经机制。但是，查特吉等指出，分解与定量研究属于还原论的研究范式，可能会削弱那些我们在研究中最感兴趣的内容。神经美学在实验方面的风险，在于人们简单地通过确定那些被激活的脑区来推论根本的心理学过程。如果某个脑区仅仅在审美活动中被激活，那么这种推论是有效的。目前，诸如此类的许多研究与其说是被初步实证了的客观发现，还不如说是有待于严格检验的假说。[②] 查特吉认为，上述的逆向推论范式乃是当今神经美学所呈现的最大问题，或者说是它所遭遇的最大挑战。譬如，仅仅知道引发我们的审美快乐与自己脑中的眶额皮层与伏核有关，这只不过为我们理解审美行为增加了一点知识，但是仍然不等于我们据此可以理解审美情感奖赏的心理学本质所在。总之，大脑

[①] 张小将、刘迎杰：《神经美学：一个前景与挑战并存的新兴领域》，《南京师大学报》（社会科学版）2013年第5期。

[②] A. Chatterjee, "Neuroaesthetics: A Coming of Age Story", *Journal of Cognitive Neuroscience*, Vol. 23, No. 1, 2011.

的生理学过程到底是如何与审美的心理学活动相互作用的?①

对此笔者认为,有关神经美学的科学实验仅仅引证了人脑某个亚区在某种单一的审美活动——譬如音乐欣赏——之中的明显反应,但是缺少对该脑区在人们进行音乐创作、音乐表演、美术欣赏、美术创作和美术表达等过程中的具体反应水平的比较研究,同时还缺少对该脑区在人们进行爱情审美、亲情审美和自然景观审美等过程中的特定反应水平的研究,因而此类研究的结果尚不足以供科学家抽析出带有较为普遍规律性的思想理论。

查特吉1999年提出了视觉审美加工的认知神经模型,拉亚德兰与海斯泰因(William Hirstein)1999年,提出了一系列影响审美体验的知觉原则,利文斯顿(Beverly Livinstone)2002年,建立了关于艺术家如何运用视觉不同成分之间的复杂相互作用来创作图画的理论。② 这些理论促进了对艺术家的技巧和作品与视觉脑的组织之间的比较。

论及审美研究的学科范围,加莱塞等人主张,神经美学应研究艺术中美的知觉的神经基础。而布朗等人认为神经美学的概念过于宽泛,应该称之为神经艺术学(neuroartsology)。③ 斯科夫与瓦塔尼亚则将神经美学定义为研究与艺术作品和非艺术作品的创造和知觉有关的多种心理和神经活动。④

对此笔者认为,包括神经美学在内的多个经验科学对其研究的客观对象的范围界定,的确是必要的;因为这些学科必须通过对特定的具体对象的心脑研究来逐步积累和完善相关的客观事据。然而对于美学工作者来说,则迫切需要进行下列的双向性建设性工作:一是从神经美学等经验科学的具体实证成果之中抽取合理内容,资作检验美学理论学说的客观材料;二是对神经美学的思想视域、研究路径和事据构造原则等予以高阶

① A. Chatterjee, "Neuroaesthetics: A Coming of Age Story", *Journal of Cognitive Neuroscience*, Vol. 23, No. 1, 2011.

② H. Leder, B. Belke, A. Oeberst, et al., "A Model of Aesthetic Appreciation and Aesthetic Judgments", *British Journal of Psychology*, Vol. 95, No. 4, 2004.

③ S. Brown, E. Dissanayake, "The Arts Are More Than Aesthetics: Neuroaesthetics as Narrow Aesthetics", M. Skov, O. Vartania (eds.), *"Neuroaesthetics"*, Amityville, NY: Baywood, 2009, pp. 43 – 57.

④ M. Skov, O. Vartanian, "Introduction: What Is Neuroaesthetics", M. Skov, O. Vartania (eds.), *"Neuroaesthetics"*, Amityville: Baywood, 2009, p. 17.

性、整体性、系统化、超越性的认知引导。这样既能造益美学的长足进步，又能促进经验科学的深入发展。

在纳达尔看来，神经美学不应限于对艺术作品的研究，而应关注人们采用"审美态度"体验的多种对象（object）。所以，他将神经美学定义为，在与对象相互作用的过程中创造或观看对象时的心理活动的神经机制。这些心理活动包括感知觉、认知、情绪、评价及其他的社会方面，所有这些活动都具有某种神经生理学的结构功能基础。对象是包括艺术、人脸、自然风景等可以引起审美加工的一系列物体。相对而言，纳达尔关于神经美学的概念得到多数研究者的支持和认同。①

张小将、刘迎杰指出：已有的神经美学研究大大促进了我们对于审美欣赏与艺术创造的神经基础的了解。未来的研究应该加强对舞蹈、雕刻和文学等艺术类别的研究，并对审美知觉、审美情绪及审美判断等主题进行更为深入细致的研究。同时，还应该加强其与心理学、进化学、神经科学等邻近学科的联系，通过整合多学科的研究方法来促进神经美学的大力发展。②

神经美学在方法上至少面临两个问题。其一，神经美学基于还原主义的研究方法论继承了实验美学的传统，采用严格的实验设计来分析审美行为，必然会涉及量化和分解。查特吉认为，还原主义方法论的解释坐标是自下而上的顺式结构—功能范式，它难以解释突现式的神经心理学信息加工机制。其二，过度依赖于逆向推理（reverse inference），即将某些脑区的活动作为人脑执行特定认知活动的客观指标。如果激活的脑区只参与一种认知加工，这种推论没什么问题。但实际上很少存在这种情况。某个脑区通常参与多种认知活动。因此，需要谨慎使用逆向推理，并使用某些有效的策略在神经美学领域内建立认知加工与脑活动之间的关系。③

针对当代美学研究所呈现的单科突进的分散化趋势，美学理论家切尔西·王尔德在2015年的《自然》杂志"美学研究专栏"撰文指出："截

① M. Nadal, M. Skov, "Introduction to the Special Issue: Toward an Interdisciplinary Neuroaesthetics", *Psychology of Aesthetics*, *Creativity and the Arts*, Vol. 7, No. 1, 2013.

② 张小将、刘迎杰：《神经美学：一个前景与挑战并存的新兴领域》，《南京师大学报》（社会科学版）2013年第5期。

③ A. Chatterjee, "Neuroaesthetics: A Coming of Age Story", *Journal of Cognitive Neuroscience*, Vol. 23, No. 1, 2010.

至目前，学术界的研究者并不认可有关审美经验的现行定义，因为它们极少论及人脑的各个部分是如何通过整体协同来创造形成审美经验的内在机制的。因而为了破解此类问题，则急需多个科学领域的同心合力，以及跨学科层面的艺术学与哲学的密切合作。"[①] 著名的美学心理学家查特吉也深刻地分析了人类审美的四大特征：一是无功利的审美渴望或精神需求；二是创造性的审美体验能力；三是审美认知活动及其内在产物对人脑的返身重塑效应；四是基于进化逻辑的自下而上的知识增益—价值升级能力。[②] 著名美学心理学家休斯顿等人则在 2015 年出版的《艺术、美学与大脑》一书中高度概括了艺术—美学—心脑系统之间的互动互补关系和协同增益效应，认为美学研究应当采用有关审美知觉的新的哲学范型——基于大量经验研究的学科交集的多模范型。这种转向并不意味着回归还原论，而是经由知觉哲学升进至美学研究的理性层面。[③]

为此笔者认为，神经美学和其他经验科学需要采集和分析更为全面和完整的实验数据，以便系统揭示审美认知心理所对应的大脑结构—功能—信息—状态之全息性标志性特征；而美学的理论研究则需要基于经验科学的客观事据重新检验现有概念和学说，据此合理整饬并系统建构新的具有更高的主客观信效度的科学理论，以便有效推进美学研究的科学化、理性化和创造性发展。

第二节　审美情感体验的心脑机制——以惆怅美之认知为例

作为一种独特的审美范畴，惆怅美在人类的艺术创作、审美鉴赏和情感历练过程中发挥着特殊的重要作用。审美惆怅在艺术现象学上的体现，可以从音乐、美术、文学、戏剧、影视等多个领域得到印证。惆怅美体现了替代性情感—共享性经验的特点，标度了人类审美的一种临界经验，体现了主体在真善美—假恶丑、正—负、顺—逆、高—低、强—弱等两极时空的自由弛豫、往复穿梭和情志升华，预示着主体的超越性发展、审美创

①　W. Chelsea, "The Aesthetic Brain", *Nature*, Vol. 526, No. 7572, 2015.

②　A. Chatterjee, "*The Aesthetic Brain：How We Evolved to Desire Beauty and Enjoy Art*", Oxford Univ. Press, 2013, p. 268.

③　J. P. Huston, M. Nadal, F. Mora, et al. (Eds.), "*Art, Aesthetics and the Brain*", Oxford：Oxford University Press, 2015, pp. 68 - 69.

造的间体性廓出和意象价值的内外映射与感性显现！同时，惆怅美又拥有比较复杂的心脑结构基础、功能标识和信息效应。从神经美学的层面深入辨析惆怅美得以发生的科学机制，有助于推动审美认知的深化和审美教育的生活化进程。

人们为何喜欢悲剧艺术甚于喜剧作品？为什么人在烦恼时要聆听伤感的音乐而非快乐的音乐？对此，学术界进行了长期的探索，但是尚未形成令人信服的共识。因而，探究审美的复杂情感——其中包括惆怅感——及其心脑机制，便具有重要意义。

一　对惆怅美经验的艺术现象学分析

黑格尔说："音乐的基本任务不在于反映出客观事物，而在于反映出最内在的自我，按照它的最深刻的主题性和观念性的灵魂进行自我运动的性质和方式。"[1]

莫扎特音乐艺术世界的魅力和妙绝，恰恰在于晴空万里同乌云密布的微妙对照和戏剧性的交替，这就是在灵魂深感灼热、焦躁和失去平衡的时候，莫扎特会带来永远甜美的安静和清凉的原因。莫扎特音乐的惆怅美，深刻反映了艺术家自己乃至人类对永生的渴望和生命的有限性之间存在的永恒冲突的根本无奈："人生如寄，多忧何为？"莫扎特虽然对世界存有惆怅感，但他并没有对生命和艺术失去信心和勇气，相反，他渴求其中的意义，并把它当作实现自我价值的不可分割的一部分。莫扎特深知，若想获得形而上的自由，那是永远不可能的。于是他把自己同外界的矛盾及自己内心深处的冲突统统转化为悲欣交集的永恒旋律。[2]

例如，莫扎特的《第四十交响曲》以其恢宏沉郁的悲剧性戏剧内容，揭示了作者直面现实世界的复杂感悟：惆怅——其中包含的意义一半为欢乐，一半为悲伤。而惆怅的最高境界就是让你哭不出也笑不出，悲欣交集、百味杂陈！《第四十交响曲》的第一乐章是全曲最富于悲剧气氛的一个乐章。它体现为很快的快板，其半音下行的第一主题伴随着中提琴的颤音（通常表现痛苦、哀叹情绪的"叹息"音调）贯穿第一乐章始终，表

---

① ［德］黑格尔：《美学》第一卷上册，朱光潜译，商务印书馆 1979 年版，第 332 页。

② 连莹：《浅析莫扎特音乐的惆怅美》，《齐鲁艺苑（山东艺术学院学报）》2005 年第 85 卷第 1 期。

现出艺术家对人生的苦苦思索。第二乐章是慢板。这是西方音乐史上最迷人的乐章之一。在此乐章中，莫扎特并没有使用其擅长的标志性手法，即如歌的抒情主题，而是通过两个充分发展的主题及其交响性展开，特别是第二主题反复模进的下行四度音程，生动表现了艺术家对理想、爱情和人生无可奈何的惆怅意识，反映了作曲家思绪万千、心潮澎湃的情思活动，体现了其对生命理想的无限渴望与无限惆怅的矛盾心理。①

在诗词文学审美方面，笔者拟以晏殊的《浣溪沙》为例进行分析。宋代词人晏殊存词一百三十余首。陈西洁指出，他的《珠玉词》闪耀着诗意的生命之光，是对人生价值进行审美思考的艺术结晶。其为人称道的小令《浣溪沙》借助平常的生活场景触发作者对人生的忧思，体现出感伤深沉的惆怅美。词人痛感物是人非，人生苦短，在圆满的人生中体悟到人生短暂的感伤，同时又未陷入痛苦的深渊，而是在忧思中寻找生命的亮色，保持对生命的思索与追求，不因光阴的流逝、年华的不再而消沉颓丧。虽然词人不免陷入深深的怅惘，但正是这种真实的生命体验激荡着世人的心灵。②

晏殊以词著于文坛，尤擅小令，风格含蓄婉丽，与欧阳修并称"晏欧"。晏殊一生写了一万多首词，大部分已散失，仅存《珠玉词》136首。他的"无可奈何花落去，似曾相识燕归来"已成为千古传诵的名句。可以说，他既是开宋词先路的一代词宗、江西词派的领袖，也是中国文学史上的一位多产精品的杰出诗人。永恒的时间与有限的生命形成二律背反的时空境遇，季节的变化触动着心灵的反应，作者在人们司空见惯的生活场景中敏感地捕捉到了这种不可逆转的变化，蕴含着时间永恒而人生短暂的深深惆怅，以疏淡的语言流露出深远之情志，并把惆怅之情升华到审美的情感境界，启迪人们惜取生命、珍视人生，使人所栖居的世界蕴含着神秘动人的诗意美。③

笔者认为，从屈原、陈子昂、晏殊、苏轼到王实甫、汤显祖、曹雪芹，其对无限宇宙与有限人生、对无穷之美与有涯之感性快乐、对真善美之崇高与假恶丑之顽劣，都充满了深深的遗憾、不甘、负气、伤感、沉

---

① 连莹：《浅析莫扎特音乐的惆怅美》，《齐鲁艺苑（山东艺术学院学报）》2005 年第 85卷第 1 期。

② 陈西洁：《品味流年的惆怅美——晏殊〈浣溪沙〉探美》，《名作欣赏》2006 年第 24 期。

③ 同上。

郁、拼搏、进取的复杂情怀和深阔思虑。可以说，惆怅感即是这种悲欣交集的审美情愫的集中体现。正是由于惆怅感折射了天人至理和人事至妙，艺术家、思想家和科学家们才能借此发见美妙绝伦的意象，借此孕育惊心动魄的理念，缘此传征隽永端丽的价值，以此引发刻骨铭心的效应！

在小说审美方面，笔者拟以冰心的一篇小说《惆怅》为例，来分析作家所传达的独特而复杂的折磨人的爱情之美、甜蜜的痛苦。这部短篇小说长达两万余字，是冰心正面描写20世纪20年代青年知识者的爱情生活的唯一一篇小说，同时也是冰心短篇小说中最长的一篇。小说《惆怅》讲述了京城大学两男（京城华北大学学生卫希栩、刚刚留学归国的博士薛炳星）追求一女（华北大学学生黄蕸因）和两女（华北大学学生刘若蘩、黄蕸因）追求一男（薛炳星）的"双重三角"恋爱故事，集中描写了20年代一部分青年知识者的爱情追求和爱情生活，以及由此所表现的爱情婚姻观念。①

冰心的小说较少宏篇巨著，多以清新隽永的珍品见长：情节单纯，寓意深远，富有清新的哲理和诗意，令人回味无穷。小说《惆怅》的情节并不曲折，故事线索也不繁杂；刻画人物性格，似乎也不是冰心的特长。它最出彩的地方也许不在于这个双重的三角恋爱"故事"内容，而在于故事所展开的"心理过程"和"情感纠结"，特别是那种笼罩着淡淡的哀愁与忧伤并夹带着甜蜜的憧憬与动情体验的复杂的惆怅感；作家借此叙述方式来表达深刻的思想主题、积极的人生意义和审美的爱情经验。可以说，它是"五四"爱情婚姻故事中的一个较为独特的叙述类型，一个十分珍贵的文本。创作于1929年12月9日的小说《三年》，正如一些研究者指出的，那简直就是《惆怅》的缩微版。②

在美术创作与鉴赏方面，笔者拟枚举中国的文人画所浸染的那种超越时空的惆怅美情怀。曹英慧指出，惆怅感就是一个人在现实中受到打击挫折后，因失望或失意而哀伤恼恨，甚至这种打击挫折会形成一种悲剧。中国文人画中的惆怅就源自中国文人独特的悲剧观。它是在中华民族文化心理的总体背景下逐步产生、形成的。人类的悲剧意识与不同的民族文化—心理相结合，形成了不同的悲剧观念。悲剧观是一个民族对待悲剧性人生

① 方锡德：《佚文〈惆怅〉：冰心唯一一部爱情小说的意义》，《长江学术》2008年第3期。
② 同上。

的基本态度和行动准则，它直接影响到该民族的宗教、哲学、艺术等文化形态。中国文人画这种独特的艺术形态中的惆怅美就是其直接影响的结果。①

当然，笔者并不苟同她的这种观点。导致人们产生惆怅感的原因是多种多样的，诸如艺术性动因、社会性动因、身体性动因、心理性动因、历史性动因、生命性动因，既有悲剧性缘由，也有悲欣交集的混合性事物缘由，既有性格因素，也有命运性因素、观念性因素、人格因素、家庭因素，既会发生于天才、伟人的身上，也会出现于普通民众的心中。因而它不一定体现了一种悲剧观，也不是中华民族所独有的一种精神情结，毋宁说它体现了全人类所共有的一种普通、常见和深刻的情思状态、认知境遇和行为向度。

曹英慧指出，我国历史上的文人画家多是一些仕途困蹇、命运坎坷的文人士大夫。在他们身上都能见出那种"欲有所为而又不能"的失意却不甘、标高而负气的特征。他们借书画来陶情、自娱，发泄其愤懑与怨悒；他们的作品意境中难免流露淡淡的忧伤与惆怅。到了北宋时期，对文人画的审美产生巨大影响的美学思想产生了。欧阳修在他的画跋中指出："萧条澹泊，此难画之意，画者得之，览者未必识也。"他把"萧条澹泊"作为文人画创造的最高境界来看待，因为这种境界最能表现那些失意的文人士大夫的感情和心境，也最适合他们的审美理想和审美趣味。②

笔者认为，那些全身心沉迷于文人画创作的文人士大夫之所以追求惆怅美的审美情致，绝不仅仅在于文人画有助于他们陶情自娱、发泄情志抑郁，而且在于文人画乃是他们用以实现自我理想、体现自我价值的最佳方式；进而言之，创作文人画的全过程乃至前过程、创作产物及他人的共鸣、社会认可与传播行为，均能提升他们对主客体审美价值的内在实现、内在体验水平，均能使之获得巨大的精神满足！还可以说，惆怅感恰好标度了人类审美的一种临界经验，体现了主体在真善美—假恶丑、正—负、顺—逆、高—低、强—弱等两极时空的自由弛豫和往复穿梭，预示着主体的超越性发展、审美创造的间体性廓出和意象价值的内外映射与感性显现！

---

① 曹英慧：《中国文人画中的惆怅美——从八大山人的作品谈起》，硕士学位论文，河北师范大学，2007年，第2页。

② 同上。

加里多等针对人们何以喜欢聆听伤感的音乐这个问题，提出了一种见解：喜欢聆听伤感的音乐的多数听众，都经历过类似于伤感音乐所蕴含的那些形形色色的负面情绪及或惆怅经验，诸如初恋失恋、亲人去世、异国思乡、回味童年，等等。因而，他们会有意无意地怀着明确的动机去欣赏并珍藏令自己心颤魂抖、默默无语、含泪微笑的那些蕴含伤感之情的音乐作品。[①]

其间，一是这些艺术作品能够激活他们往昔充满甜蜜的痛苦之韵味的自传体记忆，进而引发他们内心的情感波澜——通过战栗性的高峰体验而释放积压深重的负面情绪、负性意念和负面能量，并借助移情体验而将这些灰色的情绪排遣到艺术时空；二是借助审美想象，他们可以在艺术的时空实现虚拟情景却具有情感真实属性的情感理想，包括复现与重温往昔的美好情景，象征性实现回归故乡、移情艺术女神和活现童真自由等个性之梦，借此化解思乡情结、失恋情结和童心情结。[②]

桑德拉的研究也表明，由于音乐所唤起的正负性情绪具有离散性和磁吸性效应，且每种负性情绪都能够激活主体类似的以往经验，同时也能强化人的情感期望水平，所以欣赏伤感的音乐有助于人们重整情绪、发见痛苦经验之中所蕴含的积极意义。[③]

例如，贝多芬的《月光奏鸣曲》、肖邦的《升C小调幻想即兴曲》、柴可夫斯基的《悲怆交响曲》，都体现了作曲家浓郁深厚强烈的惆怅感；我们对故乡、童年、祖父祖母、初恋与失恋的亲情体验、爱情品味、自然美的热爱之情，都在美好的回忆之中得以美化、升华和理想化、永恒化。其中，惆怅感充分体现了我们与上述审美对象造成的物性时空超距境遇、心性时空零距离境界、超越性精神联盟、完美性自我实现价值。

进而言之，人们在审美过程中所作出的情感认知及心脑反应和体象反应，实际上具有多元性对象、综合性内容、复杂性时空境况和混合性韵

① S. Garrido, E. Schubert, "Imagination, Empathy, and Dissociation in Individual Response to Negative Emotions in Music", *Musica Humana*, Vol. 2, No. 1, 2010.

② P. G. Hunter, E. G. Schellenberg, U. Schimmack, "Feelings and Perceptions of Happiness and Sadness Induced by Music: Similarities, Differences, and Mixed Emotions", *Psychology of Aesthetics, Creativity, and the Arts*, Vol. 4, No. 1, 2010.

③ S. Garrido, E. Schubert, "Negative Emotion in Music: What is the Attraction? A Qualitative Study", *Empirical Musicology Review*, Vol. 6, No. 4, 2011.

味。其多元性对象是客体事象、心脑状态、自我意象、人际关系；其综合性内容是正性情绪—情感、中性情绪—情感、负性情绪—情感，强能量性情绪—情感、中等能量性情绪—情感、弱能量性情绪—情感；其复杂性时空境况在于，贯通了过去、现在和未来的历时空回味、共时空品味、超时空体验；其混合性韵味是悲欣交集、甜蜜的痛苦、沉郁复欣快、自得又失意、自足复伤感。一言以蔽之：惆怅感是人类之心灵怀念已逝之价值、追求未竟之时空的形而上诗意—本体性美感—理想化自我—隽永性童真的具身性方式、存在性境遇、生活化形态！

二　观照惆怅美的情感科学参照系

心理学家艾克曼 2003 年等提出了基本情绪理论：人的情绪包括兴趣、高兴等积极情绪及悲伤、愤怒、厌恶和恐惧等消极情绪，它们在人类所有种族中都是基本相同的，具有种族一致性和行为普遍性特点。[1] 而鲁塞尔等人则建立了情绪的维度模型。该模型认为，人类情绪的核心内容在大脑中的运行方式是连续的形态，主要由积极快感—消极快感（愉悦—非愉悦）和正唤起—负唤起（激活—非激活）等两大维度构成。其中，情绪—情感的愉悦维度又称为效价（valence），在愉悦（积极）与非愉悦（消极）这两极之间变化；情绪—情感的唤起维度则在平静与兴奋这两极之间变化。愉悦情绪表明人的亲近—趋避型动机系统被情绪刺激激活的类型，而唤醒情绪则表明主体的动机系统被刺激激活的程度。[2]

根据克林格尔巴赫的脑成像实验，人脑的前额叶新皮层眶额区主要负责对积极的情感事件及具有正面价值的客观事物作出期待、预测、评价，而右侧前额叶新皮层的正中区边侧则主要负责对消极的情感事件及具有负面价值的客观事物作出期待、预测、评价；脑岛、扣带回也与人的惆怅感的产生密切相关，譬如，当对严重抑郁症的患者的前扣带回的后侧采用电解损毁术后，患者的情感抑郁症状就会得到大大缓解，并会表现出明显的快乐情绪，一反此前的感伤忧郁和闷闷不乐。与此同时，这种皮层性的情感认知还与相应的皮层下结构发生相互作用，其中包括腹侧伏核、腹侧苍

① 　P. Ekman，"Emotions Revealed"，New York：Times Books，2003，pp. 203 - 204.

② 　J. A. Russell，"Core Affect and the Psychological Construction of Emotion"，Psychological Review，Vol. 110，No. 1，2003.

白球、杏仁核等。特别是腹侧苍白球向前额叶正中区及眶额皮层发出投射纤维。①

同时，人们对情绪—情感的属性及其认知类型的研究，在近几年取得了重要进展。例如，认知神经心理学家布朗和迪萨纳亚克基于克罗尔－奥托尼－科林斯的"情感框架理论"（Ortony-Clore-Collins：the OCC Model of Emotion），提出了情绪—情感的四性说：一是产出性情绪—情感，诸如人们因着艺术作品的心脑作用而产生的一系列终极性精神反应，如快乐、伤感、高兴、悲哀等，它们属于审美的本体性情感反应；二是指向审美客体的对象性情感反应，包括喜欢、热爱、兴趣、被吸引、厌恶、审美偏好与旨趣等有关对象价值的情感评价性反应；三是作为性情感或伦理性情感，主要指主体对他人或自我特征的一种情感性判断，如赞同、认可，反对、否定，譬如羞耻感、自豪感、正义感、敬畏感，等等；四是人际性情感，包括亲近性、依恋性、警惕性、防范性、厌恶性、悦纳感、适惬感、不快感，等等。这些情感属于社会性情感，体现了主体对他人行为与情感思想意向的个体性情感评价。②

据此可以认为，艺术，特别是音乐作为人的精神之镜，能够映照出不同个性的主体的情知意特征、人格气质和性格行为倾向。那些善于细致感受与思索自我的情感经验、情感理想和思维世界的人，其内心常常交织与积累了喜、怒、哀、乐、惊、恐、忧等多种复杂的情感韵味，其人生历程充满了理想、奋斗、自信、自豪、欣慰、艰辛、汗水、挫折、失败、泪水、痛苦、反思、憧憬、重整自我、重新出发的一系列情感起伏的壮阔波澜。因而，他们在某些时候迫切需要从音乐、大海、黄昏、星辰、秋风落叶、白雪皑皑等情景之中见出对象化的自我心灵，获得移情体验，将内心蓄积深厚的艰辛、失意、挫折、愤懑、迷茫、痛苦、忧思、绝望等负面情绪、负面记忆、负能量全部释放—转移—投射到象征性的艺术世界，借此彻底清理自己的心脑世界和身体—生理系统的负性荷载，为而后摄取正信息、正能量和引发正体验、正思考、正行动、实现正价值奠定基础。

---

① M. L. Kringelbach, K. C. Berridge, "Towards a Functional Neuroanatomy of Pleasure and Happiness", *Trends in Cognitive Sciences*, Vol. 13, No. 11, 2009.

② S. Brown, E. Dissanayake, "The Arts Are More Than Aesthetics: Neuroaesthetics as Narrow Aesthetics", M. Skov, O. Vartanian (ed.), "*Neuroaesthetics*", Amityville, New York: Baywood Publishing Company, Inc. 2009, pp. 49 – 50.

三　惆怅美的审美认知心理机制初探

惆怅感，往往是最美的情感，也是最痛的感受。从审美认知的层面来说，惆怅感并不是主体缺少积极的动机与意向，也不是主体对自我与他人采取了扭曲性的认知评价态度，而是一种兼有期待与畏难、希望与失望、甜蜜与痛苦、积极与消极、兴奋与低沉、快乐与伤感的混合性多元化情感体验状态；其深层则体现了主体对自我（往昔时光、今日现状、未来前景）与对象（爱情对象、艺术、自然景象、生命形象等）的历时空追忆、共时空反思、超时空设想，同时体现了对情知意世界的表象体验，对真善美价值的感性具身、知性重构、理性悟识和体用外化情状。

何悦人认为，惆怅美给人的美的愉悦中往往含有淡淡的忧愁，轻轻的艾怨，似有若无的怅惘和悄无声息的感伤。它不能归之于崇高或悲剧美之中。它让人惋惜、同情，又使人陷入默默的思索和带着感慨的期望与追求。可以将之归结为一种因惋惜、同情的情绪波动和积极想往的精神升华而引起的审美满足和愉悦。惆怅美，主要在于由想象所趋于的情感理解、合目的性的理想探索与追求能够带给人们淋漓尽致的满足。深刻的人生体验和深邃的哲理思维之渗透交融，构成了这种美感的基本特色。①

笔者认为，人们在体会惆怅美的过程中，一方面发生了指向审美对象的情感投射—移情体验，从而有利于其释放内心长期积蓄的负面情绪，转化因应激事件所形成的负面思维及负性能量；另一方面也发生了其指向自我世界的镜像具身预演情形，即通过摄取由审美对象所折射的理想价值来充实自我、强化自我，获得对自我情知意的创新与完善，进而内在实现自我价值。

进而言之，"惆怅感"主要反映人生进程中那些非对抗性的、带有普遍意义的矛盾，因而能够显示精神世界中主客体抗争的痕迹；由于作者往往抒发了远远超出狭小的个人身世之戚范围的感怀与情绪，使许多读者联想和深思一些具有广泛性质而永远扣人心弦的人生问题，进而产生感情上的共鸣，激起积极的思索与行为——对生命的热爱、对进取的追求、对合理际遇的执着。因此，这使"惆怅美"之作具有不同凡响的审美意义。②

---

① 何悦人：《论惆怅美》，《宁夏社会科学》1988 年第 5 期。

② 同上。

潘克塞普认为，伤感的音乐比欢快的音乐更容易引发人的心颤魂抖的战栗性反应，从而有助于激发人的高峰激情体验和审美创造的灵感状态。① 桑德拉采用《喜欢伤感音乐的量表》（Like Sad Music Scale，LSMS）测试被试的审美特质与认知伤感音乐的情感范式。他在音乐认知心理学实验中发现，人在音乐审美认知过程中会出现审美情感效价的分离性呈现与混合性强化的现象。这是因为，人的专注品格及深思熟虑的习性都与欣赏伤感音乐的兴趣及情感体验有关，而擅长反思的特点则与人对伤感音乐的爱好兴趣有关。②

珍妮塔的研究表明，个性主体独特的自传体记忆，尤其是意义重大且终生难忘的那些正负性情感经验的定向唤起、随意联想、自由想象和美妙憧憬，乃是音乐能够诱发人的本体性情绪认知与审美体验的根本原因。③

据此可以认为，音乐引起的伤感与现实生活所激发的真实的伤感性质不同，前者使我们处于安全的界限之内：仅能影响我们的情绪，不会真的对我们的生命构成威胁。音乐所引发的痛苦与惆怅感还提示我们：自己不是实际上唯一不幸的人，聆听音乐所引发的惆怅感是可以共同承担的一种感受，因而音乐有助于分解我们的真实痛苦与压力；我们自己因现实生活而生的真实的痛苦则是无人能够共同分担的独特经验。

进而言之，诸如音乐、艺术、自然景象等无为而治的人类智慧的顶级产物和人类情感的绝妙象征体，乃是人类的忠实、永恒、可意和完美的"心灵知音""精神情人"。它们只是在人的心中默默倾听我们的诉说——梦想、激情、失意、愤懑、惆怅、寂寞、痛苦、绝望，以及希望、欢乐、兴奋——逐渐使我们获得平静、自知之明、知人之明、内在和谐、内在发现、内在创造、内在完善、内在享受、内在实现、幸福自足……

四　认知惆怅美的大脑机制及神经对应物

莫尔纳－苏卡奇指出，人类之所以具有欣赏音乐乃至以审美的眼光观

---

①　J. Panksepp, "The Emotional Sources of 'Chills' Induced by Music", *Music Perception*, Vol. 13, No. 2, 1995.

②　S. Garrido. E. Schubert, "Adaptive and Maladaptive Attraction to Negative Emotions in Music", *Musicae Scientiae*, Vol. 17, No. 2, 2013.

③　P. Janata, "The Neural Architecture of Music－evoked Autobiographical Memories", *Cerebral Cortex*. Vol. 19, No. 11, 2009.

照万物与自我的能力，主要是由于我们的大脑和心理系统经过漫长的精妙遗传及复杂进化，逐步形成了一系列有别于其他高等动物的异常发达甚至独特的结构—功能—信息加工机制与系统。① 其中，镜像神经元系统在联结感觉与运动、感知与情绪、经验与意识、想象与推理等过程中，发挥着十分重要的作用。例如，借助镜像神经元系统，我们就能深刻地把握音乐作品、音乐表演者和作曲家的正负情绪、思绪、动机、意向、性格和理想，还能通过本体映射而从对象化的自我之镜里认出自我的某些特征，更能将音乐世界的真、善、美价值加以具身内化与创造性同化，从而造益于创新自我—完善自我—体验自我—享受自我—实现自我的审美发展活动。

同时，我们唯有借助镜像神经元系统的信息中介与价值转换活动，才能深切体会自己所创造的审美意象世界，也才能切实将内心积压的多种负面情绪、负面记忆、消极观念、灰色经验、负性能量等精神负担经由心颤魂抖般的高峰体验而加以彻然释放、对象化投射和理性升华，还能将音乐世界和间体世界所蕴含的真、善、美价值加以全息摄取和完形内化，从而达到贝多芬所说的"从痛苦之中创造欢乐"的哲理创造境界，借此实现自我的智慧审美理想。

（一）大脑结构

詹森的音乐认知研究表明，人脑的听觉皮层首先对音乐刺激作出反应，其次是额叶，特别是前额叶新皮层对音乐刺激作出预期反应，再次是中脑—边缘系统，主要是多巴胺能神经元系统—阿片肽能神经元系统对音乐刺激作出奖赏—回报性反应（包括阿片肽的传递、多巴胺的合成与释放在伏核达到高峰，次第导致人的情绪唤起、快感形成战栗性审美体验）。②

其中，大脑的默认系统。主要与个体的自我意识活动密切相关，涉及人对自我往昔生活的回忆、对未来的展望与计划、对现实自我的监控与调适等核心的本体管理内容。同时，它与大脑的快感网络发生部分交合与重叠，其中包括中线结构，诸如眶额皮层、前额叶正中区、扣带回。大脑的默认系统的关键部位均含有致密的阿片类受体，因而与抑郁症的发生、转

---

① I. Molnar - Szakacs, K. Overy, "Music and Mirror Neurons: from Motion to 'E' motion", *Social Cognition & Affective Neuroscience*, Vol. 1, No. 3, 2006.

② Deborah Johnson, "Music in the Brain: The Mysterious Power of Music", *The Dartmouth Undergraduate Journal of Science*, Vol. 11, 2009.

化有密切关系，还与人的现实感丧失、虚构症及妄想症的发生密切相关。①

　　戈伍德的实验表明，当人们经历不愉快、不快乐的情绪时，其大脑的腹侧纹状体（包括伏核）的活动水平显著下降，而前额叶腹内侧正中区和眶额皮层的活动性则过度增强；多巴胺乃是其共同的主要神经递质。②阿瓦基安的研究证实，人脑的眶额皮层负责计算奖赏性事物的价值，追求刺激的行为则由扣带回前部进行设计，前额叶腹内侧正中区负责对主体投入定向的奖赏性目标的行为进行决策，背侧顶盖区和杏仁核对主体增加的奖赏期待与动机作出反应；中脑—边缘系统的多巴胺及中缝核—五羟色胺释放水平下调，会减弱上述脑区的正向动机反应及行为决策意向，进而导致主体产生并体验到浓郁的惆怅感。③巴拉特等人的实验表明，由音乐诱发的思乡—乡愁情结的人，其大脑的后脑岛、右半球内侧额叶沟和右侧前额叶边侧及腹内侧正中区的脑电活动明显增强，神经递质的释放水平显著上升。④

　　普拉蒂科等人运用功能性核磁共振仪研究伤感音乐的大脑相关物时发现，右半球尾状核头部、左侧丘脑、左侧脑岛前部、扣带回前部、杏仁核、海马、带状核等结构都在人的审美活动和体验感性刺激性事物的过程中体现出显著的激活状态；其中，左侧尾状核主要负责对美妙的音乐、画作、人的面孔和美食等产生反应，右侧尾状核则只对那些能够引发主体的战栗性反应的对象及主体基于奖赏期待的行为产生反应。⑤斯穆茨的音乐认知神经科学实验表明，刺激人脑的右侧杏仁核，导致被试产生负面情绪体验；被试聆听伤感的音乐时，其大脑的右侧颞叶、听觉联合区及右侧

　　① M. L. Kringelbach, K. C. Berridge, "Towards a Functional Neuroanatomy of Pleasure and Happiness", *Trends in Cognitive Sciences*, Vol. 13, No. 11, 2009.

　　② P. Gorwood, "Neurobiological Mechanisms of Anhedonia", *Dialogues in Clinical Neuroscience*, Vol. 10, No. 3, 2008.

　　③ A. Der – Avakian, A. Markou, "The Neurobiology of Anhedonia and Other Reward – related Deficits", *Trends in Neurosciences*, Vol. 35, No. 1, 2012.

　　④ F. S. Barrett, K. J. Grimm, R. W. Robins, et al., "Music Evoked Nostalgia: Affect, Memory, and Personality", *Emotion*, Vol. 10, No. 3, 2010.

　　⑤ E. Brattico, V. Alluri, B. Bogert, et al., "A Functional MRI Study of Happy and Sad Emotions in Music with and without Lyrics", *Frontiers in Psychology*, Vol. 2, No. 6, 2011.

额—颞束（尤其是前额叶新皮层—联合皮层）被明显激活。①

　　由上可见，审美主体对客观性及自我的惆怅美的认知体验活动，呈现出大脑多个脑区及神经网络的极为复杂且各个不同的特殊反应。对于神经美学来说，需要进一步整合相关的实验数据，以期形成对人类情感审美体验行为的内在统一的概括性解释理论；对于美学而言，则需要研究者基于审美研究的多样化经验事实来抽析和形成审美的情感认知与形象认知的关系、审美的情感价值与思想价值的相互作用机制、审美奖赏效应得以强化和达至极致境遇的情感动力及想象性思维的独特作用等深层的共轭性问题。

　　（二）神经对应物

　　奥康娜等在研究持续的爱情伤感心境时发现，这种复杂的情绪体验会激活人脑的伏核、背侧扣带回前部、脑岛和脑导水管周围部；其中，后三种结构在积极的爱情体验活动中也有明显的激活反应，而伏核壳部在人的长期性爱情伤感体验中的激活反应最为显著。②

　　乌利奇（Ulrich Kirk）等人的神经成像术实验表明，阿片类神经肽作用于大脑默认系统及奖赏回路，能够表征人的愉快情绪；多巴胺同时作用于眶额皮层、前额叶正中区和皮层下的奖赏回路、边缘系统，能够表征人的情感期待、愿望、动机和需要等心身意向；五羟色胺主要存在于边缘系统（在大脑内，五羟色胺能神经元大多位于脑桥和上脑干，尤其是该部位的缝际核，蓝斑核的五羟色胺能对同一区域的某些神经元发出神经支配），五羟色胺受体超敏、五羟色胺递质释放水平上调或严重下调，都会导致人体产生怅惘感或抑郁情绪。③

　　梅里诺的研究表明，无论是处于爱情惆怅体验状态的恋人们，还是因着欣赏莎士比亚的《仲夏夜之梦》或聆听贝多芬的《月光奏鸣曲》、品味《红楼梦》的绝世情愫而产生审美的惆怅感的人，其大脑的催产素释放水平都会明显升高。催产素表征人的爱意，主要在大脑下视丘"室旁核"与"视上核"神经元所自然分泌。催乳素（PRL）参与反激反应。在应激

---

①　A. Smuts, "Art and Negative Affect", *Philosophy Compass*, Vol. 4, No. 1, 2009.

②　M. F. O'Connor, D. K. Wellisch, A. L. Stanton, et al., "Craving Love? Enduring Grief Activates Brain's Reward Center", *NeuroImage*, Vol. 42, No. 2, 2008.

③　U. Kirk, M. Skov, M. S. Christensen, et al., "Brain Correlates of Aesthetic Expertise: A Parametric fMRI Study", *Brain and Cognition*, Vol. 69, No. 2, 2009.

状态下，血中 PRL 浓度升高，而且往往与 ACTH 和 GH 浓度的增高一出现，刺激停止数小时后才逐渐恢复到正常水平。看来，PRL 可能与 ACTH 及 GH 一样，是应激反应中腺垂体分泌的三大激素之一。与所有其他垂体激素不同的是，下丘脑对它分泌的调节主要是抑制性的，而不是刺激性的。于是对下丘脑控制的破坏总是会引起 PRL 分泌的增强而不是降低。小剂量的雌激素、孕激素可促进垂体分泌 PRL；而大剂量的雌激素、孕激素、多巴胺则可抑制 PRL 的分泌。腺垂体 PRL 的分泌受下丘脑 PRF 与 PIF 的双重控制，前者促进 PRL 分泌，而执行者则抑制其分泌。多巴胺通过下丘脑或直接对腺垂体 PRL 分泌有抑制作用。下丘脑的 TRH 能促进 PRL 的分泌。[①]

克林格尔巴赫有关审美情绪的神经成像术实验证实，阿片类神经肽作用于伏核，因而两者均能表征人的情绪奖赏效应；杏仁核受五羟色胺及多巴胺支配，前者主要表征负性情绪如害怕、焦虑、忧愁等，后者主要表征意向、情感愿望、需求和身体运动等认知行为。[②]

林塔斯等在研究音乐快感的形成机制的神经成像术实验中发现，音乐快感的获得与丧失，都与大脑的奖赏回路密切相关。多巴胺可以介导阿片肽释放—受体反应这种奖赏体验行为。其中，杏仁核的基底外侧部存在着能够调控快感形成的源头性奖赏开关——该部位接受来自黑质区域的多巴胺传入，继而将自身的反应投射至伏核，引发后者的阿片样欣快感。如果用多巴胺 D2 受体阻断剂处理杏仁核的基底外侧部，则被试会出现对包括音乐、食物、美人、性行为等刺激信息的淡漠性反应。[③]

史蒂文森等的实验进一步表明，杏仁核的外侧基底部与伏核、前额叶新皮层正中区等共同构成了应对应激事件的情绪反应系统；其中，杏仁核的外侧基底部接受来自腹侧被盖区的多巴胺能神经元投射，并向前额叶新皮层正中区及伏核核心部发出投射纤维；其与前额叶新皮层正中区及伏核

①　A. Sel, B. Calvo - Merino, "Neuroarchitecture of Musical Emotions", *Revista De Neurologia*, Vol. 56, No. 5, 2013.

②　M. L. Kringelbach, K. C. Berridge, "Towards a Functional Neuroanatomy of Pleasure and Happiness", *Trends in Cognitive Sciences*, Vol. 13, No. 11, 2009.

③　A. Lintas, N. Chi, N. M. Lauzon, et al., "Identification of a Dopamine Receptor - mediated Opiate Reward Memory Switch in the Basolateral Amygdala - nucleus Accumbens Circuit", *Journal of Neuroscience*, Vol. 31, No. 31, 2011.

具有双向联系。当杏仁核的外侧基底部产生过度的应激反应及（或）其内部的多巴胺 D2 受体被阻断时，前额叶新皮层正中区可以发挥下行性的应激调节功能——削弱或抑制由杏仁核的外侧基底部介导的过度强烈的负性应激情绪反应。[1]

根据拉维奥莱特等人的研究，伏核核心部含有多巴胺 D1 受体，主要介导大脑对奖赏刺激信号的厌恶反应及其敏感性；伏核外壳部含有多巴胺 D2 受体，主要介导大脑对奖赏的情绪动机反应效价及敏感性。[2] 另外，萨利普等人在探查音乐审美引发的高峰体验时通过实验证实，人脑在经历对富有悲壮色彩或伤感惆怅情绪的音乐的审美预期和高峰体验时，会强烈激活奖赏回路，特别是伏核的神经电生理反应，触发多巴胺与阿片肽等相关神经递质的高水平释放，同时会触发中脑蓝斑、杏仁核及下丘脑的五羟色胺能神经元以高低起伏的波动方式升调或降调五羟色胺的释放水平。五羟色胺的释放水平过度降低，则会导致被试产生惆怅、伤感甚或抑郁的情绪；反之，五羟色胺的释放水平显著升高，则会导致被试产生宁静、舒适、愉快、欣喜、兴奋甚或激动的情绪。而多巴胺与阿片肽的释放水平又能与五羟色胺的释放水平产生相互作用，形成多重韵味、多种程度与级量的混合性审美情感体验。[3]

笔者认为，人脑的前额叶新皮层正中区在调控负性应激情绪反应的过程中，同时动用了至少两种内在机制：一是上述的史蒂文森所发现的其对多巴胺主导的伏核应激性负奖赏效应的抑制作用——经由杏仁核的外侧基底部的多巴胺 D1 受体，因为前额叶新皮层的腹内侧正中区的神经元也含有多巴胺 D1、D2 和 D3 受体，其传入纤维接受杏仁核的外侧基底部负反馈，其借助传出纤维能够实现对杏仁核、伏核核心部等奖赏回路的负性应激活动产生有效的下调、弱化或抑制作用；二是前额叶的眶额皮层经由杏

① C. W. Stevenson, A. Gratton, "Basolateral Amygdala Modulation of the Nucleus Accumbens Dopamine Response to Stress: Role of the Medial Prefrontal Cortex". *European Journal of Neuroscience*, Vol. 17, No. 6, 2003.

② S. R. Laviolette, N. M. Lauzon, S. F. Bishop, et al., "Dopamine Signaling through D1 – like versus D2 – like Receptors in the Nucleus Accumbens Core versus Shell Differentially Modulates Nicotine Reward Sensitivity", *Journal of Neuroscience*, Vol. 28, No. 32, 2008.

③ V. N. Salimpoor, V. D. B. Iris, K. Natasa, et al., "Interactions Between the Nucleus Accumbens and Auditory Cortices Predict Music Reward Value", *Science*, Vol. 340, No. 6129, 2013.

仁核对伏核壳部的阿片肽反应进行激活、上调或强化。

进而言之，大脑奖赏系统通过相继释放更多的多巴胺、阿片肽、五羟色胺和部分应激激素等物质，来实现主体对艺术、爱情、亲情、死亡、创业、挫折、逆境、疾患、天灾、衰老、离异和失去童年与童心的复杂情感体验、双重意义认知及对外界的应变性适应。集中体现为悲欣交集的惆怅感。

可以说，人们之所以需要并渴望聆听伤感的音乐，那是因为他们具有释放自己心中积压的负面情绪的强烈动机；在这种动机的背后，我们可以设想，其大脑之中与负面情绪、消极思维和负面能量密切相关的神经递质（诸如五羟色胺和多巴胺、伽马氨基丁酸等）、神经调质（阿片肽拮抗物）、激素（包括压力激素）及神经激素经历了较长时间的典型性释放（或抑制），相应的第二信号系统和第三信号系统也经历了较长时间的典型性释放（或抑制）；此后，他们的负面情绪、消极思维和负面能量都逐渐转化为深厚的负面记忆，被保存在大脑的扣带回后部等部位；他们的心境不时呈现出惆怅、怅然若失和无名的忧伤，其大脑的默认系统之中与自我认知、自我情绪体验和自我情绪管理密切相关的中线系统，特别是大脑右半球的前额叶腹侧正中区、边侧区及右侧眶额皮层处于过度活跃状态，体现出较强的积极情绪抑制、消极情绪增强、负性能量需要释放的境地。

其根本原因在于，当被试受到伤感的音乐的强烈刺激后，其大脑负责认知客体事物的杏仁核左侧、丘脑左侧、扣带回左侧后部等主事积极情绪反应的脑区被次第激活，继而引发了左半球颞叶、左侧视听觉联合皮层、左侧前额叶的眶额皮层、左侧前额叶的腹内侧正中区、尾状核左侧、伏核左侧、脑岛腹侧的连锁性正情绪反应——指向音乐世界的审美客体和指向积极自我的理想化主体与审美间体；在左半球积极情绪占据主导地位的情势下，主导消极性情绪的右半球的神经心理学及神经生理学、神经生物化学活动所导致的厚积薄发的负面情绪、负性能量、负面意识经验，被左半球所深深牵制和裹挟，借助战栗性体验、心颤魂抖的状态、默默含泪的微笑等高峰体验的方式来实现对自我消极情绪的意象迁移与审美释放，而不是现实性的转移与释放。换言之，主体厚积薄发的负面情绪、负性能量、负面意识经验，被顺势引爆并释放到审美的音乐时空及间体时空；清理与排遣了负性情绪、消极理念、负性能量之后，主体大脑左半球主导的积极情绪、积极理念和正能量才能发挥更大的作用——驱使主体进入审美创造的新天地，进而通过社会实践切实转化与实现自己所构制的思想文化价值、科学技术价值、社会生活价值。

总之，笔者基于审美的意象创构—间体生成理论认为，包括音乐在内的所有艺术文化，包括自然景象、生命形象和文化表象在内的广义审美对象，都成为审美主体用来镜观自我、认知宇宙万物、创造间体世界、完善自我时空、享验自我价值、实现自我意义的客体参照系。特别需要指出，审美主体与审美客体之间的功能互动、价值互补、信息交流和意义增益，乃是导致审美间体廓出的根本原因；而审美主体、审美客体及审美间体三者之间基于高阶认知平台的三元互动、三维互补、三向交流和三级创新，导致了审美价值的个性化生成、个性主体的情知意完善、自我价值的全息享验和完形实现境地！

笔者在前面所说的主体为何乐于聆听伤感音乐、后者如何引发人的美感况味等问题，均可从审美主体向审美客体释放负面能量、投射负面情绪这个主—客映射方式之中找到答案，该答案也包括审美主体从审美客体之中寻找、发现、摄取其所喜欢的、期望的、需要的及阙如的诸种价值资源——这体现了客—主路径的价值内化与增益方式。进而言之，审美活动牵涉主体对自我世界之负性资源、负面情绪和负性能量的清除、释放、转移投射和净化过程，还涉及主体对客体世界之真、善、美新颖价值的差异化摄取与创造性内化等自我完善的过程。

第三节　艺术审美认知的神经现象学机制

艺术审美活动之所以具有独特的本体性价值品格，就在于它能够通过改变人脑的特定结构与功能而提升人的情知意创新能力及人格精神境界。艺术审美活动的神经机制包括下列内容：第一，通过选择性改变前额叶特定亚区神经递质的代谢与传导速率而提升兴奋性与抑制性神经元系统的正向协同效能，进而强化人的元认知调控能力；第二，通过激活与强化人脑多个脑区的"镜像神经元系统"的结构与功能而锐化人的审美移情能力；第三，通过扩展大脑枕颞顶联合区的神经网络层级框架与空间规模而孵化人的审美想象能质；第四，通过催化主体的泛脑性 40Hz 高频同步振荡波而提升人的心身同一的高峰性审美意识体验能力，进而廓出审美意象；第五，通过催生身体意象而提升主体对其大脑布罗卡区的艺术符号系统与运动前区的身体符号系统的匹配与耦合水平，进而有助于主体建构个性化的审美心理表征体，借此转化审美意象，实现对自我的内在创新及对象化的审美价值。

艺术与审美文化作为人们创造自我之内在价值、实现自我之内在潜能的精神实践方式，千百年来始终发挥着重要且无可替代的奠基性作用。艺术能够借助大脑对人心发挥深刻久远的重塑作用。为了深入理解艺术的人本价值，我们需要对艺术审美认知的大脑机制进行深入细致的探索。

本节拟结合近几年国外学术界在艺术美学、神经美学和认知哲学等领域的最新进展，围绕艺术审美行为与人的心脑嬗变这个主题，展开相应的结构辨识与功能分析，以期初步揭示艺术审美的神经机制，为传播哲学文化和提高审美教育的身心效能提供以人为本的内在依据。

一　艺术信息的神经表征体

人们时常会发问：音乐到底是如何影响我们的心脑系统的？我们在欣赏美妙的音乐时，那些进入我们大脑的音乐是以何种形式存在的？20世纪60年代，一些心理学家曾经试图寻找出美术家大脑里的心理图像，但是最终失败了。当代认知科学认为，人脑及人的心理世界分别采用不同的策略与方式来表征外部世界与内部世界的事物。所谓心理表征，是指信息或知识在心理活动中的表现和记载的方式，或者说是外部事物在心理活动中的内部再现形式；神经表征，则是指某种信息在人脑之中的存在、体现、转化方式。人脑对同一事物通常会采取多种表征方式；表征方式不同，则大脑对某种事物的信息加工方式也不相同。

（一）多元音乐表象的神经表征

据科尔奇（koelsch）等的研究证实，人脑对音乐的反应是极为复杂的一系列纵横交错、时空叠合的信息转换与神经表征过程。其中，音乐物理表象生成于脑干和丘脑，其神经电生理事件表征体则是 ERP – 5—10；音高和半音分别形成于大脑左、右半球颞叶的初级听觉皮层，其神经电生理事件表征体是 ERP – 10—100；节奏与旋律形成于大脑右半球颞叶的次级听觉皮层，其神经电生理事件表征体是 ERP 电位的 N100 和 N200 波；和声形成于大脑右半球枕颞联合皮层的第一层，其神经电生理事件表征体是 ERP – 180—400；意义理解发生于前额叶正中区，其神经电生理事件表征体是 ERP – 250—550；结构再审视与演唱表达活动的主要神经对应区是前运动区和布罗卡区，其神经电生理事件表征体是 ERP 电位的 N600 和 N900 波。①

（二）外源性与内源性音乐信息的神经表征

在音乐美学上，人们把外源性音乐认知的心理表征体称作感受性表象，把内源性音乐认知的心理表征体称作想象性表象。它们之间既有联系，又有区别。前者具有更明显的客观性、先在性、情景性和程式化特点；后者则体现了较多的主观性、后发性、灵动性和抒情性特点。

札特莱（Zatorre）等通过脑成像实验发现，当人们聆听音乐时，其大脑左、右半球的颞叶初级听觉皮层及次级听觉皮层依次被激活；而当人们在内心想象音乐时，其大脑左、右半球的颞叶初级听觉皮层并未被激活，次级听觉皮层则呈现出显著的激活情形。② 这提示我们：外源性音乐知觉主要受到大脑自下而上的经验性驱动，内源性音乐知觉更多地受制于大脑自上而下的理念驱动；前者属于主体对他者的具身性表象体验，后者则属于主体对本我审美的具身性意象体验。

（三）音乐经验不同的听者大脑对同一种音乐的不同反应

音乐心理学家邦泽克（Bunzeck）等发现，不同的人之大脑会对同一种音乐产生不同的反应。譬如，分别让完全不懂音乐者、业余爱好音乐者和音乐家聆听贝多芬的《升 C 小调幻想即兴曲》，事先向他们说明该作品的创作背景、作品所描述的月光水波情景及作曲家所表达的诗意惆怅情怀。当他们聆听该作品时，研究者发现，音乐家的每组被试的大脑左、右半球的脑电反应都比较一致，各自的重合度较高。就脑电波的振幅与频率而言，专业音乐家的脑电振幅最高、频率最低；业余音乐爱好者次之；无音乐经验者的脑电振幅最低、频率最高。③

这究竟是什么原因呢？笔者认为，人脑之所以会出现"一千个观众有一千个哈姆雷特"的审美变异现象，其主要原因在于，人脑并非机器，每个人的大脑所赖以运行的"驱动软件"或驱动程序都是独一无二的。

---

① S. Koelsch, W. A. Siebel, "Towards a Neural Basis of Music Perception", *Trends in Cognitive Sciences*, Vol. 9, No. 12, 2005.

② R. J. Zatorre, A. R. Halpern, "Mental Concerts: Musical Imagery and Auditory Cortex", *Neuron*, Vol. 47, No. 1, 2005.

③ N. Bunzeck, T. Wuestenberg, K. Lutz, et al., "Scanning Silence: Mental Imagery of Complex Sounds", *Neuroimage*, Vol. 26, No. 4, 2005.

因而，即便是在面对同样的事物、处理同一种信息时，每个人的大脑都会呈现出不同的表征样式、加工方式、认知结果和外在反应。

二　艺术审美活动对大脑结构与功能的特殊影响

伦理美学家帕森斯深刻地指出："一般的人如何在审美过程中形成关于对象的意义呢？这个问题迄今缺少深入探讨，人们只对艺术家的审美行为及意义建构感兴趣。然而我要特别指出，孕育于意识层面的审美意义，在常人主要涉及其所热爱的事物、他对世界的情感态度、他的最高理想、他把握主客观的思维方式、他的情感命运。"[1]

进而言之，艺术活动之所以具有独特的意义，主要是由于它能够巧妙地改变我们的大脑，进而重塑我们的心理世界。为了揭示艺术活动所蕴含的人类本体性价值的生命基础，我们有必要深入探讨艺术活动所引发的大脑心理变化特征。

（一）通过影响神经递质而调节兴奋性与抑制性神经元的拮抗格局

在人脑里存在着两类胺类神经元：兴奋性与抑制性神经元。它们分别受到兴奋性与抑制性神经递质的分子神经生理学功能驱动。具有兴奋作用的神经递质包括多巴胺、谷氨酸、乙酰胆碱、去甲肾上腺素等；具有抑制作用的神经递质包括五羟色胺、伽马氨基丁酸和甘氨酸等。五羟色胺能神经元主要负责传递效价为负的情感信息，多巴胺能神经元则主要负责传递效价为正的身体与情感信息。上述的两类神经递质常常共存于相关的大脑亚区，左、右脑半球也彼此进行拮抗和协同，以便维持心脑系统的情感协调与行为稳态水平。认知科学家布劳恩在实验中发现，当被试进行音乐审美体验时，其大脑的前额叶与掌管基本情绪反应的杏仁核同时达到了高水平的兴奋状态，这种状态与被试大脑中所分泌的五羟色胺含量成正比。由此可见，五羟色胺能神经元主要负责传递积极的情感信息，因而与人的审美活动密切相关。[2]

加拿大麦吉尔大学等机构研究人员请一些对音乐"特别有感觉"的

---

[1]　M. Parsons, "Aesthetic Experience and the Construction of Meaning", *The Journal of Aesthetic Education*, Vol. 36, No. 2, 2002.

[2]　K. Domschke, M. Braun, P. Ohrmann, et al., "Association of the Functional −1019C/G 5−HT1A Polymorphism with Prefrontal Cortex and Amygdala Activation Measured with 3T−fMRI in Panic Disorder", *International Journal of Neuropsychopharmacology*, Vol. 9, No. 3, 2006.

人参与试验，让他们听各种不同的音乐，同时利用功能磁共振成像技术监测其大脑活动。结果显示，他们在听特别喜欢的音乐时，大脑中的多巴胺含量明显上升，这与美食在大脑中引起愉悦反应时的情况相同。研究人员萨利普说，一般受试者在听喜欢的音乐时，其大脑中多巴胺含量上升幅度在6%—9%，也有人出现过21%的上升幅度。[①]

（二）通过影响"镜像神经元系统"而强化人的审美移情能力

"镜像神经元系统"主要分布于人脑的前额叶、运动前区、顶叶、扣带回、运动区等处。它是人们理解他人的行为、意图和情感经历的神经生理学基础。情感的共享或移情、共情能力，通常是个体理解他人意图的重要的心理机能；审美移情则是一种发生在个人体验和艺术形象之间的情感契通经验，具有分享感觉与意义的独特作用。

神经哲学家拉亚德兰在一组神经成像研究中，向被试呈现了描述悲惨的失恋生活的电影片段，旨在借此激发被试的审美情感反应，进而观测被试虚拟经历艺术情景的心脑反应。其研究发现，在被试的额极、前额叶腹内侧正中皮层、右侧下顶叶、扣带回前部、顶叶岛盖和前运动区等多个脑区都被激活之后，被试报告说他们体验到了移情的滋味。上述区域大都含有富集的镜像神经元细胞，它们在主体的移情活动中均体现了高水平的兴奋性脑电反应。[②]

众所周知，患有自闭症谱系障碍（ASD）的儿童，常常伴有社会情感认知与交流方面的缺陷，无法理解他人的表情语言及身体语言，也无法借助自己的表情与身体姿态来表达非语言性质的情感思想。然而根据莫尔纳－苏卡奇等的研究，那些患有自闭症谱系障碍的儿童经过音乐治疗之后，逐渐能够辨识他人的一些比较简单的表情语言及身体语言。其主要原因在于，有关实验组与对照组的核磁共振成像结果显示，前者大脑里的运动前区、顶叶、扣带回、运动区等处的"镜像神经元"在表情互动测验过程中始终处于未激活的低水平脑电活动状态，后者大脑里的运动前区、顶叶、扣带回、运动区等处的"镜像神经元"在表情互动测验过程中逐渐

① V. N. Salimpoor, B. Mitchel, L. Kevin, et al., "Anatomically Distinct Dopamine Release during Anticipation and Experience of Peak Emotion to Music", *Nature Neuroscience*, Vol. 14, No. 2, 2011.

② V. S. Ramachandran, D. Rogers - Ramachandran, "It is All Done with Mirrors", *Scientific American Mind*, Vol. 18, No. 4, 2007.

被激活，并处于兴奋的脑电活动状态。[1]

因而可以说，艺术能够通过影响"镜像神经元系统"而改善自闭症儿童的社会认知状况，还能强化常人的审美移情及社会共情能力。其中的奥妙可能在于，音乐通常能够首先激活杏仁核（主管情绪反应的皮层下结构）、左侧扣带回前部（BA 24 区，主要管理人的自传体情景记忆与自我情感想象活动）、右侧脑岛（BA 13 区，主要负责激发人对自我的情感体验活动）；上述的本体情感认知活动的产物，继而被大脑的上行网状激活系统投射至前额叶的腹内侧正中区（BA 44 区）、左前额的自我意识区（BA 9 区）和右侧前额叶下部的自我表达区（BA 6 区），于是引发了被试对自我情感的意识性体验和对象化投射行为。[2] 换言之，艺术有助于提升人们对自我的情感认知与情感表达能力，后者是个体发展社会认知能力的内在参照系。

（三）通过扩展联合皮层的神经网络而孵化人的审美想象能质

认知主体需要动用元调节系统，借此对工作记忆进行认知操作；进而言之，学习者所形成的客体工作记忆内容需要转化为他的主体工作记忆内容，这既是他用以建构自己的主体性知识的基本信源，也是他用以间接操作认知对象、实现认知范式转换并产生对象化新知识的根本思维方式。

具体而言，客体工作记忆是指主体形成的有关客观对象的工作记忆，譬如音乐的客观工作记忆包括人对音高节奏旋律节拍等内容的可操作性记忆。主体工作记忆是指人在执行对象化认知或自我认知任务的过程中，借助自己的自传体记忆、情感记忆、身体记忆及思维记忆等本体性认知资源来转化客体工作记忆的内容，据此形成的具身化的认知操作程序等内容。主体性工作记忆包括情绪工作记忆、思维工作记忆、身体工作记忆等系列内容，它们所对应的大脑亚区分别是前额叶腹内测、背外侧正中区及前运动区—布罗卡区—运动区。其中，人的本体工作记忆对客体工作记忆乃至创造性思维发挥着重要的影响。

情绪工作记忆的脑区定位：一是前额叶腹外侧（VLPFC，腹外侧，向

---

[1] I. Molnar – Szakacs, M. J. Wang, E. A. Laugeson, et al., Autism, Emotion Recognition and the Mirror Neuron System: the Case of Music. *Mcgill Journal of Medicine*, Vol. 12, No. 2, 2009.

[2] E. Brattico, V. Alluri, B. Bogert, et al., "A Functional MRI Study of Happy and Sad Emotions in Music with and without Lyrics", *Frontiers in Psychology*, Vol. 2, No. 6, 2011.

下和侧面)、腹内侧正中区（VMPFC）和前运动区等重要结构；二是皮层下的前扣带回、海马、杏仁核、脑岛。相关的神经装置则是镜像神经元。奥克福德（Ockelford）认为，思维工作记忆的脑区，主要是前额叶背外侧正中区（DMPFC）。[①] 哈格里夫斯（Hargreaves）指出，该区也是人们体现创造性能力的核心部位：一是在工作记忆之中形成有关新思想的意识，并使之具象化或意象化；二是将创新理念符号化；三是表现创见。由此可见，工作记忆，尤其是本体性工作记忆，体现了人的审美想象或审美创造性能力的深层特征。[②]

音乐工作记忆的大脑机制。研究证明，前额叶腹内侧正中区在艺术审美活动中发挥着情绪认知中枢的关键作用。它通过自下而上—自上而下的交互作用方式来管理边缘系统和纹状体区域：一是整合来自感觉皮层、前扣带回、海马体、杏仁核与脑岛等部位的主客体情感信息，经由前运动区进行情感活动预演和价值判断，并将此种情感认知的产物分别送达腹外侧前额叶及反馈给前扣带回、海马体、杏仁核与脑岛等皮层下结构，借此调节主体情绪的皮层下反应与皮层反应；进而由腹外侧前额叶再将其形成的明确的本体审美情感意象送达前额叶背外侧正中区（DLMPFC），后者将之转化为主体用以认知客观事物的客体工作记忆，进而据此形成符合客观规律的假定性认识或预见性思想，或据此形成新的本体工作记忆内容，进而据此做出最优的情知意反应及身体动作。[③]

艺术心理学家石津及泽基有关审美过程的功能性核磁共振成像实验表明，大脑的眶额皮层及前额叶的腹内侧正中区乃是标志人们所产生的审美体验的两大主要部位。[④]

音乐心理学家本特森等人在研究钢琴家的即兴演奏及其大脑变化方面，获得了一些重要的第一手资料。他们选择了 11 位惯用右手的音乐学

---

① A. Ockelford, "A Music Module in Working Memory? Evidence from the Performance of a Prodigious Musical Savant", *Musicae Scentiae*, Vol. 11, No. 4, 2007.

② D. J. Hargreaves, "Musical Imagination: Perception and Production, Beauty and Creativity", *Psychology of Music*, Vol. 40, No. 5, 2012.

③ T. W. Meeks, D. V. Jeste, "Neurobiology of Wisdom: A Literature Overview", *Archives of General Psychiatry*, Vol. 66, No. 4, 2009.

④ T. Ishizu, S. Zeki, "Toward A Brain - Based Theory of Beauty", *PLoS ONE*, Vol. 6, No. 7, 2011.

院器乐系研究生作为被试，其平均年龄为 32 岁，开始学琴的平均年龄为 5.7 岁。该实验利用 fMRI（功能性核磁共振造影）来分析被试在作即兴演奏时其大脑脑区的兴奋水平。实验结束之后，研究者在分析 fMRI 影像资料时获得了重要的发现：所有的被试在演奏音乐时，其大脑的背外侧前额叶、前辅助运动区、背侧前运动区、上颞叶沟及枕叶的视觉联合皮层等区域，都呈现了较显著的活化现象。①

其原因在于，一是背外侧前额叶主要掌管注意力定向与自由的意志选择等意识活动，因而可能参与了主体在即兴演奏音乐时对音符旋律的随意选择与有机组合等创造性过程。该脑区同时能够抑制模式化动作与习惯性行为的产生，因而有助于主体提高思想创新的水平。二是前辅助运动区的活化程度与即兴演奏的乐曲之复杂程度成正比，表明此区的功能与主体在即兴演奏过程中构思音乐的曲式结构等创作过程有密切关系；该区兼具选择节奏与节拍、进行事件决策等认知执行功能。三是背侧前运动区主要负责规划视听觉与肢体运动之间的信息转换及状态调整，以期使主体能够根据内心形成的乐谱，及时、准确、连贯、和谐地产生弹琴的一系列空间动作程序，与音乐的时间演进程序密相耦合。四是上颞叶沟主要负责整合听觉区与运动区的信息，还参与提取主体先前习得的音乐演奏技巧、有关乐音的工作记忆等相关过程；当主体听到自己演奏的琴声时，通过感知其快慢强弱等特点和自己的喜怒哀乐等情感反应状态，进而为接下来所要进行的即兴演奏的动作变换与力度调整等行为意图提供内在参照系。五是视觉区的联合皮层由于主体的识谱活动而得以被活化，主要负责加工外在呈现或内在呈现的乐谱信息。

随后，瑞士洛桑大学的艺术心理学家里伯和布劳恩也发表了他们对被试（职业钢琴演奏家）即兴演奏爵士乐所作的研究报告。他们的 fMRI 实验结果表明，当被试即兴演奏并自我欣赏他们最喜爱的爵士音乐时，除了上述的五个脑区（背外侧前额叶、前辅助运动区、背侧前运动区、上颞叶沟及枕叶的视觉联合皮层）出现了意料之中的较为显著的活化情形，还发现了一些特殊的现象，其中包括背外侧前额叶和边缘系统的杏仁核等

---

① S. L. Bengtsson, C. Mih'alyi, U. Fredrik, "Cortical Regions Involved in the Generation of Musical Structures during Improvisation in Pianists", *Journal of Cognitive Neuroscience*, Vol. 19, No. 5, 2007.

脑区出现了兴奋性下降或活化水平降低的情形。[①]

那么，这是为什么呢？笔者认为，背外侧前额叶的主要功能一般包括作出预测、评价与修正一些既定目标、调整拟定的行为方式等理性活动。这样的冷静沉着、有板有眼的行为，恰恰与即兴演奏和自我欣赏这样的感性化、随意化、激情迭起、意绪翩飞的自由创意式审美活动背道而驰。于是，其间该脑区受到主体有意识的抑制，因而呈现为一种不活化或兴奋性水平很低的情形。当人的意识状态、注意力、心境和认知对象发生根本性转换之时，背外侧前额叶也会呈现兴奋性下降的情形，进而有助于主体提升与拓展他的内在创造能力。

（四）通过催化泛脑性高频同步振荡波而提升人的高峰意识体验能力

由于前额叶存在着向低位皮层的下行投射纤维，因而泛脑化的 40Hz 高频同步振荡波的形成及下行扩散意味着：一是前额叶形成了全新的审美意象；二是它将这种理念信息送到低位皮层等处，旨在对感觉、记忆、情绪和想象活动进行定向调节。可见，这种特殊的脑电波能够表征审美主体的大脑高峰反应状态。

例如，音乐心理学家巴塔查里亚的一项审美认知研究发现，当音乐家被试对心爱的音乐鉴赏达到了高峰体验时，其大脑前额叶的腹内侧正中区及背外侧正中区先后出现了 40Hz 的高频同步振荡波；相形之下，作为非音乐家或那些未接受音乐训练、对音乐不感兴趣、无法创作或歌唱演奏音乐的对照组被试，则在面对动听的音乐时并没有出现此种特殊的脑电波。另外，对照组与实验组在静息状态中的脑电活动则没有出现明显的异常。40Hz 高频同步振荡波意味着泛脑化的信息捆绑、认知协同与功能极致。换言之，大脑前额叶的腹内侧正中区作为审美体验过程中的高阶情感反应中枢，对主体所面对的音乐世界能够进行深刻强烈的本体转换及返身镜观，从而发现对象时空的自我情愫与创造性想象之境遇，进而借此激发自己对主客体音乐意象的审美意识体验及其所伴生的身体意象的虚拟实现景致；大脑前额叶的背外侧正中区则具体负责对主体审美意象的内在预演、对象化投射与体象外化表达等认知执行功能。[②]

---

① C. J. Limb, A. R. Braun, "Neural Substrates of Spontaneous Musical Performance: An fMRI Study of Jazz Improvisation", *PLoS ONE*, Vol. 3, No. 2, 2008.

② J. Bhattacharya, H. Petsche, E. Pereda, "Long - Range Synchrony in the Band: Role in Music Perception", *The Journal of Neuroscience*, Vol. 21, No. 16, 2001.

该过程与主体大脑的扣带回后部（加工自传体记忆）、后顶叶（形成自我经验）、联合皮层（产生自我概念）和上边侧前额叶（形成自我意识）等结构密切相关；后者发挥着统摄自我意识的核心作用。前额叶腹内侧正中区负责人的自我情感认知，扣带回前部负责人的本体想象及情感自励行为，左右侧颞叶的前中部及下部分别负责人的自我形象记忆、语言记忆和情感记忆，后顶叶负责人的身体经验记忆。

可见，音乐之所以能够深深触动人的心灵，就在于它能够完善人的情感意象、创新人的思维方式、催生人的身体意象、内在实现自我的价值；进而通过提升人脑布罗卡区的艺术符号系统及与运动前区的身体符号系统的匹配与耦合水平来改善人的审美表达能力。

身体意象主要是指个体心中对自己身体的认知情景；它不只是一种认知结构，而且包含了情感态度。梅洛－庞蒂指出，身体是意向的执行者与价值的具现方式，人对观念的综合性加工主要是基于身体的感觉而非知觉或意向。① 与身体意象相关的是人对自我身体的认知。当自我的身体活动与他对自己身体的认同发生分离之时，就会导致主体产生"存在性焦虑"。可见，艺术文化经由身体意象而触及了人性的社会本质及其文化表征范式等深层问题。

可以说，人类实际上是以"体认"或具身方式来认识客观世界、包括艺术世界的；人的心智建构、心灵的发展与升进，都离不开人工符号和身体符号的交互性镶嵌与耦合式支撑。正如杰罗根所说，审美经验需要具身化建构方式；主体借此方能形成有意义的运动模式、范畴结构和意象图式。其间，艺术世界的物理能量与审美特征被身体转化成了心理事件与精神特征，或者说经验结构嬗变为概念结构了；② 继而，身体意象形成于人脑的前运动区；此区接受来自前额叶背外侧正中区的审美理念、认知策略和表达范式等理性意识信息的驱使，进而将之转化为理想化的身体运动图式，最后将这种理想化的身体运动图式投射至运动中枢，驱使后者编码与发动具体精细、准确协调的左右侧肢体器官活动样式——审美表达的身体表象图式。

---

① ［法］梅洛－庞蒂：《知觉现象学》，姜志辉译，商务印书馆2001年版，第103页。

② S. Grogan, "Body Image: Understanding Body Dissatisfaction in Men, Women, and Children", *Communication Research*, Vol. 14, No. 4, 2008.

同时，位于前额叶下部的布罗卡区作为符号表达中枢，也需要与前运动区进行密切的交互作用，以便为主体的身体表象运动图式提供相应的符号参照系，其中包括客观性、标准化的音乐符号范式同主体自己的言语动作、歌唱动作、表情动作、肢体动作等身体符号系统实现精准完美的耦合协调状态等审美表达的技能内容。

总之，身体意象是主体对自我特征的具身化表征形式，包含了积极和重要的自我实现之价值内容，体现了审美表达的感性规律和艺术真理的形而下的根基。

第四节　神经美学链接美学研究的方法论

目前的神经美学研究主题包括以下内容：一是审美体验的神经机制，其中包括审美知觉、审美情绪及审美判断等主体认知行为的大脑相关物；二是审美判断的本质；三是审美奖赏的特征；四是审美认知的个体差异及其心脑基础。其基本方法主要包括脑电观测术、神经成像术、神经生物化学分析和功能神经解剖学定位法等来自神经生物学的定量手段。经过十多年的辛勤探索与实验验证，活跃在多个领域的神经美学研究者们获得了一大批丰富翔实的客观资料，从而为今后的美学、艺术学、心理学、教育学和人类学研究与应用贡献了独特的方法论智慧及科学数据库，使千百年来始终徘徊于概念论争、理论旁证、思想理念辨析等抽象时空的美学研究首次赢得了较高的客观信效度，进而使之步入了科学化的审美研究境地。

同时应当看到，当代西方的神经美学研究尚缺乏用以整合上述经验方法论的高阶系统理论方法，同时缺乏基于自上而下路径的系统整体解释性范式。因而其所获得的庞杂数据、浩繁表象均无法体现内在贯通的逻辑自洽性，研究者更无法据此抽析出深入和普遍的人类大脑的审美规律。[1]

为此，我们亟须对当代西方神经美学的方法论问题展开深入检视、梳理问题、探究症结，进而提出建设性的思想操作对策，借此推动它的方法论进步与理论创新进程。

---

[1]　J. Croft, "The Challenges of Interdisciplinary Epistemology in Neuroaesthetics", *Mind*, *Brain*, *And Education*, Vol. 5, No. 5, 2011.

一　神经美学的技术方法论贡献

目前，科学实验是人们研究神经美学时所采用的主导方法。神经成像术作为神经科学和认知科学的主导性实验技术，已经被研究神经美学的科学家们引入相关的定量分析工作之中了。在有关审美体验的神经机制方面，现有的研究主要探讨审美体验中审美知觉、审美情绪及审美判断三个方面，常用的实验材料为面孔、绘画作品和音乐。

其研究内容包括正常人的审美经验所涉及的不同神经系统、神经网络、神经加工过程的特殊作用，例如功能性核磁共振实验有助于科学家探查被试在执行某种任务时其大脑特定脑区的神经活动状态，尤其是当被试对所呈现的刺激信息作出是否美的判断及（或）陈述他们对刺激对象的喜欢程度及偏好程度时。此类研究已经初步揭示了审美经验所涉及的大脑活动，特别是与知觉、记忆、理解、注意、情感和快乐有关的神经过程。

（一）实证技术：提升了美学研究的信效度

多年来，活跃于不同学科及研究领域的西方神经美学工作者，积极移植神经科学、临床医学、实验医学、生物化学、分子生物学等专业领域的多种技术范式、实证方法与标准数据，对人类的审美行为从不同维度进行了深入、细致、精准的测量、统计与分析，据此发现了与审美活动密切相关的大量经验数据与客观依据，从而切实有效地提升了美学研究的信效度，增强了哲学与人文科学研究的客观品格、科学精神和理性特征。

一是有关审美行为的神经电生理学实验观测，为我们提供了用以鉴察人的审美知觉判断、审美记忆加工和审美意象输出的脑电指标，诸如札特莱和科谢等人有关音乐审美的脑电研究；二是有关审美情感、审美想象和审美意识的神经成像术研究，为我们提供了用以探究与比较不同脑区在审美情感活动、审美想象活动、审美意识体验和审美表达活动等方面的结构性特征、功能性指标及其信息变化模式，诸如伊莎贝尔·波恩（Isabel C. Bohrn）及隆志大西（Takashi Ohnishi）等关于主体实施审美判断、审美想象和审美情感体验的主客观数据比较及特定脑区定位研究；三是有关审美活动所牵涉的大脑神经化学物质变化的实证研究，为我们深入、具体和细致标定人类审美的正负情感、情感反应强度、映射审美表达活动的分子神经生物学反应模式等客观内容提供了精准的定量数据，诸如蒙娜丽莎·昌达（Mona Lisa Chanda）和丹尼尔·列维津（Daniel J. Levitin）关于音乐审美奖赏体验过程中人脑的多巴胺与阿片肽显著升高的定量研究、关于悲剧音乐审美体验中人脑的五羟色胺及催乳素等神经递质的显著变化观测，等等。

（二）实证研究的不足之处

针对神经美学的实证研究范式，查特吉等指出，分解与定量研究属于还原论的研究范式，可能会削弱那些我们在研究中最感兴趣的内容。神经美学在实验方面的风险，在于人们简单地通过确定那些被激活的脑区来推论根本的心理学过程。如果某个脑区仅仅在审美活动中被激活，那么这种推论是有效的。目前，诸如此类的许多研究与其说是被初步证实了的客观发现，还不如说是有待于严格检验的假说。①

譬如对审美判断的本质之研究，现行的神经美学工作者主要运用脑成像技术考察艺术活动所激活的相关脑区等情形，而对艺术与审美活动中认知和情绪加工的脑活动的动态时间进程知之甚少。例如，虽然已有研究发现了与审美判断有关的脑区，但还不清楚这些脑区的活动是否为审美判断的特异性脑区。②

又如审美奖赏的特征研究，到底艺术或美带来的快乐是否与其他的快乐（如美食或金钱所诱发的）具有不同的神经基础？与审美快乐有关的这些脑区是如何共同作用而产生审美情绪的？③

鉴于上述分析，笔者认为，现有的神经美学在实验研究方面明显缺乏对人的审美偏好、审美鉴赏、审美判断和审美创作行为的个性化阐释，其中包括独特的泛脑体系、精细的神经网络结构和深刻的认知范式等系列内容。为此，今后的神经美学实验研究需要首先在主题建构方面继续进行深化、细化和系统化加工，以期借此为神经美学的理论研究提供差异化的神经结构—功能—信息阐释论据，继而促进神经美学自下而上—由上到下的方法论之双元互补与协同增益过程！

---

① A. Chatterjee, "Neuroaesthetics: A Coming of Age Story", *Journal of Cognitive Neuroscience*, Vol. 23, No. 1, 2011.

② Ibid. .

③ C. Klein, "Images Are Not the Evidence in Neuroimaging", *British Journal for the Philos ophy of Sciences*, Vol. 61, No. 2, 2010.

二 用以构造科学假设的认识论框架及研究范式

21 世纪以来，包括神经美学、艺术神经科学、音乐认知科学等在内的诸多新兴交叉学科发展迅速。它们的方法新颖、层次深微、标准精细、事据丰富、谱象互文、统计精当，从而成为美学用以进行思想理论创新的可贵的参考资源。同时，由于它们大多属于经验科学、长于发见微观事象、弱于浑整抽析本质规律，因而日益呈现出事据碎片化、分析表象化、认识片面化等显著缺陷，为此它们也同样需要借取美学所专擅的抽析本质事象、概括整体规律、建构理性框架等形而上认知之道。

(一) 主要进展

科学实验需要由总体框架加以驱动，以便对可证伪的假设进行检验，进而有助于人们揭示与美学世界有关的特殊的神经机制。

在这方面，代表性的成果包括查特吉的视觉审美加工的认知神经模型、拉亚德兰与海斯泰因提出的影响审美体验的知觉模型、利文斯顿关于美术家创作图画的审美创作模型，玛瑞莉娅·努内斯·西尔瓦（Marilia Nunes Silva）创建的音乐审美的认知—神经心理学模型，等等。

另外，文森伯格（Winsberg）和卡罗尔（Caroll）等 1989 年构建了用以分析人脑神秘的大脑空间拓扑学数学模型 "the EXSCAL MDS"，[①] 进而借此成功地测量了被试对不同情感格调的音乐作品的鉴赏反应，体现了研究者借助数学手段对人脑审美活动进行三维立体分析与辨证描述的可贵的认识论进步之处。科学实验证明，主体的审美判断与情感效价之间缺乏显著相关性、与情感唤起度之间具有显著的相关性。[②] 这提示我们：人的审美行为在本质上属于主体对自我情感、思维和意识内容的创造性提示与重构活动。

这些理论不但促进了研究者对艺术家的技巧和作品与大脑的组织之间的多元比较，还为学术界和艺术界同人提供了用以优化学术研究、提高创作—鉴赏—表演水平的思想路径和参照系，同时有助于充实、丰富与提升当代审美研究的理论框架及其解释力和预见性品格。

---

① S. Winsberg, J. D. Carroll, "A Quasi Nonmetric Method for Multidimensional Scaling via an Extended Euclidean Model", *Psychometrika*, Vol. 54, No. 2, 1989.

② I. Biederman, E. A. Vessel, "Perceptual Pleasure and the Brain", *American Scientist*, Vol. 94, No. 94, 2006.

（二）存在的问题：神经美学需要努力建构多层级的审美心理表征体系

那么，到底是审美对象通过刺激人的大脑的特定脑区而使人产生后续的强烈深刻的心脑机体系统的审美反应的，还是审美对象通过刺激人的心灵之隐幽神秘的空间而引发人的后续的强烈深刻的心脑机体系统的审美反应的？对此，笔者不能认可神经美学的观点。进而言之，上述问题涉及研究者对人类审美行为的心脑表征体系的认知、假设、建构、实证与阐释等系列内容；客观而言，笔者迄今尚未找到西方神经美学研究者所形成的有关人类心脑审美行为的完整的心理表征模型。

笔者认为，从感性证据向理性证据转化，不但需要研究者完善分析工具，而且需要首先强化对科学假设的建构，借此引导数据整合工作。科学假设的建构又需要基于先进的认识论坐标。

第一，审美意象经由审美表象和审美概象而次第形成，进而对前二者进行自上而下的顶级调节与控制，特别是审美主体的意识体验对其知觉性的概念符号体验与感觉性的表象体验发挥着超前能动的下行调控作用。然而，迄今的神经美学研究缺少相关的理论探讨与模型建构，囿于对主体审美的神经现象学观测，从而无助于揭示人类审美的高阶心理机制。

第二，人类的审美心理表征体系具有多元化多层级内容，处于动态渐成的不断建构与升级状态，包括心理表象对主客观世界感知样式的经验表征和情感表征，心理概象对主客观世界之机制规律与认知规则策略的知识表征和逻辑关系表征（如语法图式和推理图式），心理意象对主客观世界之完满本质、理想价值和未来实现的潜态结构与功能之战略性、建设性和虚拟性的理念表征与意识表征。总之，此"建构"指向大脑、心理和内外世界三重时空。

迄今的西方神经美学研究仅仅注重分析自下而上的审美认知加工过程，相对忽视了从自上而下的维度揭示人类审美认知的理念意识驱动作用，从而致使主体的创造性与个性化的审美认知行为沦为自然主义和机械唯物论式的被动反应与单向行为，进而导致审美主体的多元动机、多层级预期和超时空的审美理想等关键因素被消解。[①]

---

① G. C. Cupchik, V. Oshin, C. Adrian, et al., "Viewing Artworks: Contributions of Cognitive Control and Perceptual Facilitation to Aesthetic Experience", *Brain & Cognition*, Vol. 70, No. 1, 2009.

　　为此，今后的神经美学研究应当努力借鉴来自哲学，特别是神经哲学、生物学哲学、心理哲学和认知哲学的系统整体论观念与方法，进而据此建构能够反映人类审美心理客观规律的认知表征模型，逐步形成心脑一体化的多层级高阶理论框架，借此深刻阐释人类审美的创造性与个性化认知机制，不致被浩繁的实验数据与庞杂的经验事实所左右，真正体现人类审美行为的科学理性、审美理性与认知理性特征。

　　（三）思想视域层面：研究主题需要继续深化、细化和系统化

　　当前，西方的神经美学研究主要致力于探索与审美体验有关的如下问题：第一，审美知觉是否区别于一般物体的知觉？哪些因素影响美的知觉？第二，艺术为什么会从情绪上触动我们？这一过程是怎么产生的？审美情绪与一般的情绪过程有何异同？第三，审美判断的本质是什么？它与一般的判断活动或者道德判断有何异同？第四，不同的脑区如何协调活动以产生审美体验？哪些因素调节审美欣赏的神经网络的活动？[①] 同时，当代的神经美学缺少对日常生活审美化现象的理论观照，特别是对审美悲剧经验与非审美悲剧经验的异同点的鉴别，对审美惆怅感与非审美惆怅感的相通之处及相异之处的细致区分及客观论证，对人们在情感层面的审美需要—趣味与非审美需要—趣味的科学辨识与客观甄别，等等。

　　为此笔者认为，今后的神经美学研究还需要高度关注悲剧美、惆怅美等重要主题，需要深入探究人们喜爱伤感艺术的心理动因、神经机理和现实效价。可以说，在很多情况下，人们并非通过欣赏快乐的艺术或亮丽的自然生命现象来驱散心中的雾霾、发泄情感的郁闷、化解精神的伤痛、激发生活的信念，而是通过体验富有悲剧韵味的作品来引发自己的心脑风暴，激发心颤魂抖和热泪盈眶的强烈反应，借此获得"痛并快乐"的奇妙美感。

　　（四）研究范式的可取之处与不足之处

　　目前，科学实验是人们研究神经美学时所采用的主导方法。科学实验需要由总体框架加以驱动，以便对可证伪的假设进行检验，进而有助于人们揭示与美学世界有关的特殊的神经机制。

　　当代西方的神经美学研究主要基于还原论的认知坐标，对研究对象采

---

　　① G. C. Cupchik, V. Oshin, C. Adrian, et al., "Viewing Artworks: Contributions of Cognitive Control and Perceptual Facilitation to Aesthetic Experience", *Brain & Cognition*, Vol. 70, No. 1, 2009.

取时空隔离、分解观察、定量测度和自下而上的经验驱动认知范式，诸如查特吉 1999 年提出基于大脑并协原理和经验驱动模式的视觉审美研究范式、据此形成了神经美学研究艺术现象的认知神经模型。[①]

这些理论范式促进了人们对艺术家的创作技巧、作品表达及其大脑感觉系统的功能信息之组织与变化等复杂现象的比较、辨识与深刻把握。

同时，上述的研究范式由于缺少自上而下的思想路径，因而实际上会妨碍人们对研究对象的高阶结构与功能的辩证考察，进而陷入机械唯物论、生物决定论、感觉主义等片面的认识论的泥沼，导致人们只见树木不见森林，从而迷失研究的真正目标，无助于揭示人类调控审美活动的心脑系统之高阶机制，包括审美意象、审美意识、审美人格、审美决策、审美创造、审美预演与审美（表达性）实现等重要环节及其依托的心脑相关物。如果无法对这些重要环节作出科学的理论阐释，那么我们的审美研究依然属于感性化、概念化和本能性的经验描述与现象学分析，依然无法形成感性—知性—理性—实践相统一的，以主体对自我世界与对象世界的意象性审美创造—审美体验—审美评价—审美享受—审美实现为指归的，拥有系统化、全息性、可重复、可观察的客观数据与判断标准的真正的科学美学——包括科学的认识论、方法论、技术标准和数据图谱统计分析体系。[②]

查特吉等指出，分解与定量研究属于还原论的研究范式，可能会削弱那些我们在研究中最感兴趣的内容。神经美学在实验方面的风险，在于人们简单地通过确定那些被激活的脑区来推论根本的心理学过程。如果某个脑区仅仅在审美活动中被激活，那么这种推论才是有效的。目前，诸如此类的许多研究与其说是被初步实证了的客观发现，还不如说是有待于严格检验的假说。[③] 纳达尔认为，有关审美偏好、审美判断的多个神经成像术实验，针对同样的被试、艺术材料及其认知任务，得到了不同的数据；它们并不是自相矛盾的产物，而是需要相互补充和加以有机整合的分散的经

---

① E. Carafoli, A. Margreth, G. Berlucchi, "Perspectives in Neuroaesthetics foreword", *Rendiconti Lincei Scienze Fisiche E Naturali*, Vol. 23, No. 3, 2012.

② V. B. Benjamin, "Rebuilding Neuroaesthetics from the Ground Up", 2009 - 2010 Underg raduate Penn Humanities Forum on Connections, 2010 (Scholarly Commons, http://repository.upenn.edu/uhf_2010/16).

③ 张小将、刘迎杰：《神经美学：一个前景与挑战并存的新兴领域》，《南京师大学报》（社会科学版）2013 年第 5 期。

验性证据。[1]

库布切克指出，现有的神经美学实验研究过于强调艺术作品对人的情绪—情感的审美激发作用，且主要以大脑的相关的神经生理学反应为衡量艺术功能的客观标志。这种研究路径存在着潜在的认知偏颇，即研究者忽视了审美主体对自己的审美经验的认知调控与知觉易化加工。[2]

总之，今后的神经美学研究需要谨慎使用逆向推理，并使用某些有效的策略在神经美学领域内建立认知加工与脑活动之间的关系，包括增加从心理到生理、从意识层面到感觉层面、从前额叶到皮层下组织等结构—功能—信息作用路径的全面观察与纵横向比较，进而从中抽析出合乎人脑、人心本质特征的审美规律，最后将之升华为科学的审美理论与思想体系，借此指导与之相关的学术研究、艺术活动及教育传播活动。

---

[1] T. Jacobsen, "Bridging the Arts and Sciences: A Framework for the Psychology of Aesthetics", *Leonardo*, Vol. 39, No. 2, 2006.

[2] M. Nadal, E. Munar, M. A. Capo, et al., "Towards a Framework for the Study of the Neural Correlates of Aesthetic Preference", *Spatial Vision*, Vol. 21, No. 3 – 5, 2008.

第五章

致美学和人类的未来心智

他山之石，可以攻玉。审美文化就是"他山之石"，美学就是雕琢"他山之石"的思想工具，可以为人类打磨审美之镜提供理性智慧；心理学美学、科学美学、认知神经科学、神经美学等交叉学科则可以资作美学研究的"他山之石"，从而借此充实、丰富、扩展、提升和完善美学研究的信效度。由此创制的审美之镜，既能映射人类的清澈明静的爱心和深广灵妙的智慧时空，又可提升人类审美实践对主客体世界的价值创造能质、价值体验水平、价值体用效能和价值转化效应。

进而可以认为，美学与人类的关系，主要通过审美文化、审美实践来加以体现。譬如，基于爱心和爱意、爱情、亲情的情感实践活动，就与审美之道具有内在通合之处。我们通过观照它们的生活形态，即能领略审美实践及其衍生的价值共同体、精神共同体、命运共同体之本质内容及其本体性妙用和社会性效能，进而借此推动美学与人类心智并驾齐驱、齐头并进，于未来达至更为完备的至妙境遇。

一　审美与爱情——价值共同体、精神共同体、生活共同体、命运共同体

恋爱行为是审美情感活动的实践前体形式，审美实践源于人类的生活实践并获得不断的深化、优化、升华和理性化。

黑格尔指出：爱情活动导致特定的男女双方逐步结成情感、思想、身体和生活行为的统一体，"双方在这个充实的统一体里才能实现各自的自为存在，双方都把各自的整个灵魂和世界纳入这种同一里。……主体才会重新发见他自己，才真正实现他的自我"，才能"在另一个人身上找到自己存在的根源，同时也只有在这另一个人身上才能完全享受他自己。……

恋爱者只肯在这一个人身上发现自己的生命价值和最高意识。"① 换言之，爱情犹如一面镜子，男女双方只有通过观看自己和对方的镜像，才能相互发现、彼此欣赏、相互充实、相互满足、相互协作、相互完善、共同实现自己的人生价值和自由幸福的理想目标。

当代英国美学家谢金斯（Schellekens, E.）深刻地指出：在审美体验中，主体与对象处于共时空境遇，主体的情感运动特征与对象的感性形式形成了密切的结合体，对象成为主体的心灵标记、主体的心理活动成为对象所表征的意义内容。这既是一个价值共同体，又是一个命运共同体。② 进而言之，爱情与主客体在审美时空所结成新型关系体一样，都属于一种价值共同体、精神共同体、生活共同体、命运共同体——主客体灵犀相通、心心相印、称心如意，完全融为一体，你中有我、我中有你，相互依存、同甘共苦、荣辱与共、无法割舍、难以分离——此即笔者所说的那种审美间体——审美主体在审美实践中所创造的全新的价值综合体。它既体现了主体的完满价值和客体的完满价值境遇，也凸显了主客体经由价值合取与重构、叠加与增益、充实与完善等相互渗透过程而释放的创造性爱意、激情、热情、忠诚和智慧能量。只有达到了此种境界，才能称得上完美的"爱情"和审美之举。

爱是美妙的、神奇的、神秘的、复杂的和威力无比的奇特力量，她旨在将主体与对象深深契通、细密融合并形成牢不可破的永恒共同体——互动互补、相互依存、相互充实、相互完善、相互进行对象化实现及镜像化价值体验；爱有助于人类揭示一切真理——艺术真理、科学真理、人格真理及生活真理，等等；爱赋予万物人本意义；每个人的心中都蕴藏着爱的本性和潜能，它时时刻刻都期待着被主人释放出来——借助主人的审美体验而点燃"精神原子弹"。只要我们学会给予和接受它，我们就能够领悟一切、战胜一切、超越一切、完善一切、拥有一切，就能获得无限的自由、无穷的智慧和永恒的幸福！

从美学和心理学上看，爱是美的根本动因，美是爱的镜像；然而，单独谈美或论爱都不尽合情合理、合性合体。世间万物之生生不息和永恒变

---

① ［德］黑格尔：《美学》第二卷（上），朱光潜译，商务印书馆1982年版，第326—327、333页。

② ［英］E. Schellekens, "Aesthetics and Subjectivity: From Kant to Nietzsche", *British Journal of Aesthetics*, Vol. 44, No. 3, 2004.

化的本因、人类之特性、存在之意义等，皆需要通过关系体之间的相互作用及其综合效应来加以考量。其原因在于，爱是人类对生命世界之情感特性的一种抽象概括，含纳了多种类、多层级、多形态的无限丰富和变化无穷的浩繁内容。世界上既存在着人类与动物皆有的本能之爱，譬如母爱、血缘亲情等，也通过发展与进化逐步形成了人类特有的智慧之爱——艺术之爱、科学之爱、伦理之爱、宗教之爱、审美之爱、理想之爱、真理之爱，等等。

总之，此处之所以要把爱情现象引入美学思致之中，主要是为了突出审美主体在审美实践过程中的自我创造性完善和对象化的创造性完善品格；也即是说，审美之爱导致人对审美对象的价值认定，审美对象之感性美的特征又有助于进一步激发、强化和提升审美主体的情感力量；同时，从审美层面或根本意义上说，人之爱并不属于单纯的感性之举或情感价值表征能力，而是渗透了思维或理性智慧的情知意综合体之效能体现方式。所以，笔者在此强调三位一体的审美智慧涵养内容。

二　审美智慧——审美实践的思想结晶和精神表征体

进而言之，客观世界存在着真、善、美价值，主观世界对应存在着爱智德价值品格；于是，爱—美、真—智、德—善之主客体价值关系体便成为人类完善情感、提升智慧和健全人性的核心范畴，美象—美感、真理—灵感（智慧）、人格之道—道德感便成为人类进行审美实践、科学实践和社会生活实践的根本内容。从这个意义上说，美学即是爱的理性智慧之道，艺术学即是爱的知性智慧之学，艺术即是爱的感性—体性智慧之用，哲学则是有关主观真理的智慧之道，科学是有关客观真理的智慧之道，等等。

于是我们可以发现：审美智慧对应着审美价值、审美规律、审美真理和审美理性，它与科学智慧、人格智慧一道构成了人类精神世界的核心内容与顶级力量；并且它所依托的审美文化以及它所含纳的对人的感性能力和情感品格的独一无二的强劲深刻持久的引爆效应、对人的思维创造能力和以美妙的物化造型方式具现智思价值的灵感催化效应等，从而导致审美内化—外化事体占据了人类精神世界的价值信息进出口"要塞机关"，并使审美实践成为教化人性、养成智慧的首要性、根本性和必由性途径。

概言之，审美智慧之义项既含纳了经典理论所概括的情知意内容，也引入与补充了体象行等新的要素，还昭示了人类借此创造主客合一的完满价值事象——审美间体的思想形式、心理表征体、大脑标识体和身体行为象征体等内在机制。为此，我们应当基于"审美智慧—科学智慧—人格智慧"这个精神建构之总路线进行顶层设计、认知操作、身体表征、行为转化和对象化证验，以便借此推动人类的审美实践、次第获得审美感性能力—审美知性能力—审美理性能力—审美体性能力—审美物性能力，逐步掌握审美智慧——对内外世界之万千事体物象进行审美创造性完善、体验、践行和物化性实践。

有学者认为，人类都在追求真、善、美，但是，中国的美学和中国的艺术更多地追求美和善（善就是伦理）的统一，更加强调艺术的伦理价值；而西方的美学和西方的艺术更多地追求美和真的统一，更加强调艺术的认识价值。正因为如此，就造成了两种艺术表现形式很大的不同，以西方话剧和中国戏曲中的悲剧为例，西方的悲剧可以说是彻底的悲剧，一悲到底；中国的戏曲并不是没有悲剧，但是中国的戏曲一定要有一个光明的结尾，或者称为大团圆的结局，一定要让"善"战胜"恶"，这就是中国文化强调的美与善统一。中国传统美学强调的是表现、抒情、言志；而西方强调的是再现、模仿、写实。这是一个很大的不同。中国的艺术注重表现艺术家的情感。……叙事文学，叙事文学一定要再现、模仿、写实，讲故事，而且故事非常精彩。……如果只用一句话来概括中国文化的话，我国著名学者张岱年先生、季羡林先生和汤一介先生都曾经说过，就是"天人合一"。"天人合一"是中国文化最精髓的地方，"天人合一"就是强调人和自然和谐相处。西方文化也可以用一句话来概括，就是"主客分立"。……中国传统艺术始终强调一种精神性，强调内在的意蕴，"不重形似而重神似"，西方绘画画得非常逼真，中国画不是强调逼真，而是强调传神。意境可以说是中国艺术最重要的一个范畴。[①] 可以说，中国的艺术文化之所以具有上述的独特品格，其根本原因就在于中华民族的审美智慧注重本体性创造、完善、返身体验和具身体用等主体性价值理想。因而，中国人的审美智慧便具体体现为注重精神修养的儒家美学、张扬精神超越和内在自由的道家美学、追求"以心传心"及"人心和谐"的禅宗美学、彰显写意抒情的艺术美学、体现天人和谐的建筑园林美学，等等。

---

① 彭吉象：《中国传统文化与中国艺术精神》，陈鹏整理，《光明日报》2015 年 11 月 5 日第 11 版。

　　有学者从比较研究的维度分析了中西美学范畴及方法论的不同特点：中国的美学范畴主要是气、韵、神、味、境等一系列具有很强的体验性、模糊性和超越性的范畴。它呈现出来的是一种知行合一、天人合一的综合体验性的文明。在中国没有明显的主体与客观世界的对立，没有主体自身内部感性与理性的尖锐矛盾。对于外在世界人们通过体悟"人道"而感知"天道"，而不是直接对"天道"的本质进行分析和研究。而西方的美学范畴逻辑性、知识性、确定性很强，是人们认识的对象（客体），而中国的美学范畴则是人们直接的生存体验和人生境界的要求。西方美学范畴具有强烈的学科性，对范畴与范畴的结构具有约束性。……西方美学在方法论上的根本特征就是：科学主义与理性主义。更具体地说，是科学认知与理性分析的统一。在理性分析与科学认知的引导下所产生的西方美学体系，必然体现出我们在上文中所说的四个要素与条件，也必然产生体系化的美学范畴。这些范畴既包含理性的逻辑性也包含科学所要求的普遍性，因此具有明晰性、确定性和知识的客观性。……中国美学的范畴体系妙在一个"散"字即开放性体系。它具有一个中心，体现为三大集群。一个中心是指所有美学范畴都具有生命体验性质，可以说生命体验是所有中国美学的核心所在。三个集群是指中国美学范畴所概括的对象，分别是审美对象范畴、艺术创造的主体性范畴、审美欣赏范畴。在三个范畴集群中，最丰富也最具民族特色的就是审美对象范畴。审美对象范畴又有三个层次：核心层次是"道"，及其族类范畴"理"与"气"。这是最高层次的美学范畴，是审美的实质目的，其内涵具有无限的丰富性，构成整个中国古典美学范畴体系的灵魂与基础。其中的描述性范畴具有强烈的生命体验性质，所谓生命体验，就是以个体生命经验为基础对对象的内在生命性的情感感受。生命性所指的是生命体在其生命活动中所展开的多姿多彩的情态。正是对这种情态和体验的描述，构成了中华民族美学范畴的主体部分。① 笔者认为，审美之道乃是中国美学高于西方美学之价值理念的独创性贡献；"道"意味着规律、真理，"理"意味着理智、机制，"气"意味着主体的气质、审美风格，"形"意味着身体之象、行为之态、作品之感性特征。中国美学通过对道—理—气—形的范畴表征体系来体现主客一

---

　　① 朱立元、刘旭光、寇鹏程：《从中西比较看西方美学范畴的特质》，《厦门大学学报》（哲学社会科学版）2005 年第 1 期。

统、天人合一的价值极致境遇，并形成了对此种审美境界进行次第转化的价值体用机制。

论及中国美学特有的审美对象范畴的四个层次，有学者概括道：第一层包括一切审美对象的外在形式，如形、色、声、调、貌、墨、文、辞等；第二层包括支撑形式系统的具有质感与力感的深层因素：骨、体、质、筋、格等，基于对生命结构的类比；第三层包括人的本体性生命之情感体验内容：韵、趣、味、姿、力、情、风、意、健、刚、闲、远、清、寂、厚、古、阳刚、阴柔等；第四层包括状摹审美时空的生命本质与精神状态之价值特征：神、气、妙、逸、朴、真等，其最高形态则是意境、境界。它们体现了中国美学范畴的特质，来自美学家对生命感的体验与评价，因而放射出璀璨的主体性智慧之光。① 还可以说，中国美学注重审美文化对人的本体世界的精神化变和价值完善，旨在揭示人的主体性自我创造、本体体验、具身转化和物化之道之理之态之象之形；而西方美学则注重审美理念的锻造及其感性呈现之道，中间绕过了人的本体性嬗变、返身性体验、具身性表征等关键的支撑性环节与桥梁性原理，因而显得有些突兀、模糊、神秘。

由此看来，本书所讨论的审美间体之说是对中国美学思想的某种深化、细化和客观化延伸，具体释说了西方美学所缺少的意象性创制、本体性嬗变、返身性体验、具身性表征等系列环节的精神内容、心脑机制和主客观意义，清晰确立了天人合一、主客契通的全新的完形化思想心理表征体、脑体行为标识体及对象化符号形式表征体，因而具有一定的合情合理性、合性合体性、思想启示性和应用参照性意义。

三　审美智慧与人类的未来命运境遇

几千年来，人类在奋力追求"客观知识"，精心建构"客观真理"和顶礼膜拜"客观理性"的对象化实践过程中，渐渐忘却了"自我"，淡远和生疏了对"主体性知识"的内向追求，忽视了对"主观真理"的内在建构和对"主观理性"的本体执守。虽然我们在认知与改造客观世界的伟大进程中取得了日新月异的壮观成就，但是在认知并改善主观世界的复杂过程中呈现出严重的滞后倾向，以致出现了压抑人性和偏离人类心脑发

---

① 张法：《中国美学史》，上海人民出版社 2000 年版，第 342 页。

展规律的教育文化之认知盲区和实践误区，后者进一步催化、放大与加剧了以科学主义与物质主义为标志的当代人类社会的信仰危机、环境危机和健康危机。等等。

上述的人类之种种危机，直接或间接反向塑造着人类的未来命运。"现代人虽有能力改变一切，却忽视了自身的发展。一切努力都没法使现代社会从困难的沼泽中挣脱出来，因为现代人一直保留着成为当今危机根源的精神状态，没有考虑过应该怎样改善自己的思想、行为和情感，疏忽了唯一能够不断发挥协调作用的哲学、伦理和信仰，从而使我们的内在世界失去平衡、外在世界失去协调、前途难以预测。"① 换言之，为了有效改善人类的未来命运境遇，我们应当从改变、重建和提升自身的本体性智慧着眼，从实施审美文化教育着手。

美国著名思想家爱德华·波诺深刻地指出："知识可以帮助我们生存下去，价值观和道德感可以使我们生活得体面而富有责任感；而认识与理解世界的美、生活的美以及艺术创造的美，则可以使我们的生活更丰富、更有情趣和意义。"② 由此可见，健全及合情合理的人性智慧教育应当基于"爱—美、真—智、德—善"的价值坐标，通过审美文化认知、科学文化认知和人格文化认知之三位一体的完形化教育实践来催化、充实、历练、体验、完善并实现人的审美能力发展、科学素质发展、人格精神发展，逐步达至"爱美—求真—尚善"的能力高峰和智慧极致境地。

相形之下，可以说，导致当代人类世界之内外危机的基本根源，即在于服务于个性精神发展和本体智慧养成的社会教育活动偏离了人性宗旨、背离了人的心脑行为之发展规律、按模式化和标准化的客观知识塑造个性化心灵，以客观经验替代主观经验、以对象化情感排挤本体性情感，以客观知识排斥主观知识、以标准化的对象性思维取代个性化的具身思维，以客观真理替代主观真理、以对象性价值排斥本体性价值、以客观理性抑制主观理性！

先哲有言："天行健，君子以自强不息。地势坤，君子以厚德载物。"自强不息、厚德载物既是人类的审美文化和美学研究的根本宗旨，也是中

---

① ［意］奥尔利欧·佩奇：《罗马俱乐部主席的见解：世界的未来——关于未来问题一百页》，王肖萍、蔡荣生译，中国对外翻译出版公司1985年版，第88页。

② 沈致隆：《亲历哈佛——美国艺术教育考察纪行》，华中科技大学出版社2002年版，第136页。

华民族的主旋律、人类发展的精神圭臬。可以说，审美文化乃是人类用以实现自强不息、厚德载物之理想的精神锐器——它能够强力催化和持续引爆我们内在时空的"精神原子弹"，继而释放出我们那潜深剧烈和威力无边的情知意力量，进而致使它们升腾至高峰状态和极致水平，由此导致主客契合、天人妙通、心物交感、审美间体廓出、天—地—人之道澄明映现于心镜之中，进而将之转化为体象行之本体性器用形制和艺理文之对象性器用形态……

那么，上述的完满境遇到底是怎样达至的，其科学根据又何在呢？众所周知，人的心智虽然是自下而上的生命进化的高阶产物——身体—大脑—心智—文化文明，但是又能够对大脑、身体和文化世界施加积极性、能动性、超前性和创造性的影响——经由高阶信息维—低阶信息维、高阶功能状态—低阶功能状态、高阶要素结构体—低阶要素结构体等路径。

概言之，审美文化能够导致人的精神心理世界、大脑机体系统及行为活动发生次第性、序列性、多层级和多元性的重塑、优化、升级与完满等嬗变更新情形；上述的嬗变与更新之过程和产物，即是审美价值、审美智慧和审美行为等得以孕生的"母体"和本源所在——它们并不是纯粹的主观内容，而是主客观内容、主客体价值在心灵时空获得契合与统一的审美性呈现，体现了交互性、叠合性、增益性的审美效应。

为此，如欲改善人类的精神命运、实现上述的价值理想，我们则需要深广、客观、精细地认知审美时空的客观规律，而后将之转化为自己的主观规律、主观理性和主观真理——或曰审美实践的规律、审美认知的理性智慧、审美创造的价值真理。

四 审美活动重构认知时空的心理效应

科学研究表明，合情合理的想象活动是人的创造性思维的根本特征，其实质在于人基于概念重构方式对以往保存的记忆资源进行全新的合取、重组、嬗变和翻新，进而获得对未来情景或未知世界的全新模拟、合理预见及思想创造。[①] 科学家据此认定，人脑的根本效能即在于对未来世界做出预期或对未知世界进行预见。换言之，通过表象创新达到概念更新、范

① D. L. Schacter, D. R. Addis, R. L. Buckner, "Remembering the Past to Imagine the Future: the Prospective Brain", *Nature Reviews Neuroscience*, Vol. 8, No. 9, 2007.

畴创新、思想理念及理论创新、行为创新，乃是想象、创造性思维，特别是审美想象和审美创造性思维的心理本质，由此必然导致人的心理内容、认知结构和思维功能的优化升级与极致完善。

贝多芬有言："音乐当使人类的精神爆出火花。"审美文化对人的影响是奠基性、多重性、多层级、深刻性、强烈性和持久性的，能够对人的感性、知性、理性、体性和物性活动及能力产生范型化、系统化和完形化的决定性影响，能够有效充实、重构、完善人的本体智慧。进而言之，以音乐审美为例，从对象性的音乐律动、乐感律动、乐思律动和乐理律动等，到主体性的情感律动、思维律动、理念律动、神经律动、意志律动、身体律动、感官律动和行为律动，再到主客体合一的审美间体之意识律动、意象律动、符号律动、作品律动、环境律动，皆出现于人脑前额叶新皮层并向全脑扩散、引发身体行为同步化反应的高频低幅同步脑电波形成之后——它实际上也是审美主体之情知意活动达到高峰状态和极致效应、实现自我完善与对象性完善、形成审美间体意象和审美价值完满廓出的标志性神经事件，意味着主体的审美感性—审美知性—审美理性—审美体性的完形整合与完美统一境遇，也意味着主客一体、心物交感、天人契通的价值共鸣与同理状态；上述过程体现了审美价值得以内化与转化、充实与完善、体验与体用的完整内容、内在机理和多重效用，从而客观表征了审美活动重构认知时空的心理效应。

五　人类以审美行为重塑自身心脑结构与功能的客观事据与科学机制

美学的认知对象是人类的审美活动或以审美文化为核心的审美实践及其基本规律；其中，审美行为所体现的对主体心脑系统和机体行为的形态—结构—功能—信息之重塑性、整合性、优化性、强化性、升级性、固化性和完善性效应之科学机制与客观事据，当成为现在和今后的美学研究的新的认知目标与深层内容。

根据 2015 年 9 月的最新研究，环境和遗传基因的交互作用能够引起人脑的神经构造形态的变异及认知特性的次第改变，因而，我们需要借助科学实验揭示用以解释种内和种间的认知特性发生改变的内在规律之行为生态学、遗传学和神经生物学机制。[①] 由此可见，上述研究具有里程碑式

---

① R. Croston, C. L. Branch, D. Y. Kozlovsky, et al., "Heritability and the Evolution of Cognitive Traits", *Behavioral Ecology*, Vol. 26, No. 6, 2015.

的意义：一是其主题内容异常重大；二是其研究对象超级复杂；三是其对人类社会具有非凡的意义。

上面提及的科学家小组的研究表明，人脑前额叶容量的遗传度为0.51，意味着环境的影响力为0.49；枕叶皮层容量的遗传度为0.49，意味着环境的影响力为0.51；顶叶容量的遗传度为0.47，意味着环境的影响力为0.53；颞叶皮层容量的遗传度为0.42，意味着环境的影响力为0.58；海马容量的遗传度为0.40，意味着环境的影响力为0.60。[①] 这提示我们，人脑之中涉及客体性感觉、本体性感觉和记忆的皮层结构，相对具有较大的环境可塑性；因而，早期的审美教育——主要是感性和认知意义上的审美塑造与精神引爆活动，而不是标准化模式化的知识概念拷贝或刻板重复的艺术技能训练——具有符合人类心脑发展规律的必然性理据、必需性理由和必由性理式。

沃克西莫等人在2014年的科学实验研究表明，人类大脑尤其是前额叶的灰质新皮层的表面积与皮层体积发展呈显著性正相关、与人的认知特性的相关度显著高于皮层厚度，人脑的新皮层随着年龄发育不断获得体积扩张——主要体现为厚度逐渐变薄、表面积逐渐扩大。因而，人类大脑灰质新皮层的表面积扩张是遗传因素与环境因素交互作用的综合性结果。其中，人脑新皮层灰质的体积与认知能力的相关度是0.22，人脑新皮层灰质的表面积与认知能力的相关度是0.21，人脑新皮层灰质的厚度与认知能力的相关度是0.08；人脑新皮层灰质的体积与遗传性因素的相关度是0.25，人脑新皮层灰质的表面积与遗传性因素的相关度是0.24，人脑新皮层灰质的厚度与遗传性因素的相关度是0.09；人脑新皮层灰质的体积与环境因素的相关度是0.24，人脑新皮层灰质的表面积与环境因素的相关度是0.21，人脑新皮层灰质的厚度与环境因素的相关度是0.10。[②] 这意味着，由于人脑的新皮层特别是前额叶的灰质新皮层在人脑发育成熟的过程中体积扩展最大，几乎占全脑的1/3，因而遗传因素或先天特性与环境因素或后天行为都对它的表面积的扩大

① R. Croston, C. L. Branch, D. Y. Kozlovsky, et al., "Heritability and the Evolution of Cognitive Traits", *Behavioral Ecology*, Vol. 26, No. 6, 2015.

② E. Vuoksimaa, M. S. Panizzon, C. H. Chen, et al., "The Genetic Association Between Neocortical Volume and General Cognitive Ability Is Driven by Global Surface Area Rather Than Thickness", *Cerebral Cortex*, Vol. 25, No. 8, 2014.

发挥着决定性作用；同时，人的心脑系统自上而下的返身性内反馈与自修饰效应，能够发挥更为主动超前和灵活调节的本体理念驱动的能质完善性作用。

艾勒（Eyler）等人在 2011 年的研究中发现，人脑的感觉皮层、大部分联合皮层和右侧前额叶的表面积受到文化性环境因素的影响远远大于共享性环境因素和遗传性因素的影响；左侧前额叶和左侧颞顶叶皮层的表面积所受到的遗传性因素的影响相对大于文化性环境因素和共享性环境因素的影响；右侧枕颞顶叶的皮层表面积相比于其他脑区，受到的共享性环境因素的影响较大。[①] 这意味着，非共享性的、具有个体特殊境遇的文化性环境因素，对儿童和青少年阶段人的大脑发育具有较大的范型性重塑影响，从而有力地肯认了少年儿童接受审美教育、参与审美实践的生命信效度及其黄金窗口期机遇。

帕尼宗等人有关人脑各部分的遗传度与环境影响度的研究表明，旁海马皮层、眶额皮层、内嗅皮层、后枕叶皮层、扣带回、伏隔核、颞叶前区等部位所受到的文化性环境因素的影响显著大于遗传性因素和共享性环境因素的影响。[②] 由此可见，上述脑区特别与审美活动中人的价值期待、价值评估、价值体验、大脑奖赏反应、情感唤起与回忆、联想与想象等重要过程高度相关；因而可以据此推定，审美文化的环境创设及价值信息内化活动，必将显著加快和提高上述脑区的神经生物性发育、神经生理性发展和神经心理性成长、神经行为性范型建构与操作水平。

2014 年，澳大利亚和美国学者申开开等运用大脑张量弥撒成像技术观测孪生子被试的大脑连接纤维的遗传度。他们发现，大脑各亚区的连接纤维的形成都经历了两个高峰阶段，如额枕联合束的内侧支和上右侧支、右侧海马束、左右侧扣带回束、双侧胼胝体和额叶纵向束等；用以连接人脑的前额叶、旁边缘皮层、边缘皮层、前运动区—辅助运动区、颞叶联合皮层的沃尼克理解区及视觉中枢、布洛卡区等脑区的联络纤维的遗传度最

---

① L. T. Eyler, P. W. Elizabeth, M. S. Panizzon, et al., "Genetic and Environmental Contributions to Regional Cortical Surface Area in Humans: A Magnetic Resonance Imaging Twin Study", *Cerebral Cortex*, Vol. 21, No. 10, 2011.

② M. S. Panizzon, F. N. Christine, L. T. Eyler, et al., "Distinct Genetic Influences on Cortical Surface Area and Cortical Thickness", *Cerebral Cortex*, Vol. 19, No. 11, 2009.

低（低于 0.40）。[①]

　　由于上述脑区都与审美活动高度相关，因此有理由认为，它们参与了大脑对人的审美认知活动所需的神经网络的建构、运行和维系过程；当然，这些神经网络具有较大程度的认知共享性效应，必然也与人类的其他认知活动密切相关，譬如科学认知、道德认知、社会认知、宗教认知、自我认知，等等。进而言之，人启动于早期并贯穿中后期的审美行为必定会有效促进上述的大脑亚区之连接纤维的结构发育和功能发展，必定会大大造益大脑核心神经网络的建立、调适、扩展、强化和完善等系列进程及提升它们对认知信息进行协同增益的系统化效能。

　　根据布沙尔（Bouchard Thomas J.）2004 年的研究，人类心理特性的遗传性影响具有下列特点：一是五岁阶段的智力遗传度为 0.22、环境的影响度为 0.54，七岁阶段的智力遗传度为 0.40、环境的影响度为 0.29，十岁阶段的智力遗传度为 0.54、环境的影响度为 0.26，十二岁阶段的智力遗传度为 0.85、环境的影响度为 0.05，随着年龄增加，智力遗传度稳定在 0.80 左右，环境影响度日渐微弱。二是心理倾向性特征，现实性倾向的遗传度为 0.36、环境的影响度为 0.12，探索性倾向的遗传度为 0.36、环境的影响度为 0.10，艺术性倾向的遗传度为 0.39、环境的影响度为 0.12，社会性倾向的遗传度为 0.37、环境的影响度为 0.08，进取性倾向的遗传度为 0.31、环境的影响度为 0.11，保守性倾向的遗传度为 0.38、环境的影响度为 0.11。三是在反社会性倾向方面，儿童的行为遗传度为 0.46、环境的影响度为 0.20，青少年的行为遗传度为 0.43、环境的影响度为 0.16，成年人的行为遗传度为 0.41、环境的影响度为 0.09。四是在宗教性态度方面，青少年的遗传度为 0.11—0.22、环境的影响度为 0.45—0.60，成年人的遗传度为 0.35—0.45、环境的影响度为 0.20—0.40。[②] 由此可见，六岁之前环境对人的心智与情感能质的影响高于遗传的影响，因而早期的文化熏陶（而不是知识拷贝或技能训练）显得极为重要；其中，艺术文化对人的影响大于其他文化类型；在少年儿童阶段，负面行为对他们的社会倾向与态度的负面塑造显著大于青年和中年阶段。

---

　　① K. K. Shen, S. Rose, J. Fripp, et al., "Investigating Brain Connectivity Heritability in a Twin Study Using Diffusion Imaging Data", *NeuroImage*, Vol. 100, 2014.

　　② T. J. Bouchard, "Genetic Influence on Human Psychological Traits A Survey", *American Psychological Society*：*Current Directions In Psychological Science*, Vol. 13, No. 4, 2004.

因而可以说，儿童阶段是培养人的审美经验的最佳时机。

约翰逊等的研究表明，人类的行为特性的遗传效应体现为多层级和多元化要素的复杂作用之综合性结果，我们尤其需要加强对文化性遗传机制和内容的自下而上—由上到下的综合性考量。① 考夫曼指出，文化载荷——指人的认知能力与特定知识的相互耦合效能，乃是用来描述及分析人的认知特性在遗传和环境因子相互作用下的行为表型的新概念；其中，诸如语言能力的文化载荷系数为 0.35，信息感知能力的文化载荷系数为 0.22，理解能力的文化载荷系数为 0.15，模仿能力的文化载荷系数为 0.09，算术能力的文化载荷系数为 0.08，等等。上述几种认知能力受到的文化经验的影响更为突出，而缺乏文化内容的环境并不存在，遗传因素及其变异现象不能单独产生，必须借助机体与文化内容的相互作用才能加以体现，好比菜刀与待切的食材，相互作用之后才能体现工具的性能。② 也即是说，学术界日益重视文化经验，尤其是主动性的文化经验对人的心脑结构与功能的早期重塑效应，譬如 3—5 岁的大脑突触重塑现象。

根据冈拉德 2012 年的音乐神经生物学实验研究，音乐认知能够明显地选择性提高 β-脑啡肽、多种内啡肽、血管加压素、多巴胺和谷氨酸等神经递质的释放水平；能够导致人的大脑和机体里的皮质激素、五羟色胺和白细胞介素 –6 的显著下降、提高免疫球蛋白（IgA）的合成与分泌水平，从而有助于提高人体的免疫力；等等。③ 换言之，艺术经验、审美活动等，不但能够使大脑机体的负面活动最小化，使正面活动最大化，而且能显著优化和强化人的情知意反应，从而为人的审美创造力和科学创造力的发展与完善奠定了深厚坚实的神经生物学物质信息与结构功能基础。

笔者认为，审美文化，个体的短暂性审美体验仅能影响心理活动的局部状态及影响脑体系统的神经递质、激素和脑电活动之阈限下水平，持续、强烈、深刻的审美体验才会提升脑体系统的神经递质、激素和脑电活

---

① W. Johnson, L. Penke, F. M. Spinath, "Understanding Heritability: What It Is and What It Is Not", *European Journal of Personality*, Vol. 25, No. 4, 2011.

② S. B. Kaufman, "The Heritability of Intelligence: Not What You Think", Scientific American Blog Network, October 17, 2013 (http://blogs.scientificamerican.com/ beautiful - minds/ the - heritability - of - intelligence - not - what - you - think/) .

③ A. Giomo, "The Effect of Music on the Production of Neurotransmitters, Hormones, Cytokines, and Peptides: A Review", *Music and Medicine*, Vol. 4, No. 4, 2011.

动之阈限水平，进而优化和提高自己的情知意活动的效能——直至高峰状态和极致水平，借此固化相应的心理结构—功能—信息范式，同时固化相关的脑体系统的结构—功能—信息加工范式，由此形成日渐完善和高效的行为能质或曰审美智慧。其间，不同年龄阶段所荷载的审美体验等内容，当会对人的感性、知性、理性、体性和物性认知能力产生有所选择的不同程度的影响。譬如，儿童阶段之于审美感性的塑造，青少年阶段之于审美知性和审美体性的塑造，成年阶段之于审美理性的塑造，等等。更为重要的是，审美主体通过自上而下的自我反馈路径，对其所形成的审美意象、审美价值观等进行返身性的意识性的理性体验—知性体验—感性体验，借此重塑、优化、强化和完善自己的审美理性—审美知性—审美感性能力；然后通过由内而外的路径，将审美的价值意象次第转化为身体意象—身体概象—身体表象—作品表象—对象性的物性表象；等等，借此实现对象化、社会化的审美价值。上述的审美主体的返身内化范式，有助于高效加速完善审美主体的审美智慧品格。这是单纯的遗传或进化所难以胜任的、人类独具的用以完善自我的本体性智慧之功能的集中体现。

广而言之，审美活动不但能显著影响审美主体的心脑系统、机体系统和行为特性，而且能借此通过脑体系统的第三信使系统等调制与优化自己相关的基因表达谱及蛋白质合成谱，继而经由后成修饰—表观遗传之路径，对后代的等位基因表达格局产生有效的复杂影响，从而最终改变基因型—表型、神经构造—活动水平、心理特性—认知与行为效能。

六　审美文化重塑四个世界的社会效应

审美活动是人的一种以意象世界为对象的价值体验活动，是人类的一种精神文化实践方式。审美需要和审美满足的科学机制、审美主客体的相互作用原理、审美价值的生成与完善机制、审美意识的发生机制与认知作用、审美境界的心脑表征体及其外化规律等内容，都是美学需要关注的重点。历经几千年的艰难而有趣的智性探索，人类业已形成了一个日益庞大和结构复杂的美学家系。鲍姆嘉通在1750年首次提出"美学"的概念，标志着美学作为一门学科正式问世。从哲学美学、心理学美学、科学美学、伦理学美学、宗教美学、文艺美学、艺术美学、人类学美学、教育美学、新闻美学、环境美学等，到当今方兴未艾、风头强劲的神经美学，等等。叶朗先生在20世纪80年代主编的《现代美学体系》里，将美学分为八大分支：审美教育学、审美设计学、审美发生学、审美艺术学、审美形态学、审美社会学、审美心理学、审美哲学。

美学并不孤单，并不会被人淡漠或冷落；相反，它在未来将会再次成为显学，成为热门文化，审美活动必将成为人类未来思想和行为的主导方式，成为人类实践活动的主旋律。其根本原因在于，人人心中蕴藏着"精神原子弹"——它驱使人类千万年来竭尽全力地到处寻找用来引爆自己的"引爆剂"，它只有通过引爆才会催化人类精神世界的链式核反应（装置）——导致情知意达到完满的高峰状态并产生极致效应；其间，唯有审美文化才堪称那个最佳和最有效的、无可替代的感性"引爆剂"。进而言之，虽然艺术文化是人类审美创造的顶级价值象征体，但是它仅仅表明或显示了"美"是什么的典范形式，尚无法提供如何将之内化、转化和外化的智慧之道与审美实践之法。因而，美学应运而生，并经历了低潮—高潮—低潮之世纪性涨落周期，未来必将进入新的高潮时期。

例如，有学者指出，近年来兴起的神经美学给我们提供了一些启示。神经美学主要是艺术、心理学和生物学三大学科领域的交集，为美学研究提供了新的视角和思路，激发和帮助人们对"美的定义""美的成因"等作出新的科学阐释，已经成为西方美学界最前沿、最具跨学科特征和最有挑战性的新分支。区别于传统美学的研究方法，神经美学主要采用比较法、神经心理学方法及无损伤的脑成像技术考察审美欣赏与艺术创造活动的神经机制，如利用脑电图观测人类审美活动过程中的脑电活动，用磁共振成像研究不同脑区域审美活动的划分。类似的研究还可以在脑科学与美学、人工智能与美学、基因工程与美学等方向上延伸。当然，作为一种科学的视角，我们也不能期待它可以彻底解决审美、艺术、情感、伦理等人类精神领域的那些最复杂问题。但科技进展中人文精神的跟进、哲学式的判断、价值论的选择、美学的塑造总是一种有希望的维度。[①] 有理由认为，美学大家族将会热忱欢迎神经美学、生物学美学、医学美学、技术美学等新成员的加盟。

再如，有学者提出，当代美学研究需要继承认识论美学的科学精神，进而合理借鉴、批判吸收或选择性移用当代密切相关的交叉学科、新兴学

---

① 庞井君：《信息技术推动文化艺术迈入新时空》，《中国社会科学报》2015 年 11 月 2 日 B3 版。

科、前沿学科等的有机内容，同时采用多元的研究方法，以推动美学研究的深入发展。……长期以来，西方美学研究主要停留在形而上学讨论的范围；20 世纪下半叶，随着语言学转向，分析美学一度流行；20 世纪 90 年代以后，脑科学蓬勃发展；21 世纪初，认知科学开始兴盛，认知转型成为哲学浪潮，美学研究就更加强调脑与艺术的关系。认知神经美学作为一门新兴学科具有很大的发展空间，未来的研究课题可能在以下方面有所拓展和深化：第一，研究审美体验的神经动态变化过程。第二，通过刺激材料的多样化，研究跨艺术形式、跨文化的审美认知神经机制的异同。第三，系统研究内外部因素对审美认知神经机制的影响。第四，进一步细化不同阶段、不同方面审美神经机制的差别，如美感、审美体验、审美感知、审美评价、审美判断，等等。[1] 由此看来，与美学相关或相通的新兴交叉学科日渐增多，从而意味着美学研究在今后优化认识论、完善方法论和充实事据库等方面拥有了更为深阔的空间。不妨说，美学之友遍天下，审美追求正在成为 21 世纪的精神生活主旋律。

20 世纪中叶，卡尔·波普提出了人类"三个世界"的理论框架：物理世界—精神世界—客观知识世界。21 世纪，虚拟世界应运而生，同时给人类带来了全新的认知挑战。"第四世界是 20 世纪电子信息革命的产物，进入新世纪，这个世界的空间加速拓展，内容大大丰富，结构日益复杂，形态变化万千，它与前三个世界的关系也处于分离、融合、交叉、重叠等多重变动之中。这是人类一个新的生存时空，充分体现了知识符号、技术架构、人文价值、生命活动、自然存在等复杂要素的深度汇流与融合。它在生成、塑造、拓展自身的同时，也在不断重塑着前三个世界，从而使人的整体生存方式和发展图景发生了革命性的改变。……人类要想继续生存和发展，以人文精神约束、驾驭、引导科技发展是唯一的路径选择。我们需要人文精神的追踪和把控，对人类面临的重大问题需要给出文化、艺术、美学、人学的解答，更需要从四个世界的理论框架高度进行哲学式的思考和价值论的介入。"[2] 笔者认为，人类能够用以贯通上述的四个世界的唯一价值中介体，乃是审美文化。其理由在于，无论是人类对物

①　胡俊：《当代中国认知美学的研究进展及其展望》，《社会科学》2014 年第 4 期。

②　庞井君：《信息技术推动文化艺术迈入新时空》，《中国社会科学报》2015 年 11 月 2 日 B3 版。

理世界、精神世界、客观知识世界还是虚拟世界的创造、体验、把握或调控、价值转化，都需要基于审美的理性智慧；而非审美的理性智慧则极易导致价值理性—价值感性、主体—客体、科学理性—人文理性、本体理性—工具理性、知识理性—存在理性……之间的冲突，继而造成人的情—知分家、知行分离、言行不一、人格异化、行为乖戾。要言之，唯有审美文化能够切实有效地经由自下而上的根基重塑与自上而下的顶层设计来完善人的本体智慧、创生内在的审美间体，进而借助人的内在和谐统一之审美智慧伟力来消除上述的一系列矛盾、对立和冲突，将主体导入自由创造和审美幸福的理想化境地。

七　寄语美学的未来

美学的未来发展基于以往的思想承传和现在的认识创新。

美学有何作用？对此，德国当代美学家达尔豪斯深刻地指出，美学是人类用以理解自我本质的一种工具。[①]　具体来说，从 18 世纪鲍姆嘉通正式以美学之名出版专著以来，美学研究逐渐呈现出学科杂交和多元化的显著特征：艺术理论、心理学、现象学哲学、文化史学、神经科学等，不一而足。因而，"所有试图对这个学科进行定义的尝试——无论是感知的科学、艺术哲学、审美的科学——都显得狭隘、教条、片面、武断，……美学并不是一门具备明确的严格的研究对象的封闭学科，而是更多地体现了含义模糊，但又辐射深远的问题和观点的总和。……美学的渊源及其发展中的历史偶然事件和曲折变化，对于方法论学者而言则显得混乱和可疑，但对于历史学家来说富有吸引力。美学的体系即是它的历史；在这种历史中，各种观念和各种不同渊源的经验相互交叉影响。"[②]　换言之，截至目前，无论是中国的美学还是西方的美学，都依然保持了超出其他任何学科的开放性视域、多元化方法论、自由的概念辨识和不同范式的学说并立、事据纷呈、新象迭出。可以说，美学虽然经历过低沉，曾经被主流社会淡漠过，但是它内在的精气神始终未消散，并在思想文化奔涌的波浪式大潮中逐渐强化了自己的生机活力，逐步进入了更深阔高远的精神时空，正在

---

① ［德］卡尔·达尔豪斯：《音乐美学观念史引论》，杨燕迪译，上海音乐学院出版社 2006 年版，第 94 页。

② 同上书，第 11—12 页。

翻涌着海量般驳杂事象的经验世界里静观默察、悉心抽析闪光的片段、精心罗织深层链条、睿智演绎概念网系，据此构造日趋严密和完备的范畴理式，期待着新千年的厚积薄发！

或者说，美学正行进在通往高峰的路上，正处于深广的资源厚积蓄势境遇中，正当青春韶华的创造性智慧迸发的高峰前期。因此美学工作者有理由、有信心、有能力对之期待、为之奋斗。

在美学研究的思想传承与扬弃方面，中西美学家都做出了可贵的探索。美国美学家闻杰华指出，中国的道家建立了基于审美理想境遇的本体论的美学思想框架，当代中国美学家叶朗提出了用以深化审美经验之概念的"审美感兴"论；西方的美学家则逐步发展与深化了有关审美价值的主客体转化原理，例如杜威宣示的审美体用范式和中国美学家提出的审美实践论主张等，都为回答诸如"美是客观的还是主观的"等美学研究的经典问题提供了有益的启示。[①]

在美学研究的学科交叉与整合、资料借鉴与理性概括方面，美学家韦迪发现，自 20 世纪 90 年代以来，西方美学界已经有不少美学家涉猎有关审美活动的心理学、认知科学、神经科学和进化人类学等相关学科和交叉学科的知识领域，谨慎借鉴后者的有关概念、方法和客观证据。[②] 美学家博格朗认为，当代美学作为一门审美的科学，应当对 21 世纪涌现的神经美学、美学心理学、艺术神经科学以及与美学相关的人类学、考古学、计算机科学、人工智能、艺术认知治疗学等进行事据借鉴、方法参考、资料整合和理论提升，以便有效充实和提高美学对经验科学与人类审美的心脑行为及其内在机制的理性洞察力及超前预见效能；同时，上述的经验科学也应当借鉴美学研究的概念加工范式和抽象辨识之道，以便合理提炼客观事据之汪洋世界的规律与真理片段，借此形成经验科学的门类性思想理论。[③]

美国当代美学家梅里亚姆指出，人类的艺术与审美文化由四大结构范

①　Eva Kit Wah Man, "Contemporary Philosophical Aesthetics in China: The Relation between Subject and Object", *Philosophy Compass*, Vol. 7, No. 3, 2012.

②　E. Weed, "Looking for Beauty in the Brain", *Estetika* (*The Central European Journal of Aesthetics*), Vol. 45, No. 1, 2008.

③　Vincent Bergeron, "What Should We Expect from the New Aesthetic Sciences", (*The Newsletters of*) *American Society for Aesthetics*, Vol. 31, No. 2, 2011.

式派生而出：观念构制、行为诱导、作品效果体验、对艺术家观念的反馈；在上述四个方面，只有作品业已获得详尽深入的研究，但是有关艺术与审美行为的观念构制、行为诱导、对艺术家观念的反馈等三个方面几乎全然被忽视了。① 进而言之，现当代的美学和艺术学研究明显缺少对人类艺术行为与审美活动的精神机制——包括艺术与审美创造、艺术接受与审美鉴赏及主体借助身体行为表达审美意义或对艺术价值与审美观念做出反馈等多重过程与产物。为此，未来的美学研究应当有意识地强化对上述问题的科学探究。

还有学者提出，20 世纪西方美学的最大变化，就是由对美的本质的形而上学探讨转变到对审美经验的心理学研究，强调自下而上方法的经验主义占据上风，自上而下的整体思辨方法被搁置起来。② 由此可见，未来的美学研究不应矫枉过正、摒弃自下而上的经验学科所获得的审美行为之深微层面精细的事据，而应怀持大美学观的宏阔胸襟，以理性批判精神合理借鉴经验学科的审美研究新成果，进而据此进行整体辨识和系统梳理、借此检验相关的学说和概念、逐步充实与更新美学的核心概念与范畴，形成主客观信效度更高、解释力更强和预见性更准确的审美科学的支柱理论。

这些现象提示人们，当代和未来的美学研究应当努力拓展研究视域，深入广泛地借鉴与整合各种经验性研究、实证性研究、概念性研究、思辨性研究、模拟性研究和模型化研究之思想资源，以便充分发挥美学作为审美智慧之学的形而上文化的理性建构作用，借此引导各门具体学科在思想认识论、知识概念论和价值意义论等方面的理性发展。

根据心理学的看法，文化符号具有三重语义功能：激发、体现和象征—标示；伊西多尔认为："人的情感因着个体被感动而得以呈现，即情感是被激发而出的，而不是被表现的；从这个层面上看，音乐的意义或价值具有意向性特征。……汉斯立克承认，旋律与和声的运动类似于人的情感活动状态，情感的紧张与和解、痛苦与快乐等形成和转化过程的感觉形

---

① ［美］A. P. Merriam, "the Arts and Anthropology", Sol. Tax（ed.）, "*Horizons of Anthropology*", Chicago：*Aldine Transaction*, 1964, pp. 138 – 139.

② 陶伯华：《美学前沿——实践本体论美学新视野》，中国人民大学出版社 2003 年版，第 23 页。

态，都与音乐的形式运动类似。"① 笔者认为，包括艺术情感在内的审美情感具有象征性——无论是处于内在境遇还是处于被符号化与形式化的外在境遇；作品所表现或传征的情感、思想和行为并不是艺术家的现实性自我之情感、思想和行为，而是主要折射了艺术家及或与人类相通的理想化自我、完满自我之情感、思想和行为。进而言之，以音乐为例，汉斯立克所主张的自律论美学具有一定的合理性，因为根据笔者所说的审美价值的五阶转化模式——感性、知性、理性、体性、物性—新感性，当作曲家以乐谱形式完成了作曲工作、完成了艺术理想、实现了艺术价值及自我价值之时，当演奏家完成了对音乐作品的个性化器乐性感性化之外化—物化过程之时，他们都将全部的审美价值蕴含在符号化的形式系统之中了。

　　但是需要指出，其间非常重要的一点是，音乐所传示的情绪和情感、思想、行为等，都是既抽象又具有个性化潜能的精神轮廓体；音乐形式系统多蕴含的情感特征具有不确定性或模糊灵活的多义性；换言之，音乐的形式系统仅仅提供了对应着人的情感活动之类型或基本属性的感性符号——它们能够激发听者类似的情绪或情感，譬如二度、三度和六度的大的伸展、大调、协和音程等能引发人的快乐情感，而小调、不协和音程、收缩或下降或缓慢的音程等，则能引发人的压抑感、沉闷感、抑郁感、惆怅感、悲伤感等负性情绪。要言之，我们应当建立与艺术形式、审美形式相对应的"情感律动形式"——一是体现或影响人的情感效价：正性、负性、中性或混合性质；二是体现情感的强度；三是体现情感发生、形成、发展、变化和冲突的运动曲线、轮廓特征；等等。

　　与之同时，艺术作品形式或审美形式所对应的人的"情感律动形式"无法体现下列内容：第一，因人而异的具体化的情感经验——具有特定时空境遇的历时性、共时性或超时空的情感体验；第二，因人而异的情感的唤起度和情感想象维度与深广度；第三，因人而异的情感状态的持久度；第四，因人而异的情感理想之意象化具象象征境遇；第五，因人而异的审美价值体验方式——意识性体验、感官性体验、符号性体验、躯体性体验或混合性体验，等等；第六，因人而异的情感表征方式：内在预演、身体律动、言语—歌唱—写作方式、表情姿态眼神表征，等等。

---

　　①　［德］卡尔·达尔豪斯：《音乐美学观念史引论》，杨燕迪译，上海音乐学院出版社2006年版，第37、93页。

　　由此可见，在审美活动中，主客体所结成的价值共同体包含了双方的多层级内容：一是审美对象或艺术作品的符号形式表象及其所对应的审美主体的形式感；二是审美对象或艺术作品的结构特征、运动规则或律动表象，及其所对应的审美主体的节奏感；三是审美对象或艺术作品的乐思表象及其所对应的审美主体的情态意向感。并且，乐音的运动会导致形成双重时空——物理性的声响时空与心理性的乐音时空；象征性和超越性的心理时空与实体性、模拟性的物理时空不时地进行相互穿插与叠加，从而引发审美主体的时空穿梭和自由体验。

　　更为重要的是，如上所述，虽然艺术符号形式体基本决定了审美主体的"情感律动形式"，但是它无法决定听者的六大"情感律动内容"，因而后者为审美主体进行创造性演绎提供了无限深广的时空平台；同时，随着审美主体不断激活、引发自己内心深处的个性化"情感律动内容"，从而导致新的"情感律动内容"与模式化的"情感律动形式"及"音乐律动形式"产生内在冲突，进而推动主体对后两种形式系统进行创造性的改变、调适、充实与完善，最终导致审美对象和审美主体共同达至完满自由和谐之合一境遇。

　　审美主体据以进行创造性完善的另外两大平台在于：一是其对完满自我的本体性体验和对完满客体的对象性体验之情感律动高峰、思维律动高峰、意识律动高峰、身体律动高峰、言行律动高峰的正负效价、强度、深度、持久度、律动曲线、心脑表征方式、身体言行表征形态等因人而异的独特性、差异性、始创性安排与时空呈现特点；二是在其对完满的主客体价值及审美间体价值进行外化—实现的过程中，主体所体现的对上述价值内容的个性化取舍、遴选、合取、重构与升华方式——由此形成具有高度独特性的情感意象、人格意象和创作意象等思想产物，以及对相应的"情感律动形式"、艺术符号律动形式等进行的自由组合与灵活变化形态。

　　要言之，上述的无限深广的审美创意空间，同时也向美学家敞开了审美理论创新的未来时空。换言之，以"乐音律动形式"—"情感律动形式"—"情感律动内容"之间的相互作用（包括正向作用、反向作用和同时性交互作用）情形及其结果为例，再加上审美主体在"情感表现方式"及其构思表达的新的"乐音律动形式"及（或）文字/言语/舞蹈/歌唱/体态律动形式等方面的创造性内容等情形，都值得美学工作者进行长期深微细致的考究，都具有极为重要的学术价值和应用意义。

　　另外从审美活动的高峰体验境遇来看，我们则能充分体会到美学研究所适遇的宝贵的、理想化和完满性的精神创造及价值生成奥妙——审美主体唯有在高峰体验的境遇之中，作为主客观世界的代理者，才能觉察世界万物的价值，而不仅仅是自我的完满价值，其中包括完整、完满、完成、自由、自足，等等。① 换言之，审美过程中的高峰体验状态作为一种完满的主体精神境遇，密切对应着人脑前额叶新皮层所爆发的高频低幅同步波，同时也引发或伴随着主体的心脑与机体系统的全息律动情形——包括感觉律动、情感律动、思维律动、意识律动、身体律动、言语—歌唱—文字（书写）律动、表情姿态眼神律动，等等；因而可以据此认定，一是完满而自由的主客体价值之思想表征体——审美间体——当涌现于其间，它们成为审美主体完成顶级性完满价值创造的心脑体行之根本标志；二是审美主体当在其间完成对完满自我和完满对象的自由体验；三是审美主体在此期间还对其所创造的完满的主客体价值进行本体化用——由上到下的精神化用或认知转化：意识性价值体验（审美理性能力完善）—符号性价值体验（审美知性能力深化）—表象性价值体验（审美感性能力强化）；由内而外的身体—行为—客体转化：审美间体意象—审美情感意象—审美身体意象—审美身体概念—审美身体表象—审美客体表象。

　　著名的认知神经科学家及认知神经科学创始者葛赞尼加深刻地指出："由于概念上和实践上的困难，心理生物学不大可能由于某种单一的论据或概念的发现而获得突破。恰恰相反，它显然成为未来多个世纪里神经科学领域的一个关键问题。这门科学最终享有的任何成就，必定是化学家、生理学家、心理学家、数学家乃至哲学家们合作贡献的产物。其中，哲学领域之中的现代研究者可能居于最重要的贡献者之列。他们扮演着对形形色色的资料库进行理性综合的角色。诚然，这不是每一位心理生物学家所追求的角色目标。但是，如不具备一位起码的朴实的哲学家的素质，则无人能胜任这个领域的研究工作。"② 这是因为，认知神经科学作为人类探究自知之明的智慧之学，包含了社会、经济、文化、政治、科技、宗教、医疗、生活等与人类行为密切相关的众多领域的精神活动的基本规律和内

① ［美］亚伯拉罕·马斯洛：《存在心理学探索》，李文湉译，云南人民出版社1987年版，第74—76页。

② M. S. Gazzaniga, W. R. Uttal, "The Psychobiology of Mind", G. Adelman (Eds.), "*Encyclopedia of Neuroscience*", Elsevier Science Press Center, 2004, the third edition, Vol. I, 1273.

在机制等超级复杂的内容，从而比其他学科具有更大力量与可能性对人类破解心智奥秘及提升未来心智行为水平产生重要影响。

有学者论及审美主体对创造性价值的本体体验特性时指出，"美感的神圣性"的命题体现了对中西方美学思想最深层以及最核心的内涵的把握。"美感的神圣性"向我们揭示了对于至高的美的领悟和体验，是自由心灵的一种超越和飞升。这种自由心灵的超越和飞升因其在人生意义上的终极的实现，闪耀着"神性的光辉"。它启示我们，对至高的美的领悟不应该停留在表面的、肤浅的耳目之娱，而应该追求崇高神圣的精神体验和灵魂超越，在万物一体、天人合一的境界中，感受那种崇高神圣的体验。……这个层次的美感，是与宇宙神交，是一种庄严感、神秘感和神圣感，是一种谦卑感和敬畏感，是一种灵魂的狂喜。……神圣性体验指向一种终极的生命意义的领悟，指向一种喜悦、平静、美好、超脱的精神状态，指向一种超越个体生命有限存在和有限意义的心灵自由境界。神圣性的体验中包含着对"永恒之光"的发现。这种光是内在的心灵之光，是一种绝对价值和终极价值的体现。……所以，神圣性的美感体验是一种崇高的精神境界，它的核心是对"万物一体"智慧的领悟。"万物一体"的觉解是个体生命在现实世界中生发神圣性美感体验的基础，又是实现"天人合一"精神境界的终点。中国哲学不讲"上帝"，而讲"圣人"。"上帝"是外在的人格神，而"圣人"是心灵的最高境界，也就是"天人合一"的境界。……万物一体是每个个别的人最终极的根源。人若能够运用灵明之性，回到"万物一体"的怀抱，实现"天人合一"的境界，就能在有限的人生中与无限融合为一。"天人合一"的境界是中国哲学讲的"安身立命"之所在，也就是人生的终极关怀之所在，是人生的最高价值所在。"万物一体"的觉解是美的根源，也是美的神圣性所在。① 概言之，上述学者所称道的神圣的美感体验的本体境遇乃是主客契通、"万物一体""天人合一"；它意味着审美主体对"永恒之光"的发现、对完满自我和完满对象的创造与体验、对自由理想和终极价值的内在实现。

中国的美学家进一步指出，我们今天讨论"美感的神圣性"的意义何在呢？我们要赋予人世神圣性。基督宗教的美指向上帝，我们的美指向

---

① 叶朗、顾春芳：《人生终极意义的神圣体验》，《北京大学学报》（哲学社会科学版）2015 年第 3 期。

人生。美除了应讲究感性形象和形式之外，还应该具有更深层的内蕴。这内蕴根本在于显示人生最高的意义和价值。这种绝对价值和神圣价值的实现不在别处，就存在于我们这个短暂的、有限的人生之中，存在于一朵花、一叶草、一片动人无际的风景之中，存在于有情的众生之中，存在于对于个体生命的有限存在和有限意义的超越之中，存在于自我心灵的解放之中。"美感的神圣性"的思想，指向人生的根本意义问题，体现了一种深刻的智慧和对于崇高的人生境界的向往。每个人的生命都是极为偶然的、有限的、短暂的存在，正是"美感的神圣性"体验让我们从偶然的、有限的、短暂的存在中领悟生命的尊贵、不朽和意义，从平凡的、渺小的事物中窥见宇宙的秘密和永恒的归途。人生的最高价值和终极意义就在于对"万物一体"的智慧和境界的领悟，在于对一个充满苦难的"有涯"人生的超越，这种超越，在精神上的实现不再是对宗教彼岸世界的憧憬，而是在现实世界中寻找一种人生的终极意义和绝对意义，获得精神的自由和灵魂的重生。① 还可以说，对"万物一体"境遇的审美领悟，须基于审美主体对审美客体和自我的创造性完善这个本体性的情感高峰和思维极致之过程的返身性体验；否则，人如何能进入"万物一体"的境遇呢？

进而言之，上述讨论为今后美学探究日常生活审美化、审美实践所体现的本体完善效应和内在自由境遇、审美文化与心智进阶和幸福感增益的关系等综合性新问题，启开了深广的思想空间。

基于上述的理性认识，我们应当有效实施与推进以审美文化重塑四大世界的系统化价值工程。这既密切关乎美学工作者天赋的神圣使命和责无旁贷的社会行为导引责任，也深深涉及美学工作者的自我实现之效能感、价值感、自由感和幸福感。这一切都系于美学工作者的审美智慧——审美之道的精神荷载体和认知表征体——之中……

笔者认为，对于21世纪乃至未来的美学而言，应当强化美学大家庭的范导性、批判性、整合性及升华性等核心作用：一是继续发挥自己的理性思维的精神优势，加强对各分支学科的概念性规范与认识论导引；二是重视对相关的现象、事据、论点、方法、思致、指称等的理性辨识与批判扬弃；三是进一步努力拓展与深化美学研究的思想视域，精心考量古今中

---

① 叶朗、顾春芳：《人生终极意义的神圣体验》，《北京大学学报》（哲学社会科学版）2015年第3期。

外的美学思想遗产及审美文化资源，从中合取与抽析有助于美学创新的各种认知资源，科学整合各分支学科、密切相关的相邻学科、交叉学科的新概念、新方法、新资料、新事据，同时紧密结合审美创造与审美接受的艺术实践、认知实践、生产—产业—生活实践、教育实践、科技实践、道德实践和社会实践等内容，据此形成理性—知性—感性—体性—物性相互耦合、理论与应用互补互证的美学新概念、新范畴、新事据、新学说；四是美学的独特智性品格，体现为对内外时空之审美主客体的相互作用原理、审美认知规律、审美价值生成规律、审美创造—体验机制、审美价值转化规律的创造性发现、智性概括、灵性体验、理性升华。其间，需要美学研究者据此形成日益新颖深刻和全面系统的美学核心概念—支柱范畴—思想框架—理论模型——它们正是美学对人类四大世界的系统性理性升华的具体体现，包括对物理世界之美、精神世界之美、客观知识世界之美、虚拟世界之美……以及人类相应的审美认知行为的智性探究与理性表征。

八　致人类既成的精神之果和未来的心灵之花

贝多芬有言："音乐当使人类精神爆出火花。……音乐是比一切智慧、一切哲学更高的启示……谁若能参透音乐的意义，便能超脱常人难以振拔的苦难。"[1] 唯有"艺术，除了艺术别无他物！它是使生命成为可能的伟大手段，是求生的伟大诱因，是生命的伟大兴奋剂。"[2] 这是因为，审美实践所屡入的或正或负的价值动力，都能够强力激发、提升、强化和完善人的情知意力量及其对真善美的勇毅追求、睿智创造和舍命捍卫行为。因而从这个意义上说，审美文化、审美教育、审美实践，不啻人类用以完善自我、赢得自由智慧和幸福的精神核动力，而且更重要的是能够成为人用以战胜现实苦难丑恶逆境悲剧的精神抗体。

至于如何获得人生之大乐，有学者进行了如下的释说：中国古典哲学特别是宋明理学中的"天人合一"论，其精神实质就是通向审美的。"天人合一"论既是个哲学命题，又是个美学命题。……"天人"关系究其实质是主体与客体的关系。主体是"人"，客体是"天"。……主体与客体的三

---

① 何乾三（选编）：《西方哲学家文学家音乐家论音乐》，人民音乐出版社 1983 年版，第110—111 页。

② ［德］尼采：《查拉斯图拉如是说》，楚图南译，湖南人民出版社 1987 年版，第 5 页。

种关系：认识性的、功利性的、审美性的，最终都达到主体与客体的合一，在头脑中形成了一种主客合一的形象。由于这形象是主体之"意"和客体之"象"的化合，故又叫"意象"。审美性的合，则由于意象（或"情象""兴象"）的生成，主客体的区别已消释了。意象虽由主客统一而成，然已不可再分出主体的意与客体的象来，意即象，象即意。审美意象中，景与情之合，意与象之合就不能说是"符合"，而是"化合"。……交感是"天人合一"的动态过程，也就是万物包括生命的发生过程。……程颐对"天人合一"之乐，曾给予理论上的阐述。他说："天地之用，皆我之用。孟子言万物皆备于我，须反身而诚，乃为大乐。"（注：《河南程氏遗书》卷二）一方面是"万物皆备于我"，"天地之用，皆我之用"，另一方面则是人"须反身而诚"。物我双方互相肯定，如此境界正是理学家们所追求的天地境界，亦即自由的境界，至真至善至美的境界。处此种境界之中，焉得不乐？而且此乐非一般之乐，而是大乐、至乐。①

要言之，经由格物致知——对客观对象进行审美认知，方能提升与完善人认知客观世界和自我世界的智慧，人才能对此种双向性完满过程和极致境遇展开价值体验，审美的世界才能为人启开无量的妙象、无穷的智慧、深广的爱心、无尽的诗意、无限的自由和永恒的幸福境遇。接近美、玩索美学、品味艺术，于是成为一种莫大的幸运——它们能够使人打通内宇宙、契通外宇宙、完善自我、分享无穷美象—无尽智慧—无上幸福—无限自由，从而使自己有限的生命享有千百倍于生理寿命的智性价值。

从这个意义上看，从事美学研究、艺术文化创造、审美文化传播和接受者，已然具备了造致幸福的文化基因、无意间领会了智慧的三昧、不期然之间便获得了自由的"通行证"……

---

① 陈望衡：《"天人合一"的美学意义》，《武汉大学学报》（哲学社会科学版）1998 年第 3 期。

全书参考文献

导论　审美认知的前沿视域

（一）英文文献

1. 论文

［1］Herb Brody, "Beauty", *Nature*, Vol. 526, No. 7572, October, 2015.

［2］M. Brincker, "The Aesthetic Stance – On the Conditions and Consequences of Becoming a Beholder", *Aesthetics and the Embodied Mind: Beyond Art Theory and the Cartesian Mind-Body Dichotomy*, the series Contributions To Phenomenology, Springer Netherlands, Vol. 73, 2015.

［3］Helmut Leder, Marcos Nadal, "Ten Years of a Model of Aesthetic Appreciation and Aesthetic Judgments: The Aesthetic Episode-Developments and Challenges in Empirical Aesthetics", *British Journal of Psychology*, Vol. 105, No. 4, 2014.

［4］G. Consoli, "Brain and Aesthetic Attitude: How to Integrate Old and New Aesthetics", *Contemporary Aesthetics*, Vol. 12, 2014. http://hdl. handle. net/2027/spo. 7523862. 0012. 009

［5］G. Consoli, "A Cognitive Theory of the Aesthetic Experience", *Contemporary Aesthetics*, Vol. 10, 2012.

［6］Wolfgang Welsch, "Schiller Revisited: Beauty is Freedom in Appearance - Aesthetics as a Challenge to the Modern Way of Thinking", *Contemporary Aesthetics*, Vol. 12, 2014. http://www. contempaesthetics. org/ newvolume/ pages/ article. php? articleID=701

［7］Chelsea Ward, "Beauty: 4 big questions", *Nature*, Vol. 526, No.

7572, 2015.

　　［8］ Chelsea Wald, "Neuroscience: The Aesthetic Brain", *Nature*, Vol. 526, No. 7572, 2015.

　　［9］ Anjan Chatterjee, *The Aesthetic Brain: How We Evolved to Desire Beauty and Enjoy Art*, Oxford University Press, 2013.

　　［10］ J. P. Huston, M. Nadal, F. Mora, et al., *Art, Aesthetics and the Brain*, Oxford: Oxford University Press, 2015.

　　［12］ Kristin Lynn Sainani, "Q & A: Karl Grammer", *Nature*, Vol. 526, No. 7572, 2015.

　　［13］ David Deutsch, "Objective Beauty", *Nature*, Vol. 526, No. 7572, 2015.

　　［14］ F. Nietsche, *Saemtliche Werke* (KSA6), München: Deutscher TaschenbuchVerlag, 1988.

　　［27］ W. Amy, J. A. Clithero, C. R. Mckell, et al., "Ventromedial Prefrontal Cortex Encodes Emotional Value", *Journal of Neuroscence*, Vol. 33, No. 27, 2013.

　　［28］ E. Amit, B. Christian, J. J. Gross, "The Neural Bases of Emotion Regulation", *Nature Reviews Neuroscience*, Vol. 16, No. 11, 2015.

　　［34］ Stephen Holland, "Talents in the Right Brain and Left Brain-Brain Map", Hidden Talents and Brain Maps, 2001. http://hiddentalents. org/brain/113-left. html.

　　［35］ Paul Simpson, "What Remains of the Intersubjective?: On the Presencing of Self and Other", *Emotion, Space and Society*, Vol. 14, No. 1, 2015.

　　［36］ Ai Kawakami, Kiyoshi Furukawa, Kentaro Katahira, et al., "Sad Music Induces Pleasant Emotion", *Frontiers in Psychology*, Vol. 4, No. 311, 2013.

　　［37］ J. Marco-Pallarésa, T. F. Müntec, A. Rodríguez-Fornellsa, "The Role of High-frequency Oscillatory Activity in Reward Processing and Learning", *Neuroscience & Biobehavioral Reviews*, Vol. 49, February 2015.

　　［38］ V. D. Costa, P. J. Lang, D. Sabatinelli, et al., "Emotional Imagery: Assessing Pleasure and Arousal in the Brain's Reward Circuitry", *Hu-*

man Brain Mapping，Vol. 31，No. 9，2010.

　［39］R. Smith，R. D. Lane，"The Neural Basis of One's Own Conscious and Unconscious Emotional States"，*Neuroscience & Biobehavioral Reviews*，Vol. 57，2015.

　（二）中文文献

　1. 论文

　［14］阎国忠：《中国美学缺少什么》，《学术月刊》2010 年第 1 期。

　［15］叶朗：《美在意象——美学基本原理提要》，《北京大学学报》（哲学社会科学版）2009 年第 3 期。

　［16］俞吾金：《美学研究新论》，《学术月刊》2000 年第 1 期。

　［19］王世德：《论审美和美的特性、实质和规律 ——说 "美" 是说一种感觉》，《美与时代：BEAUTY》2013 年第 9 期。

　［20］［芬兰］E. 塔拉斯蒂、伏飞雄：《中国现代 "美学" 省思——世界符号学会主席塔拉斯蒂教授访谈》，《社会科学研究》2014 年第 1 期。

　［26］刘彦顺：《论后现代美学对现代美学的 "身体" 拓展——从康德美学的身体缺失谈起》，《文艺争鸣》2008 年第 5 期。

　［29］李志宏、王博：《"美是什么" 的命题究竟是真还是伪？——认知美学对新实践美学的回应》，《黑龙江社会科学》2014 年第 1 期。

　［30］张玉能：《认知美学的科幻虚构——与李志宏教授再商榷》，《黑龙江社会科学》2014 年第 1 期。

　［33］何悦人：《论惆怅美》，《宁夏社会科学》1988 年第 5 期。

　2. 著作

　［21］尹航：《重返本源和谐之途——杜夫海纳美学思想的主体间性内涵》，中国社会科学出版社 2001 年版。

　［22］［法］杜夫海纳：《审美经验现象学》，韩树站译，文化艺术出版社 1992 年版。

　［23］［波兰］R. 茵加登：《审美经验与审美对象》，载［美］M. 李普曼：《当代美学》，邓鹏译，光明日报出版社 1986 年版。

　［24］［法］杜夫海纳：《美学与哲学》，孙菲译，中国社会科学出版社 1985 年版。

　［25］［德］黑格尔：《精神现象学》，贺麟、王玖兴译，商务印书馆 1997 年版。

〔31〕谭容培、颜翔林：《差异与关联：重释审美感性与审美理性》，《湖南师范大学社会科学学报》2014 年第 1 期。

〔32〕〔捷〕米兰·昆德拉：《不朽》，宁敏译，作家出版社 1993 年版。

第一章　美—美感形成机制及其与审美主客体的关系辨识

（一）英文文献

1. 论文

〔1〕Anna Elisabeth Schellekens, A Reasonable Objectivism for Aesthetic Judgements: towards an Aesthetic Psychology, Ph. D. THESIS, Longdon: King's College, London, 2006.

〔2〕Roman Ingarden, "Aesthetic Experience and Aesthetic Object", *Philosophy and Phenomenological Research*, Vol. 21, No. 3, 1961.

〔37〕Rafal Rygula, Hannah F. Clarke, Rudolf N. Cardinal, et al., "Role of Central Serotonin in Anticipation of Rewarding and Punishing Outcomes: Effects of Selective Amygdala or Orbitofrontal 5-HT Depletion", *Cerebral Cortex*, Vol. 25, No. 9, 2015.

〔38〕Nathan Insel, Carol A. Barnes, "Differential Activation of Fast-Spiking and Regular-Firing Neuron Populations During Movement and Reward in the Dorsal Medial Frontal Cortex", *Cerebral Cortex*, Vol. 25, No. 9, 2015.

〔39〕H. Chris Dijkerman, "How do different aspects of self-consciousness interact?" *Trends in Cognitive Sciences*, Vol. 19, No. 8, 2015.

〔40〕Matthew L. Dixon, Kalina Christoff, "The Lateral Prefrontal Cortex and Complex Value-based Learning and Decision Making", *Neuroscience & Biobehavioral Reviews*, Vol. 45, 2014, http://dx. doi. org/10. 1016/j. neubiorev. 2014. 04. 011.

〔41〕Anjan Chatterjee, Oshin Vartanian, "Neuroaesthetics", *Trends in Cognitive Sciences*, Vol. 18, No. 7, 2014.

〔42〕Anjan Chatterjee, "Scientific Aesthetics: Three Steps Forward", *British Journal of Psychology*, Volume 105, Issue 4, 2014.

〔43〕Helmut Leder, Benno Belke, Andries Oeberst, et al., "Dorothee Augustin. A Model of Aesthetic Appreciation and Aesthetic Judgments", *British*

Journal of Psychology, Vol. 95, No. 4, 2004.

[44] R. MacDonald, C. Byrne, L. Carlton, "Creativity and Flow in Musical Composition: An Empirical Investigation", *Psychology of Music*, Vol. 34, No. 3, 2006.

[44] A. Engel, P. E. Keller, "The Perception of Musical Spontaneity in Improvised and Imitated Jazz Performances". *Frontiers in Psychology*, Vol. 2, No. 83, 2011.

[45] E. Thelen, G. Schoner, C. Scheier, L. B. Smith, "The Dynamics of Embodiment: A Field Theory of Infant Perservative Reaching", *Behavioral and Brain Sciences*, Vol. 24, 2001.

[47] Camilo J. Cela-Conde, Francisco J. Ayala, "Brain Keys in the Appreciation of Beauty: A Tale of Two Worlds", *Rendiconti Lincei Scienze Fisiche E Naturali*, Vol. 25, No. 3, 2014.

[48] T. Jacobsen, R. I. Schubotz, L. Hofel, et al., "Brain Correlates of Aesthetic Judgment of Beauty", *Neuroimage*, Vol. 29, 2006.

[49] S. Brown, X. Gao, L. . Tisdelle, et al., "Naturalizing Aesthetics: Brain Areas for Aesthetic Appraisal Across Sensory Modalities", *Neuroimage*, Vol. 58, 2011.

[50] H. Kawabata, S. Zeki, "Neural Correlates of Beauty", *Journal of Neurophysiology*, Vol. 91, 2004.

[51] C. J. Cela-Conde, J. Garcl'a-Prieto, J. J. Ramasco, et al., "Dynamics of Brain Networks in the Aesthetic Appreciation", *Proceedings of the National Academy of Sciences of USA*, Vol. 110, 2013.

[52] R. Shusterman, *Body Consciousness: A Philosophy of Mindfulness and Somaesthetics*, Cambridge: Cambridge University Press, 2008.

[53] S. Zeki, "Artistic Creativity and the Brain", *Science*, Vol. 293, No. 5527, 2001.

[54] Z. Radman, "Towards Aesthetics of Science", *Filozofski vestnik*, Vol. 25, No. 1, 2004.

[55] C. Carter, "Art and Cognition: Performance, Criticism and Aesthetics", *Annals of Aesthetics (Chronika Aesthetikes)*, Vol. 42, 2003.

[57] V. Goel, J. Grafman, "Role of the Right Prefrontal Cortex in Ill-

structures Planning", *Cognitive Neuropsychology*, Vol. 17, No. 5, 2000.

[58] S. J. Gilbert, T. Zamenopoulos, K. Alexiou, et al., "Involvement of Right Dorsolateral Prefrontal Cortex in Ill-structured Design cognition: An fMRI Study", *Brain Research*, Vol. 1312, No. 2, 2010.

[59] Keith Sawyer, "The Cognitive Neuroscience of Creativity: A Critical Review", *Creativity Research Journal*, Vol. 23, No. 2, 2011.

[60] I. Carlsson, P. E. Wendt, J. Risberg, "On the Neurobiology of Creativity: Differences in Frontal Activity Between High and Low Creative Subjects", *Neuropsychologia*, Vol. 38, 2000.

[61] A. Dietrich, "The Cognitive Neuroscience of Creativity", *Psychonomic Bulletin and Review*, Vol. 11, No. 6, 2004.

[63] J. K. Rilling, S. K. Barks, L. A. Parr, et al., "A comparison of resting-state brain activity in humans and chimpanzees", *Proceedings of the National Academy of Sciences of the United States*, Vol. 104, No. 43, 2007.

[64] E. A. Vessel, G. G. Starr, N. Rubin, "The Brain on Art: Intense Aesthetic Experience Activates the Default Mode Network", *Frontiers In Human Neuroscience*, Vol. 6, 2012.

[65] M. F. Mason, M. I. Norton, J. D. Van Horn, et al., "Wandering minds: the default network and stimulus-independent thought", *Science*, Vol. 315, No. 5810, 2007.

[66] S. Kaplan, "Aesthetics, Affect, and Cognition", *Environment and Behavior*, Vol. 1, No. 19, 1987.

[67] J. R. Searle, "The Mistery of Consciousness Continues", *The New York Review of Books*, Vol. 58, No. 10, 2011.

[68] Mohammad Torabi Nami, Hasan Ashayeri, "Where Neuroscience and Art Embrace: The Neuroaesthetics", *Basic and Clinical Neuroscience*, Vol. 2, No. 2, 2011.

[71] M. R. Delgado, H. M. Locke, V. A. Stenger, J. A. Fiez, "Dorsal Striatum Responses to Reward and Punishment: Effects of Valence and Magnitude Manipulations", *Cognitive, Affective, & Behavioral Neuroscience*, Vol. 3, No. 1, 2003.

[72] O. Devinsky, M. J. Morrell, B. A. Vogt, "Contributions of Anterior

Cingulate Cortex to Behaviour", *Brain*, Vol. 118, No. 1, 1995.

［73］C. J. Cela-Conde, F. J. Ayala, E. Munar, et al., "Sex-related Similarities and Differences in the Neural Correlates of Beauty", *Proc Natl Acad Sci*, Vol. 106, 3847 – 3852.

［74］O. Bartra, J. T. McGuire, J. W. Kable, "The Valuation System: A Coordinate-based Meta-analysis of BOLD fMRI Experiments Examining Neural Correlates of Subjective Value", *NeuroImage*, Vol. 76, 2013.

［75］J. A. Clithero, A. Rangel, "Informatic Parcellation of the Network Involved in the Computation of Subjective value", *Soc. Cogn. Affect. Neurosci.* Vol. 9, 2013.

［76］P. Smittenaar, T. H. FitzGerald, V. Romei, et al., "Disruption of Dorsolateral Prefrontal Cortex Decreases Model-based in Favor of Model-free Control in Humans", *Neuron*, *Vol.* 80, 2013.

［77］C. A. Hutcherson, H. Plassmann, J. J. Gross, et al., "Cognitive Regulation During Decision Making Shifts Behavioral Control Between Ventromedial and Dorsolateral Prefrontal Value Systems", *Journal of Neuroscience*, *Vol.* 32, 2012.

［78］H. Lee, A. S. Heller, C. M. van Reekum, et al., "Amygdala-prefrontal Coupling Underlies Individual Differences in Emotion Regulation", *NeuroImage*, Vol. 62, No. 3, 2012.

［82］N. Watanabe, M. Sakagami, M. Haruno, "Reward Prediction Error Signal Enhanced by Striatum – amygdala Interaction Explains the Acceleration of Probabilistic Reward Learning by Emotion", *Journal of Neuroscience*, Vol. 33, 2013.

［83］R. C. Lapate, H. Lee, T. V. Salomons, et al., "Amygdalar Function Reflects Common Individual Differences in Emotion and Pain Regulation Success", *Journal of Cognitive Neuroscience*, *Vol.* 24, No. 1, 2012.

［84］A. Winecoff, J. A. Clithero, R. M. Carter, et al. "Ventromedial Prefrontal Cortex Encodes Emotional Value", *Journal of Cognitive Neuroscience*, Vol. 33, No. 27, 2013.

［85］Vincent D. Costa, Peter J. Lang, Dean Sabatinelli, et al., "Emotional Imagery: Assessing Pleasure and Arousal in the Brain's Reward Circuitry", *Human Brain Mapping*, Vol. 31, No. 9, 2010.

　　[87] V. Menon, D. J. Levitin, "The Rewards of Music Listening: Response and Physiological Connectivity of the Mesolimbic System", *NeuroImage*, Vol. 28, No. 1, 2005.

　　[89] Joydeep Bhattacharya, Hellmuth Petsche, Ernesto Pereda, "Long-Range Synchrony in the Band: Role in Music Perception", *The Journal of Neuroscience*, Vol. 21, No. 16, 2001.

　　2. 著作

　　(二) 中文文献

　　1. 论文

　　[4] 俞吾金:《美学研究新论》,《学术月刊》2000 年第 1 期。

　　[7] 余虹:《审美主义的三大类型》,《中国社会科学》2007 年第 4 期。

　　[12] 李晓林:《杜夫海纳的审美形而上学》,《厦门大学学报》(哲学社会科学版) 2012 年第 1 期。

　　[17] 李志宏:《当代中国美与美感关系研究的回顾与分析》,《社会科学战线》2003 年第 6 期。

　　[18] 张玉能:《西方美学关于艺术本质的三部曲 (下) ——人类本体论美学艺术本质论》,《吉首大学学报》(社会科学版) 2003 年第 24 卷第 3 期。

　　[19] 成中英、朱志荣:《本体美学的研究方法》,《艺术百家》2012 年第 128 卷第 5 期。

　　[21] 张弘:《存在论美学:走向后实践美学的新视界》,《学术月刊》1995 年第 8 期。

　　[23] 张伟:《认识论・实践论・本体论——当代中国美学研究思维方式的嬗变与发展》,《社会科学辑刊》2009 年第 5 期。

　　[26] 刘士林:《当代美学的本体论承诺》,《文艺理论研究》2000 年第 3 期。

　　[30] 祁志祥、祁雪莺:《审美认识中"主客二分"的重新审视与评价——兼与生成本体论美学商榷》,《辽宁大学学报》(哲学社会科学版) 2010 年第 1 期。

　　[31] 朱立元:《走向实践存在论美学——实践美学突破之途初探》,

《湖南师范大学社会科学学报》2004 年第 4 期。

［80］王昱琳：《莫扎特音乐特点分析》，《现代交际》2010 年第 6 期。

［81］热心网友：《贝多芬音乐的特点》；http：//zhidao. baidu. com/ question/ 2074038394476576708. html.

［86］杨春时：《本体论的主体间性与美学建构》，《厦门大学学报》（哲学社会科学版），2006 年第 2 期。

［93］杨春时：《从实践美学的主体性到后实践美学的主体间性》，《厦门大学学报》（哲学社会科学版）2002 年第 5 期。

2. 著作

［5］何乾三（选编）：《西方哲学家文学家音乐家论音乐》，人民音乐出版社 1983 年版。

［8］四川省社会科学院文学研究所编：《中国当代美学论文选》第一集，重庆出版社 1984 年版。

［13］李泽厚：《美学四讲》，天津社会科学院出版社 2001 年版。

［14］李泽厚：《批判哲学的批判（再修订本）：我的哲学提纲》，安徽文艺出版社 1994 年版。

［15］蒋培坤：《审美活动论纲》，中国人民大学出版社 1988 年版。

［20］成中英：《美的深处：本体美学》，浙江大学出版社 2011 年版。

［22］潘知常：《生命美学论稿：在阐释中理解当代生命美学》，郑州大学出版社 2002 年版。

［24］潘知常：《诗与思的对话——审美活动的本体论内涵及其阐释》，上海三联书店 1997 年版。

［27］［德］海德格尔：《诗·语言·思》，张月等译，黄河文艺出版社 1989 年版。

［28］［德］康德：《实用人类学》，邓晓芒译，重庆出版社 1987 年版。

［29］［法］杜夫海纳：《美学与哲学》，孙非译，中国社会科学出版社 1985 年版。

［33］［俄］别林斯基：《别林斯基选集》第二卷，满涛译，上海译文出版社 1979 年版。

［34］［瑞士］皮亚杰：《发生认识论原理》，王宪钿译，商务印书馆

1997 年版。

［36］［德］瓦尔特·赫斯编著:《欧洲现代画派画论选》,人民美术出版社 1980 年版。

［79］［美］查尔斯·罗森:《古典风格:海顿、莫扎特、贝多芬》,杨燕迪译,华东师范大学出版社 2014 年版。

［88］［美］大卫·林登:《愉悦回路——大脑如何启动快乐按钮操控人的行为》,覃薇薇译,中国人民大学出版社 2014 年版。

［94］北京大学哲学系美学教研室编:《西方美学家论美和美感》,商务印书馆 1980 年版。

第二章　审美间体及审美价值的创生机制——以音乐审美为例

(一) 英文文献

1. 论文

［5］Elisabeth Schellekens, "Review: Aesthetics and Subjectivity: From Kant to Nietzsche, 2nd Edn", *British Journal of Aesthetics*, Vol. 44, No. 3, 2004.

［6］G. Anthony Bruno, "Aesthetic Value, Intersubjectivity and the Absolute Conception of the World", *Postgraduate Journal of Aesthetics*, Vol. 6, No. 3, 2009.

［16］Elisabeth Schellekens, "Aesthetics and subjectivity", *British Journal of Aesthetics*, Vol. 44, 2004.

［17］Praneeth Namburi, Anna Beyeler, Suzuko Yorozu, et al., "A Circuit Mechanism for Differentiating Positive and Negative Associations", *Nature*, Vol. 520, No. 7549, 2015.

［18］Valorie N. Salimpoor, Robert J. Zatorre, "Neural Interactions That Give Rise to Musical Pleasure", *Psychology of Aesthetics, Creativity, and the Arts*, Vol. 7, No. 1, 2013.

［19］M. Zentner, D. Grandjean, K. R. Scherer, "Emotions Evoked by the Sound of Music: Characterization, Classification and Measurement", *Emotion*, Vol. 8, 2008.

［20］A. Lingnau, B. Gesierich, A. Caramazza, "Asymmetric fMRI Adaptation Rreveals No Evidence for Mirror Neurons in Humans", *Proceedings of the National Academy of Sciences of the United States of America*, Vol. 106, No. 24, 2009.

[21] I. Molnar-Szakacs, K. Overy, "Music and Mirror Neurons: from Motion to ' E'motion", *Social Cognitive and Affective Neuroscience*, Vol. 1, No. 3, 2006.

[22] V. Gallese, "The Roots of Empathy: the Shared Manifold Hypothesis and the Neural Basis of Intersubjectivity", *Psychopathology*, Vol. 36, No. 4, 2003.

[23] L. Goubert, K. D. Craig, T. Vervoort, et al., "Facing Others in Pain: the Effects of Empathy", *Pain*, Vol. 118, No. 3, 2005.

[24] J. Decety, C. Lamm, "Human Empathy Through the Lens of Social Neuroscience", *The Scientific World Journal*, Vol. 6, No. 3, 2006.

[25] E. Hatfield, J. T. Cacioppo, R. L. Rapson, "Emotional contagion", *Current Directions in Psychological Science*, Vol. 2, No. 3, 1993.

[26] P. L. Jackson, A. N. Meltzoff, J. Decety, "How do we perceive the pain of others? A Window into the Neural Processes Involved in Empathy", *Neuroimage*, Vol. 24, No. 3, 2005.

[27] C. Keysers, J. H. Kaas, V. Gazzola, "Somatosensation in Social Perception", Vol. 11, No. 6, 2010.

[28] E. J. Lawrence, P. Shaw, V. P. Giampietro, et al., "The Role of 'Shared Representations' in Social Perception and Empathy: An fMRI Study", *NeuroImage*, Vol. 29, No. 4, 2006.

[29] T. Singer, B. Seymour, J. O' Doherty, et al., "Empathy for Pain Involves the Affective but not Sensory Components of Pain", *Science*, Vol. 303, No. 5661, 2004.

[30] C. Lamm, J. Decety, T. Singer, "Meta-analytic Evidence for Common and Distinct Neural Networks Associated with Directly Experienced Pain and Empathy for Pain", *NeuroImage*, Vol. 54, No. 3, 2011.

[31] P. Molenberghs, R. Cunnington, J. B. Mattingley, "Is the Mirror Neuron System Involved in Imitation? A Short Review and Meta-analysis", *Neuroscience & Biobehavioral Reviews*, Vol. 33, No. 7, 2009.

[32] J. Siersma, J. Thijs, M. Verkuyten, "In-group Bias in Children's

Intention to Help Can Be Overpowered by Inducing Empathy", *British Journal of Developmental Psychology*, Vol. 33, No. 1, 2015.

[33] C. Lamm, J. Majdandžić, "The Role of Shared Neural Activations, Mirror Neurons, and Morality in Empathy – A Critical Comment", *Neuroscience Research*, Vol. 90, 2015.

[35] Daniel L. Schacter, Donna Rose Addis, Randy L. Buckner, "Remembering the Past to Imagine the Future: the Prospective Brain", *Nature Reviews Neuroscience*, Vol. 8, No. 9, 2007.

[37] M. L. Kringelbach, "The human orbitofrontal cortex: Linking reward to hedonic experience", *Nature Reviews Neuroscience*, Vol. 6, No. 9, 2005.

[39] G. Borst, G. Ganis, William L. Thompson, et al., "Representations in Mental Imagery and Working Memory: Evidence from Different Types of Visual Masks", *Memory & Cognition*, Vol. 40, No. 2, 2011.

[40] S. Darling, C. Uytman, R. J. Allen, J. Havelka, D. G. Pearson, "Body Image, Visual Working Memory and Visual Mental Imagery", *PeerJ* (*Peer-Reviewed & Open Access*), Vol. 3, 2015.

[41] A. Baddeley, "The Episodic Buffer: A New Component of Working Memory?", Trends in Cognitive *Science*, Vol. 4, No. 11, 2000.

[42] L. Vandervert, "How Music Training Enhances Working Memory: A Cerebrocerebellar Blending Mechanism that can Lead to Scientific Discovery and Therapeutic Efficacy in Neurological Disorders", *Cerebellum and Ataxias*, Vol. 2, No. 1, 2015.

[43] Roni Y. Granot, Florina Uzefovsky, Helena Bogopolsky, et al., "Effects of Arginine Vasopressin on Musical Working Memory", *Auditory Cognitive Neuroscience*, Vol. 4, No. 6, 2013.

[44] P. Janata, "The Neural Architecture of Music-evoked Autobiographical Memories", *Cerebral Cortex*, Vol. 19, No. 11, 2009.

[49] A. Weigand, A. Richtermeier, M. Feeser, "State-dependent Effects of Prefrontal Repetitive Transcranial Magnetic Stimulation on Emotional Working Memory", *Brain Stimulation*, Vol. 6, No. 6, 2013.

[51] C. Wolf, M. C. Jackson, C. Kissling, et al., "Dysbindin-1 Geno-

type Effects on Emotional Working Memory", *Molecular Psychiatry*, Vol. 16, No. 2, 2011.

[52] S. H. Chen, J. E. Desmond, "Cerebrocerebel-lar Networks during Articulatory Rehearsal and Verbal Working Memory Tasks", *Neuroimage*, Vol. 24, No. 2, 2005.

[53] P. Janata, B. Tillmann, J. J. Bharucha, "Listening to Polyphonic Music Recruits Domain-general Attention and Working Memory Circuits", *Cognitive, Affective & Behavioral Neuroscience*, Vol. 2, No. 2, 2002.

[54] Robert J. Zatorre, "Musical Pleasure and Reward: Mechanisms and Dysfunction", *Annals of the New York Academy of Sciences*, Vol. 1337, No. 2015, 2014.

[55] E. Marco-Pallares, J. Lorenzo-Seva, U. Zatorre, et al. , Individual Differences in Music Reward Experiences. *Music Perception*, Vol. 31, No. 2, 2013.

[56] P. Vuilleumier, W. Trost, "Music and Emotions: from Enchantment to Entrainment", *Ann. N. Y. Acad. Sci.* , Vol. 1337, No. V, 2015.

[57] V. N. Salimpoor, V. D. B. Iris, K. Natasa, et al. , "Interactions between the Nucleus Accumbens and Auditory Cortices Predictmusic Reward Value", *Science*, Vol. 340, No. 6129, 2013.

[58] Vincent D. Costa, Peter J. Lang, Dean Sabatinelli, et al. , "Emotional Imagery: Assessing Pleasure and Arousal in the Brain's Reward Circuitry", *Human Brain Mapping*, Vol. 31, No. 9, 2010.

[60] O. Grewe, F. Nagel, R. Kopiez, et al. , "How Does Music Arouse 'Chills'? Investigating Strong Emotions, Combining Psychological, Physiological, and Psychoacoustical Methods", *Annals of the New York Academy of Sciences*, Vol. 1060, No. 1, 2005.

[61] O. Grewe, F. , Nagel, R. Kopiez, et al. , "Listening to Music as a Re-creative Process-Physiological, Psychological and Psychoacutical Correlates of Chills and Strong Emotions", *Music Perception*, Vol. 24, No. 3, 2007.

[63] Katja Kornysheva, D. Yves von Cramon, Thomas Jacobsen, et al. , "Tuning-in to the Beat: Aesthetic Appreciation of Musical Rhythms Corre-

lates with a Premotor Activity Boost", *Human Brain Mapping*, Vol. 31, No. 1, 2010.

［65］ Heather L. Chapin, Theodore Zanto, Kelly J. Jantzen, et al., "Neural Responses to Complex Auditory Rhythms: the Role of Attending", *Frontier in Psychology*, Vol. 1, No. 4, 2010.

［66］ Ai Kawakami, Kiyoshi Furukawa, Kentaro Katahira, et al., "Sad Music Induces Pleasant Emotion", *Frontiers in Psychology*, Vol. 4, No. 311, 2013.

［68］ R. Schaefer, R. Vlek, P. Desain, "Decomposing Rhythm Processing: Electroencephalography of Perceived and Self-imposed Rhythmic Patterns", *Psychological Research*, Vol. 75, No. 2, 2011.

2. 著作

［14］ S. M. Kosslyn, "The Role of Mental Image in Perception", *Cognitive Neuroscience*, M. S. Gazzaniga (eds), Cambridge, Mass.: MIT Press, 1995.

［38］ A. D. Baddeley, *Working Memory*, *Thought and Action*, Oxford: Oxford University Press, 2007, pp. 123 – 124.

［46］ Joseph A. Mikels, "*Hold on to That Feelings: Working Memory and Emotion from A Cognitive Neuroscience Perspective*", the University of Michigan; 2003, pp. 20 – 23.

［48］ Jaclyn Hennessey, "*Differential Neural Activity during Retrieval of Specific and General Autobiographical Memories Derived from Musical Cues*", The University of North Carolina, M. A., 2010.

［62］ D. H. Zald, R. J. Zatorre, "On Music and Reward", J. A. Gottfried (Ed.), *The neurobiology of sensation and reward*. Boca Raton, FL: Taylor and Francis, 2011, p. 24.

（二）中文文献

1. 论文

［34］ 李 雨、舒 华：《默认网络的神经机制、功能假设及临床应用》，《心理科学进展》，2014 年第 22 卷第 2 期。

［64］ 王颢霖、王东雪：《音乐节奏与动作节奏的同步认知：听觉——运动交互研究》，《黄钟》2013 年第 3 期。

2. 著作

［1］［德］黑格尔：《小逻辑》，贺麟译，商务印书馆 1980 年版。

［2］中共中央马克思恩格斯列宁斯大林著作编译局编译：《马克思恩格斯全集》第 4 卷，人民出版社 1995 年版。

［3］［德］黑格尔：《精神现象学》上，贺麟、王玖兴译，商务印书馆 1997 年版。

［4］中共中央马克思恩格斯列宁斯大林著作编译局编译：《马克思恩格斯全集》第 42 卷，人民出版社 1979 年版。

［7］［联邦德国］伽达默尔：《真理与方法》，王才勇译，辽宁人民出版社 1987 年版。

［9］［日］渡边护：《音乐美的构成》，张前译，人民音乐出版社 2000 年版。

［10］［德］黑格尔：《美学》第三卷上册，朱光潜译，商务印书馆 1982 年版。

［11］［美］斯蒂芬·戴维斯：《音乐的意义与表现》，宋瑾、柯杨等译，湖南文艺出版社 2007 年版。

［12］［美］多纳德·霍杰斯主编：《音乐心理学手册》，刘沛、任恺译，湖南文艺出版社 2006 年版。

［13］朱狄：《当代西方美学》，人民出版社 1984 年版。

［14］张凯：《音乐心理》，西南大学出版社 2005 年版。

［45］丁峻：《艺术教育的认知原理》，科学出版社 2012 年版。

第三章　审美间体（意象价值）的外化之道

（一）英文文献

1. 论文

［3］Candace Brower, "A Cognitive Theory of Musical Meaning", *Journal of Music Theory*, Vol. 44, No. 2, 2000.

［10］Heather Malin, "Making Meaningful: Intention in Children's Art Making", *International Journal of Art & Design Education*, Vol. 32, No. 1, 2013.

［16］M. I. Posner, M. K. Rothbart, "Influencing Brain Networks: Implications for Education", *Trends in Cognitive Science*, Vol. 9, No. 3, 2005.

［23］ Darran Yates，"Neural Circuits：Consumption Control"，*Nature Reviews Neuroscience*，Vol. 16，No. 12，2015.

［24］ Flavia Filimon，Cory A. Rieth，Martin Sereno，et al.，"Observed，Executed，and Imagined Action Representations Can be Decoded From Ventral and Dorsal Areas"，*Cerebral Cortex*，Vol. 25，No. 9，2015.

［25］ Johannes Fuss，Jörg Steinle，Laura Bindila，"A Runner's High Depends on Cannabinoid Receptors in Mice"，*PNAS*，Vol. 112，No. 42，2015.

［26］ Wen-Jing Lin，Aidan J. Horner，James A. Bisby，et al.，"Medial Prefrontal Cortex：Adding Value to Imagined Scenarios"，*Journal of Cognitive Neuroscience*，Vol. 27，No. 10，2015.

［30］ J. Langlois，L. Kalakanis，A. Rubenstein，et al.，"Maxims or Myths of Beauty? A Meta-analytic and Theoretical Review"，*Psychological Bulletin*，Vol. 126，No. 3，2000.

［52］ P. Gagnepain，R. Henson，G. Chételat，et al.，"Is Neocortical-hippocampal Connectivity a Better Predictor of Subsequent Recollection Than Local Increases in Hippocampal Activity? New Insights on the Role of Priming"，*Journal of Cognitive Neuroscience*，Vol. 23，No. 2，2011.

［53］ G. M. Bidelman，J. T. Gandour，A. Krishnan，"Cross-Domain Effects of Music and Language Experience on the Representation of Pitch in the Human Auditory Brainstem"，*Journal of Cognitive Neuroscience*，Vol. 23，No. 2，2011.

［54］ Herb Brody，"Beauty"，*Nature*，Vol. 526，No. 7572，2015.

2. 著作

［19］ M. I. Posner，M. K. Rothbart，"*Educating the Human Brain*"，Washington DC：APA Books，2007，pp. 64 – 65.

［38］ J. Kagan，"Biological Constraint，Cultural Variety，and Psychological Structures"，A. R. Damsaio，A. Harrington，J. Kagan，et al. "*Unity of Knowledge：The Convergence of Natural and Human Science*"，New York：The Academy of Sciences，2001，pp. 178 – 179.

［40］ A. Damasio，"*Looking for Spinoza：Joy，Sorrow，and the Feeling Brain*"，Orlando，FL：Harcourt，Inc.，2003，pp. 118 – 200.

［41］ J. A. Fodor，"*Psychosemantics*"，Cambridge：MIT Press，pp. 106－107.

（二） 中文文献

1. 论文

［1］ 谭容培：《论审美对象的感性特征及其构成》，《哲学研究》2004 年第 11 期。

［4］ 董志强：《试论艺术与审美的差异》，《哲学研究》2010 年第 1 期。

［5］ 陈东强：《艺术教育为什么很重要》 （http：//mp. weixin. qq. com/ s？＿＿ biz = MzA5ODM2OTM5MQ = = &mid = 208887228&idx = 1&sn = 91f55dc36b28f00f0c47944244540a36&scene ＝ 1&srcid ＝ UUeGhORB2qWa XMwZDy9Q&from = singlemessage&isappinstalled =0#rd）。

［6］ ［美］ 奈斯比特：《教育不是把篮子装满，而是把灯点亮》 （ht-tp：//learning. sohu. com/ 20141221 /n407136036. shtml）。

［8］ 郑建锋：《要活的思想，不要死的知识》，2015 年 8 月 6 日，教育思想网 （http://mp. weixin. qq. com /s？＿＿ biz ＝ MzA3MTAwODgzOQ ＝ ＝ &mid = 207774483&idx = 1&sn = b974de193554de05eb56fadb05de3b 81& scene =4）。

［12］ 刘旭光：《欧洲近代美感的起源——以文艺复兴时期的佛罗伦萨为例》，《文艺研究》2014 年第 11 期。

［14］ 成尚荣：《我们真的不缺理念吗?》，《中国教育报》2015 年 8 月 26 日第 3 版。

［20］ 伍雍谊：《我国学校音乐教育的回顾与展望》，《中国音乐教育》，1995 年第 5 期。

［27］ 张婷婷：《文艺学本体论的建构与解构》，《中国社会科学院研究生院学报》2006 年第 4 期。

［28］ 邓晓芒：《康德自由概念的三个层次》，《复旦学报》 （社会科学版） 2006 年第 2 期。

［31］ 过节：《中国古典舞袖法表现性探究》，《北京舞蹈学院学报》2012 年第 1 期。

［32］ 孙绍谊：《重新定义电影：影像体感经验与电影现象学思潮》，《上海大学学报》（社会科学版） 2012 年第 3 期。

［33］ 陈清洋、饶曙光：《从 "戏剧" 电影到景观电影——电影叙事策略的位移与派生》，《华中学术》2011 年第 4 辑。

［34］丁汝芹：《徽文化·徽商·京剧形成》，《戏曲艺术》2006 年第 2 期。

［35］于平：《音乐是戏曲的灵魂——戏曲音乐的历史范型及其创造性转换》，《福建艺术》2006 年第 5 期。

［36］廖奔：《中华戏曲审美精神》，《光明日报》2010 年 8 月 27 日第 10 版。

［37］李玖久：《从特殊道路走向板腔体声腔的黄梅戏》，《黄梅戏艺术》2005 年第 1 期。

［41］［美］Rhonda Blair、何辉斌：《意象与动作》，《文化艺术研究》2009 年第 2 期。

［42］林华：《复调感的获得》，《音乐艺术》（上海音乐学院学报）2010 年第 2 期。

［43］范晓峰：《音乐理解现象中的"音心对映"关系》，《音乐与表演》2008 年第 3 期。

［44］李晓冬：《审美现代性视野中的西方音乐进程》，《星海音乐学院学报》2011 年第 1 期。

［45］朱良志：《破解中国舞蹈的生命之美——袁禾〈中国舞蹈美学〉的启示》，《舞蹈》2011 年第 9 期。

［46］程美信：《艺术的本质与美的本质》，程美信当代艺术研究（http：//www. meixim. org/h-nd-83-2_ 407. html）。

［47］路涛：《艺术美学的仲夏夜之梦》，《中国艺术报》2012 年 12 月 11 日 B1 版。

［49］张坚：《"精神科学"与"文化科学"语境下的视觉模式——沃尔夫林、沃林格艺术史思想中的若干问题》，《文艺研究》2009 年第 3 期。

［50］孟文静：《视觉化审美嬗变》，《开封教育学院学报》2009 年第 2 期。

［51］丁峻：《论道德人格的认知奠基功能——兼析儒家伦理文化的现代意义及其科学基础》，《杭州师范学院学报》（社会科学版）2000 年第 6 期。

［52］朱林峰：《云和水的纠缠》，朱林峰—雁阵惊寒的博客，2013 年 1 月 22 日（http：//zhulinfeng128. blog. ifeng. com/article/22494419. html）。

2. 著作

［2］［美］M.李普曼：《当代美学》，邓鹏译，光明日报出版社 1986
年版。

［7］［英］怀特海：《教育的目的》，庄莲平、王立中译，文汇出版
社 2012 年版。

［9］梁漱溟：《论东西人的教育之不同》，载《教育与人生》，当代
中国出版社 2012 年版。

［17］沈致隆：《亲历哈佛——美国艺术教育考察纪行》，华中科技大
学出版社 2002 年版。

［20］朱光潜：《西方美学史》下卷，人民文学出版社 1983 年版。

［21］［美］斯蒂芬·戴维斯：《音乐的意义与表现》，宋瑾、柯杨等
译，湖南文艺出版社 2007 年版。

［22］［美］杰拉尔德·埃德尔曼，朱利欧·托诺尼：《意识的宇
宙——物质如何变为精神》，顾凡及译，上海科技出版社 2004 年版。

［24］丁峻：《艺术教育的认知原理》，科学出版社 2012 年版。

［28］王一川：《修辞论美学》，东北师范大学出版社 1997 年版。

［29］［美］多纳德·霍杰斯主编：《音乐心理学手册》，刘沛、任恺
译，湖南文艺出版社 2006 年版。

［30］［德］卡西尔：《人论》，甘阳译，西苑出版社 2003 年版。

［31］居其宏：《歌剧美学论纲》，安徽文艺出版社 2002 年版。

［48］［法］夏代尔：《音乐与人生：与二十二位钢琴家对话》，卢晓
等译，安徽教育出版社 2005 年版。

［50］章士嵘：《心理学哲学》，社会科学文献出版社 1990 年版。

［52］丁峻：《思维进化论》，中国社会科学出版社 2008 年版。

［53］丁峻：《知识心理学》，上海三联书店 2006 年版。

第四章　审美活动的心脑机制观

（一）英文文献

1. 论文

［1］S. Zeki, "Artistic Creativity and the Brain", *Science*, Vol. 293,
No. 5527, 2001.

〔2〕 V. S. Ramachandran, William Hirstein, "The Science of Art: A Neurological Theory of Aesthetic Experience", *Journal of Consciousness Studies*, Vol. 6, No. 6 – 7, 1999.

〔3〕 M. T. Nami, H. Ashayeri, "Where Neuroscience and Art Embrace: The Neuroaesthetics", *Basic and Clinical Neuroscience*, Vol. 2, No. 2, 2011.

〔4〕 S. Zeki, M. Lamb, "The Neurology of Kinetic Art", *Brain*, Vol. 117, No. 11, 1994;

〔5〕 L. Michel, Y. Denizot, Y. Thomas, et al., "Three Cortical Stages of Colour Processing in the Human Brain", *Brain*, Vol. 121, No. 5, 1998.

〔6〕 V. Oshin, G. Vinod, "Neuroanatomical Correlates of Aesthetic Preference for Paintings", *Neuroreport*, Vol. 15, No. 5, 2004.

〔7〕 A. Chatterjee, "Neuroaesthetics: A Coming of Age Story", *Journal of Cognitive Neuroscience*, Vol. 23, No. 1, 2011.

〔8〕 J. S. Winston, J. O' Doherty, J. M. Kilner, et al., "Brain Systems for Assessing Facial Attractiveness", *Neuropsychologia*, Vol. 45, No. 1, 2007.

〔9〕 P. J. Silvia, "Cognitive Appraisals and Interest in Visual Art: Exploring an Appraisal Theory of Aesthetic Emotions", *Empirical Studies of the Arts*, Vol. 23, No. 2, 2005.

〔10〕 T. Ishizu, S. Zeki, "Toward a Brain -based Theory of Beauty", *PLOS ONE*, Vol. 6, No. 7, 2011.

〔11〕 C. J. Cela-Conde, G. Marty, F. Maestu, et al., "Activation of the Prefrontal Cortex in the Human Visual Aesthetic Perception", *Proceedings of the National Academy of Sciences of U. S. A.*, Vol. 101, No. 16, 2004.

〔12〕 O. Vartanian, G. Navarrete, A. Chatterjee, et al., "Impact of Contour on Aesthetic Judgments and Approach-avoidance Decisions in Architecture", *PNAS*, 2013, vol. 110, No. 25, 2013.

〔13〕 F. Parisi, "Mind the Gap: Neuroaesthetics of Photographs", *Cognitive Systems*, Vol. 7, No. 3, 2012.

〔15〕 P. Stupples, "Neuroscience and the Artist's Mind", *The South African Journal of Art History*, Vol. 25, No. 3, 2010.

〔17〕 M. K. Arikan, M. Devrim, O. Oran, et al., "Music Effects on Event-related Potentials of Humans on the Basis of Cultural Environment", *Neuroscience Letters*, Vol. 268, No. 1, 1999.

[18] M. Muller, L. Hofel, E. Brattico, et al., "Aesthetic Judgments of Music in Experts and Laypersons — An ERP Study", *International Journal of Psychophysiology*, Vol. 76, No. 1, 2010.

[19] M. Muller, L. Hofel, E. Brattico, et al., "Electrophysiological Correlates of Aesthetic Music Processing: Comparing Experts with Laypersons", *Ann. N. Y. Acad. Sci.*, Vol. 1169, No. 1, 2009.

[20] V. N. Salimpoor, B. Mitchel, L. Kevin, et al., "Anatomically Distinct Dopamine Release during Anticipation and Experience of Peak Emotion to Music", *Nature Neuroscience*, Vol. 14, No. 2, 2011.

[22] V. N. Salimpoor, I. van den Bosch, N. Kovacevic, et al., Interactions Between the Nucleus Accumbens and Auditory Cortices Predict Music Reward Value, *Science*, Vol. 340, No. 6129, 2013.

[23] K. Stefan, "Brain Correlates of Music-evoked Emotions", *Nature Reviews Neuroscience*, Vol. 15, No. 3, 2014.

[25] M. P. Paulus, M. B. Stein, "An Insular View of Anxiety", *Biological Psychiatry*, Vol. 60, No. 4, 2006.

[26] A. Kawakami, K. Furukawa, K. Katahira, et al., "Sad Music Induces Pleasant Emotion", *Frontiers in. Psychology*, Vol. 4, No. 311, 2013.

[27] M. L. Chanda, D. J. Levitin, "The Neurochemistry of Music", *Trends in Cognitive Sciences*, Vol. 17, No. 4, 2013.

[30] S. Brown, X. Gao, L. Tisdelle, et al., "Naturalizing Aesthetics: Brain Areas for Aesthetic Appraisal across Sensory Modalities", *NeuroImage*, Vol. 58, No. 1, 2011.

[32] M. T. Nami, H. Ashayeri, "Where Neuroscience and Art Embrace: The Neuroaesthetics", Basic and Neuroscience, Vol. 2, No. 2, 2011.

[33] E. Munar, M. Nadal, N. P. Castellanos, et al., "Aesthetic Appreciation: Event-related Field and Time-frequency Analyses", *Frontiers in Human Neuroscience*, Vol. 5, No. 1, 2010.

[34] L. Hofel, T. Jacobsen, "Electrophysiological Indices of Processing Aesthetics: Spontaneous or Intentional Processes?", *International Journal of*

Psychophysiology, Vol. 65, No. 1, 2007.

[35] G. C. Cupchik, O. Vartanian, A. Crawley, et al., "Viewing Art-works: Contributions of Cognitive Control and Perceptual Facilitation to Aesthetic Experience", *Brain and Cognition*, Vol. 70, No. 1, 2009.

[36] E. Bigand, S. Vieillard, F. Madurell, et al., "Multidimensional Scaling of Emotional Responses to Music: The Effect of Musical Expertise and of the Duration of the Excerpts", *Cognition & Emotion*, Vol. 19, No. 8, 2005.

[38] I. Biederman, E. A. Vessel, "Perceptual Pleasure and the Brain", *American Scientist*, Vol. 94, No. 94, 2006.

[39] T. Erola, J, K. Vuoskoski, "A Review of Music and Emotion Studies: Approaches, Emotion Models, and Stimuli", *Music Perception*, Vol. 30, No. 3, 2013.

[40] K. Berridge, M. Kringelbach, "Affective Neuroscience of Pleasure: Reward in Humans and Animals", *Psychopharmacology*, Vol. 199, No. 3, 2008.

[41] G. R. Samanez-Larkin, N. G. Hollon, L. L. Carstensen, et al., "Individual Differences in Insular Sensitivity During Loss Anticipation Predict Avoidance Learning", *Psychological Science*, Vol. 19, No. 4, 2008.

[42] J. G. Paintera, S. Koelsch, "Can Out-of-context Musical Sounds Convey Meaning? An ERP Study on the Processing of Meaning in Music", *Psychophysiology*, Vol. 48, No. 5, 2011.

[43] K. Tullmann, N. Gatalo, "Cave Paintings, Neuroaesthetics and Everything in between: An Interview with NOËL CARROLL", *Postgraduate Journal of Aesthetics*, Vol. 9, No. 1, 2012.

[44] G. C. Cupchik,, O. Vartanian, A Crawley, et al., "Viewing Art-works: Contributions of Cognitive Control and Perceptual Facilitation to Aesthetic Experience", *Brain and Cognition*, Vol. 70, No. 1, 2009.

[45] H. Kawabata, S. Zeki, "Neural Correlates of Beauty", *Journal of Neurophysiology*, Vol. 91, No. 1, 2004.

[46] T. Jacobsen, R. Schubotz, L. Hofel, et al., "Brain Correlates of Aesthetic Judgments of Beauty", *Neuroimage*, Vol. 29, No. 1, 2005.

[50] H. Leder, B. Belke, A. Oeberst, et al., "A Model of Aesthetic

Appreciation and Aesthetic Judgments", *British Journal of Psychology*, Vol. 95, No. 4, 2004.

[53] M. Nadal, M. Skov, "Introduction to the Special Issue: Toward an Interdisciplinary Neuroaesthetics", *Psychology of Aesthetics, Creativity and the Arts*, Vol. 7, No. 1, 2013.

[56] W. Chelsea, "The Aesthetic Brain", *Nature*, Vol. 526, No. 7572, 2015.

[64] S. Garrido, E. Schubert, "Imagination, Empathy, and Dissociation in Individual Response to Negative Emotions in Music", *Musica Humana*, Vol. 2, No. 1, 2010.

[65] P. G. Hunter, E. G. Schellenberg, U. Schimmack, "Feelings and Perceptions of Happiness and Sadness Induced by Music: Similarities, Differences, and Mixed Emotions", *Psychology of Aesthetics, Creativity, and the Arts*, Vol. 4, No. 1, 2010.

[66] S. Garrido, E. Schubert, "Negative Emotion in Music: What is the Attraction? A Qualitative Study", *Empirical Musicology Review*, Vol. 6, No. 4, 2011.

[68] J. A. Russell, "Core Affect and the Psychological Construction of Emotion", *Psychological Review*, Vol. 110, No. 1, 2003.

[69] M. L. Kringelbach, K. C. Berridge, "Towards a Functional Neuroanatomy of Pleasure and Happiness", *Trends in Cognitive Sciences*, Vol. 13, No. 11, 2009.

[72] J. Panksepp, "The Emotional Sources of 'Chills' Induced by Music", *Music Perception*, Vol. 13, No. 2, 1995.

[73] S. Garrido. E. Schubert, "Adaptive and Maladaptive Attraction to Negative Emotions in Music", *Musicae Scientiae*, Vol. 17, No. 2, 2013.

[74] P. Janata, "The Neural Architecture of Music-evoked Autobiographical Memories", *Cerebral Cortex*, Vol. 19, No. 11, 2009.

[75] I. Molnar-Szakacs, K. Overy, "Music and Mirror Neurons: from Motion to 'E' motion", *Social Cognition & Affective Neuroscience*, Vol. 1, No. 3, 2006.

[76] Deborah Johnson, "Music in the Brain: The Mysterious Power of

Music", *The Dartmouth Undergraduate Journal of Science*, Vol. 11, 2009.

［77］M. L. Kringelbach, K. C. Berridge, "Towards a Functional Neuro-anatomy of Pleasure and Happiness", *Trends in Cognitive Sciences*, Vol. 13, No. 11, 2009.

［78］P. Gorwood, "Neurobiological Mechanisms of Anhedonia", *Dialogues in Clinical Neuroscience*, Vol. 10, No. 3, 2008.

［79］A. Der-Avakian, A. Markou, "The Neurobiology of Anhedonia and Other Reward-related Deficits", *Trends in Neurosciences*, Vol. 35, No. 1, 2012.

［80］F. S. Barrett, K. J. Grimm, R. W. Robins, et al., "Music Evoked Nostalgia: Affect, Memory, and Personality", *Emotion*, Vol. 10, No. 3, 2010.

［81］E. Brattico, V. Alluri, B. Bogert, et al., "A Functional MRI Study of Happy and Sad Emotions in Music with and without Lyrics", *Frontiers in Psychology*, Vol. 2, No. 6, 2011.

［82］A. Smuts, "Art and Negative Affect", *Philosophy Compass*, Vol. 4, No. 1, 2009.

［83］M. F. O'Connor, D. K. Wellisch, A. L. Stanton, et al., "Craving Love? Enduring Grief Activates Brain's Reward Center", *NeuroImage*, Vol. 42, No. 2, 2008.

［84］U. Kirk, M. Skov, M. S. Christensen, et al., "Brain Correlates of Aesthetic Expertise: A Parametric fMRI Study", *Brain and Cognition*, Vol. 69, No. 2, 2009.

［85］A. Sel, B. Calvo-Merino, "Neuroarchitecture of Musical Emotions", *Revista De Neurologia*, Vol. 56, No. 5, 2013.

［86］M. L. Kringelbach, K. C. Berridge, "Towards a Functional Neuro-anatomy of Pleasure and Happiness", *Trends in Cognitive Sciences*, Vol. 13, No. 11, 2009.

［87］A. Lintas, N. Chi, N. M. Lauzon, et al., "Identification of a Dopamine Receptor-mediated Opiate Reward Memory Switch in the Basolateral Amygdala-nucleus Accumbens Circuit", *Journal of Neuroscience*, Vol. 31, No. 31, 2011.

［88］C. W. Stevenson, A. Gratton, "Basolateral Amygdala Modulation of the Nucleus Accumbens Dopamine Response to Stress: Role of the Medial Prefrontal Cortex", *European Journal of Neuroscience*, Vol. 17, No. 6, 2003.

［89］S. R. Laviolette, N. M. Lauzon, S. F. Bishop, et al., "Dopamine Signaling through D1-like versus D2-like Receptors in the Nucleus Accumbens Core versus Shell Differentially Modulates Nicotine Reward Sensitivity", *Journal of Neuroscience*, Vol. 28, No. 32, 2008.

［90］V. N. Salimpoor, V. D. B. Iris, K. Natasa, et al., "Interactions Between the Nucleus Accumbens and Auditory Cortices Predict Music Reward Value", *Science*, Vol. 340, No. 6129, 2013.

［91］S. Koelsch, W. A. Siebel, "Towards a Neural Basis of Music Perception", *Trends in Cognitive Sciences*, Vol. 9, No. 12, 2005.

［92］R. J. Zatorre, A. R. Halpern, "Mental Concerts: Musical Imagery and Auditory Cortex", *Neuron*, Vol. 47, No. 1, 2005.

［93］N. Bunzeck, T. Wuestenberg, K. Lutz, et al., "Scanning Silence: Mental Imagery of Complex Sounds", *Neuroimage*, Vol. 26, No. 4, 2005.

［94］M. Parsons, "Aesthetic Experience and the Construction of Meaning", *The Journal of Aesthetic Education*, Vol. 36, No. 2, 2002.

［95］K. Domschke, M. Braun, P. Ohrmann, et al., "Association of the Functional -1019C/G 5-HT1A Polymorphism with Prefrontal Cortex and Amygdala Activation Measured with 3T-fMRI in Panic Disorder", *International Journal of Neuropsychopharmacology*, Vol. 9, No. 3, 2006.

［96］V. N. Salimpoor, B. Mitchel, L. Kevin, et al., "Anatomically Distinct Dopamine Release during Anticipation and Experience of Peak Emotion to Music", *Nature Neuroscience*, Vol. 14, No. 2, 2011.

［97］V. S. Ramachandran, D. Rogers-Ramachandran, "It is All Done with Mirrors", *Scientific American Mind*, Vol. 18, No. 4, 2007.

［98］I. Molnar-Szakacs, M. J. Wang, E. A. Laugeson, et al., Autism, Emotion Recognition and the Mirror Neuron System: the Case of Music. *Mcgill Journal of Medicine*, Vol. 12, No. 2, 2009.

［99］E. Brattico, V. Alluri, B. Bogert, et al., "A Functional MRI

Study of Happy and Sad Emotions in Music with and without Lyrics", *Frontiers in Psychology*, Vol. 2, No. 6, 2011.

[100] A. Ockelford, "A Music Module in Working Memory? Evidence from the Performance of a Prodigious Musical Savant", *Musicae Scentiae*, Vol. 11, No. 4, 2007.

[101] D. J. Hargreaves, "Musical Imagination: Perception and Production, Beauty and Creativity", *Psychology of Music*, Vol. 40, No. 5, 2012.

[102] T. W. Meeks, D. V. Jeste, "Neurobiology of Wisdom: A Literature Overview", *Archives of General Psychiatry*, Vol. 66, No. 4, 2009.

[103] T. Ishizu, S. Zeki, "Toward A Brain-Based Theory of Beauty", *PLoS ONE*, Vol. 6, No. 7, 2011.

[104] S. L. Bengtsson, C. Mih'alyi, U. Fredrik, "Cortical Regions Involved in the Generation of Musical Structures during Improvisation in Pianists", *Journal of Cognitive Neuroscience*, Vol. 19, No. 5, 2007.

[105] C. J. Limb, A. R. Braun, "Neural Substrates of Spontaneous Musical Performance: An fMRI Study of Jazz Improvisation", *PLoS ONE*, Vol. 3, No. 2, 2008.

[106] J. Bhattacharya, H. Petsche, E. Pereda, "Long-Range Synchrony in the Band: Role in Music Perception", *The Journal of Neuroscience*, Vol. 21, No. 16, 2001.

[108] S. Grogan, "Body Image: Understanding Body Dissatisfaction in Men, Women, and Children", *Communication Research*, Vol. 14, No. 4, 2008.

[109] J. Croft, "The Challenges of Interdisciplinary Epistemology in Neuroaesthetics", *Mind, Brain, And Education*, Vol. 5, No. 5, 2011.

[110] A. Chatterjee, "Neuroaesthetics: A Coming of Age Story", *Journal of Cognitive Neuroscience*, Vol. 23, No. 1, 2011.

[111] C. Klein, "Images Are Not the Evidence in Neuroimaging", *British Journal for the Philosophy of Sciences*, Vol. 61, No. 2, 2010.

[112] S. Winsberg, J. D. Carroll, "A Quasi Nonmetric Method for Multidimensional Scaling via an Extended Euclidean Model", *Psychometrika*, Vol. 54, No. 2, 1989.

[113] I. Biederman, E. A. Vessel, "Perceptual Pleasure and the Brain", *American Scientist*, Vol. 94, No. 94, 2006.

[115] G. C. Cupchik, V. Oshin, C. Adrian, et al., "Viewing Artworks: Contributions of Cognitive Control and Perceptual Facilitation to Aesthetic Experience", *Brain & Cognition*, Vol. 70, No. 1, 2009.

[117] E. Carafoli, A. Margreth, G. Berlucchi, "Perspectives in Neuroaesthetics foreword", *Rendiconti Lincei Scienze Fisiche E Naturali*, Vol. 23, No. 3, 2012.

[118] V. B. Benjamin, "Rebuilding Neuroaesthetics from the Ground Up", 2009—2010 Undergraduate Penn Humanities Forum on Connections, 2010 (Scholarly Commons, http://repository. upenn. edu/uhf_ 2010/16).

[120] T. Jacobsen, "Bridging the Arts and Sciences: A Framework for the Psychology of Aesthetics", *Leonardo*, Vol. 39, No. 2, 2006.

[121] M. Nadal, E. Munar, M. A. Capo, et al., "Towards a Framework for the Study of the Neural Correlates of Aesthetic Preference", *Spatial Vision*, Vol. 21, No. 3 - 5, 2008.

2. 著作

[28] J. A. Sloboda, P. N. Juslin, "Psychological Perspectives on Music and Emotion", P. N. Juslin, J. A. Sloboda, (eds), "*Music and Emotion: Theory and Research*", Oxford University Press, 2001, pp. 71 - 104.

[51] S. Brown, E. Dissanayake, "The Arts Are More Than Aesthetics: Neuroaesthetics as Narrow Aesthetics", M. Skov, O. Vartania (eds.), "*Neuroaesthetics*", Amityville, NY: Baywood Publishing Company, Inc., 2009, pp. 43 - 57, 49 - 50.

[52] M. Skov, O. Vartanian, "Introduction: What Is Neuroaesthetics", M. Skov, O. Vartania (eds.), "*Neuroaesthetics*", Amityville: Baywood, 2009, p. 17.

[57] A. Chatterjee, "*The Aesthetic Brain: How We Evolved to Desire Beauty and Enjoy Art*", Oxford Univ. Press, 2013, p. 268.

[58] J. P. Huston, M. Nadal, F. Mora, et al. (Eds.), "*Art, Aesthetics and the Brain*", Oxford: Oxford University Press, 2015, pp. 68 - 69.

[67] P. Ekman, "*Emotions Revealed*", New York: Times Books,

2003，pp. 203 – 204.

（二）中文文献

1. 论文

［4］沈汪兵、刘昌、王永娟：《艺术创造力的脑神经生理基础》，《心理科学进展》2010 年第 10 期。

［16］黄卫平：《经典音乐对大学生情绪影响的实证研究》，硕士学位论文，湖南师范大学 2007 年。

［47］张小将、刘迎杰：《神经美学：一个前景与挑战并存的新兴领域》，《南京师大学报》（社会科学版）2013 年第 5 期。

［60］连 莹：《浅析莫扎特音乐的惆怅美》，《齐鲁艺苑》（山东艺术学院学报）2005 年第 85 卷第 1 期。

［61］陈西洁：《品味流年的惆怅美——晏殊〈浣溪沙〉探美》，《名作欣赏》2006 年第 24 期。

［62］方锡德：《佚文〈惆怅〉：冰心唯一一部爱情小说的意义》，《长江学术》2008 年第 3 期。

［63］曹英慧：《中国文人画中的惆怅美——从八大山人的作品谈起》，硕士学位论文，河北师范大学，2007 年。

［71］何悦人：《论惆怅美》，《宁夏社会科学》1988 年第 5 期 。

2. 著作

［59］［德］黑格尔：《美学》第一卷上册，朱光潜译，商务印书馆1979 年版。

［107］［法］梅洛—庞蒂：《知觉现象学》，姜志辉译，商务印书馆2001 年版。

第五章　致美学和人类的未来心智

（一）英文文献

1. 论文

［2］E. Schellekens, "Aesthetics and Subjectivity: from Kant to Nietzsche", *British Journal of Aesthetics*, Vol. 44, No. 3, 2004.

［8］D. L. Schacter, D. R. Addis, R. L. Buckner, "Remembering the Past to Imagine the Future: the Prospective Brain", *Nature Reviews Neuroscience*, Vol. 8, No. 9, 2007.

[9] R. Croston, C. L. Branch, D. Y. Kozlovsky, et al., "Heritability and the Evolution of Cognitive Traits", *Behavioral Ecology*, Vol. 26, No. 6, 2015.

[11] E. Vuoksimaa, M. S. Panizzon, C. H. Chen, et al., "The Genetic Association Between Neocortical Volume and General Cognitive Ability Is Driven by Global Surface Area Rather Than Thickness", *Cerebral Cortex*, Vol. 25, No. 8, 2014.

[12] L. T. Eyler, P. W. Elizabeth, M. S. Panizzon, et al., "Genetic and Environmental Contributions to Regional Cortical Surface Area in Humans: A Magnetic Resonance Imaging Twin Study", *Cerebral Cortex*, Vol. 21, No. 10, 2011.

[13] M. S. Panizzon, F. N. Christine, L. T. Eyler, et al., "Distinct Genetic Influences on Cortical Surface Area and Cortical Thickness", *Cerebral Cortex*, Vol. 19, No. 11, 2009.

[14] K. K. Shen, S. Rose, J. Fripp, et al., "Investigating Brain Connectivity Heritability in a Twin Study Using Diffusion Imaging Data", *NeuroImage*, Vol. 100, 2014.

[15] T. J. Bouchard, "Genetic Influence on Human Psychological Traits A Survey", *American Psychological Society: Current Directions In Psychological Science*, Vol. 13, No. 4, 2004.

[16] W. Johnson, L. Penke, F. M. Spinath, "Understanding Heritability: What It Is and What It Is Not", *European Journal of Personality*, 2011, Vol. 25, No. 4, 2011.

[17] S. B. Kaufman, "The Heritability of Intelligence: Not What You Think", Scientific American Blog Network, October 17, 2013 (http://blogs. scientificamerican. com/ beautiful-minds/ the-heritability- of- intelligence-not-what-you-think/).

[18] A. Giomo, "The Effect of Music on the Production of Neurotransmitters, Hormones, Cytokines, and Peptides: A Review", *Music and Medicine*, Vol. 4, No. 4, 2011.

[23] Eva Kit Wah Man, "Contemporary Philosophical Aesthetics in China: The Relation between Subject and Object", *Philosophy Compass*, Vol. 7,

No. 3，2012.

［24］ E. Weed，"Looking for Beauty in the Brain"，*Estetika*（*The Central European Journal of Aesthetics*），Vol. 45，No. 1，2008.

［25］ Vincent Bergeron，"What Should We Expect from the New Aesthetic Sciences?"（*The Newsletters of*）*American Society for Aesthetics*，Vol. 31，No. 2，2011.

2. 著作

［26］ ［美］A. P. Merriam，"the Arts and Anthropology"，Sol. Tax（ed.），"*Horizons of Anthropology*"，Chicago：Aldine Transaction，1964，pp. 138 – 139.

［30］ M. S. Gazzaniga，W. R. Uttal，"The Psychobiology of Mind"，G. Adelman（Eds.），"*Encyclopedia of Neuroscience*"，Elsevier Science Press Center，2004，the third edition，Vol. I，1273 – 1274.

（二）中文文献

1. 论文

［3］彭吉象：《中国传统文化与中国艺术精神》，陈鹏整理，《光明日报》2015 年 11 月 5 日第 11 版。

［4］朱立元、刘旭光、寇鹏程：《从中西比较看西方美学范畴的特质》，《厦门大学学报》（哲学社会科学版）2005 年第 1 期。

［19］庞井君：《信息技术推动文化艺术迈入新时空》，《中国社会科学报》2015 年 11 月 2 日 B3 版。

［20］胡 俊：《当代中国认知美学的研究进展及其展望》，《社会科学》2014 年第 4 期。

［31］叶朗、顾春芳：《人生终极意义的神圣体验》，《北京大学学报》（哲学社会科学版），2015 年第 3 期。

［34］陈望衡：《"天人合一"的美学意义》，《武汉大学学报》（哲学社会科学版）1998 年第 3 期。

2. 著作

［1］［德］黑格尔：《美学》第二卷（上），朱光潜译，商务印书馆1982 年版。

［5］张法：《中国美学史》，上海人民出版社 2000 年版。

［6］［意］奥尔利欧·佩奇：《罗马俱乐部主席的见解：世界的未

来——关于未来问题一百页》，王肖萍、蔡荣生译，中国对外翻译出版公司 1985 年版。

　　［7］沈致隆：《亲历哈佛——美国艺术教育考察纪行》，华中科技大学出版社 2002 年版。

　　［22］［德］卡尔·达尔豪斯：《音乐美学观念史引论》，杨燕迪译，上海音乐学院出版社 2006 年版。

　　［27］陶伯华：《美学前沿——实践本体论美学新视野》，中国人民大学出版社 2003 年版。

　　［29］［美］亚伯拉罕·马斯洛：《存在心理学探索》，李文湉译，云南人民出版社 1987 年版。

　　［32］何乾三（选编）：《西方哲学家、文学家、音乐家论音乐》，人民音乐出版社 1983 年版。

　　［33］［德］尼采：《查拉斯图拉如是说》，楚图南译，湖南人民出版社 1987 年版。

心灵沉香（后记）

雪莱有诗云：

音乐，当袅袅余音消逝时，

还在记忆之中震荡——

花香，当芬芳的紫罗兰凋谢时，

还在心魂之中珍藏。

美是心灵的沉香之气。或许，此种境遇即是审美王国的无上魅力、无尽况味、无言效应和无穷奥妙之所在……

古人云："宝剑锋从磨砺出，梅花香自苦寒来。"美学是一个极为奇妙的新鲜世界。当你尚未进入其间，仅仅远观遥视时，她呈现出芬芳怡人、清丽飘逸的女神形象；当你初次涉入其间，开始近观默察和仰视时，她又呈现出满腹经纶、品德超凡和智慧过人的圣哲形象；当你渐入深境，直观平视时，她则呈现为既亲切又冷漠、既温馨又清淡、既严厉又仁慈、既清晰又模糊、既睿智雍容又稚拙腼腆的圣母—圣父混合式矛盾形象；而当你深入其间，真切感受到了她那深藏不露、价值无限的心香芳阵，进而亲味其真果时，便会发现她乃是天下无双的散发着"女儿香"或心灵之沉香的"圣女"！

有人问爱因斯坦死亡是什么。爱因斯坦脱口而出："死亡意味着我再也听不到莫扎特的音乐啦。"可见，热爱艺术之美、科学之美和生命之美的爱因斯坦，将能够体验奇妙的美象视为人生的无上幸福。无论是美的事象、美的感受，还是美的情意、美的思致、美的体态、美的举止、美的作品，都散发出清纯怡人的沉香之气，都历经了沉香孕育和醇化的艰难过程。譬如从痛苦之中创造欢乐之声的乐圣贝多芬，即体现了"梅花香自苦寒来""艰难困苦，玉汝于成"之心智创造和价值生成的本质规律。心灵的"沉香"，即是审美真理之源、审美规律之象、审美智慧之花、审美实践之果。

为何将宇宙时空的内外之美皆视为心灵的"沉香"呢？

第一，沉香香味奇特、清幽弥散、萦回持久，是天地之合香。沉香之气经由天地物质与生命气机的妙然化合而生成全新的香气共同体；其内蕴深厚，含纳了自然界所有的香气，却没有任何一种香气可以与之比拟，故沉香乃天地之合香。它的"香气共同体"之创生内容与过程，大类于笔者所论述的"审美间体"。

第二，沉香体现了生命体抗击恶劣环境、自我修复受伤机体、产生自体免疫、自我更新机体结构、自我完善机体功能的正能量、创造性品格和造益人世的文化价值。这大类于人的审美实践行为——审美活动有助于人类强化精神动力、提升心智能力、应对负面环境、战胜负面情绪、打破现实的束缚、充实与完善自我。在我们看来，无论是悲剧艺术还是审美教育，其实都体现了人类借助移情于对象、具身于本我、达至同理境地和共鸣效应而得以净化人情、提振人心、强化人志、锐化人智、超越现实、战胜苦难、修复精神创伤和创造与完善自我世界的精神免疫与自我完善的创造性效能。

当沉香木受到各种不利的环境因素或有害的自然力量的侵袭时，包括因着内部的朽腐与病虫害刺激等，为了保护自我、防止生命机体的健康状况恶化，就会启动自愈疗伤的机制：分泌多种元素，使之与侵入机体的负面因子及自身堆积的养分进行交互作用——通过结合、重构和醇化而生成全新的油脂综合体，据此修复受伤的部位，催生出新的有机组织。其孕育和醇化的时间越久，则油脂的密度就越高，香气亦越浓郁。

第三，沉香的生成具有高度的个性化差异，这类似于人之美感和物之美象的万千气韵情形。所谓"一千个观众就有一千个哈姆雷特"，即是此理。沉香包括绿色、深绿色、金色（微黄色）、黄色、黑色等多种形态。植物学表明，不同的沉香木之树种在自我疗愈过程中，又会因为菌种的差异而产生不同的质变，形成不同质地与香气层次各异的沉香；不是所有的风树都能结香，也不是风树在承受外力作用之后都必须结香。醇化；结香……

第四，沉香属于稀有之宝，体现了生于风树而又高于斯的价值创新品格，这大类于本书所说的"审美间体"之价值远高于审美客体和审美主体之完满价值的加和体之情形。沉香树脂极为坚硬、极其沉重，原木成分仅占沉香总重的40%，外来因子充其量至多也与之相当。那么，其余的90%的重量及那异常坚硬的品质都来自何物？

第五，沉香体现了漫长艰辛复杂的成香周期和厚积薄发的结香规律，这与人的心灵获得审美成熟、主体的审美创造能力获得完善的情形非常相似。沉香生长在偏高温的亚热带地区，一般的沉香需要风树生长至 20 年以上才能形成，含油高的树木更是需要 100—300 年才能结香，因而其生长周期特别长。

第六，沉香具有内外兼备的奇妙功效。这类似于审美文化——对内能够充实、美化和完善人之情知意世界，使之臻于极致境地；对外能够改进、美化和提升物之真善美品格。沉香之味辛、苦、温、中，沉香之气清幽醇怡，沉香之色丰富多彩，沉香之名计三十六种之多，沉香之用遍及医疗、保健、礼仪、美饰等多个领域。其香味是唯一无法人工合成的，素有"六国五味"之称。沉香既不属于植物类，也不属于真菌类，而是属于两者奇妙化合的交叉性生物类。它既是一种珍贵药材，也是制作木雕工艺品的顶级材料。

有鉴于此，根据植物学来看，沉香的形成是由宇宙自然界诸多无法量化的偶然因素所促成的。其形成的机制是，那些成长于热带森林的瑞香科树种，由于受到各种自然灾害的外在侵袭及（或）内在的腐朽组织与病虫害刺激而自然凝结生成一种用于风树自我修复、自我保护的油脂，再经过漫长的时间与各种自然条件的物机催化，从而以其特有的香气呈现出来。在沉香漫长的生成变化过程中，风树将天地自然有形无形的所有物质经过凝聚、沉淀、挥发、转化；饱经自然摧折，而激发出自体的免疫功能，具有拙朴、内敛、越陈越香的品质。《日华子本草》云：沉香能"调中，补五脏，益精壮阳，暖腰膝，去邪气"。《医林纂要》曰：沉香能"坚肾，补命门，温中、燥脾湿，泻心、降逆气，凡一切不调之气皆能调之。并治噤口毒痢及邪恶冷风寒痹"。《本草再新》也认定，它能"治肝郁，降肝气，和脾胃，消湿气，利水开窍"。

要言之，物质之沉香具有清神、健脑、补心、强体，修复创伤、呈现风树之崭新的高阶价值功用；心灵之沉香，不但能够含纳前者的上述价值功能，更为重要的是有助于人类借此创新自我与对象、完善自我与对象、体验自我与对象那完满合一的超越性新世界，进而渐次实现自我与对象的顶级价值！进而言之，"审美间体"即是真理之心体、精神之日月、艺术之女神、美学之圣哲、智慧之"圣女"、人生之福音；概言之，她是人类心灵之沉香！

心灵之沉香，既意味着对天地万物之精华的全息摄取与智性化合，也意味着通过漫长、痛苦、艰维和复杂的过程修复自我、更新自我和创造全新的价值，更意味着将自己所创造的完满的价值世界之真善美品格像沉香那般深澈沁润自我之情知意和体象行，进而以此深澈沁润宇宙之物质世界、知识世界、生命世界和精神世界！

返客归本。我们在美学研究过程中所形成的"沉香"——审美间体理论，其孕育、成形、充实和深化的漫长艰维复杂过程，充分体现了"梅花香自苦寒来""艰难困苦，玉汝于成"的情形。

我们之所以能够历经长期曲折艰难复杂的转换过程而矢志不移，最终得以实现思想回归、涉入美学王国、曲径通幽的精神理想，皆是童年时期的艺术熏陶使然。换言之，审美的感性追求兴趣、感性体验过程和感性塑造效应，决定了人未来的知性学习目标、理性建构范式和行为实践取向。

早在进入小学之前，作为本书作者之一的丁峻就受到弥漫家庭环境的浓郁的古典艺术的沁润：耳濡目染音乐、绘画、书法等作品，学吹口琴、拉二胡、练习铅笔画和水彩画等。入学后，出身军伍的父亲认为学艺不能直接造益社会，因而将乐器和画具悉数没收，强迫丁峻（作者之一）全心全意学习正规课程。虽然一再抗争、偷偷学艺和暗自痛哭过，但是都无济于事！

百般无奈之下，丁峻（作者之一）只好暗度陈仓，悄悄转向文学阅读与练笔。8 岁之前主要涉猎连环画、故事文学和中短篇小说等作品，之后逐步大量阅读中外长篇小说、名人传记与回忆录、艺术文化丛书、哲学著作等；进而不甚满意作家对文学形象的感性描写、性格塑造、情节构造、抒情内容和结局铺设等，于是开始尝试对之进行二度加工。其间形成了多本再创作的文稿，以及诗集、散文系列、电影文学剧本、自编的名人传记和自创的小说作品，等等。真可谓少年不识体，聊发情思狂……

"失之东隅，收之桑榆"。青少年时期充满热情理想和激情想象的文学实践体验，为我们而后的美学探究活动奠定了较为坚实的思想基础，由此蓄养形成了深厚持久的情感意志品格。否则，根本不可能克服一重重困难、战胜一层层阻力，以常人不可思议的方式、漫长的时间成本与过度透支身心健康的生命代价而实现自己的美学之梦！

其一，我们所从事的美学研究侧重于审美主客体的相互作用机制、审美价值形成原理和认知神经美学等属于新兴和学科交叉跨度很大的复杂性前沿学科，深度涉及美学、心理学、艺术学、神经科学、教育学和管理学等多个领域，因而需要进行长期、深入、细致和与时俱进的复杂的知识积累，更需要对这些知识积累进行合情合理的精心评析、选择、充实及整合，以便形成内在统一的有机结构及思想系统。

其二，学科的特殊性、专业的复杂性，决定了我们采取横向交叉、纵向深入、持续追踪国际前沿、延迟专业定位、动态建构与充实知识结构的学术发展路线，也由此决定了我们对审美主客体的相互作用机制、审美价值形成原理和认知神经美学诉诸研究的知识与能力之积累与转化的长期性和知识产出的曲折性、渐进性和厚积薄发性趋势。我们的学术发展经历了极为曲折和艰难复杂的特殊路线，逐步体现了鲜明的后发潜质与认知优势。

其三，我们先后走过了神经科学及工程自然科学的专业学习与训练期，美学基础理论的学习与探究期，在国外的审美心理学和认知科学的学习与探究期，审美教育和艺术认知科学的学习与研究期，审美认知科学、艺术心理学和创意原理－方法论的学习与科研教学期，思想范畴发展的高台期和知识产出的优化期等 38 年的曲折道路，其间贯穿着我们对中西古典音乐和古今美术杰作等的辅修、品味和学理探究等感性实践与理性加工的双元一体化活动。通过对中外思想家、古今艺术家和各界科学家之心智"沉香"的二度加工，才得以逐步醇化出了自己的学术"沉香"之品。

"问渠哪得清如许，为有源头活水来。"1987 年 4 月 8 日，我们在《人民日报》发表音乐美学文稿《情感智能的催化剂》，其间得到该报编辑朱碧森老师的悉心修改指导，其感人至深的情形至今无法忘却！同年 9 月，在进行有关审美主体的价值强化及感性体验的机制探索过程中，得到时任美国美学学会主席的南加州大学哲学系教授霍斯比尔的宝贵帮助和悉心指导；翌年，美学心理学论文《体验——人与世界的价值契通甬道》正式发表，得到哈佛大学教授科斯林和中央音乐学院时任院长赵沨先生等人的热情肯定；1994 年我们两人在撰写及出版《认知的双元解码和意象形式》过程中，在审美意象、审美概念和审美表象的心理表征问题上得到了哈佛大学教授科斯林的悉心指导、材料提供和鼓励支持；等等。

本书的思想架构、概念范畴及间接旁证材料，一部分基于我们之前和正在实施的审美意识研究、艺术认知研究、审美情感研究和审美教育研究等密切相关的工作成果，另一部分则来自我们对 2010 年以来国内外美学界及相关领域的最新进展的文献研究。为了尽量体现审美间体之论合乎学理、情理、物理的客观品格，本书直引及援引了产生于数个交叉学科的

10 多帧图表，希望借此使读者获得具有较高信效度的新认识。我们在此衷心感谢赵沨教授、凌继尧教授、杜卫教授、陈星教授及佛罗里达大学美学研究所的科斯塔教授等多位良师益友所予以的各种宝贵帮助，其中包括设置于杭州师范大学的"浙江省高校人文社会科学重点研究基地（艺术学理论）"对本书的出版资助。同时我们还要特别感谢中国社会科学出版社的任明先生、王影老师和何艳老师！他们为本书的责编、校对和印制工作做出了辛勤的创造性贡献。

同时需要指出，本书所讨论的内容受到我们之相关的经验与知识的局限及思维与表达能力的局限，必定存在着诸多偏颇、误解、盲区和矛盾之处，因而真诚期待学界同人、师长和其他读者朋友贡献直率的批评、肯切的指正与合理的建议，以期促使我们的学术认识获致新的充实与升进，同时造益我国美学事业的长足深入发展。

"心灵沉香"既是一种知识共同体、思想共同体和精神共同体，又是一种价值共同体、命运共同体和自由幸福智慧的共同体。天地生共聚、悲欣交集、苦中造乐、主客契通、天人会通、心物合一、审美间体诞生，此即是审美世界的"心灵之沉香"的化合之道。譬如，贝多芬用痛苦创造出至妙的欢乐之声，在最深的痛苦、惆怅和绝望里发现最美的风景、最美的自我。为此，我们人人皆需要借助外来之寒苦刺激精心孕育和醇化自己内心的沉香之气。神、气、骨、形，即指称了审美的真理之神会、心灵的沉香之气机、人格的清逸之风骨、外化的体态行为与物化产品之美象！

"迟日江山丽，春风花草香。"在审美的世界里，时间放缓了脚步，万物的形态顿然变得柔软、轻盈、可心、怡人；人的心灵和感官也受到沉香之气的濡染，进而巧妙摄取其间的芬芳与生机。人的物质生活可以质朴清淡，但是人的心灵当飘逸出高贵的沉香之气——本真智慧之气机、仁善人格之气韵、优美情意之气质，进而由内而外流溢出体象行之美的感性价值信息潮，弥散出真善美的知性价值信息场，催生出情知意的理性价值之沉香体……

谨以本书献给启蒙于我辈的古今思想家、中外艺术家、各界科学家、文化传播者、亲人、良师、同人、益友及支撑吾心的宝贵生命及造化之师！

丁峻、崔宁
谨识于杭州
2015 年 12 月 15 日